◎ 绕线电阻器(RX)

◎ 贴片电阻器

◎ 金属膜电阻器(RJ)

◎ 排阻

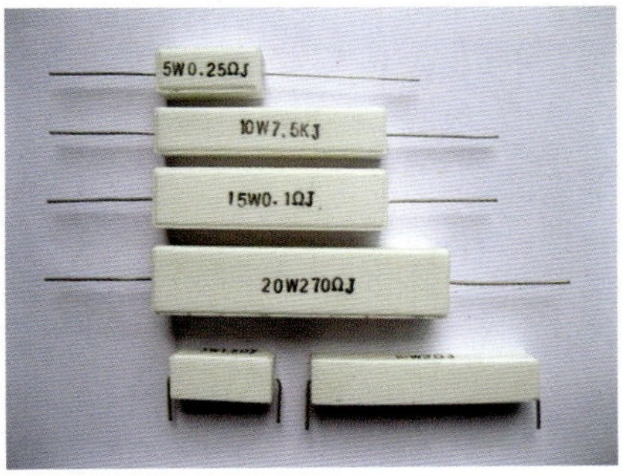

◎ 水泥电阻器

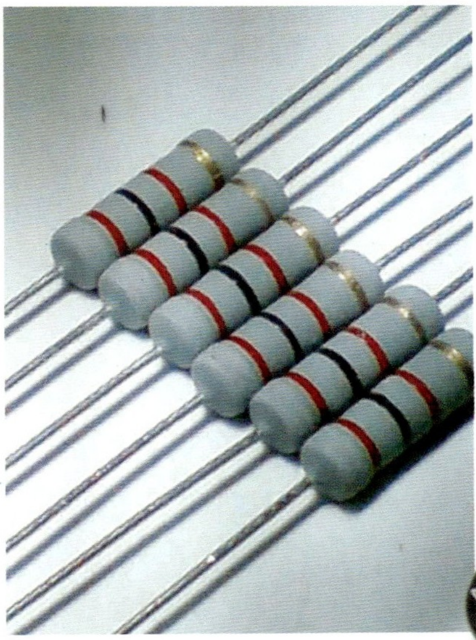

◎ 碳膜电阻器(RT)

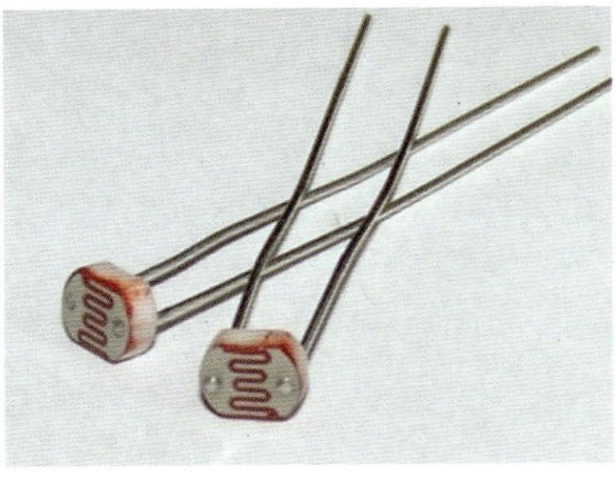

◎ 光敏电阻器

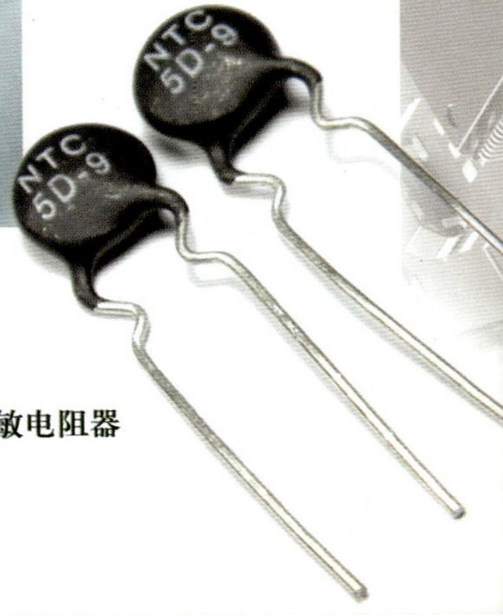

◎ 热敏电阻器

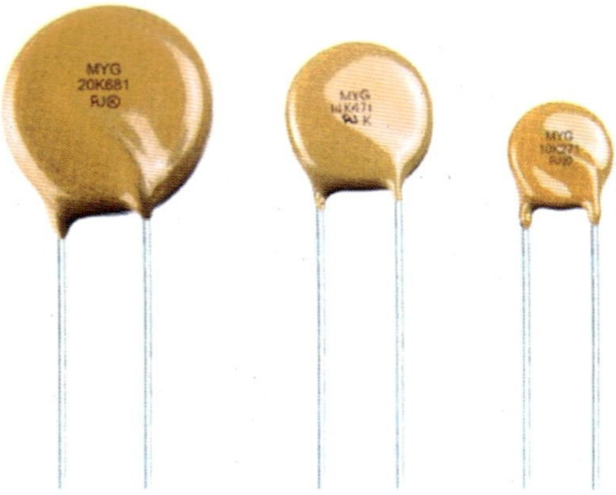

◎ 压敏电阻器

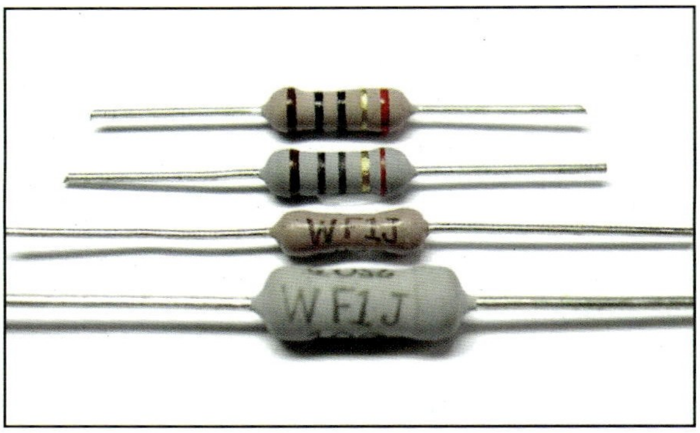

◎ 熔断电阻器

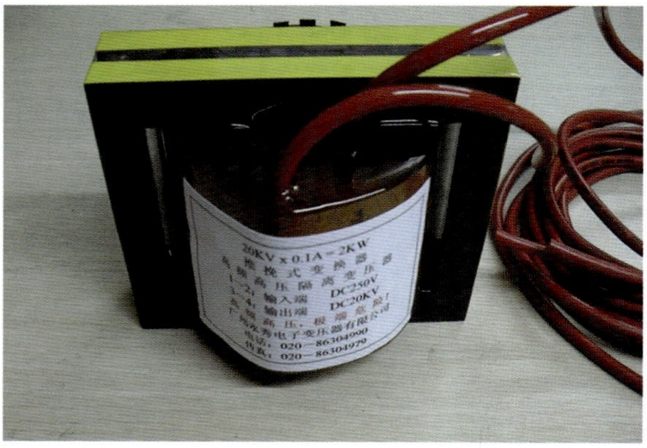

◎ 高频变压器

◎ 电源变压器

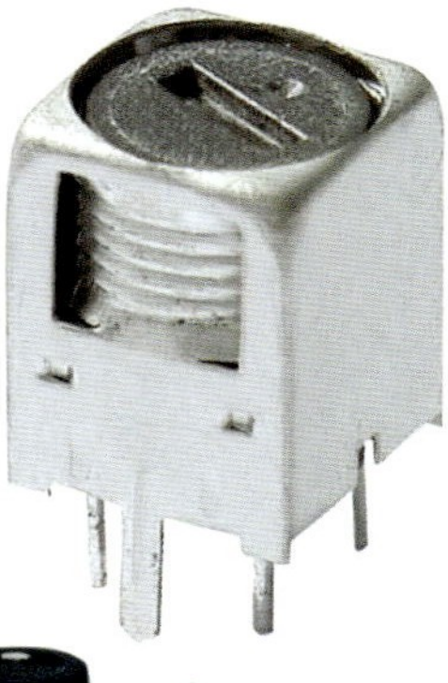

◎ 中频变压器
（又称中周）

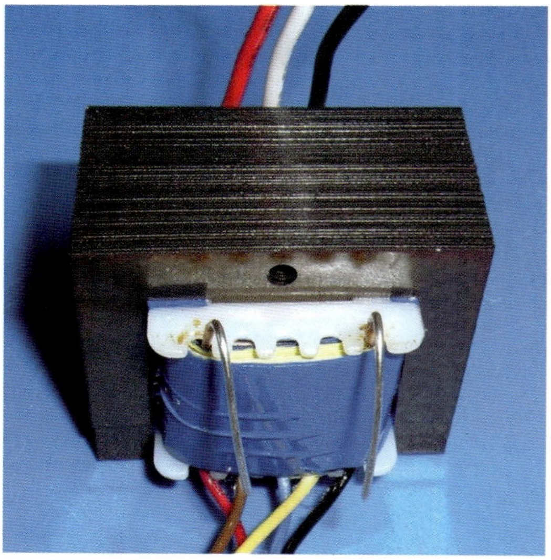

◎ 音频变压器

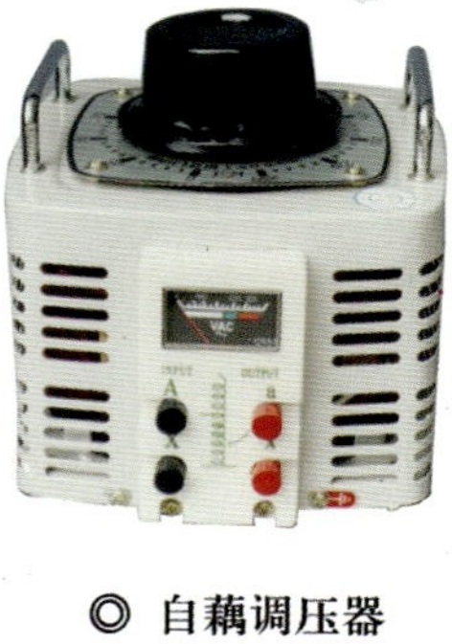

◎ 自藕调压器

◎ 脉冲变压器

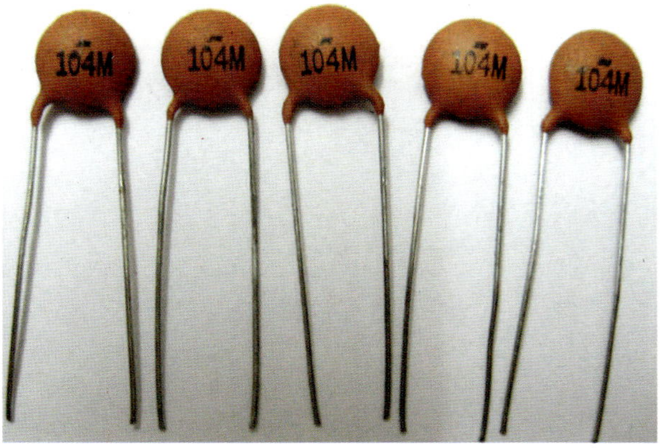

◎ 瓷片电容器(CC)

◎ 铝电解电容器(CD)

◎ 涤纶电容器(CL)

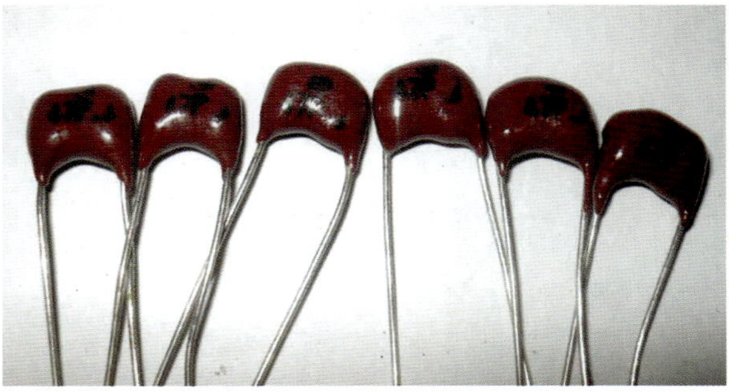

◎ 云母电容器(CY)

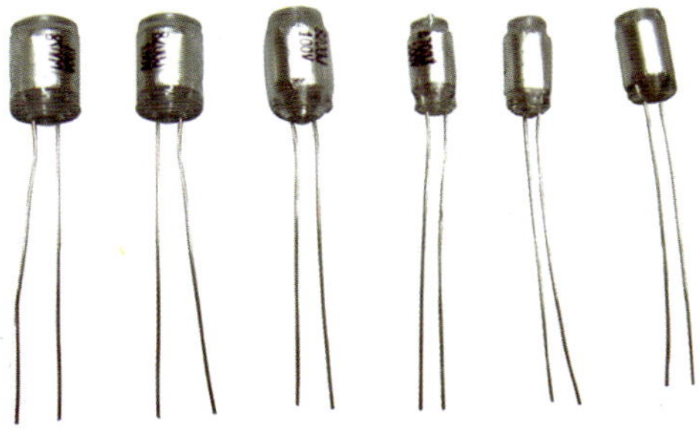

◎ 聚苯乙烯薄膜电容器(CB)

◎ 纸介电容器(CZ)

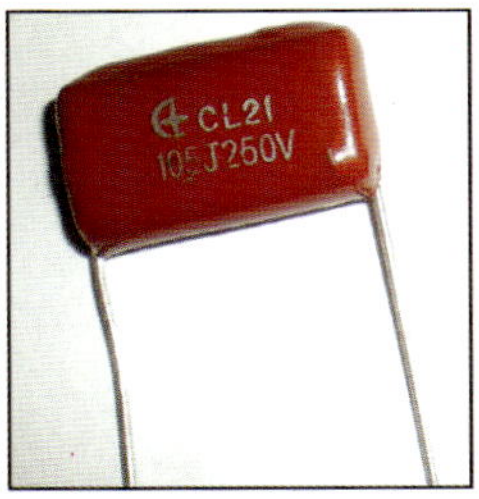

◎ 聚丙乙烯电容器(CBB)

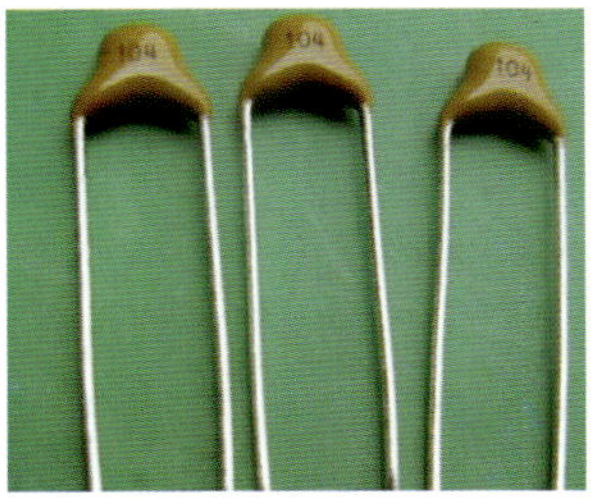

◎ 独石电容器

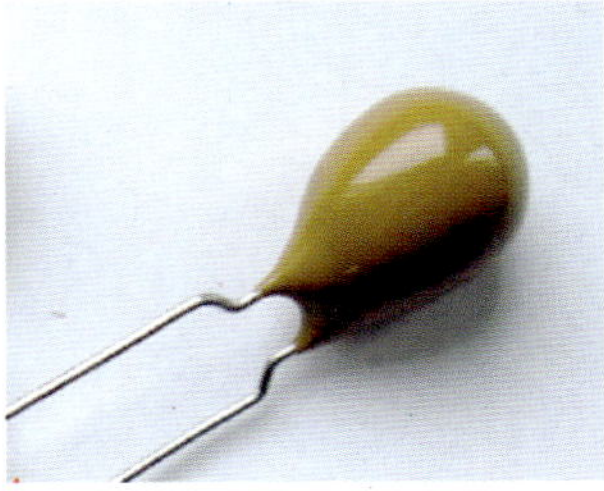

◎ 钽电解电容器(CA)

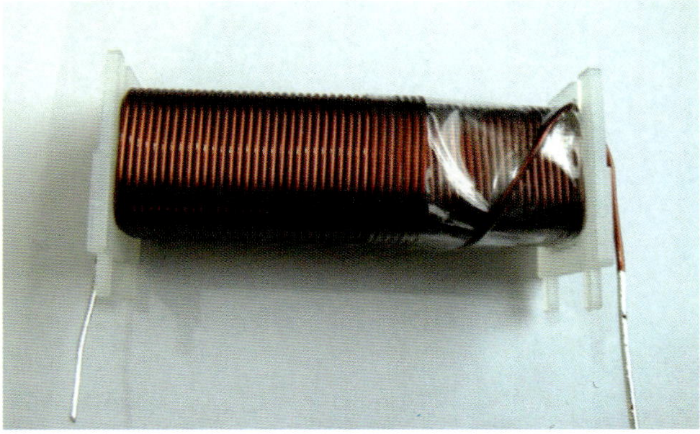

◎ 扼流线圈

◎ 空心线圈电感器

◎ 多层线圈

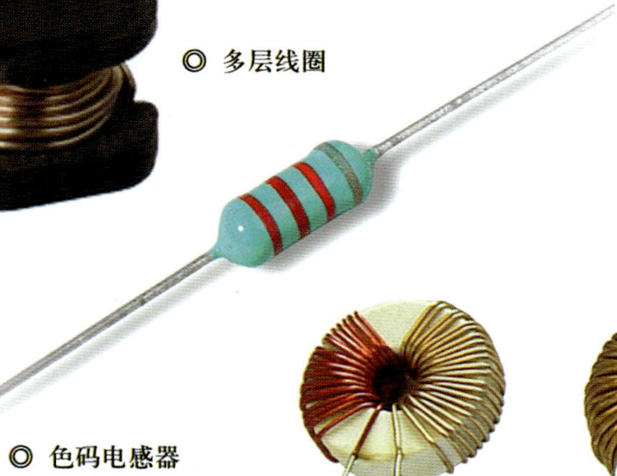

◎ 色码电感器

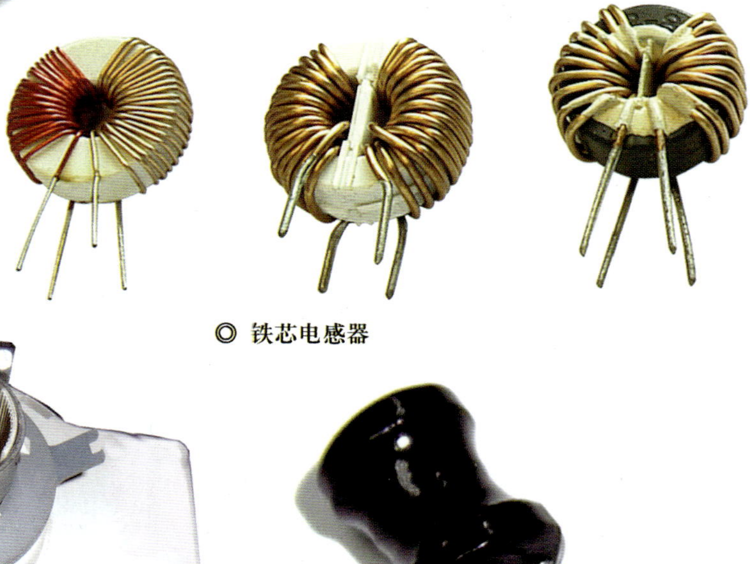

◎ 铁芯电感器

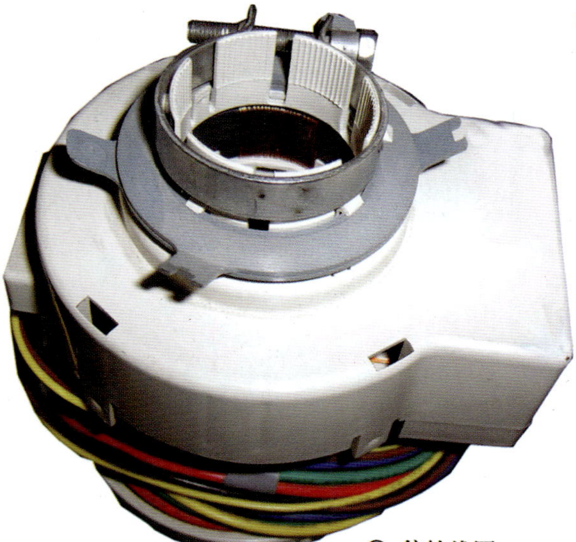

◎ 偏转线圈

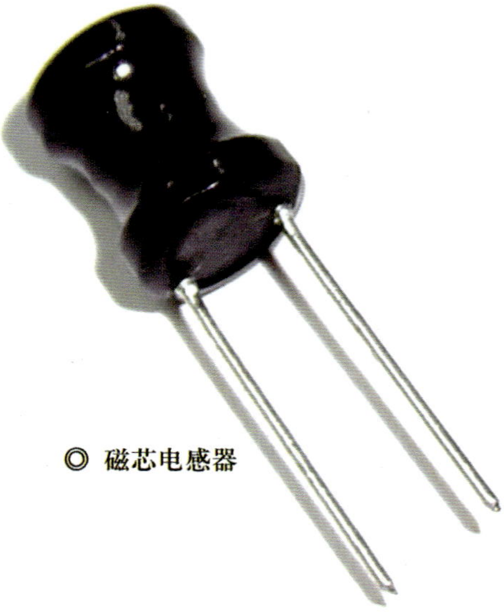

◎ 磁芯电感器

电子工艺与课程设计

毕亚军　崔瑞雪　主　编
张增良　副主编

電子工業出版社
Publishing House of Electronics Industry
北京 · BEIJING

内 容 简 介

本书是与电子工艺实习和电子技术课程设计等课程配套的实践性教材，主要讲授电子工艺和电子设计的基本知识，培养学生从事电子技术实践的基本技能，使学生了解并掌握电子产品设计、安装和调试的全过程。

本书分为上、下两篇。上篇主要介绍电子工艺的基础知识，包括常见电子元器件的识别与检测方法，电子产品的装配工艺，印制电路板的设计和制作，以及电子产品的安装和调试方法等。下篇主要讲述电子技术课程设计的内容、方法和要求，以电子系统设计的流程为线索，结合实例，系统地介绍电子设计的完整过程和典型方法，并给出14个设计性课题，便于学生进行课程设计或课外实践。

本书可作为高等院校电子类和计算机类以及相关专业电子工艺实习和电子技术课程设计的教材，也可供从事电子技术工作的专业技术人员参考。

图书在版编目（CIP）数据

电子工艺与课程设计 / 毕亚军，崔瑞雪主编. —北京：电子工业出版社，2012.1
ISBN 978-7-121-15119-4

Ⅰ. ①电… Ⅱ. ①毕… ②崔… Ⅲ. ①电子技术－课程设计－高等职业教育－教材 Ⅳ. ①TN-41

中国版本图书馆 CIP 数据核字（2011）第 235275 号

责任编辑：宋 梅（mariams@phei.com.cn）
印 刷：
装 订：北京市李史山胶印厂
出版发行：电子工业出版社
北京市海淀区万寿路 173 信箱 邮编 100036
开 本：787×1 092 1/16 印张：17.25 字数：435 千字 彩插：2
印 次：2012 年 1 月第 1 次印刷
印 数：3 000 册 定价：39.00 元

前　言

本书是与电子工艺实习和电子技术课程设计等实践课程相配套的教材。本书以培养学生实际动手能力、分析和解决问题的能力、产品设计和创新的能力为目标，重点介绍电子技术实践的基本知识和基本操作技能，力求使学生通过对本书的学习，能够对电子产品从设计、制作到安装、调试的全过程有一个完整和系统的认识。

本书分为上、下两篇。上篇为电子工艺基础知识，主要介绍常见电子元器件的识别与检测方法，电子产品的装配工艺，印制电路板的设计和制作，以及电子产品的安装和调试方法等。下篇为电子技术课程设计，主要目的是提高学生进行电子系统设计的能力。首先，介绍电子系统设计的方法；然后，通过两个典型的设计实例，详细介绍电子系统设计的过程和方法；最后，结合一些科研设计成果及大学生电子设计竞赛，选取了 14 个设计性题目，题目力求内容新颖、难度适中、可操作性强，每个题目均明确了设计任务，提出具体的设计要求，并给予一定的设计指导，可作为学生进行课程设计或课外实践的课题，给学生留有较大的发挥空间。

本书具有以下特点：

（1）图文并茂，简明直观。对电子技术中常用元器件及常用工具的介绍均采用图片结合图表、文字的方式，简单明了，通俗易懂，信息量大，便于查询。实物图的表现方式有利于学生直观地学习和掌握电子技术的基本常识。

（2）注重技能训练，强调“在学中练”。每章末都设计了与本章重点知识相关的技能训练内容，使学生在学习理论知识的同时加强实践动手能力的训练。

（3）案例指导，脉络清晰。本书在讲述 Protel 99SE 软件的主要功能及应用时，使用一个典型实例贯穿始终。从原理图到网络表再到 PCB，让读者能够感受到一个 PCB 的完整而真实的设计过程，帮助读者从连贯的介绍中深刻领会电路板设计的整套流程。

（4）注重学生设计能力的培养。在 14 个设计性课题中，只给出具体技术要求和部分参考电路，并不给出完整的分析过程和具体电路，以促使学生自主钻研，自行完成电路的设计、安装和调试的全过程。

本书由毕亚军、崔瑞雪主编，张增良任副主编。第 1、2 章由毕亚军编写；第 3 章由张洁编写；第 4、5 章由薛瑞编写；第 6 章由张增良和胡颖编写；第 7 章由毕亚军和崔瑞雪编写。书中部分插图由胡颖编辑整理。全书由毕亚军统稿。

由于编者水平有限，书中难免存在错漏和不妥之处，恳请读者批评指正。

编著者

2011 年 9 月

目　录

上篇　电子工艺基础知识

第 1 章　常用元器件的识别与选用……2
1.1　电阻器……2
1.1.1　常用电阻器及其特点……2
1.1.2　电阻器的主要技术指标……4
1.1.3　电阻器的标注和检测……5
1.1.4　电位器的使用和检测……8
1.2　电容器……10
1.2.1　常用电容器及其特点……11
1.2.2　电容器的主要技术指标……13
1.2.3　电容器的标注与检测……14
1.3　电感器……17
1.3.1　常用电感器及其特点……18
1.3.2　电感器的主要技术指标……19
1.3.3　变压器……20
1.3.4　电感器和变压器的标注及检测……21
1.4　半导体器件……22
1.4.1　半导体分立器件的型号命名方法……23
1.4.2　半导体二极管……24
1.4.3　三极管……28
1.4.4　场效应管……31
1.5　集成电路……34
1.5.1　集成电路基本知识……34
1.5.2　模拟集成电路……38
1.5.3　数字集成电路……41
1.5.4　功能集成电路……44
1.6　其他电子元器件……48
1.6.1　显示器件……48
1.6.2　电声器件……54
1.6.3　光电器件……57
1.6.4　开关和继电器……61
1.6.5　常用接插件……66
1.7　技能训练……69
1.7.1　常用元器件的识别与检测训练……69

1.7.2 简易光控电路的设计与制作训练项目……70
第 2 章 电子产品装配工艺……74
2.1 常用电子工具……74
2.1.1 板件加工类工具……74
2.1.2 安装焊接类工具……76
2.1.3 检测调试类工具……78
2.2 焊接技术……82
2.2.1 焊锡与焊剂……82
2.2.2 手工焊接方法……84
2.2.3 自动焊接技术……92
2.3 电子装配工艺基础……95
2.3.1 元器件的手工安装方法……95
2.3.2 片状元件的贴装方法……96
2.4 技能训练……97
2.4.1 元件的预处理及插装训练……97
2.4.2 焊接技术练习……98
2.4.3 电子产品装配工艺综合训练……98
第 3 章 印制电路板的设计……99
3.1 印制电路板的设计基础……99
3.1.1 有关 PCB 的基本概念……99
3.1.2 PCB 的设计步骤……100
3.2 印制电路板的设计……102
3.2.1 原理图的绘制……102
3.2.2 PCB 元器件封装的制作与管理……123
3.2.3 PCB 元器件布局前的准备工作……133
3.2.4 元器件布局……141
3.2.5 元器件布线……150
3.2.6 PCB 设计的后期工作……160
3.3 技能训练……164
第 4 章 印制电路板的制作……168
4.1 印制电路板概述……168
4.1.1 印制电路板的类型和特点……168
4.1.2 印制电路板的材料……169
4.1.3 印制电路板的功能……170
4.1.4 印制电路板的参数及选择……170
4.2 印制电路板的设计……171
4.2.1 印制电路板的设计目标……171
4.2.2 印制电路板的排版布局……172
4.3 印制电路板的制造工艺……176
4.3.1 制造流程中的基本环节……176

4.3.2 工厂制作印制电路板 ······ 179
4.3.3 手工自制印制电路板 ······ 180
4.4 印制电路板的质量检验 ······ 185
4.5 技能训练 ······ 186
第 5 章 电子产品的安装与调试 ······ 188
5.1 晶体管收音机的安装、调试与检修 ······ 188
5.2 数字万用表的安装、调试与检修 ······ 194

下篇 电子技术课程设计

第 6 章 电子技术课程设计基础 ······ 200
6.1 课程设计的目的与要求 ······ 200
6.2 电子电路的设计方法与步骤 ······ 200
6.2.1 电子电路的方案设计 ······ 201
6.2.2 单元电路的设计、参数计算和元器件选择 ······ 201
6.2.3 单元电路之间的级联 ······ 203
6.2.4 总体电路图的画法 ······ 205
6.3 电子电路的安装与调试 ······ 206
6.3.1 电子电路的安装 ······ 206
6.3.2 电路的调试 ······ 207
6.4 常见故障和检查排除方法 ······ 209
6.4.1 常见故障 ······ 209
6.4.2 检查排除故障的基本方法 ······ 210
6.5 课程设计总结报告 ······ 212
6.6 数字电路设计实例：彩灯控制器 ······ 212
6.6.1 设计任务与要求 ······ 212
6.6.2 设计思路 ······ 212
6.6.3 彩灯控制器的组成方框图 ······ 213
6.6.4 彩灯图案及图案变换的设计 ······ 213
6.6.5 状态变换产生电路的设计 ······ 214
6.6.6 初态产生电路的设计 ······ 215
6.6.7 初态置入控制电路的设计 ······ 216
6.6.8 环扭计数控制电路和速度变换产生电路的设计 ······ 217
6.6.9 时钟信号产生电路的设计 ······ 218
6.6.10 驱动电路的设计 ······ 219
6.6.11 清零电路的设计 ······ 219
6.6.12 彩灯控制器的逻辑原理图 ······ 219
6.6.13 安装与调试 ······ 220
6.7 模拟电路设计举例：三极管输出特性曲线测试电路 ······ 220
6.7.1 设计任务与要求 ······ 220

6.7.2 设计思路……220
6.7.3 三极管输出特性曲线测试电路组成方框图……220
6.7.4 三角波产生电路的设计……221
6.7.5 可编程放大器的设计……222
6.7.6 八进制时序计数器的设计……223
6.7.7 梯形基极电流产生电路和集电极电流变换电路的设计……224
6.7.8 三极管输出特性曲线测试电路原理图……225
6.7.9 安装与调试……225
第 7 章 电子技术课程设计……226
7.1 直流稳压电源的设计……226
7.1.1 设计目的……226
7.1.2 设计任务与要求……226
7.1.3 设计指导……226
7.1.4 单元电路设计……227
7.1.5 安装与调试……230
7.2 函数信号发生器的设计……231
7.2.1 设计目的……231
7.2.2 设计任务与要求……231
7.2.3 设计指导……232
7.2.4 电路设计……234
7.2.5 安装与调试……238
7.3 低频数字频率计的设计……238
7.3.1 设计目的……238
7.3.2 设计任务与要求……239
7.3.3 设计指导……239
7.3.4 电路设计……241
7.3.5 安装与调试……242
7.4 数显式脉搏测试仪……243
7.4.1 设计目的……243
7.4.2 设计任务与要求……243
7.4.3 设计指导……243
7.4.4 电路设计……244
7.4.5 安装与调试……247
7.5 多路竞赛抢答器……248
7.5.1 设计目的……248
7.5.2 设计任务与要求……248
7.5.3 设计指导……248
7.5.4 电路设计……249
7.5.5 安装与调试……251
7.6 数字式电容测量仪……251

7.6.1 设计目的……251
7.6.2 设计任务与要求……251
7.6.3 设计指导……252
7.6.4 电路设计……253
7.6.5 安装与调试……254
7.7 触摸延时开关的设计……254
7.7.1 设计目的……254
7.7.2 设计任务与要求……254
7.7.3 设计指导……254
7.7.4 单元电路设计……255
7.7.5 安装与调试……256
7.8 逻辑信号电平测试器的设计……256
7.8.1 设计目的……256
7.8.2 设计任务与要求……257
7.8.3 设计指导……257
7.8.4 单元电路设计……258
7.8.5 安装与调试……259
7.9 设计题目选编……259
7.9.1 多路防盗报警器……259
7.9.2 数字电压表……260
7.9.3 数控直流电流源……260
7.9.4 数字温度计……261
7.9.5 篮球竞赛 30 s 计时器……261
7.9.6 9 位按键数字密码锁……262
参考文献……263

上篇　电子工艺基础知识

第1章　常用元器件的识别与选用

1.1　电　阻　器

物体对通过它的电流所具有的阻碍作用称为电阻，在电路中起电阻作用的元件称为电阻器（或简称为电阻）。电阻器是电子电路中应用最为广泛的元件，其功能主要是通过分压为其他电子元器件提供合适的电压，或者通过限流为其他元器件提供适当的电流。

1.1.1　常用电阻器及其特点

电阻器从结构上可分为固定电阻器和可变电阻器（也称为电位器）两大类。在电子产品中以固定电阻器应用最广。根据制造材料和工艺的不同，固定电阻器又可分为多种类型，常用的有碳膜电阻器（RT）、金属膜电阻器（RJ）、绕线电阻器（RX），还有近年来开始广泛应用的贴片电阻器等。电阻的型号命名很有规律，第 1 个字母 R 代表电阻，第 2 个字母代表材料和结构，例如，T——碳膜，J——金属，X——线绕，分别为各自拼音的首字母。

在国产老式电子产品中，经常可以看到外表涂覆绿漆的电阻器，那就是 RT 型碳膜电阻器。碳膜电阻器价格低廉，但误差较大，稳定性差，多应用在对精密度要求不高的场合。在目前的实际应用中，如果电路没有特殊的要求，我们一般都采用 1/8W 的金属膜电阻器，因为金属膜电阻的精度高、温度特性好、成本低，是目前应用最多的电阻器。

几种常用的固定电阻器的结构及特点如表 1-1 所示。

表 1-1　常用固定电阻器的结构及特点

分　类	实 物 图	结　构	特　点
碳膜电阻器（RT）		碳氢化合物在真空中经高温蒸发分解，在陶瓷骨架表面沉淀为碳结晶导电膜，改变膜的厚度和长度可得到不同的电阻阻值	碳膜电阻器具有良好的阻值稳定性且阻值范围宽（几欧～ 几兆欧），受电压和频率的影响较小，电阻温度系数不大且为负值，价格便宜
金属膜电阻器（RJ）	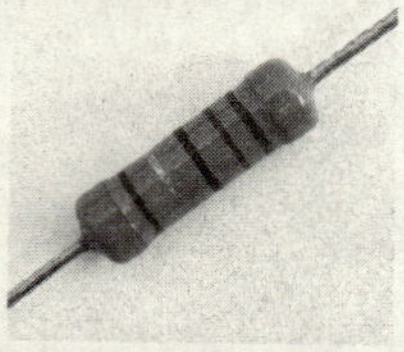	经真空高温或烧渗工艺蒸发，在陶瓷骨架表面沉积一层金属膜，改变金属膜厚度可控制阻值。	金属膜电阻器具有功率大、噪声小、温度系数小、阻值范围宽等优点，是目前生产量最大、用途最广的通用电阻器。广泛应用于高级音响、计算机、测试仪器、自动控制等设备中
绕线电阻器（RX）	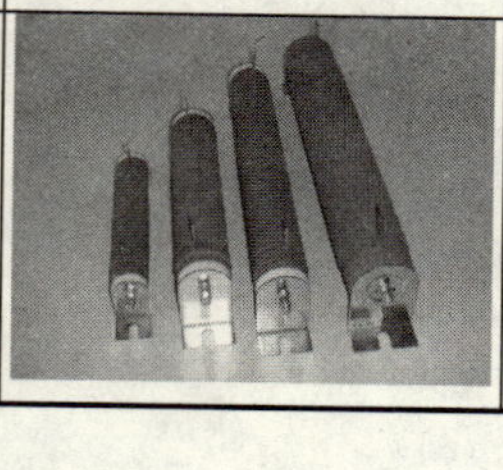	将电阻线绕在耐热瓷体上，表面涂以耐热、耐湿、无腐蚀的阻燃性保护层而成	绕线电阻器具有耐热性好、温度系数小、质轻、耐短时间过负载、噪声小、阻值稳定、功率范围大、工作稳定可靠、电感量低等优点而在精密仪器中广泛应用

续表

分　类	实 物 图	结　　构	特　　点
水泥电阻器	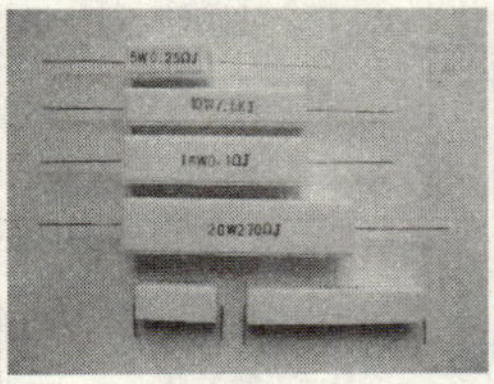	水泥电阻器也是一种绕线电阻，它是将电阻线绕于耐热瓷件上，外面加上耐热、耐湿及耐腐蚀材料保护固定而成的。水泥电阻器通常是把电阻体放入方形瓷框内，用特殊阻燃、耐热水泥充填密封而成，由于其外形像一个白色长方形水泥块，故称水泥电阻器	水泥电阻器属于功率较大的电阻，能够允许较大电流的通过，比如和电动机串联，限制电动机的启动电流，阻值一般不大。 水泥电阻器具有高功率、散热性好、稳定性高、耐湿、耐振等特点。主要用于大功率电路中，如电源电路的过流检测、保护电路，音频功率放大器的功率输出电路等
贴片电阻器		贴片电阻器又称表面安装电阻器、无引线电阻器、片状电阻器、SMD 电阻器等。它是将金属粉和玻璃铀粉混合，采用丝网印刷法印在基板上制成的电阻器，属于金属玻璃铀电阻器中的一种	贴片电阻器具有耐潮湿、耐高温、温度系数小等特点
排阻	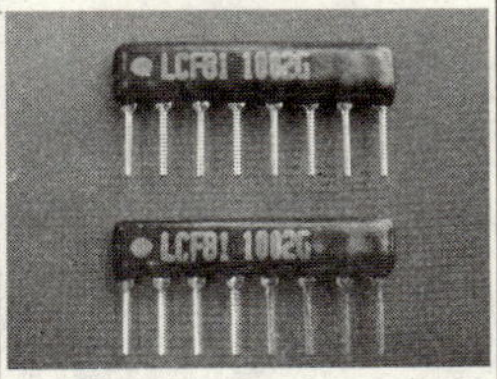	排阻是综合应用掩膜、光刻、烧结等工艺，在一块基片上制成多个参数和性能一致的电阻，它相当于将多个电阻器集中封装在一起，并连接而成的电阻网络，也称为集成电阻器或电阻排。 排阻可分为单列直插式和双列直插式两种。它具有装配方便、安装密度高等优点，目前已大量应用于电子电路中	单列直插排阻的内部结构： 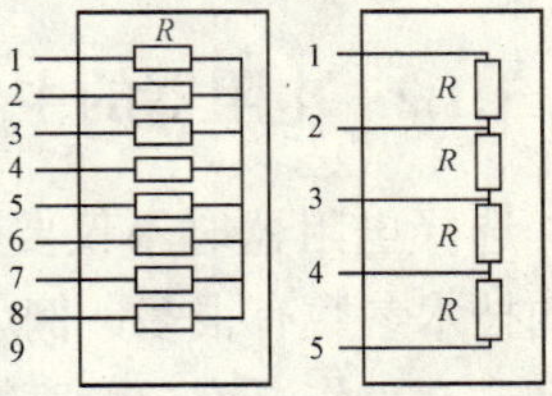 双列直插排阻的内部结构： 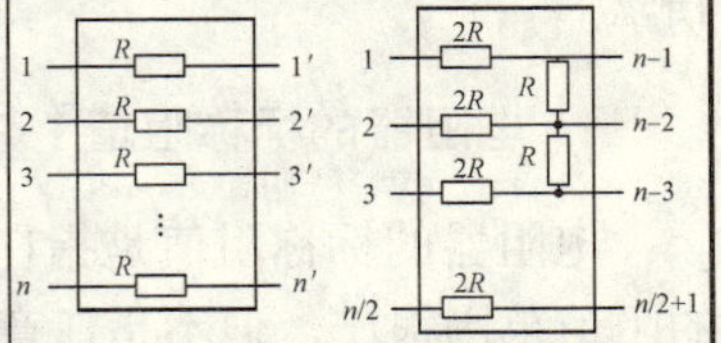

除了大量使用的普通电阻器以外，在电子技术实践中，还有一些具有特殊功能的电阻器，主要包括敏感电阻器和熔断电阻器。敏感电阻是指那些对外界温度、湿度、光照强度、压力等物理量反应敏感的电阻；熔断电阻是一种具有电阻器和熔断器双重作用的特殊元件，平时具有电阻器的作用，一旦出现异常过电流时，它立即熔断，以保护电路中其他重要的元器件。

几种常用的特殊电阻器的特点及应用如表 1-2 所示。

表 1-2　常用特殊电阻器的特点及应用

分　类	实 物 图	特　　点	应　　用
热敏电阻器	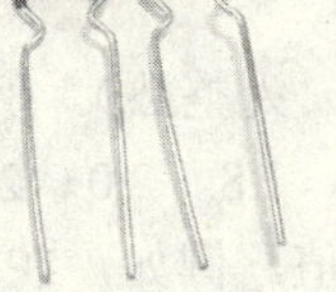	阻值随温度变化明显，可分为正温度系数热敏电阻（PTC）和负温度系数热敏电阻（NTC）。 对温度灵敏、热惰性小、寿命长、体积小、结构简单	常用于温控、报警、气象探测等装置，以及微波和激光功率测量等领域

续表

分　类	实物图	特　点	应　用
光敏电阻器	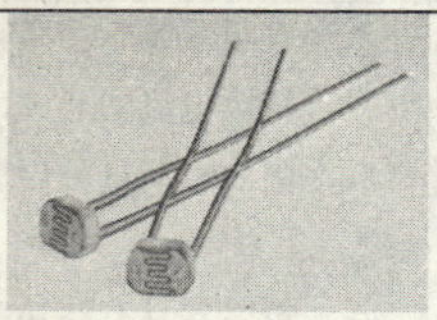	阻值随外界光照强度大小而变化。无光照时呈高阻态，有光照时阻值随光强度增大而减小	常用于照明控制、报警、相机自动曝光控制及测量仪器等
压敏电阻器	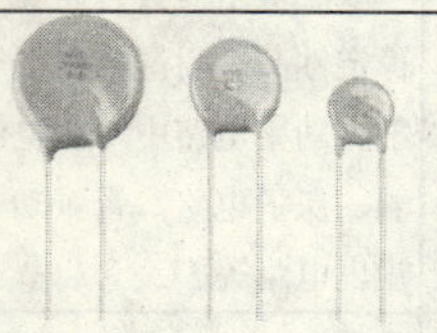	阻值随电压非线性变化。当两端电压低于标称额定值时，电阻值接近无穷大；当两端电压略高于标称额定值时，压敏电阻器被击穿导通，由高阻态变为低阻态	常用于过压保护、防雷、抑制浪涌电流、吸收尖峰脉冲、限幅、高压灭弧、消噪和保护半导体元器件等
熔断电阻器		当电路的工作电流超过额定电流时，熔断电阻器将会像熔断器一样熔断，对电路进行保护。熔断电阻器可分为可恢复式熔断电阻器和一次性熔断电阻器两种	一般阻值不太高（通常为几十欧姆），常用于直流供电电路中，在检测电路时如遇电路不通，电路图中又标明是小电阻，则应考虑是熔断电阻器烧坏

1.1.2　电阻器的主要技术指标

选择电阻器时不仅要确定电阻器的类型，还要确定电阻器的一些主要技术参数。电阻器的技术参数有很多，例如，标称阻值、允许偏差、额定功率、极限工作电压、稳定性、噪声、最高工作温度、温度特性、频率特性等。在实践中主要考虑标称阻值、允许偏差和额定功率。

1. 电阻器的标称阻值

电阻器的标称阻值是指在电阻器上标注的值，单位为欧姆，简称欧，用Ω表示。电阻器的阻值范围很广，但不是任意的。出于大规模商品化生产的需要，电阻器的标称阻值是按特定的 E 数列给出的。E 数列的通项公式为：

$$a_n = (\sqrt[E]{10})^{n-1} \tag{1-1}$$

当 E 取不同数值时，根据式（1-1）计算所得数值四舍五入取近似值形成数列。在我国的国家标准中规定的常用电阻器标称阻值系列有 E24、E12 和 E6 系列。具体情况如表 1-3 所示。

表 1-3　电阻值的常用标称系列

系　列	标　称　值	偏　差
E24	1.0、1.1、1.2、1.3、1.5、1.6、1.8、2.0、2.2、2.7、3.3、3.9、4.7、5.6、6.8、8.2、9.1	Ⅰ级（±5%）
E12	1.0、1.2、1.5、1.8、2.2、2.7、3.3、3.9、4.7、5.6、6.8、8.2	Ⅱ级（±10%）
E6	1.0、1.5、2.2、3.3、4.7、6.8	Ⅲ级（±20%）

实际电阻器的标称阻值就是按此数列数值的 10^n 分布的（n 为整数）。例如，按照 E24 系列，电阻的标称阻值可以是 1.0、1.1、1.2、1.3、1.5、1.6、1.8、2.0、2.2、2.7、3.3、3.9、4.7、5.6、6.8、8.2、9.1 乘以 10、100、1000…所得的数值。例如，在 E24 系列中取 2.0，可能产生的电阻标称阻值有 2 Ω、20 Ω、200 Ω、2 kΩ、20 kΩ、200 kΩ、2 MΩ、20 MΩ、

200 MΩ等。而在市场上是买不到 50 kΩ电阻的，如果需要，只能根据精度要求在相应系列中选择最接近的规格。

2. 电阻器的允许偏差

电阻器的标称阻值往往和它的实际阻值不完全相符，有的阻值偏大，有的阻值偏小一些。电阻的实际阻值和标称阻值的偏差，除以标称阻值所得的百分数，叫做电阻的允许误差。表 1-4 所列的是电阻允许误差的等级。

表 1-4　常用电阻允许误差的等级

允许误差	±0.5%	±1%	±2%	±5%	±10%	±20%
级 别	005	01	02	I	II	III

国家标准规定的电阻标称值系列中，标称值越多，则该系列电阻的允许误差越小。例如，E24 系列电阻器的允许误差要小于 E12 和 E6 系列。

3. 电阻器的额定功率

在规定的温度下，电阻在电路中长期稳定工作所允许消耗的最大功率称为额定功率。不同类型的电阻有不同的额定功率，在同种类型的电阻中，通常尺寸较大的电阻器其额定功率也较大，价格也较高。在电子技术实践中，常用电阻的功率有 1/16 W、1/8 W、1/4 W、1/2 W、1 W、2 W、5 W、10 W 等，对应的电路标识如图 1-1 所示。其中 1/8 W 和 1/4 W 的电阻较为常用。

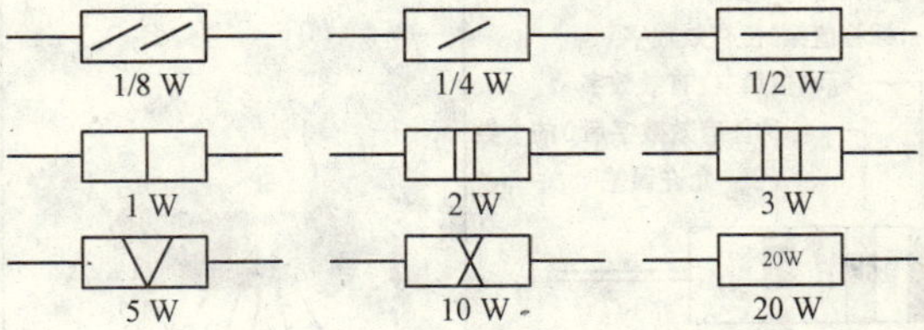

图 1-1　电阻器额定功率的电路标识

实际选用电阻器时，应使电阻器额定功率值约为其在电路中实际最大功率值的 1.5～2 倍。在代换电阻时，若空间允许，可以用功率较大的电阻代换功率较小的电阻。

1.1.3　电阻器的标注和检测

正如前文所述，电阻器的标称阻值是选用电阻时首先要考虑的参数。在拿到一个电阻器时，怎样快速确定其阻值呢？这就要了解常用电阻器的标注方法。另外，在使用电阻之前，还要检测其功能是否完好，掌握电阻器的基本检测方法也是正确使用电阻器的重要前提。

1. 电阻器的标注

通常，电阻器的标称值和允许误差均标注在电阻器的表面，额定功率则不直接标明。常用的标注方法主要有：直标法、文字标注法、数码标注法和色环标注法，如表 1-5 和表 1-6 所示。

表 1-5　电阻器的标注方法

标注方法	内　　容	示　　例	备　　注
直标法	将电阻器的标称值以数字加单位符号（Ω、kΩ、MΩ）的形式在电阻器表面直接标出，用百分数表示允许误差	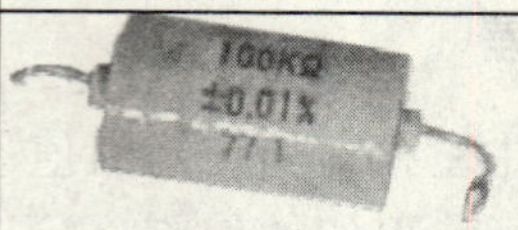 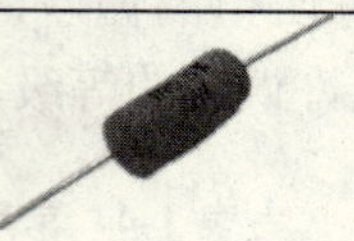	若未标明允许偏差，则表示允许偏差为 ±20%；若未标明单位，则表示单位为Ω
文字标注法	用有规律的数字和字母的组合表示电阻的阻值和允许误差。阻值的整数部分写在单位符号的前面，小数部分写在单位符号的后面	1.5 Ω、±5% 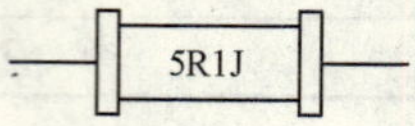 5.1 Ω、±5% 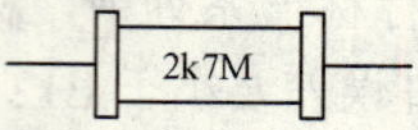 2.7 kΩ、±20%	阻值单位用字母表示：R——欧姆、k——千欧、M——兆欧； 允许偏差可用百分数表示，也可用Ⅰ、Ⅱ、Ⅲ或字母表示：M（±20%）、K（±10%）、J（±5%）、G（±2%）、F（±1%）、D（±0.5%）
数码法	用 3 位数字表示电阻的阻值：前 2 位表示阻值的有效数字，第 3 位数字表示 10 的倍乘数；单位为欧姆	 $10\times10^3\ \Omega=10\ k\Omega$ 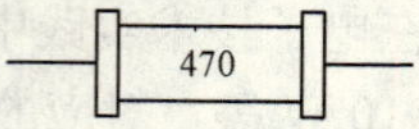 $47\times10^0\ \Omega=47\ \Omega$	不能表示允许误差
色环标注法	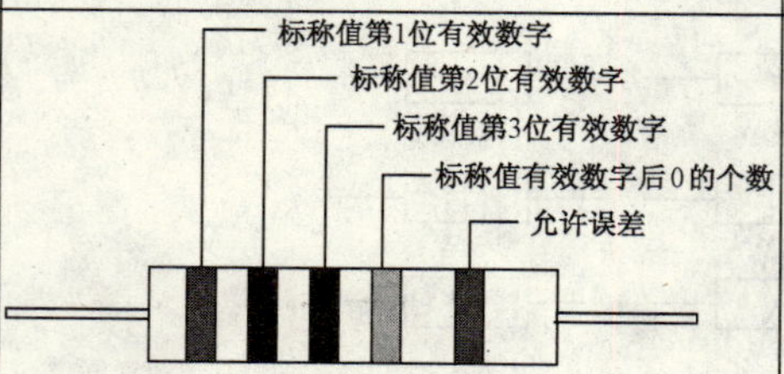 五色环电阻的标注方法 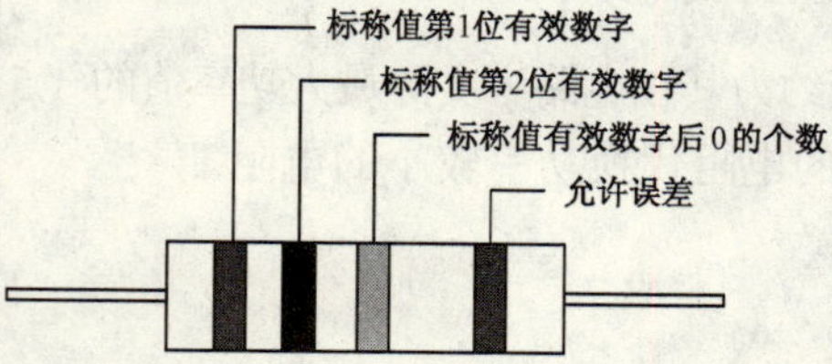 四色环电阻的标注方法	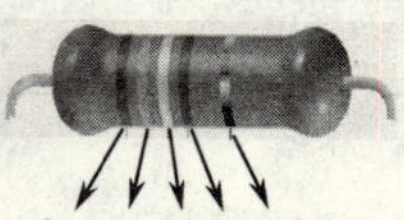 红 绿 黄 红 金 2　5　4　10^2 ±5% 表示 25.4 kΩ，允许误差为 ±5%。	第 1 环的确定方法：通常，与端点最为接近的一环为第 1 色环

表 1-6　色环标注法中各种色环颜色的表示意义

颜　色	第 1 位有效数字	第 1 位有效数字	第 1 位有效数字	倍乘数	允许误差
黑	0	0	0	10^0	
棕	1	1	1	10^1	±1%
红	2	2	2	10^2	±2%
橙	3	3	3	10^3	
黄	4	4	4	10^4	
绿	5	5	5	10^5	±0.5%

续表

颜　色	第 1 位有效数字	第 1 位有效数字	第 1 位有效数字	倍乘数	允许误差
蓝	6	6	6	10^6	±0.25%
紫	7	7	7	10^7	±0.1%
灰	8	8	8	10^8	
白	9	9	9	10^9	
金				10^{-1}	
银				10^{-2}	

2．电阻器的检测

1）固定电阻器的检测

首先可通过目测观察电阻器外形是否完整，标志是否清晰。对于已安装在电路中的电阻器的检测，首先要观察其表面漆层有无发黄或变黑现象，若有此现象，则有可能是电阻器过热甚至烧毁的表征，应对此处加以重点检查。

用万用表欧姆挡检测电路中的电阻时，应把电阻器的一端从电路中断开，以免电路中其他元件的并联影响测量的准确性。测高阻值（如 1 MΩ以上）电阻时，不允许用两只手同时接触表笔两端，否则会将人体电阻并联于被测电阻器上而影响测量的准确性。为了提高测量精度，还应根据被测电阻标称值的大小来选择量程。读数与标称阻值之间分别允许有±5%、±10% 或 ±20% 的误差。如不相符，超出误差范围，则说明该电阻器的值发生了变化。

2）热敏电阻的检测

根据热敏电阻的标称阻值选择万用表合适的挡位进行测量。具体可分两步操作，首先进行常温检测（室内温度接近 25℃）。将两表笔接触热敏电阻的两引脚测出其实际阻值，并与标称阻值相对比，二者相差在±2 Ω内即为正常。若实际阻值与标称阻值相差过大，则说明其性能不良或已损坏。在常温测试正常的基础上，即可进行第二步加温检测。将一热源（如电烙铁）靠近热敏电阻对其加热，同时用万用表监测其电阻值是否随温度的升高而变化（增大或减小）。如果阻值有变化，说明热敏电阻正常；若阻值无变化，说明其性能变差，不能继续使用。在加温检测时应注意不要使热源与热敏电阻靠得过近或直接接触，以防止将其烫坏。测试时，不要用手捏住热敏电阻体，以防止人体温度对测试产生影响。

3）光敏电阻的检测

首先用一遮光物将光敏电阻的透光窗口遮住，此时万用表的所示阻值应接近无穷大，此值越大说明光敏电阻性能越好，若此值很小或接近于零，说明光敏电阻已烧穿损坏，不能再继续使用。然后将一光源对准光敏电阻的透光窗口，此时万用表所示阻值应明显减小，此值越小说明光敏电阻性能越好，若此值很大甚至无穷大，表明光敏电阻内部开路损坏，也不能再继续使用。将光敏电阻透光窗口对准入射光线，用遮光物在光敏电阻的遮光窗上部晃动，使其间断受光，此时万用表读数应随遮光物的晃动而左右摆动，如果万用表读数始终不变或不随遮光物的晃动而摆动，说明光敏电阻的光敏材料已经损坏。

4）压敏电阻的检测

用万用表的 R×1 k 挡测量压敏电阻两引脚之间的正、反向绝缘电阻，均应为无穷大；若所测电阻很小，说明压敏电阻已损坏，不能继续使用。

1.1.4 电位器的使用和检测

在电子电路中，某些电阻的阻值需要经常调整，这时就要使用电位器来代替普通电阻器。电位器实际上就是一个可变电阻，在电路中起着调节电压和电流的作用。收音机的音量调节、调光灯的亮度调节、功放机的各种调节旋钮等，都是电位器在实际应用中的例子。

1．电位器的结构和使用方法

电位器通常由电阻体与转动或滑动系统组成，靠一个动触点在电阻体上移动来改变实际接入电路的电阻值。电位器一般有 3 个引出端，如图 1-2 所示，其中“1”、“3”两端为阻值固定的引脚，其间阻值最大，中间引脚“2”与两端引脚之间的电阻值会随着调节电位器的旋钮而改变。

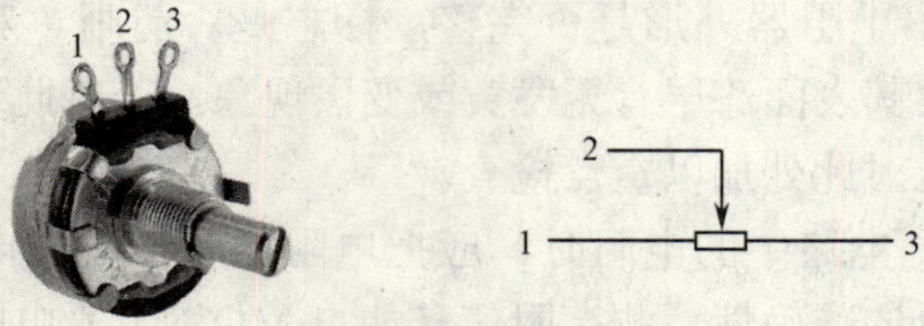

图 1-2　电位器的结构及电路标识

为了使用方便，有一类电位器上还装有开关，称为带开关的电位器，其电路标识和外观如图 1-3 所示。这种电位器的旋钮可以向外拉出和推入，或者在旋至最小阻值时设有一开关，以此实现开关的功能，常用于收音机、电子仪器仪表等电子设备中。

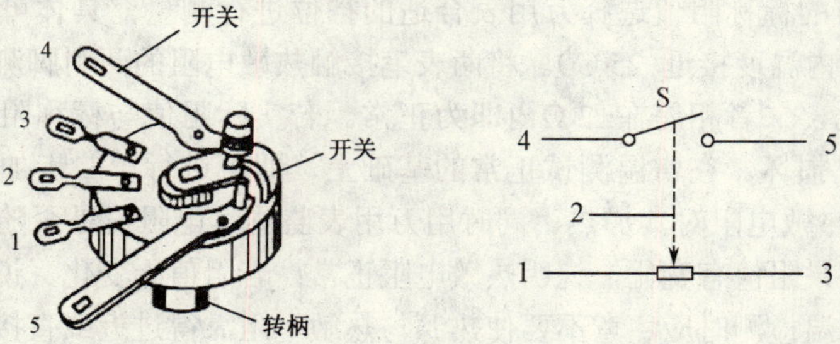

图 1-3　带开关的电位器的结构和电路标识

电位器在电路中通常按照图 1-4 所示的方式连接，中间引脚和一端固定引脚连在一起。这种连接方式的好处是，即使电位器的动触点与电阻体接触不良，甚至开路，也不会导致电路开路。

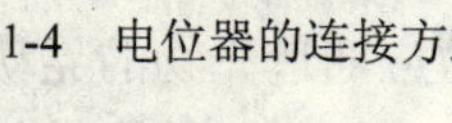

图 1-4　电位器的连接方式

2．常用电位器的特性及应用

常用电位器的阻值变化规律如图 1-5 所示，可分为直线式（图 1-5 中的 X）、指数式（图 1-5 中的 Z）和对数式（图 1-5 中的 D）等几种形式。一般来说，直线式的电位器适合做分压器使用，指数式的电位器适用于音量控制，而对数式的电位器则适用于音调控制。此外，根据不同需要还可以制成按其他函数规律变化的电位器，如正弦电位器和余弦电位器等。

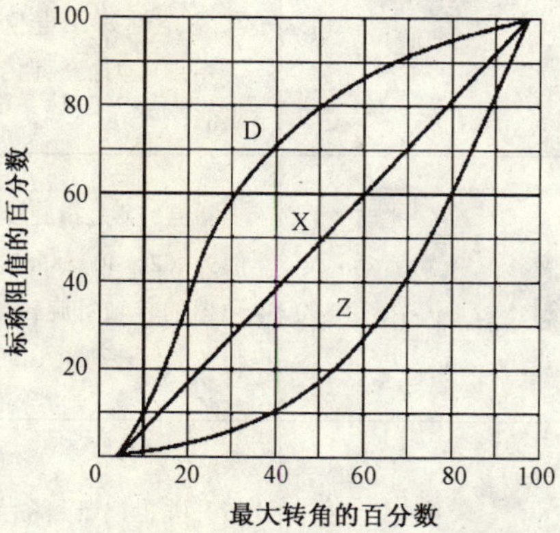

X—直线式；D—对数式；Z—指数式

图 1-5　电位器的阻值变化规律

在实际应用中电位器的种类和型号很多，下面仅列出几种常用电位器的特点及应用，如表 1-7 所示。

表 1-7　常用电位器的特点及应用

类　型	实 物 图	特　点	应　用
一般电位器	 	通常为单圈电位器。阻值范围广，分辨率高，价格较低，使用寿命长；阻值变化通常表现为非线性，噪声较大，温度系数也较大	中低档电子产品，普通仪器仪表电路
多联电位器	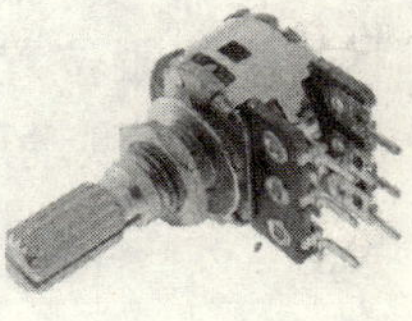	由两个或两个以上单联电位器组成的电位器组件，分为同步多联电位器和异步多联电位器两种。 同步多联电位器：用同一调节轴（或滑动柄）对各联电位器做同步调节。 异步多联电位器：用各自的调节轴（或滑动柄）对各联电位器做独立调节	多联电位器在电路中可以调节多个不同工作点电压或信号强度，例如，双声道音频放大电路中的音量调节电位器就是一个双联电位器，可同时调节两个声道的音量
直滑式电位器		电阻体一般为长方条形，通过与滑座相连的滑柄使电刷作直线运动而改变电阻值	一般用于电视机或音响中做音量控制或均衡控制
滑动变阻器	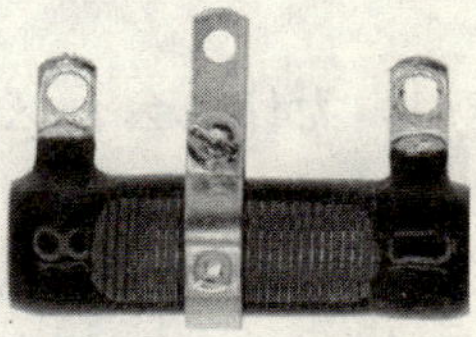	体积大，功率大，滑动视觉直观	是实验室常用的电位器，也可作为限流器用

续表

类　型	实　物　图	特　点	应　用
精密微调电位器		通阻值范围宽，体积小；温度系数小，稳定性好；电位器上有一个调节孔，用螺丝刀插入调节孔并旋转即可调节阻值	主要用在不需要经常调节的电路中，如开关电源中的电压调整电位器
多圈精密微调电位器	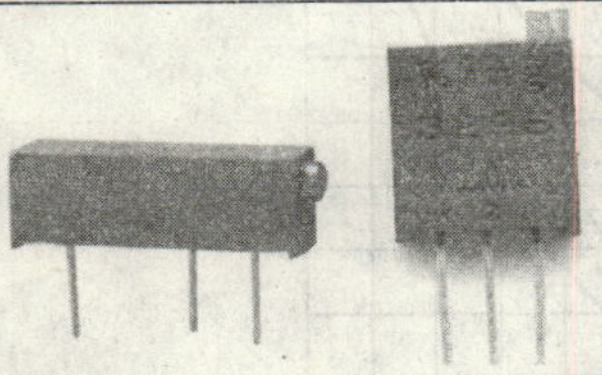	多圈电位器是指旋转角度大于 360°，一般为（2～40）×360° 的电位器。这种电位器的转轴每旋转一周，滑动触头在电阻体上仅移动很小的一段距离	一般用于需精密调节电阻的电路中
带开关电位器		带开关电位器是备有开关的电位器，开关形式有推拉式、按键式、正开关式和反开关式等	多用于电子产品中做音量控制（或电压、电流控制）兼做电源开关

3. 电位器的检测

检查电位器时，首先要转动旋柄，看看旋柄转动是否平滑，并听一听电位器内部接触点和电阻体摩擦的声音，如有“沙沙”声，说明质量不好；如果是带开关的电位器，还要看开关是否灵活，开关通、断时“喀哒”声是否清脆等。用万用表检测时，先根据被测电位器阻值的大小，选择合适的挡位，然后可按下述方法进行检测。

用万用表的欧姆挡测“1”、“3”两端，其读数应为电位器的标称阻值，如万用表的指针不动或阻值相差很多，则表明该电位器已损坏。

检测电位器的活动臂与电阻片的接触是否良好。用万用表的欧姆挡测“1”、“2”（或“2”、“3”）两端，将电位器的转轴按逆时针方向旋至接近“关”的位置，这时电阻值越小越好。再顺时针慢慢旋转轴柄，电阻值应逐渐增大。当轴柄旋至极限位置“3”时，阻值应接近电位器的标称值。如万用表的示数在电位器的轴柄转动过程中有跳动现象，说明活动触点有接触不良的故障。

1.2　电　容　器

电容器是一种能储存电荷的元件。它是由两片靠得较近的金属片，中间再隔以绝缘介质而组成的。按绝缘介质的不同，可制成各种各样的电容器，例如，云母、瓷介、纸介、电解电容器等。在构造上，又分为固定电容器和可变电容器。电容在电子线路中也是广泛应用的器件之一，我们经常用它来完成滤波、隔直、交流耦合、交流旁路等功能，也用它和电感元件一起组成振荡电路。

我们通常说电容器具有“隔直流、通交流”的作用。为什么会有这样的作用呢？这是因为电容器是依靠两极板的充、放电来工作的。电源开关 S 未闭合时，如图 1-6（a）所示，电容器的两极板是不带电的；当开关 S 闭合时，如图 1-6（b）所示，电容器正极板上的自由电子便被电源所吸引，并推送到负极板上面，由于电容器两极板之间隔有绝缘材料，所以从正极板跑过来的自由电子便在负极板上面堆积起来，正极板因电子减少而带上正电，负极板因电子逐渐增加而带上负电，电容器两个极板之间便有了电位差。当这个电位差与电源电压相等时，电容器的充电就停止了，电路中不再有电流流动，电容器相对开路，这就是电容器的“隔直流”作用。此时若将电源切断，电容器仍能保持充电电压。对已充电的电容器，如果用导线将两个极板连接起来，由于两极板间存在电位差，电子便会通过导线，回到正极板上，直至两极板间的电位差为零。电容器又恢复到不带电的中性状态，导线中电流也随之变为零。

如果给电容器两端接上交流电，如图 1-6（c）所示，电容器两端则交替地进行充电和放电，电路中就不断地有电流在流动，这就是电容器的“通交流”作用。加在电容器两个极板上的交流电频率越高，电容器的充放电次数越多，充放电电流也就越强。也就是说，电容器对于频率高的交流电的阻碍作用较小，即容抗小；反之，电容器对频率较低的交流电产生的容抗较大。对于同一频率的交流电，电容器的容量越大，容抗就越小；容量越小，容抗就越大。

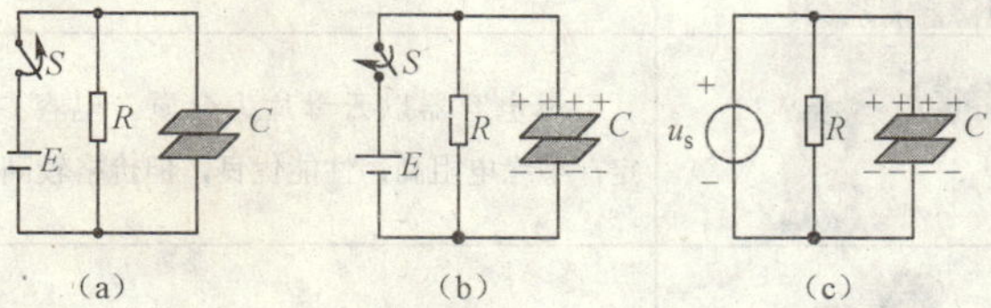

图 1-6　电容的充、放电过程示意图

1.2.1　常用电容器及其特点

电容器按其电容量是否可以改变分为固定电容器和可变电容器（包括微调电容器和可变电容器），使用最多的是固定容量的电容器；若按极性来分，电容器可分为有极性的电解电容和无极性的普通电容；若按绝缘介质材料划分也可分为有机介质（包括纸介、涤纶、聚苯乙烯、聚丙乙烯等）、无机介质（包括瓷介、云母、玻璃等）和电解电容等。下面对这些电容进行分类介绍。

常用固定电容器的特点及应用如表 1-8 所示。

表 1-8　常用固定电容器的特点及应用

名　称	实物图	特　点	应　用
纸介电容器（CZ）		以电容纸为绝缘介质，金属箔作为电极卷绕而成。分布电感较大，介质损耗也较大	直流或低频电路中
涤纶电容器（CL）	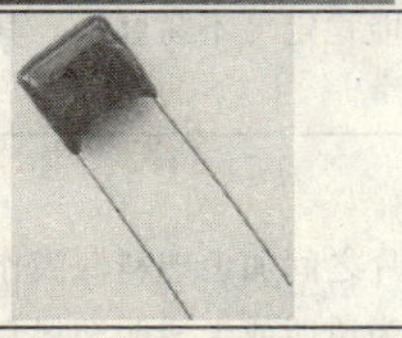	以涤纶薄膜为介质，体积小、容量大、稳定性较差、价格较低	适用于要求不高的场合，如收音机电路的耦合和旁路电容
聚苯乙烯薄膜电容器（CB）	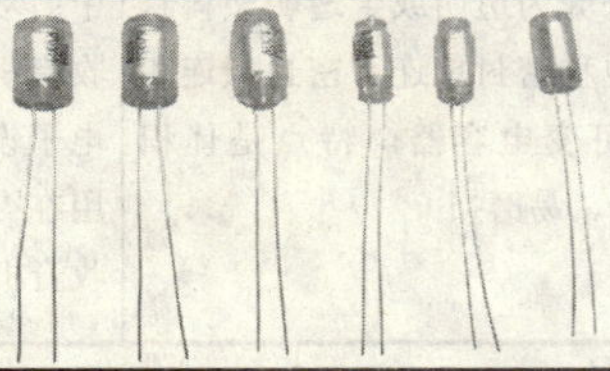	以聚苯乙烯薄膜为介质，体积小、容量大、耐热耐湿、损耗低、稳定性较好	适用于滤波器以及对稳定性、损耗要求较高、温度变化范围大的场合

续表

名　称	实 物 图	特　点	应　用
聚丙乙烯电容器（CBB）		以聚丙乙烯薄膜为介质，性能与聚苯乙烯电容相似但体积小，稳定性略差	代替聚苯乙烯或云母电容，用于要求较高的电路
瓷片电容器（CC）	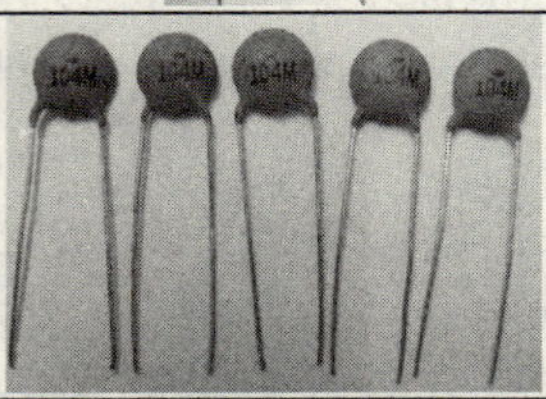	以陶瓷为介质，耐热性较好，不易老化，参数误差较大	价格低，在各种小型电子设备中做谐振、耦合、滤波或旁路
独石电容器	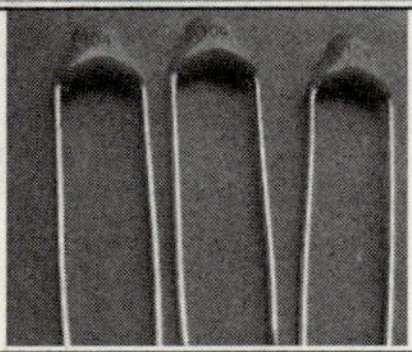	独石电容器是一种多层陶瓷电容器。容量大、体积小、可靠性高、参数稳定，耐高温耐湿性好，最大的缺点是温度系数较高，价格较高	应用于精密电子仪器
云母电容器（CY）	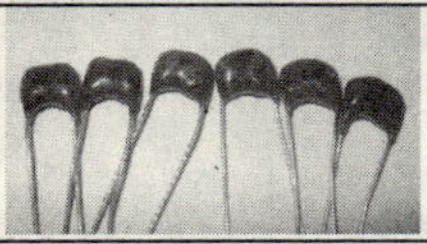	云母电容器以云母片为介质，电容参数稳定，绝缘电阻高，性能优良，但价格较高	主要用于要求较高的场合以及高频高压电路中
铝电解电容器（CD）	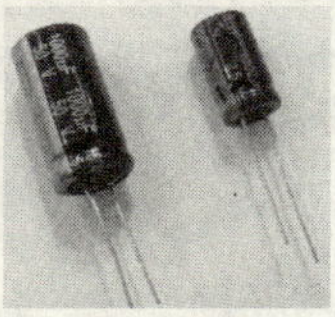	以氧化膜为介质的铝箔和浸有电解液的纤维纸带叠放并卷成圆筒后，封装在铝壳内制成。通常可获得比较大的容量	此类电容有极性，使用时不可接反。常用于电源滤波、低频耦合、去耦或旁路等场合
钽电解电容器（CA）	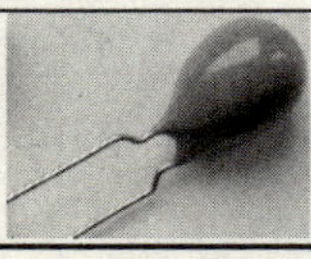	钽电解电容器的极板由钽粉烧结而成，其余部分与铝电解电容相同。在相同的耐压和电容量下，体积要比铝电解电容小得多。	价格较高，性能稳定，在要求较高的场合可替代铝电解电容

常用的可变电容器的特点及应用如表 1-9 所示。

表 1-9　常用可变电容器的特点及应用

名　称	实 物 图	特　点	应　用
空气介质可变电容器		电极由两组金属片组成。一组为定片，一组为动片，动片与定片之间以空气作为介质。当转动动片使之全部旋进定片时，其电容量最大；将动片全部旋出定片时，电容量最小。 空气可变电容器有单连和双连之分，调节方便、性能稳定、不易磨损。其体积较大	应用于收音机、电子仪器、高频信号发生器、通信电子设备等
薄膜可变电容器	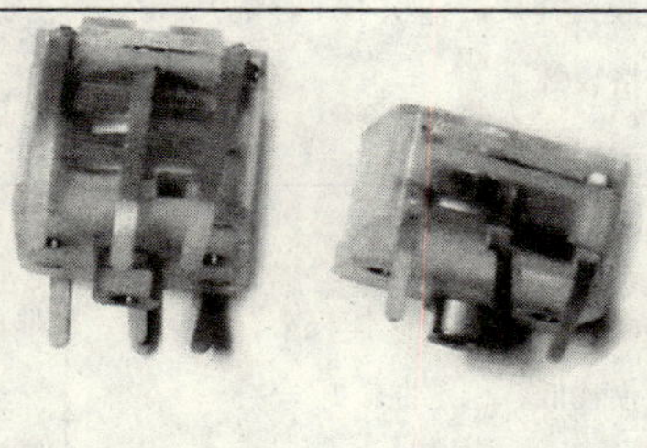 四连　　双连	在动片与定片之间加上塑料薄膜作为介质，外壳为透明或半透明塑料封装，因此也称密封单连、密封双连和密封四连可变电容器。特点是体积小、重量轻、易磨损	单连主要用在简易收音机或电子仪器中；双连用在晶体管收音机和电子仪器、电子设备中；四连常用在 AF/FM 多波段收音机

续表

名　称	实　物　图	特　　点	应　　用
微调电容器（半可变电容器）	 瓷介微调电容器  薄膜介质微调电容器	微调电容器分为云母微调电容器、瓷介微调电容器、薄膜微调电容器、拉线微调电容器等。以瓷介微调电容器为例，用陶瓷作为介质，在动片（瓷片）与定片（瓷片）上均镀有半圆形的银层，通过旋转动片改变两银片之间的相对位置，即可改变电容量的大小	应用于晶体管收音机、电子仪器、电子设备中； 在各种调谐及振荡电路中作为补偿电容器或校正电容器使用

1.2.2　电容器的主要技术指标

电容器的类型和结构种类比较多，因此，不仅需要了解各类电容器的技术指标和特性，还必须了解在特定用途下各种元件的优缺点，以及使用中的一些注意事项等。

1．标称容量

电容器标出的电容量值是表示电容量大小的参数，单位为法（F）。在实际应用中，以法出现的电容很少见到，常用的是微法（μF）和皮法（pF）。各单位之间的换算公式为：

$$1\,\text{F}=10^{6}\,\mu\text{F}=10^{12}\,\text{pF} \tag{1-2}$$

电阻器的绝缘介质材料不同，其标称容量也不相同。云母和陶瓷介质电容器的电容量较低，大约在 5000 pF 以下；纸介、塑料和一些瓷介的电容器居中，为 0.005～1.0 μF，；电解电容器的容量通常较大，可达几十甚至上千微法。

2．允许误差

电容器的允许误差一般分为三级，即Ⅰ级（±5%）、Ⅱ级（±10%）、Ⅲ级（±20%）。电解电容允许误差一般较大，可达 −30%～+100%。大多数场合下，容量的偏差可以较大，例如，在电路中用于耦合或旁路的电容，容量相差几倍都是可以的。在实际应用中，应根据电路需要合理选择电容的允许误差，不必盲目追求高精度的电容。

3．额定电压（耐压）

电容器中的电介质能够承受的电场强度是有限的。当施加在电容器上的电压达到一定值时，由于电介质漏电击穿而造成电容器失效。在允许环境温度范围内，能够连续长期施加在电容器上的最大电压有效值称为电容器的额定电压，习惯上也称为耐压。

额定电压通常是指直流工作电压。电容器的耐压应留有余量，确保电容器在电路中安全工作。在其他性能一样的情况下，高耐压的可以直接替代低耐压的电容器，反之则不能。一般情况下，电解电容和体积较大的电容的耐压值都直接标注在电容器表面，体积较小的电容只能根据型号判断其耐压的大小。

4. 漏电流和绝缘电阻

电容中的电介质不是绝对绝缘的，当通上直流电时，或多或少地会有电流通过，我们称为漏电流。通常电解电容的漏电流要大一些，一般铝电解电容的漏电流可达 mA 量级（与电容量和耐压成正比）；其他电容器的漏电流则很小，可用绝缘电阻表示其绝缘性能，一般电容器的绝缘电阻都在数百兆欧姆之上。漏电流过大会造成电容性能变坏而引起电路故障，严重时会导致电容发热损坏，电解电容有时甚至会发生爆炸。

1.2.3 电容器的标注与检测

1. 电容器的标注

在实际应用过程中，常常需要对电容的容量和其他参数进行选择。电容器的标注方法和电阻的标注比较类似，也是采用直标法、文字标注法、数码法和色环标注法等方式。

电容器标注的内容主要是标称电容值、允许误差和直流耐压值。对于体积较大的电容，如电解电容，各项参数均采用直接标注的方式，无须进行换算。另外，有的电容还标有工作温度等参数。电容器的标注方法如表 1-10 所示。

表 1-10　电容器的标注方法

标注方法	内　容	示　例	备　注
直标法	将标称容量和允许误差直接标注在电容器上	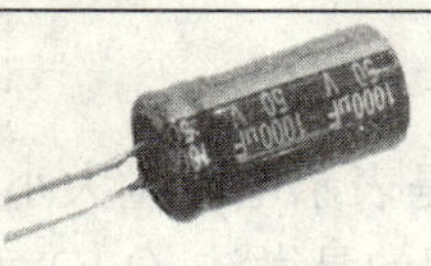 1000 μF，耐压为 50 V  0.35 μF，允许误差为±5%	直标法有时不标出电容的单位，对于无极性电容，若容量大于 1，则单位为 pF，若容量小于 1，则单位为 μF；极性电容单位为 μF。例如： 这个电容器的容量为 0.047μF
文字标注法	将容量的整数部分写在容量单位符号的前面，小数部分写在容量单位符号的后面，容量单位符号所占的位置就是小数点的位置。若在数字前标注有 R 字样，则表示容量为零点几微法	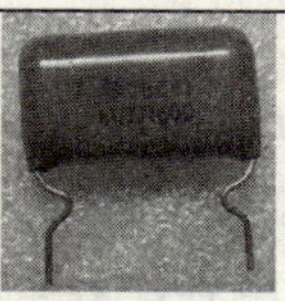 4n7=4.7 nF=4700 pF 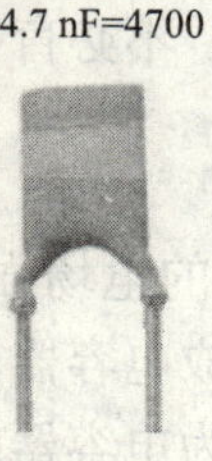 R47=0.47 μF	允许偏差可用百分数表示，也可分为三级：Ⅰ级（±5%）、Ⅱ级（±10%）、Ⅲ级（±20%）；或用字母表示：M（±20%）、K（±10%）、J（±5%）

续表

标注方法	内容	示例	备注
数码法	用 3 位数字表示电容器的容量大小：前 2 位表示电容器标称容量的有效数字，第 3 位数字表示有效数字后面零的个数，单位为 pF	 154 J=150 000 pF=0.15 μF，±5%  102 k=1000 pF=0.001 μF，±10%	
色环标注法	标注方法与色环电阻相同，颜色意义也与电阻相同（如表 1-6 所示）	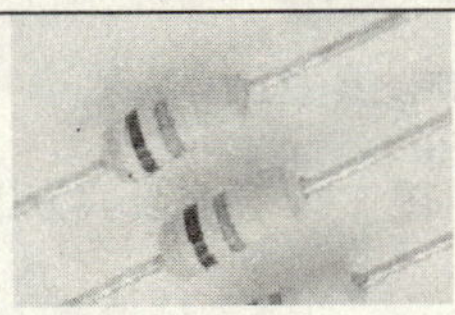 “黄紫橙银”表示 47000 pF，±10%	当电容器为径向引线时，色环的顺序为由上至下

2．电容器的检测

1）电解电容的检测

正、负极性的判别：电解电容是有极性的电容，使用时必须注意电容的极性是否正确，若反接电压过高，电容很快就会损坏。对引脚未剪掉的电解电容，引脚长的一端为正极。标识不清时可用指针式万用表的 R×10 k 挡测量电容器两端的正、反向电阻值，当表针返回稳定时，比较两次所测电阻值读数的大小。在阻值较大的一次测量中，黑表笔所接为电容器的正极，红表笔所接为电容器的负极。这是因为只有电解电容的正极接电源正极（黑表笔），负端接电源负极（红表笔）时，电解电容的漏电流比较小，漏电阻较大；反之，则电解电容的漏电流较大，漏电阻较小。

电解电容质量的检测：最好使用电容表或具有电容测量功能的数字万用表进行检测。利用指针式万用表内部电池给电容器进行充电，通过观察万用表指针摆动的情况，也可估测出电容器的好坏，但应根据电解电容的容量大小选择合适的挡位。通常，1～2.2 μF 电解电容器用 R×10 k 挡；4.7～22 μF 的用 R×1k 挡；47～220 μF 的用 R×100 挡；470～4700 μF 的用 R×10 挡；大于 4700 μF 的用 R×1 挡。每次测量前，都必须将电容器短接放电，特别是从电路中拆下的大容量和高压电容器，应对电容器充分放电后，再用万用表进行测量，否则会造成仪表损坏。用万用表的红表笔和黑表笔分别接电容器的负极和正极，根据指针的偏摆来判断电容器质量。若指针迅速向右偏转，然后慢慢向左退回原位，如图 1-7（a）所示，一般来说电容器是好的；如果指针向右偏转后不再回转，如图 1-7（b）所示，说明电容器已经被击穿；如果指针向右偏转后逐渐退回到某一位置（R<500 kΩ）停住，如图 1-7（c）所示，说明电容器已经漏电；如果指针不能向右摆动起来，如图 1-7（d）所示，说明电容器的电容量消失或内部断路损坏。

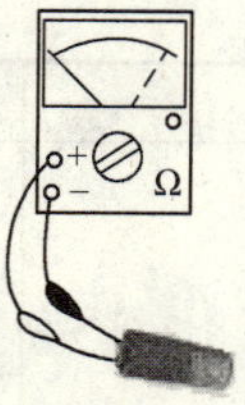

（a）指针先向右偏然后慢慢回到左边

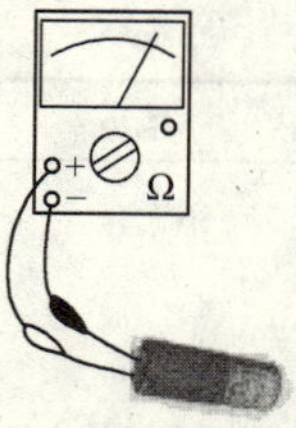

（b）指针向右偏转后不回转

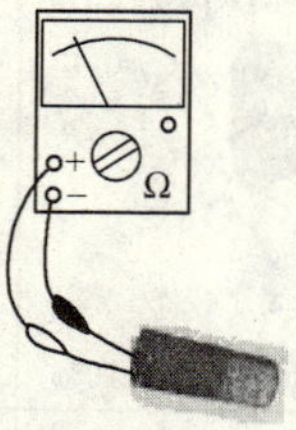

（c）指针右偏后回到某一位置停住

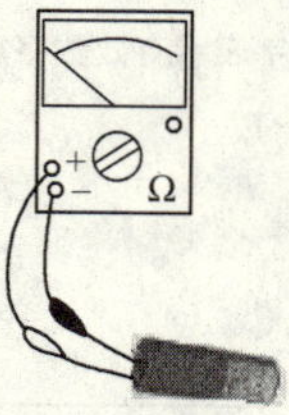

（d）指针不动

图 1-7　用指针式万用表检测电解电容

2）小容量电容的检测

小容量电容器一般指 1 μF 以下的电容器，因容量太小，所以用万用表一般无法估测出其电容量，而只能检查其是否漏电或击穿损坏，建议使用电感电容表或具有电容量测量功能的数字万用表测量。正常时，用万用表 R×10 k 挡测量其两端的电阻值应为无穷大。若测出一定的电阻值或阻值接近 0，则说明该电容器已漏电或已被击穿损坏。

3）可变电容的检测

在转动其转轴的同时，应感觉较平滑，不应有时松时紧甚至卡滞现象存在。观察其动片与定片之间是否有碰片情况，用一只手旋动转轴，另一只手轻摸动片的外缘，不应感觉有任何松脱现象。转轴与动片之间接触不良的可变电容器，不能再继续使用。

用万用表也可以检测可变电容。将万用表置于 R×1 k 挡，两个表笔分别接可变电容器的动片和定片的引出端，测量可变电容动片与定片之间的电阻值；同时缓慢转动可变电容器的转轴，正常值应无穷大。若转动到某一角度时，万用表读数不是无穷大而是能测出一定的电阻值或阻值变为 0 ，则说明该可变电容器存在漏电现象；若万用表读数偶尔变为 0，则说明动片和定片之间存在短路故障。

3. 电容器的选用

电容器的种类繁多且型号复杂多样，性能指标差异很大，因此在电路中根据需要合理地选用电容器是很必要的。在工程实践中，一般可遵循下列原则合理地选用电容器。

1）根据用途选用合适的电容器

不同的电路应选用不同类型的电容器。在电源滤波、退耦电路中应选用电解电容器；在高频、高压电路中应选用瓷介电容或云母电容器；在谐振电路中应选用瓷介电容器、云母电容器或有机薄膜介质电容器；用做隔直作用时应选用纸介电容器、涤纶电容器、云母电容器或电解电容器等；用于调谐回路时，可选用空气介质或小型密封可变电容器。另外还应注意，电解电容器在电路中不应靠近大功率发热元件，以防因受热而使电解液加速干涸。小容量的电容器，通常在高频电路中使用，如收音机、发射机和振荡器中。大容量的电容器往往是做滤波和存储电荷用。

2）电容器耐压的选择

在选用电容器时必须考虑耐压的选择，特别是电解电容器，这一点尤为重要。电解电容器常见的额定电压有 6.3 V、10 V、16 V、25 V 和 50 V 等几种等级，在选择器件时应保证其额定电压至少比电路的最大电压高一级，如电路中最高电压为 9 V，我们可选耐压为 10 V 或 16 V 的电容器。但是电容器的耐压也不是越大越好，高耐压电容器用于低电压电路时，电容容量会减小，同时耐压较高的电容器价格也较高。

3）在整流滤波电路的应用

在直流稳压电源电路中，通常在整流电路之后接入一个容量较大的电解电容器，如图 1-8 所示，构成电容滤波电路；利用电容的充、放电特性，使整流后的脉动直流电压变成平滑的直流电压。在实际应用中，为了防止电路各部分供电电压因负载变化而产生变化，在电源的输出端及负载的输入端一般接有几十至几百微法的电解电容。由于大容量的电解电容一般具有一定的电感，不能有效地滤除高频及脉冲干扰信号，故在其两端并联了一只容量较低的无极性电容，以滤除高频及脉冲干扰。

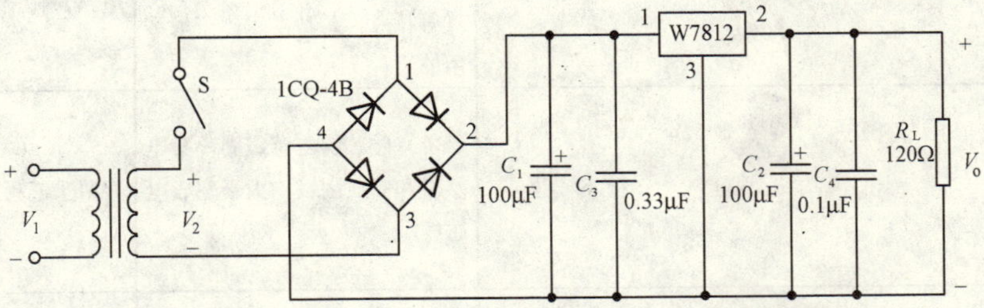

图 1-8　整流滤波电路中电解电容的应用

在选择滤波电容的耐压时，当交流电源电压为 220 V 时，变压器次级整流电压可达 22 V，此时选择耐压为 25 V 的电解电容器一般可以满足要求。但是，假如交流电源电压波动很大且有可能上升到 250 V 以上时，最好选择耐压 30 V 以上的电解电容器。

4）在低频放大电路中的应用

在低频信号的传递与放大过程中，为了防止前后两级电路的静态工作点相互影响，常采用电容耦合。为了防止信号中低频分量损失过大，一般采用容量较大的电解电容器。

1.3 电　感　器

电感器（又称电感线圈）在电子实践中的应用虽不像电阻和电容那样普遍，但在某些特定的电路中同样起着重要的作用。电感器和电容器一样，也是一种储能元件，它能把电能转变为磁场能储存在电感中。电感器的特性与电容的特性正好相反，它具有“阻交流、通直流”的特性。电感器经常和电容器一起，构成 LC 滤波器、LC 振荡器等。另外，电感器还具有阻止电流变化的作用，利用这一特性，可制成阻流圈、变压器、继电器等。收音机中就有多种电感线圈，例如用漆包线在磁棒上绕制而成的天线线圈、中频变压器（俗称中周）、输入 / 输出变压器等。

1.3.1　常用电感器及其特点

在电路中，电感器用符号 L 表示，它的基本单位是亨利（H），常用毫亨（mH）、微亨（μH）为单位。与电阻器和电容器不同的是，电感线圈没有品种齐全的标准产品。特别是一些高频小电感，通常要根据要求自行设计制作。

几种常用的电感线圈的特点及应用如表 1-10 所示。

表 1-11　常用电感线圈的特点及应用

名　称	实 物 图	特　点	应　用
空心线圈电感器	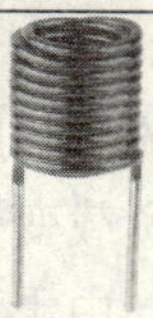	以空气为介质，用在高频电路中	空心电感多用于电感量小、损耗电阻和分布电容小、Q 值较高的高频电路
铁芯电感器	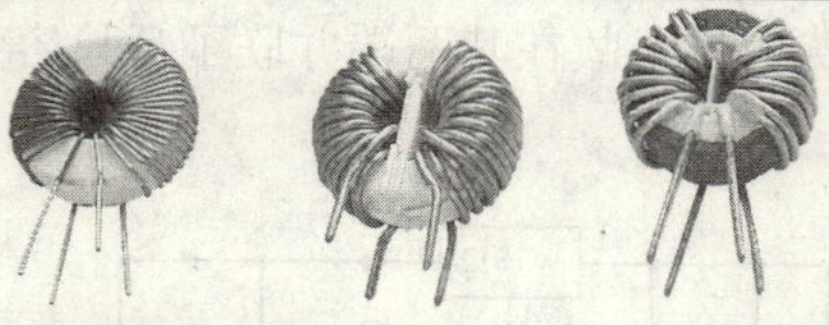	采用高级铁粉芯或锰锌与专用树脂等做芯材，以产生最大的电感量。具有大电流、防干扰等特点，是功率电感中最常用的一种	用于电源供给器、开关电路、控整流器和晶闸管控制电路、输出扼流，以及滤波器
磁芯电感器	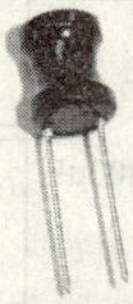	带有磁芯的电感线圈，其电感量和品质因数均大于空心电感线圈	用于低频、音频电路
铁氧体芯电感器	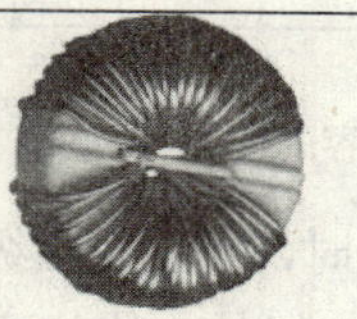	在空芯线圈中插入铁氧体磁芯，可增加电感量和提高线圈的品质因数	用于中、高频电路
多层线圈		单层线圈的电感量小，如要获得较大值电感量时单层线圈已无法满足。因此当电感量大于 300 μH 时，就应采用多层线圈	用于需要较大电感量的电路
偏转线圈	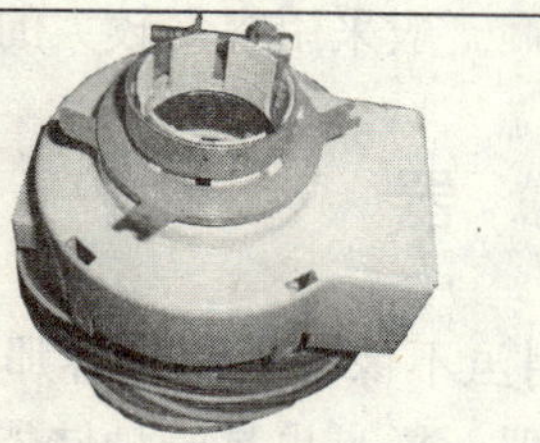	偏转灵敏度高、磁场均匀、Q 值高、体积小、价格低	电视机扫描电路输出级的负载
扼流线圈	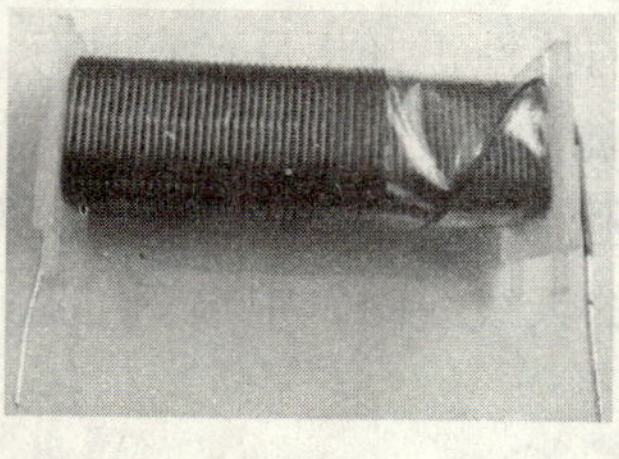	扼制高频交流电流，让低频和直流通过的电感线圈称为扼流圈，分为高频阻流圈和低频阻流圈，用于扼制高频电流时称为高频扼流圈；用于通直流、阻交流的电感线圈称为低频扼流圈	用于整流时称为滤波扼流圈；用于扼制声频电流时称为声频扼流圈

续表

名　称	实　物　图	特　点	应　用
可变电感器	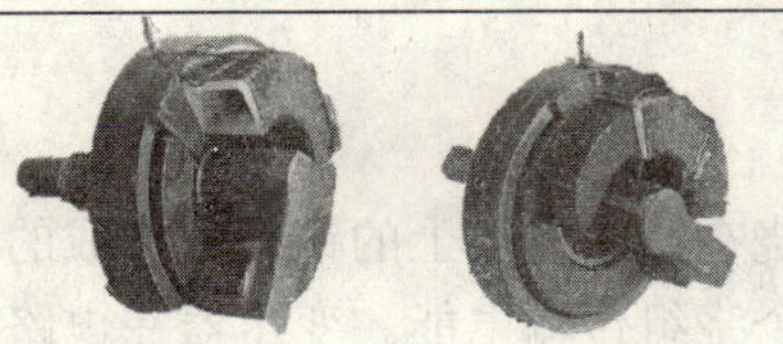	手动旋转手柄或转动磁芯，可改变电感量	常用于频率调制电路
色码电感器	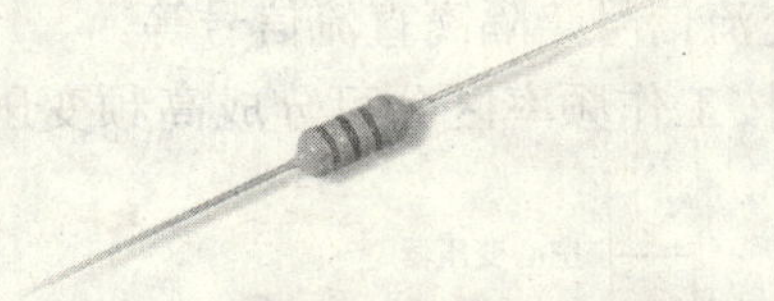	采用特殊铁芯材质，结构坚固，外层用环氧树脂处理，具有高 Q 值及自共振频率，电感范围大，可靠度高，价格低	适用于普通消费类电子设备，如电视机、计算机、音响设备、移动通信、电话机，以及各种通用电子设备

1.3.2 电感器的主要技术指标

1. 标称电感

电感量是反映电感线圈自感应能力的物理量。电感量的大小与线圈的形状、结构和材料有关，主要取决于线圈的直径、匝数及有无铁芯等。电感在电路中的用途不同，所需的电感量也不同。在高频电路中，线圈的电感量一般为 0.1 μH～10 mH。

2. 品质因数（Q 值）

电感线圈的品质因数定义为：

$$Q = \frac{2\pi fL}{R} \tag{1-3}$$

式中，f 为电路工作频率；L 为电感线圈的电感量；R 为线圈的总损耗电阻（包括直流电阻、高频电阻和介质损耗电阻）。

品质因数反映了线圈损耗的大小。品质因数越高，电路效率越高，选择性越好。一般谐振电路要求 Q 值较高。高频线圈的品质因数通常为 50～300。为了提高线圈的品质因数，可以采用镀银铜线，以减小高频电阻；用多股绝缘线代替具有同样总截面的单股线，以减小集肤效应；采用介质损耗小的高频瓷作为骨架，以减小介质的损耗。虽然采用磁芯增加了其损耗，但可以大大减少线圈的匝数，从而减小导线的直流电阻，有利于提高线圈的品质因数值。

3. 分布电容

电感线圈的分布电容是指线圈的匝与匝之间形成的电容效应。此外，线圈与屏蔽罩之间、多层绕组的层与层之间也存在着分布电容。这些分布电容可以等效成一个与线圈并联的电容 C，实际上是由 L、R 和 C 组成的并联谐振电路。分布电容的存在会使线圈的损耗增大，品质因数降低。可采用线径较细的导线绕制线圈或减小线圈骨架的直径来降低电感线圈的分布电容。

4. 额定电流

额定电流是指电感器正常工作时，允许通过的最大电流。主要是对高频扼流圈和大功率的电感线圈而言。额定电流的大小与绕制线圈的线径粗细有关。若线圈的工作电流大于额定电流，则电感器会因发热而改变参数，严重时会烧毁。

1.3.3 变压器

变压器也是一种电感器，它是由铁心和绕在绝缘骨架上的铜线圈构成的。变压器利用电磁感应原理从它的一个绕组向另一个或多个绕组传输电能。变压器在电路中的主要作用有：电压变换、电流变换、阻抗变换、耦合交流信号、隔离直流信号等。

变压器的种类很多，分类方法也很多。按工作频率区分可分成高频变压器、低频变压器、中频变压器等，如图 1-9 所示。

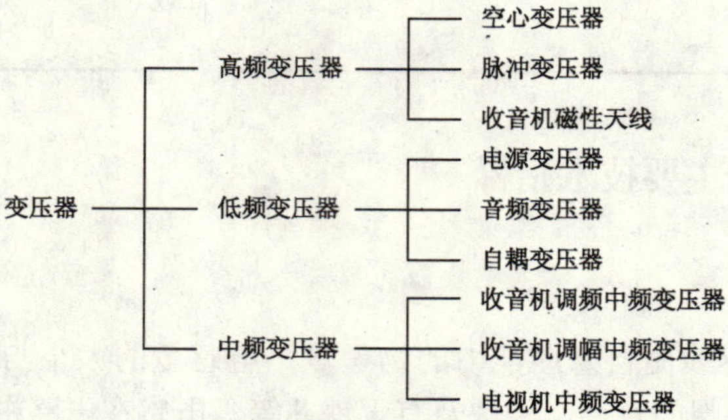

图 1-9　常见变压器的分类

几种常见变压器的特点及应用如表 1-12 所示。

表 1-12　常见变压器的特点及应用

名　称	实 物 图	特　点	应　用
电源变压器		其主要作用是降压，将 220 V 交流电压降至所需的电压值。工作频率为 50 Hz 或 60 Hz	是各种电子设备中不可缺少的元件，多用于直流稳压电源、充电器、电网升压、降压变压器等场合
音频变压器	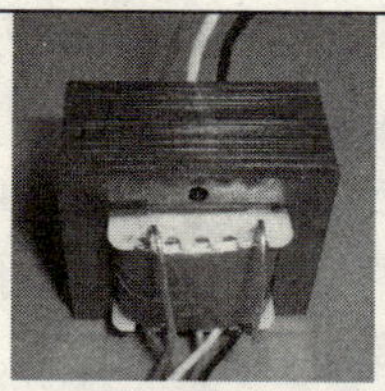	主要作用是耦合、倒相、阻抗匹配等。要求音频变压器频率特性好、漏感小、分布电容小	工作频率为 20 Hz 至 20 kHz，多用于扩音机、音频设备、工业设备等
高频变压器		高频变压器是工作频率超过中频（10 kHz）的电源变压器	在高频开关电源中做高频开关电源变压器；在高频逆变电源和高频逆变焊机中做高频逆变电源变压器
脉冲变压器		用于升高或降低脉冲电压、改变脉冲的极性以及变压器次级电路和初级电路的隔离。工作频率为几十赫兹至几兆赫兹	多用于开关电源、脉冲波形发生器、脉冲放大电路、电视机、工业设备等

续表

名　称	实 物 图	特　点	应　用
自耦调压器		输入和输出共用一组线圈，当作为降压变压器使用时，从绕组中抽出一部分线匝作为二次绕组；当作为升压变压器使用时，外施电压只加在绕组的一部分线匝上	用在不需要初、次级隔离的场合，常见的有交流（手动旋转）调压器、家用小型交流稳压器内的变压器、三相电机自耦减压起动箱内的变压器等
中频变压器（又称中周）	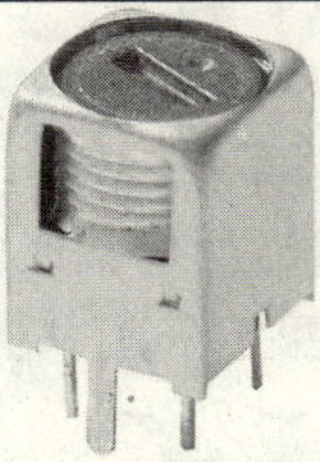	中频变压器适用范围从几百千赫兹至几十兆赫兹	多用于扩音机、电视机等音频设备和工业设备

1.3.4　电感器和变压器的标注及检测

1. 电感器和变压器的标注

电感器的标注方法和电阻、电容的标注有些类似，可采用直标法、数码法等方式在电感线圈的外壳上直接用数字或文字标出电感线圈的电感量、允许误差及最大工作电流等主要参数。采用数码标注时，单位为微亨（μH）。例如，电感器标注 472，表示电感量为 470 μH。另外也有色环标注电感，其具体识读方法与色环电阻基本一致。前面 2 条色环代表电感量的有效值，第 3 条色环代表电感量有效值后零的个数（即 10 的倍乘数），第 4 条色环表示允许偏差，也可用无色表示允许偏差为 ±20%。色环所代表的数字：黑、棕、红、橙、黄、绿、兰、紫、灰、白分别代表 0～9 的数字；金色代表10^{-1}，偏差为 ±5%；银色代表10^{-2}，偏差为 ±10%。从外观上看，色环电感比色环电阻看上去会更粗一些。

变压器的一些参数如额定功率、电压、电流等会以标签或铭牌的形式标注在变压器上，有些变压器则没有明确的标识，需要在使用过程中加以检测。

2. 电感器和变压器的检测

1）电感器的检测

如图 1-10 所示，将万用表置于 R×1 挡，红、黑表笔各接电感器的任一引出端，测电感器直流电阻值的大小，此时指针应向右摆动。若能测出电阻值，则可认为被测电感器是正常的。若被测电感器电阻值为零，则其内部有短路性故障。

2）电源变压器的检测

使用电源变压器时，要分清它的初级和次级。对于降压变压器来说，初级的阻值比次级的阻值要大。可选择万用表的 R×10 挡量程，分别测量初级线圈和次级线圈的电阻值，阻值在几欧至几百欧之间。若某个线圈的电阻值为无穷大，则说明此线圈有断路故障。

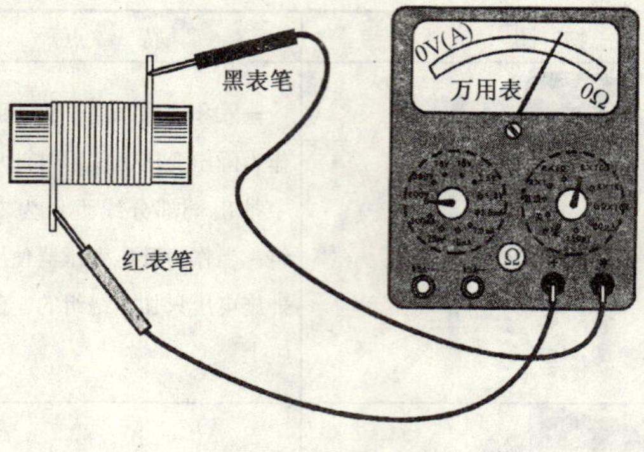

图 1-10　电感器的检测

外观检测：通过观察变压器的外表检查其是否有明显的异常现象。如线圈引线是否断裂、脱焊，绝缘材料是否有烧焦痕迹，铁心紧固螺杆是否有松动，硅钢片有无锈蚀，绕组线圈是否有外露等。

绝缘性能检测：用万用表 R×10 k 挡分别测量铁心与初级，初级与各次级、铁心与各次级、静电屏蔽层与次级以及次级各绕组间的电阻值，万用表指针均应指在无穷大位置不动。否则，说明变压器绝缘性能不良。

电源变压器短路故障的检测：电源变压器发生短路性故障后的主要症状是发热严重和次级绕组输出电压失常。通常，线圈内部匝间短路点越多，短路电流就越大，而变压器发热就越严重。检测判断电源变压器是否有短路性故障的简单方法是测量空载电流，存在短路故障的变压器，其空载电流值将大于满载电流的 10%。当短路严重时，变压器在空载加电后几十秒之内便会迅速发热，用手触摸铁心会有烫手的感觉。此时不用测量空载电流便可断定变压器有短路点存在。

另外，电源变压器在电路中发热量较大，必须考虑其安放位置及方式要有利于散热。

3）中周变压器的检测

通断检测：将万用表拨至 R×1 挡，按照中周变压器的各绕组引脚排列规律，逐一检查各绕组的通断情况，进而判断其是否正常。

绝缘性能检测：将万用表置于 R×10 k 挡，分别测量初级绕组与次级绕组之间、初级绕组与外壳之间以及次级绕组与外壳之间的电阻值。根据测量结果加以分析：若阻值为无穷大，则表示正常；若阻值为零，则表示有短路性故障；若阻值小于无穷大，但大于零，则表示有漏电性故障。

1.4　半导体器件

半导体器件包括二极管、三极管、场效应管等常见的半导体分立器件以及一些特殊的半导体器件。虽然集成电路的应用越来越多地渗透到电子技术的各个领域，但是受频率、功率等因素的制约，分立器件仍然是半导体器件中不可缺少的部分。

1.4.1　半导体分立器件的型号命名方法

国产半导体器件的型号命名由 5 部分组成，各部分的具体意义如表 1-13 所示。需要注意的是，一些特殊的半导体器件只有第 3、4、5 部分而没有第 1、2 部分。

表 1-13　国产半导体分立器件的型号命名方法

第 1 部分		第 2 部分		第 3 部分		第 4 部分	第 5 部分
用数字表示半导体器件的电极数目		用字母表示半导体的材料和极性		用字母表示器件的类型		用数字表示器件的序号	用字母表示区别代号
符号	意义	符号	意义	符号	意义		
2	二极管	A	N 型，锗材料	P	普通管		
		B	P 型，锗材料	V	微波管		
		C	N 型，硅材料	W	稳压管		
		D	P 型，硅材料	Z	整流管		
				L	整流堆		
3	三极管	A	PNP 型，锗材料	S	隧道管		
		B	NPN 型，锗材料	N	阻尼管		
		C	PNP 型，锗材料	F	发光管		
		D	NPN 型，锗材料	U	光电管		
		E	化合物材料	K	开关管		
				X	低频小功率管 $f < 3$ MHz, $P < 1$ W		
				G	高频小功率管 $f \geqslant 3$ MHz, $P < 1$ W		
				D	低频大功率管 $f < 3$ MHz, $P \geqslant 1$ W		
				A	高频大功率管 $f \geqslant 3$ MHz, $P \geqslant 1$ W		
				T	半导体闸流管（可控硅）		
				BT	场效应管		
				FH	半导体特殊器件		
				JG	复合管		

例如，2CP 表示普通硅二极管；2AP 表示普通锗二极管；2CZ 表示硅整流二极管；2CW 表示硅稳压二极管。3DG12B 表示 NPN 高频小功率硅三极管；3DK 表示 NPN 硅开关三极管。

在实践中，有很多国外厂商生产的半导体器件获得了广泛应用，这些器件有一部分是按照美国电子工业协会（EIA）规定的半导体分立元件型号命名规则来命名的，许多电子设计自动化（EDA）软件中的器件名称也采用这种规则。美国半导体分立元器件的型号命名方法如表 1-14 所示。

表 1-14　美国半导体分立器件的型号命名方法

第 1 部分		第 2 部分		第 3 部分		第 4 部分		第 5 部分	
用符号表示器件的应用类别		用数字表示 PN 结的数目		美国电子工业协会注册标志		美国电子工业协会登记号		用字母表示器件分挡	
符号	意义	符号	意义	符号	意义	符号	意义	符号	意义
JAN （或 J）	军用品	1 2 3 *n*	二极管 三极管 3 个 PN 结的器件 *n* 个 PN 结的器件	N	该器件是在美国电子工业协会注册登记的半导体器件	多位数字	该器件在美国电子工业协会的登记号	A B C D	同一型号器件的不同挡别
无	非军用品								

例如，JAN2N3251A 表示 PNP 硅高频小功率开关三极管。JAN 表示军用品，2 表示三极管，N 表示 EIA 注册标志，3251 表示本器件在 EIA 的登记顺序号，A 表示 2N3251A 挡。常用的二极管 1N4001、1N4148、三极管 Q2N2222 也是遵循这种命名方法。

1.4.2　半导体二极管

1．常用半导体二极管的特点及其应用

半导体二极管是结构最简单的有源器件，它由一个 PN 结外加封装及引脚构成，其最重要的性质就是它的单向导电特性。二极管广泛应用于整流、检波、稳压、显示、极性保护、编码控制等电子电路中，是电子技术中不可缺少的重要器件。

二极管的结构主要有面接触型、点接触型和平面型二极管等几种形式。若按功能和用途区分则种类很多。一些常用半导体二极管的特点及应用如表 1-15 所示。

表 1-15　常用半导体二极管的特点及应用

名　称	实物图及电路符号	特　点	应　用
整流二极管	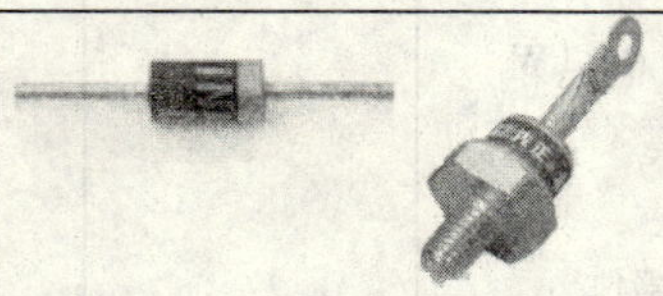 小功率整流管　大功率整流管	由硅半导体材料制成的面接触型二极管，其作用是把交流电变成脉动的直流电。PN 结面积较大，可通过较大电流；结电容较大，所以工作频率较低，一般在几十千赫兹以下	用于各种低频半波整流电路，如需全波整流，则需连成整流桥使用
检波二极管	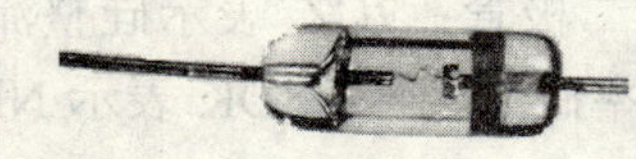	将调制在高频信号上的低频信号检出的点接触型二极管，其 PN 结接触面较小，结电容也较小。工作频率较高，处理信号幅度较弱	应用于半导体收音机、电视机及通信等设备中。常用的有国产 2AP 系列锗玻璃封装二极管和进口 1N34/A、1N60 系列检波二极管等
开关二极管	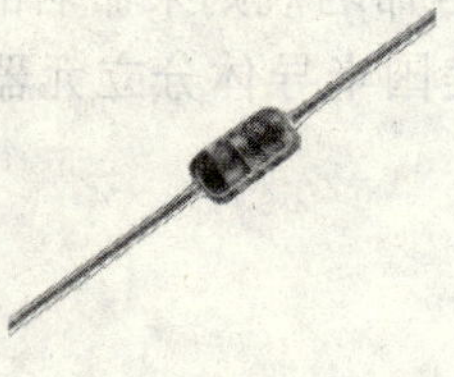	在电路中起到控制电流接通或关断的作用。在正偏压导通状态下电阻很小，为几十至几百欧；在反向偏压截止状态时电阻很大，一般硅管在 10 MΩ 以上，锗管也有几十千欧至几百千欧。开关二极管具有开关速度快、体积小、寿命长、可靠性高等特点	应用于电子设备的开关电路、检波电路、高频和脉冲整流电路及自动控制电路中

续表

名　称	实物图及电路符号	特　点	应　用
稳压二极管		也称为齐纳二极管，正向特性与普通二极管相似；反向电流很小，反向电压临近击穿电压时反向电流急剧增大，发生电击穿，这时电流在很大范围内变化，而电压基本保持不变，起到稳压作用	稳压管在使用时必须串联限流电阻，以避免稳压管击穿后电流无限增长，导致二极管过热而烧毁
发光二极管	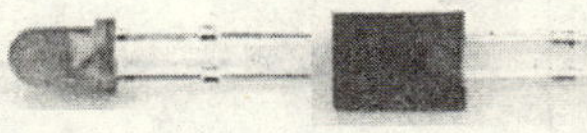 圆形 LED　方形 LED	采用磷化镓、磷砷化镓等半导体材料制成，除具有普通二极管的单向导电特性之外，还可以将电能转换为光能。给发光二极管外加正向电压时，它也会处于导通状态，且当正向电流流过管芯时，发光二极管就会发光，将电能转换成光能	LED 的发光颜色主要由制作材料以及掺入杂质的种类决定。常见的 LED 发光颜色主要有蓝、绿、黄、红、橙、白色等。主要应用在手机背光灯、液晶显示器背光灯、照明等领域
变容二极管	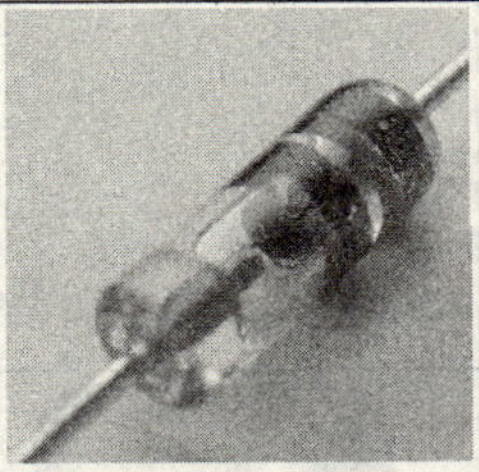	变容二极管是利用反向偏压来改变 PN 结电容量的特殊半导体器件。变容二极管相当于一个容量可变的电容器，它的两个电极之间的 PN 结电容的大小，会随着加到变容二极管两端反向电压大小的改变而改变。当加到变容二极管两端的反向电压增大时，变容二极管的容量减小	由于变容二极管具有结电容这一特性，所以它主要用于电调谐回路（如彩色电视机的高频头）中，作为一个可以通过电压控制的自动微调电容器

2．二极管的检测

在各种类型的二极管中，整流二极管和检波二极管的应用最为广泛。在使用这些二极管时，需要对它们进行极性判断和性能检测。常用的方法如表 1-16 所示。

表 1-16　普通二极管的极性判断及性能检测

检测内容	检测方法	说　明	举　例
极性判断	看外壳上的二极管符号标记	在有些二极管的外壳上标有二极管的符号。标有三角形箭头的一端为正极，另一端为负极	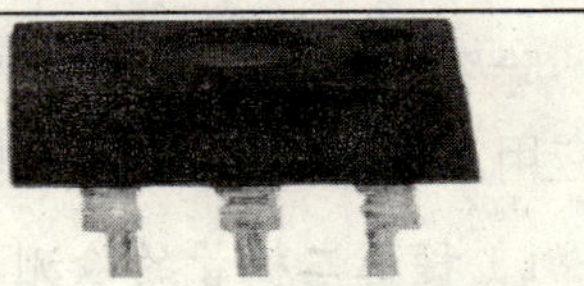
	看外壳上标记的色点或色环	在点接触二极管的外壳上，通常标有表示极性的色点（白色或红色），除少数二极管（如 2AP9 、2AP10 等）外，一般标有色点的一端即为正极。还有的二极管上标有色环，带色环的一端为负极	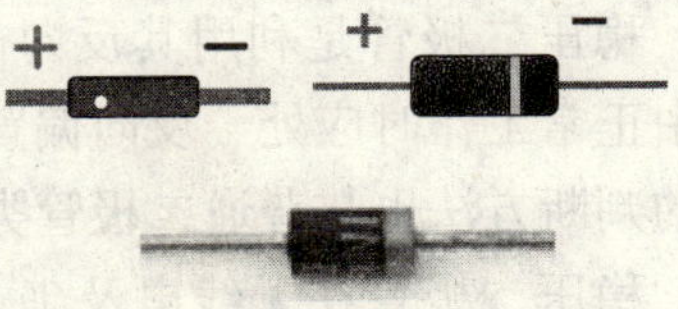
	透过玻璃看触针	对于点接触型玻璃外壳二极管，如果标记已磨掉，则可将外壳上的漆层刮掉一些，透过玻璃观察，有金属触针的一侧就是正极，有 N 型锗片的一侧就是负极	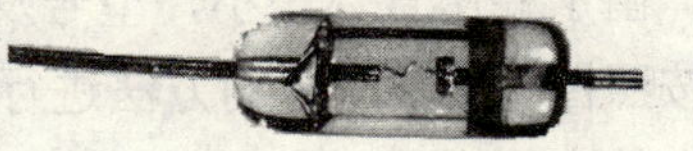 负极　正极

续表

检测内容	检测方法	说明	举例
	用万用表检测	用指针式万用表 R×100 或 R×1 k 挡，任意测量二极管的两根引线，如果量出的电阻只有几百欧姆（正向电阻），则黑表笔（即万用表内电池正极）所接引线为正极，红表笔（即万用表内电池负极）所接引线为负极。 如果用数字式万用表，则红表笔（表内电池正极）所接引线为正极，黑表笔（表内电池负极）所接引线为负极	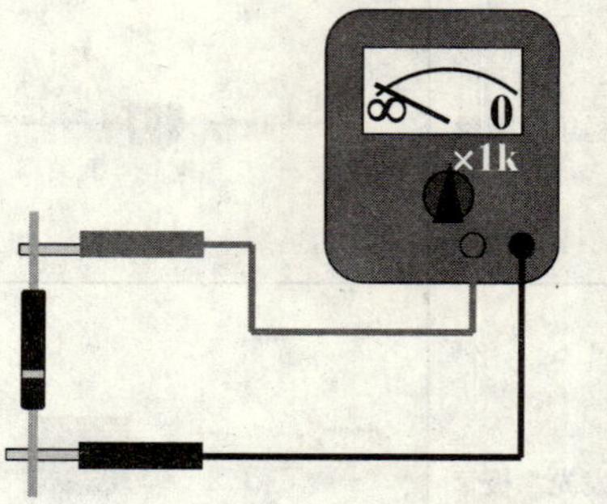
性能检测	指针表检测二极管正、反向电阻	用万用表 R × 100 或 R × 1 k 挡对正、反向电阻各测量一次，注意测量时手不要接触引脚。一般硅管正向电阻为几千欧，锗管正向电阻为几百欧；反向电阻为几百千欧。若正反向电阻相差不大为劣质管。正、反向电阻都是无穷大或为零，则二极管内部断路或短路	
	数字式万用表检测二极管正、反向压降	用数字式万用表“▶|”挡进行测量，当二极管完好且正偏时，显示读数为二极管两端的正向压降值，肖特基二极管的压降是 0.2 V 左右，普通硅整流管（1N4000、1N5400 系列等）约为 0.7 V，发光二极管为 1.8～2.3 V。反偏时显示“1.”为正常，因为二极管的反向电阻很大，否则说明此管已被击穿	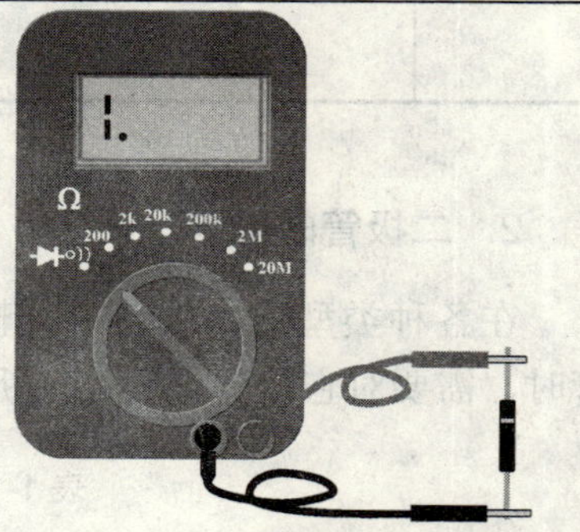

除了常用的普通二极管以外，还有多种特殊功能的二极管也在电子技术实践中得到广泛应用。这些二极管的检测与应用同样重要。

1）稳压二极管的检测与应用

稳压二极管是利用其反向击穿时两端电压基本不变的特性来工作的，因此稳压管在电路中正常工作时应处于反向偏置状态。稳压管在正向偏置时与普通二极管类似，其极性和好坏的判断方法也与普通二极管类似。

稳压二极管在无线电及工业上用途广泛，其稳压值可根据稳压管的型号和技术资料给出。由于稳压管体积小，型号及参数难以标在管体上，因此给使用者带来不便。实际应用中可按照图 1-11 所示的方法进行测量。图中的电源可采用可调直流稳压器，也可以使用万用表内的高压电池，但测量最高稳压值应小于电池电压，如需测量更高的稳压值，则需串联多个同样的电池，此时万用表电压挡显示的读数就是稳压管的稳压值。

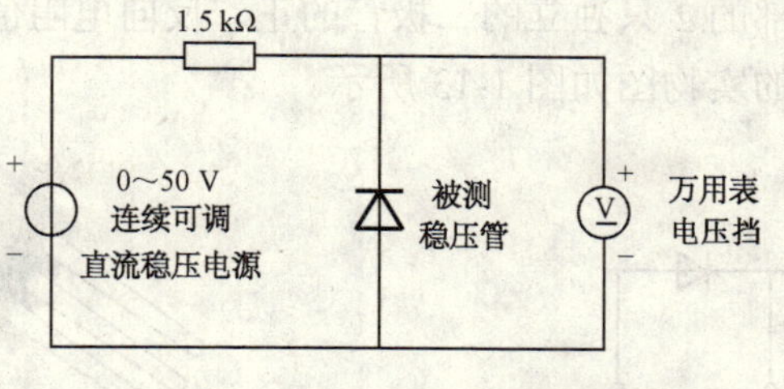

图 1-11　稳压二极管的稳压值检测

2）高速开关二极管的检测

高速开关二极管的检测方法与普通二极管基本相同。不同的是，这种管子的正向电阻较大。用 R×1 k 电阻挡测量，一般正向电阻值为 5～10 kΩ，反向电阻值为无穷大。

3）变容二极管的检测

将万用表置于 R×10 k 挡，无论红、黑表笔怎样对调测量，变容二极管的两引脚间的电阻值均应为无穷大。如果在测量中，发现万用表指针向右有轻微摆动或阻值为零，说明被测变容二极管有漏电故障或已经击穿损坏。对于变容二极管容量消失或内部的开路性故障，用万用表是无法检测判别的。必要时，可用替换法进行检查判断。

4）发光二极管的检测

发光二极管是一种电流型器件，工作电流通常为 2～25 mA。工作电压（即正向压降）随着材料的不同而不同：普通绿色、黄色 、红色、橙色发光二极管的工作电压约为 2 V；白色发光二极管的工作电压通常高于 2.4 V；蓝色发光二极管的工作电压通常高于 3.3 V。发光二极管的工作电流不能超过额定值太高，否则有烧毁的危险。故通常在发光二极管回路中串联一个电阻作为限流电阻 R，R 的阻值可由下式出：

$$R = \frac{U - U_F}{I_F} \tag{1-4}$$

式中，U 为电源电压，U_F 为发光二极管的工作电压，I_F 为发光二极管的工作电流。

判别发光二极管的正负极性可以目测，也可以用万用表检测。通过目测可发现发光二极管内部的两个电极一大一小。一般来说，较小、较矮的电极是发光二极管的正极，电极较大的是发光二极管的负极。若是未使用过的发光二极管，引脚较长的一个是正极。

当万用表使用电阻挡时表内电池作为电源给发光二极管通电，观察是否能发光，若不能就是极性接错或是发光管损坏。由于发光二极管的导通电压一般为 1.7 V 以上，所以一节 1.5 V 的电池不能点亮发光二极管。同样，一般万用表的 R×1 到 R×1 k 挡均不能测试发光二极管，而 R×10 k 挡由于使用 15V 的电池，能把发光二极管点亮。

5）整流桥堆的检测

整流桥堆是由 2 个或 4 个二极管组成的整流器件。整流桥堆有半桥和全桥两种，半桥又有正半桥和负半桥两种。

半桥由 2 个整流二极管组成，有 3 个引出脚。正半桥的内部结构如图 1-12 所示，两边的引脚是 2 个二极管的正极，即交流输入端，中间引脚是 2 个二极管的负极，即直流输出端的“正极”；负半桥两边的引脚上两个二极管的负极，即交流输入端，中间引脚是 2 个二极管的正极，即直流输出端的“负极”。一个正半桥和一个负半桥就可以组成一个全桥。通过用万用表分别测量半桥内部的 2 只独立的二极管的正、反向电阻值是否正常，即可判断出该半桥是否正常。整流半桥的实物图如图 1-13 所示。

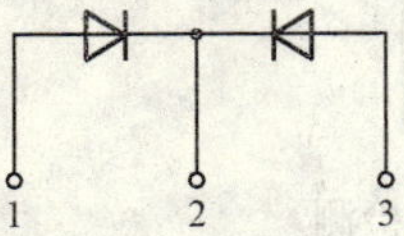

图 1-12　整流正半桥的内部电路结构

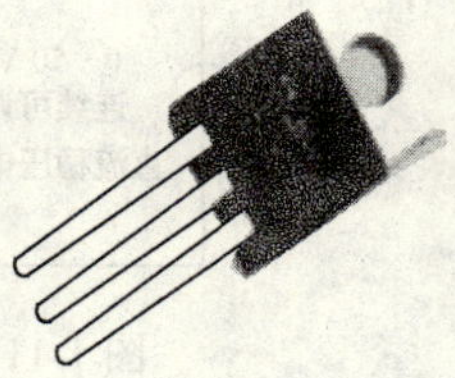

图 1-13　整流半桥的实物图

整流全桥由 4 只二极管组成，有 4 个引出脚。整流全桥的内部电路结构如图 1-14 所示，2 只二极管负极的连接点是整流后直流输出电压的“正极”，标注有“+”符号；2 只二极管正极的连接点是整流后直流输出电压的“负极”，标注有“–”符号；其余 2 个引脚是交流电压输入端，标注有“～”符号。检测时，通过分别测量“+”极与 2 个“～”极、“–”极与 2 个“～”极之间各整流二极管的正、反向电阻值是否正常，即可判断该全桥是否已损坏，检测方法与普通二极管的检测方法相同。若测得全桥内某只二极管的正、反向电阻值均为 0 或均为无穷大，则可判断该二极管已击穿或开路损坏。整流全桥的实物图如图 1-15 所示。

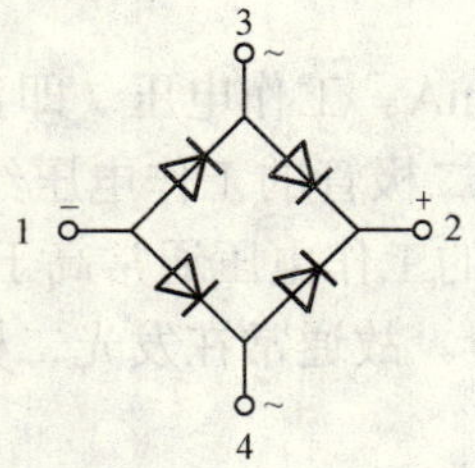

图 1-14　整流全桥的内部电路结构

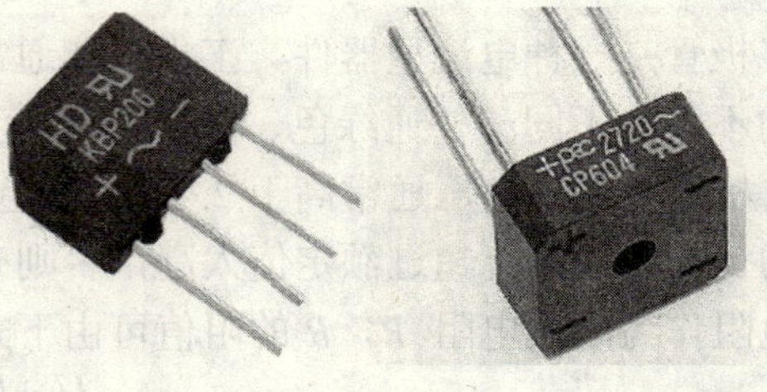

图 1-15　整流全桥的实物图

1.4.3　三极管

半导体三极管也称为晶体三极管，顾名思义有 3 个电极，分别是发射极（用字母 e 表示）、基极（用字母 b 表示）和集电极（用字母 c 表示）。三极管内部由两个 PN 结构成，由于不同的组合方式，可分别形成 NPN 型和 PNP 型 2 种类型的三极管。三极管是电子电路中最重要的器件。它的主要功能是电流放大和开关作用。

常见的三极管大都是塑料封装或金属封装，如图 1-16 所示，电子技术实践中常用的三极管有 90××系列，例如低频小功率硅管 9012（PNP）、9013（NPN）、低噪声管 9014（NPN）、高频小功率管 9018（NPN）等。它们的型号一般都标在塑壳上，外观基本都一样，均为 TO-92 标准封装，如图 1-16（a）所示。在老式的电子产品中还能见到 3DG6[低频小功率硅管，如图 1-16（b）所示]、3AX31（低频小功率锗管）等，它们的型号也都印在金属的外壳上。三极管的电路符号有 2 种，如图 1-17 所示，有一个箭头的电极是发射极，箭头朝外的是 NPN 型三极管，而箭头朝内的是 PNP 型。箭头所指的方向是电流的方向。

（a）TO-2 封装三极管　　（b）3DG6 三极管

图 1-16　三极管封装外形

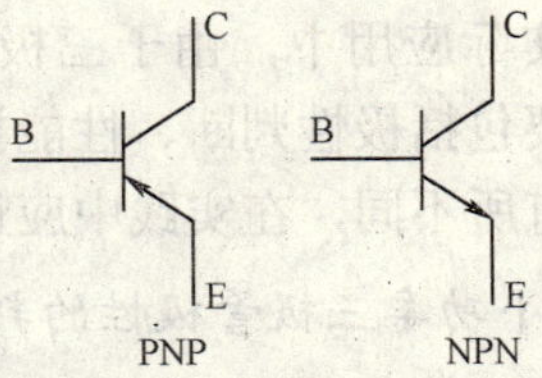

图 1-17　三极管的电路图形符号

1．常用三极管的特点及应用

三极管的类型很多，习惯上是从应用角度来区分。按工作频率可分为低频三极管、高频三极管和开关三极管；按工作功率可分为小功率三极管、中功率三极管和大功率三极管。同一类型的三极管按材料不同又可分为硅管和锗管，它们在电气特性上有一定区别。首先，锗管比硅管具有较低的起始工作电压，锗三极管的基极和发射极之间有 0.2～0.3 V 的电压即可开始工作，而硅三极管的基极和发射极之间有 0.6～0.7 V 的工作电压才能工作。其次，锗管比硅管具有较低的饱和压降，三极管饱和导通时，锗管发射极和集电极之间的电压比硅管更低。最后，硅管比锗管具有较小的漏电流和更平直的输出特性。一些常见的三极管的特点及应用如表 1-17 所示。

表 1-17　常见三极管的特点及应用

名　称	实 物 图	特　点	应　用
低频小功率三极管	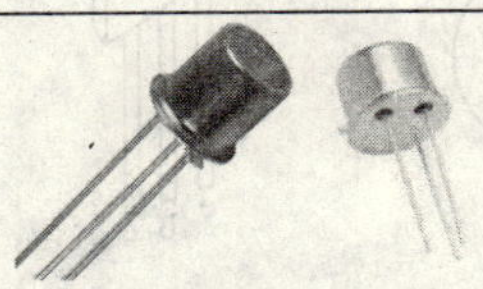	低频小功率三极管一般指特征频率在 3 MHz 以下，功率小于 1 W 的三极管	一般作为小信号放大用
高频小功率三极管	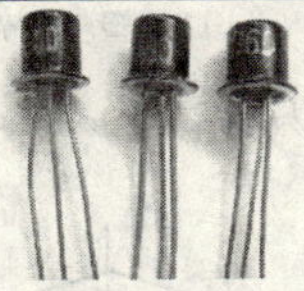	高频小功率三极管一般指特征频率大于 3 MHz，功率小于 1 W 的三极管	主要用于高频振荡、放大电路中
塑封三极管	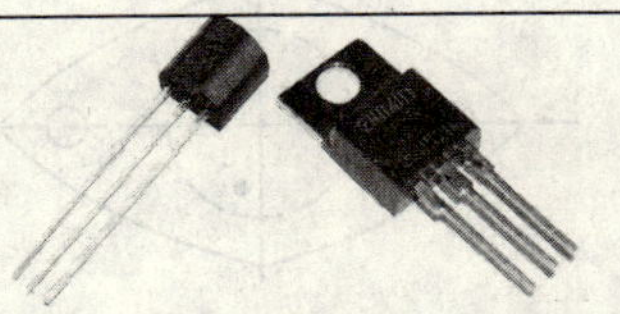	采用塑料外壳封装的低频中、小功率三极管	在电子电路中主要用来发挥除放大信号功率之外的作用
金属外壳大功率三极管		指耗散功率大于 1 W 的三极管，体积较大，金属外壳本身就是一个散热部件，这种封装的三极管只有基极和发射极两根引脚，集电极即三极管的金属外壳	主要应用于电子音响设备的低频功率放大电路；用于各种大电流输出稳压电源中作为调整管
达林顿三极管	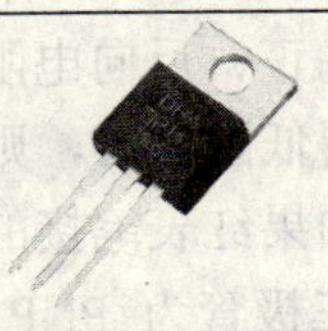	由两只输出功率不等的三极管按一定规律复合而成，可以看成是一个高 β 值的三极管。复合三极管的最大特点是电流放大倍数很高	主要作为功率放大管和电源调整管，多用于较大功率输出的电路中

注意：组成复合三极管时，应注意第一只管子的发射极电流方向必须与第二只管子的基极电流方向相同。复合管的极性取决于第一只管子。

2. 三极管的检测

在实际应用中，由于三极管的种类繁多，应用广泛，因此需要掌握一些常见的检测方法，主要包括极性判断、性能检测和参数检测等几个方面。另外，不同类型的三极管的测试方法也有所不同，在实践中应该注意。

1）小功率三极管极性的判断

小功率三极管有金属外壳封装和塑料外壳封装两种。金属外壳封装的如果管壳上带有定位销，那么将管底朝上，从定位销起，按顺时针方向，三根电极依次为 e、b、c。如果管壳上无定位销，且 3 根电极在半圆内，将有 3 根电极的半圆置于上方，按顺时针方向，3 根电极依次为 e、b、c，如图 1-18（a）所示。塑料外壳封装的小功率三极管，将标有标识的平面朝向自己，3 根电极方向指向下方，从左到右，3 根电极依次为 e、b、c，如图 1-18（b）所示。

对于大功率三极管，外形一般分为 F 型和 G 型两种，如图 1-19 所示，F 型管从外形上只能看到两根电极。将管底朝上，两根电极置于左侧，则上为 e，下为 b，底座为 c。G 型管的三根电极一般在管壳的顶部，将管底朝下，三根电极置于左方，从最下电极起，顺时针方向，依次为 e、b、c。三极管的电极必须正确确认，否则，接入电路不但不能正常工作，还可能烧坏管子。

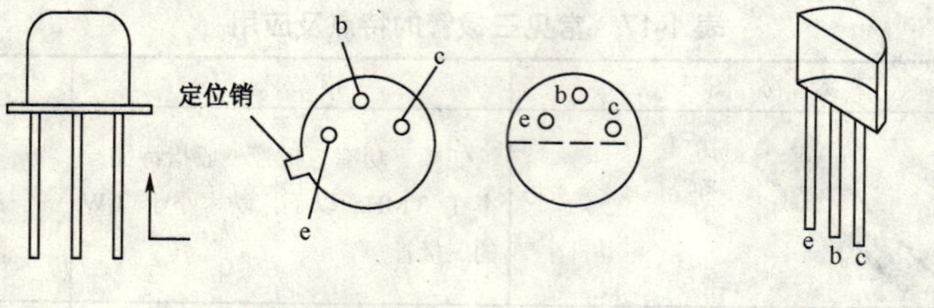

（a）金属外壳封装　　（b）塑料外壳封装

图 1-18　半导体三极管电极的识别

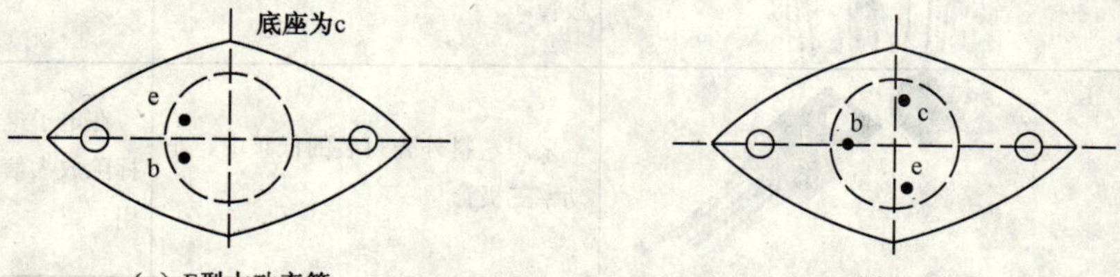

（a）F型大功率管　　（b）G型大功率管

图 1-19　F 型和 G 型半导体三极管引脚的识别

2）用万用表检测小功率三极管极性的方法

使用万用表检测三极管，通常需要先判定三极管的基极 b，具体方法如下：用万用表 R×100 或 R×1 k 挡测量三极管三个电极中每两个极之间的正、反向电阻值。当用第一只表笔接某一电极，而第二只表笔先后接触另外两个电极均测得低阻值时，则第一只表笔所接的那个电极即为基极 b。这时，要注意万用表表笔的极性，如果红表笔接的是基极 b。黑表笔分别接在其他两极时，测得的阻值都较小，则可判定被测三极管为 PNP 型管；如果黑表笔接的是基极 b，红表笔分别接触其他两极时，测得的阻值较小，则被测三极管为 NPN 型管。

另外，也可以用万用表的直流电压挡进行测量。先假定 A 脚为基极，用黑表笔与该脚相接，红表笔分别接触其他两脚，若两次读数均为 0.7 V 左右，然后再用红笔接 A 脚，黑笔接触其他两脚，若均显示"1"，则 A 脚为基极，且此管为 PNP 管，否则需要换一个引脚，重新假定为基极再次进行判断。

基极确定后，集电极和发射极如何判断呢？老式指针万用表可以利用指针的摆幅来判断，这里不再详述。目前广泛使用的数字式万用表大多具有测量三极管 h_{FE} 的功能，可以很方便地判断三极管的集电极和发射极，并能够测量三极管的放大倍数β。具体方法如下：先将挡位打到 h_{FE} 挡，可以看到挡位旁有一排小插孔，分为 PNP 和 NPN 管的测量。根据前面已经判断出的管型，将基极插入对应管型的 b 孔，其余两脚分别插入 c、e 孔，此时可以读取数值，即β值；然后固定基极不动，其余两脚对调，再次读取 β 值。比较两次读数，读数较大的一次引脚极性与万用表上标记的 c、e 是相对应的，这样就可以确定三极管的集电极和发射极，并得到了三极管的电流放大系数β。

3）小功率三极管性能的检测

对于已知型号和引脚排列的三极管，可按下述方法来判断其性能好坏。

测量极间电阻：将万用表置于 R×100 或 R×1 k 挡，按照红、黑表笔的 6 种不同接法进行测试。其中，发射结和集电结的正向电阻值比较低，其他 4 种接法测得的电阻值都很高，为几百千欧至无穷大。但不管是低阻还是高阻，硅材料三极管的极间电阻要比锗材料三极管的极间电阻大得多。

三极管的穿透电流 I_{CEO} 的数值近似等于管子的倍数β和集电结的反向电流 I_{CBO} 的乘积。I_{CBO} 随着环境温度的升高而增长很快，势必造成 I_{CEO} 的增大。而 I_{CEO} 的增大将直接影响管子工作的稳定性，所以在使用中应尽量选用 I_{CEO} 小的管子。

用万用表测量三极管 e、c 极间的电阻，可间接估计 I_{CEO} 的大小，具体方法如下：选用万用表 R×100 或 R×1 k 挡，对于 PNP 管，黑表笔接 e 极，红表笔接 c 极，对于 NPN 型三极管，黑表笔接 c 极，红表笔接 e 极。测得 e、c 间的阻值越大，说明管子的 I_{CEO} 越小；反之，说明被测管的 I_{CEO} 越大。一般来说，中、小功率硅管、锗材料低频管，其 e、c 间的阻值应分别在几百千欧、几十千欧及十几千欧，如果阻值很小或测试时万用表指针来回晃动，则表明 I_{CEO} 很大，管子的热稳定性较差。

在实际应用中，小功率三极管多直接焊接在 PCB 上，由于元件的安装密度大，拆卸比较麻烦，所以在检测时常常用万用表直流电压挡去测量被测三极管各引脚的电压值，来推断其工作是否正常，进而判断其好坏。

4）判断硅管和锗管的方法

利用硅管 PN 结与锗管 PN 结正、反向电阻的差异，可以判断不知型号的三极管是硅管还是锗管。用万用表的 R×1k 挡测发射极与基极间和集电极与基极间的正向电阻，硅管在 3～10 kΩ 之间，锗管在 500～1 kΩ 之间，上述极间的反向电阻，硅管一般大于 500 kΩ，锗管一般大于 1000 kΩ左右。

1.4.4　场效应管

场效应管是场效应晶体管（Field Effect Transistor，FET）的简称，它属于电压控制型半导体器件，以半导体中多数载流子来实现导电，所以又称单极性晶体管。和三极管相比，场效应管具有输入阻抗高、噪声低、动态范围大、热稳定性好、功耗小和易于集成等特点，可应用于信号放大、功率放大、信号驱动及振荡器中。

1. 常见场效应管的特点及应用

场效应管分为结型（JFET）和绝缘栅型（JGFET）两种类型，目前在绝缘栅型场效应管中应用最广泛的是金属-氧化物-半导体场效应管（即 MOSFET，简称 MOS 管）。每种类型的场效应管都有 N 沟道和 P 沟道两种导电结构。场效应管有栅极（G）、源极（S）和漏极（D）3 个工作电极，分别相当于三极管的基极（b）、发射极（e）和集电极（c）。由于场效应管的源极 S 和漏极 D 是对称的，在实际应用中通常可以互换。常见场效应管的特点及应用如表 1-18 所示。

表 1-18 常见场效应管的特点及应用

名 称	实 物 图	特 点	应 用
结型场效应管	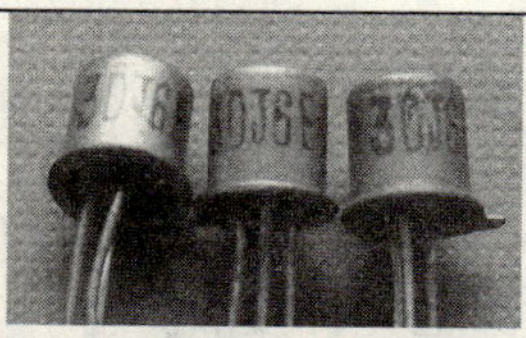 	按沟道半导体材料的不同，结型分为 N 沟道和 P 沟道两种。是利用导电沟道之间耗尽区的大小来控制漏极电流的	1．场效应管可应用于放大。由于场效应管放大器的输入阻抗很高，因此耦合电容可以容量较小，不必使用电解电容器。 2．场效应管具有很高的输入阻抗，适合作阻抗变换。常用于多级放大器的输入级作阻抗变换。 3．场效应管可以用做可变电阻。 4．场效应管可以很方便地用做恒流源。 5．场效应管可以用做电子开关
绝缘栅型场效应管	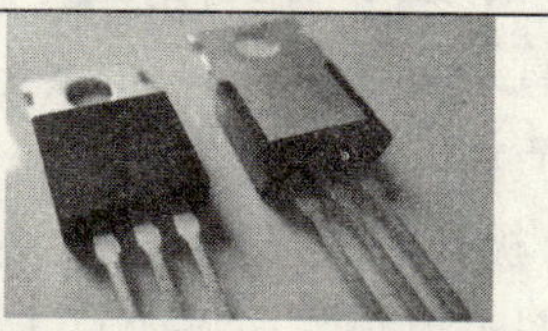	利用感应电荷的多少来改变导电沟道的性质。按沟道半导体材料的不同，绝缘栅型分 N 沟道和 P 沟道两种	
大功率场效应管	 正面 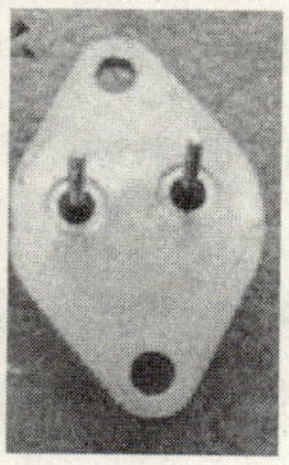 背面	指耗散功率较大的场效应管，体积较大，金属外壳本身就是一个散热部件	主要应用于电子音响设备的低频功率放大电路；用于各种大电流输出的稳压电源中

2. 场效应管的检测

1）场效应管引脚的识别

同普通晶体管一样，场效应管也有 3 个引脚，分别是栅极 G、源极 S 和漏极 D。场效应管可看做一只普通晶体三极管，栅极 G 对应基极 b，源极 S 对应发射极 e，漏极 D 对应集电极 c，N 沟道对应 NPN 型晶体管，P 沟道对应 PNP 型晶体管。

场效应管引脚排列位置根据其品种、型号及功能等不同而异。要正确使用场效应管，首先必须识别出场效应管的各个电极。不同类型场效应管的引脚识别如表 1-19 所示。

表 1-19　不同类型场效应管的引脚识别

名　称	实 物 图	引 脚 分 布
大功率场效应管	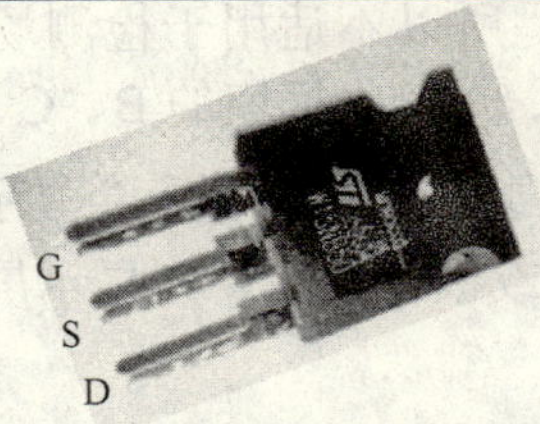	从左至右其引脚排列为 G、S、D 极（散热片接 D 极）
特种场效应管		采用绝缘底板模块封装，通常有 4 个引脚，上面的 2 个通常为 2 个 S 极（相连），下面的 2 个分别为 G、D 极
贴片效应管	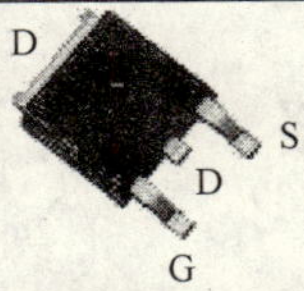	散热片是 D 极，下面的 3 个引脚（无论中间脚是否剪短）分别是 G、D、S 极
大功率场效应管	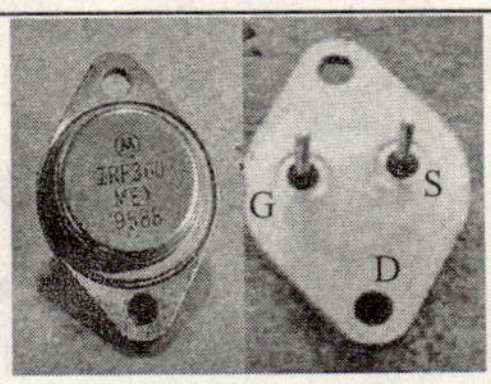正面　背面	背面两个引脚分别为 G 极和 S 极，金属壳体为 D 极

除了根据管子的类型和外观判断场效应管的引脚，我们还可以用万用表对场效应管的引脚分布及性能进行检测。下面介绍检测的方法及注意事项。

2）用指针式万用表检测场效应管

测量之前，先把人体对地短路后，才能摸触 MOSFET 的引脚。最好在手腕上接一条导线与大地连通，使人体与大地保持等电位。根据场效应管的 PN 结正、反向电阻值的明显差异，可以判别出结型场效应管的 3 个电极。具体方法如下：将指针式万用表拨到 R×1k 挡上，任选两个电极，分别测出其正、反向电阻值。当某两个电极的正、反向电阻值相等，且为几千欧姆时，则这两个电极分别是漏极 D 和源极 S。因为对结型场效应管而言，漏极和源极可互换，剩下的电极肯定是栅极 G。也可以将万用表的黑表笔（红表笔也行）任意接触一个电极，另一只表笔依次去接触其余的两个电极，测其电阻值。当出现两次测得的电阻值近似相等时，则黑表笔所接触的电极为栅极，其余两电极分别为漏极和源极。若两次测出的电阻值均很大，说明 PN 结是反向的，即都是反向电阻，可以判定是 N 沟道场效应管，且黑表笔接的是栅极；若两次测出的电阻值均很小，说明是正向 PN 结，即正向电阻，判定为 P 沟道场效应管，黑表笔接的也是栅极。若不出现上述情况，可以调换黑、红表笔按上述方法进行测试，直到判别出栅极为止。

3）用数字万用表检测场效应管

利用数字万用表不仅能判定场效应管的引脚、还可以测量管子的低频跨导（相当于放大系数）。由于数字万用表电阻挡的测试电流很小，所以不适用于检测场效应管，应使用 h_{FE} 挡进行测试。将场效应管的 G、D、S 极分别插入 h_{FE} 测量插座的 B、C、E 孔中（N 沟道管插入 NPN 插座中，P 沟道管插入 PNP 插座中），此时，显示屏上会显示一个数值，这个数值就是管子的低频跨导（放大系数），若电极插错或极性插错，则显示屏不会显示出这个数值，此时将显示为“000”或“1”。

在检测及应用场效应管时应注意，MOS 管比较“娇气”，这是由于它的输入电阻很高，而栅源极间电容又非常小，极易受外界电磁场或静电的感应而带电，而少量电荷就可以在极间电容上形成相当高的电压（$U=Q/C$），将管子击穿。因此出厂时各引脚都绞合在一起，或装在金属箔内，使 G 极与 S 极短接，防止积累静电荷。管子不用时，也应短接全部引脚。在测量时应格外小心，并采取相应的防静电感应措施。

1.5　集成电路

1.5.1　集成电路基本知识

集成电路（Integrated Circuit，IC）是一种采用特殊工艺，将电路中的有源器件（二极管、三极管、场效应管等）和无源元件（电阻、电容等）以及连线集成在硅基片上，并封装在特制的外壳中从而形成的具有特定功能的器件。集成电路能执行一些特定的功能，如放大信号或储存信息，也可以通过软件改变整个电路的功能，最典型的例如单片机等。与分立元件相比，集成电路具有体积小、重量轻、功耗小、性能好、电路稳定等优点，大大提高了电路的可靠性，减少了组装和调试的难度，广泛应用于各种电子产品中。

1．集成电路的种类

集成电路根据不同的用途可以主要分为模拟集成电路和数字集成电路两大类。模拟集成电路主要有集成运算放大器、集成稳压电路、自动控制集成电路、信号处理集成电路等；数字集成电路主要有 TTL 集成电路和 CMOS 集成电路，目前常用的有 54××系列军用产品和 74××系列民用产品。TTL 集成电路大致可分为 6 大类：54／74（标准型）、54／74LS（低功耗肖特基）、54／74S（肖特基）、54／74ALS（先进低功耗肖特基）、54／74AS（先进肖特基）、54／74F（高速）；CMOS 集成电路主要有 54／74HC、54／74HCT、54／74HCU、CD4000 系列等。同一系列的 TTL 或 CMOS 电路其推荐工作条件基本相同，最大的区别就是开关特性和噪声特性随着型号的不同而有较大的差异，使用时根据不同的条件和要求可以选择不同类型的 54／74 系列产品，比如电路的供电电压为 3V，就应选择 54／74HC 系列的产品。

2．集成电路的主要参数

集成电路的主要参数有电源电压、耗散功率、工作环境温度等。

（1）电源电压是指集成电路正常工作时所需的工作电压。通常，模拟集成电路的电源电压用 V_{CC} 表示，数字集成电路的正电源电压用 V_{DD} 表示，负电源用 V_{EE} 表示。

（2）耗散功率是指集成电路在标称的电源电压及允许的工作环境温度范围内正常工作时所输出的最大功率。

（3）工作环境温度是指集成电路能正常工作的环境温度极限值或温度范围。

3. 集成电路的封装形式及引脚排列

一般来讲，根据在电路板上是否穿过电路板孔进行焊接，集成电路的封装可分为直插式封装和贴片式封装两种，如表 1-20 所示。

表 1-20　集成电路的封装形式

封装形式	类　别	举　例	特点及应用
直插式	单列直插	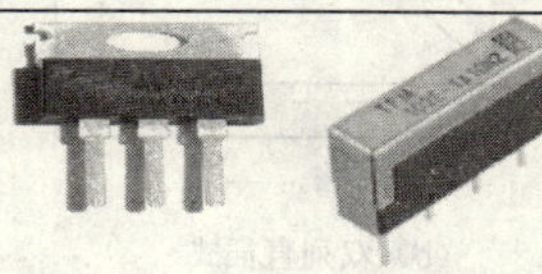	引脚只有一列，常见于三端集成稳压器、功率放大器等
	双列直插		有两列平行排列的引脚，是最常见的集成电路封装形式。常用于集成运算放大器、555 时基电路、74××系列和 4000 系列数字集成电路等
	金属封装		外壳为金属材料，引脚呈圆形分布，目前较少见
贴片式	双列扁平封装		多用于贴片式集成电路
	四列扁平封装		多用于贴片式集成电路

使用集成电路前，必须认真查对识别集成电路的端子，确认电源、地、输入、输出和控制等端的端子号，以免因错接而损坏器件。集成电路的引脚数量虽不同，但排列方式仍有一定规律可循。

圆形金属壳集成电路：多用于集成运算放大器（简称运放）等模拟集成电路，引脚数有 8、10、12 等种类。识别时，面向端子正视，以管壳上的凸起部分（定位销）为参考标记，从定位销开始沿顺时针方向依次为 1、2、3、4…，如图 1-20（a）所示。

双列直插式集成电路：这种封装形式的集成电路广泛应用于模拟和数字集成电路，常见的引脚数目有 8、10、12、14、16、18、20、24 等。识别时，要将有文字符号的一面正放

(一般集成电路上有一圆点或有一缺口，将缺口或圆点置于左方)，由顶部俯视，从左下端子起，按逆时针方向数，依次为 1、2、3、4…，如图 1-20（b）所示。

单列直插式集成电路：这种封装形式的集成电路通常采用一个定位标记来标识引脚的起始，常见的定位标记有倒角、小孔、圆点、凹坑、线条、色带等。识别时，让引脚朝下，让定位标记对着自己，从定位标记一侧的第一只引脚数起，依次为 1，2，3，4…脚，如图 1-20（c）所示，

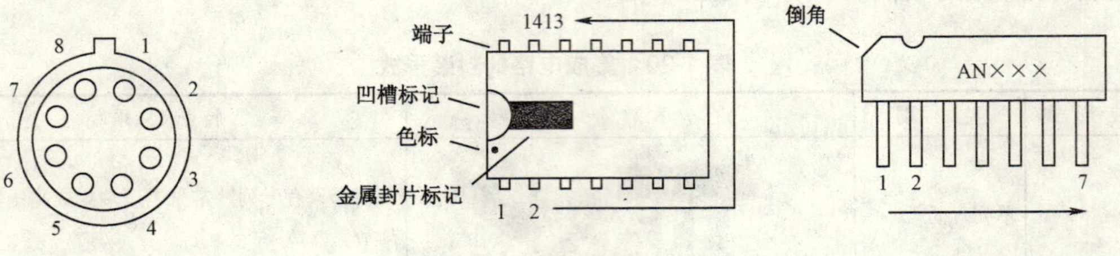

（a）圆形结构　　（b）双列直插式　　（c）单列直插式

图 1-20　集成电路引脚排列顺序识别

集成电路各引脚代表的含义及内部具体连接方法，应根据集成电路的型号查阅相关技术手册。

4. 集成电路的命名方法

集成电路有多种型号，其命名也有一定规律。一般是由前缀、数字编号、后缀组成。前缀主要为英文字母，用来表示集成电路的生产厂家及类别，后缀一般用来表示集成电路的封装形式、版本代号等。例如，常用的音频功率放大器 LM3886 就因为后缀不同而有 LM3886TF 和 LM3886T 两种类型，前者散热片绝缘，后者不绝缘，其中前缀 LM 表示该集成电路是美国国家半导体公司的代表性线性电路。国产集成电路的命名方法如表 1-21 所示。

表 1-21　国产集成电路的命名规则

第 0 部分		第 1 部分		第 2 部分	第 3 部分		第 4 部分	
用字母表示器件符合国家标准		用字母表示器件的类型		用阿拉伯数字表示器件的系列和品种代号	用字母表示器件的工作温度范围		用字母表示器件的封装	
符号	意义	符号	意义		符号	意义	符号	意义
C	中国制造	T	TTL		C	0～70℃	W	陶瓷扁平
		H	HTL		E	-40～85℃	B	塑料扁平
		E	ECL		R	-55～85℃	F	全封闭扁平
		C	CMOS				D	陶瓷直插
		F	线性放大器		M	-55～125℃	P	塑料直插
		D	音响、电视电路		…	…	J	黑陶瓷直插
		W	稳压器				K	金属菱形
		J	接口电路				T	金属圆形

例：

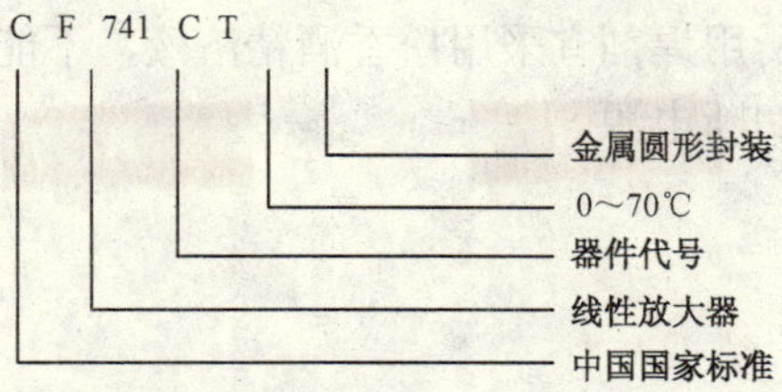

国外部分公司集成电路产品的代号如表 1-22 所示。

表 1-22　国外部分公司集成电路产品的代号

公司名称	代号	公司名称	代号
美国无线电公司（BCA）	CA	美国悉克尼特公司（SIC）	NE
美国国家半导体公司　（NSC）	LM	日本电气工业公司（NEC）	μPC
美国摩托罗拉公司（MOTA）	MC	日本日立公司（HIT）	RA
美国仙童公司（PSC）	μA	日本东芝公司（TOS）	TA
美国得州仪器公司（TI）	TL	日本三洋公司（SANYO）	LA，LB
美国模拟器件公司（ANA）	AD	日本松下公司	AN
美国英特西尔公司（INL）	IC	日本三菱公司	M

5．半导体集成电路的选用原则

（1）在电路中，集成电路不能超出生产厂家规定的集成电路各项性能参数的最大允许值。特别要注意电源电压，要考虑到实际电源可能产生的瞬时电压波动因素，瞬间承受的电压值不能超过规定的极限值。

（2）对于功率器件（集成稳压电源、集成功率放大器等），应按规定安装适当的散热器，使其温升不会超过规定的极限值。此外，如能在器件外壳与外装的散热器之间的接触面上涂上一层硅脂，会使散热效果大大提高。

（3）根据电路设计要求，正确选用集成电路。集成电路价格成本比分立元件高，确定使用集成电路，主要从速度、抗干扰能力和价格 3 个方面考虑。

集成电路中表示开关速度的参数是“平均传输延迟时间 t_{pd}”和“最高工作频率 f_m”。t_{pd} 是指脉冲信号通过门电路后上升沿时延和下降沿时延的平均值。f_m 表示电路可以工作的上限频率。在数控装置中，对器件速度的要求一般并不高，而抗干扰能力却是较突出的问题，必须采用抗干扰能力较强的 HTL 型集成电路。

（4）选用集成电路器件，应尽量采用同一系列的，还要考虑到备件的来源，否则会给制作和维修带来不便。要注意养成节约的好习惯，对有毛病的器件也应充分利用。例如，4 个输入端的与非门，如果坏了一个输入端，还可以当做三输入端与非门使用。

（5）集成电路电参数的优劣与其稳定性没有直接关系。电参数好的，可靠性不一定高，电参数差的，可靠性不一定低。因此，不一定要求使用高档产品，从节约观点出发，电参数稍差的产品经过筛选，照样可以用得很好。使用前，对器件在不同环境下进行相关参数测试，剔除不合格的器件，从而保证了电子装置工作的稳定可靠。

（6）对剩余不用的输入端，一般有悬空、并联和接高电位 3 种处理方法。根据集成电路对不同性能的要求程度，采用不同的处理方法。

（7）集成电路焊接时，应使用不超过 40 W 的电烙铁，并应把电烙铁的外壳作良好的接地，且焊接时间不宜过长。所用焊剂宜采用松香酒精溶液，不能使用有腐蚀性的焊剂。需要更换集成电路时，必须关机切断电源。

1.5.2　模拟集成电路

1．集成运算放大器

集成运算放大器（Integrated Operational Amplifier）简称集成运放或运放，是一种高增益的直接耦合放大器，通常包括输入级、中间级、输出级和偏置电路 4 部分。集成运放通常有+、−两个输入端、一个输出端以及电源供电端，此外，有些运放还具有外接补偿电路端、调零端、相位补偿端、公共接地端以及其他附加端子。集成运放在放大、振荡、电压比较、模拟运算及有源滤波等电子电路中有广泛应用。常见的集成运算放大器如表 1-23 所示。

表 1-23　常见的集成运算放大器

类　型	实　物　图	特点及应用
通用型运算放大器	 μA741（单运放）  LM358（双运放）  LM324（四运放）	以通用为目的而设计。这类器件的主要特点是价格低廉，产品量大、面广，其性能指标能适合于一般性使用
高阻型运算放大器	 LF356  LF347（四运放）	利用场效应管高输入阻抗的特点，用场效应管组成运算放大器的差分输入级。用 FET 作输入级，不仅输入阻抗高，输入偏置电流低，而且具有高速、宽带和低噪声等优点，但输入失调电压较大
低温漂型运算放大器	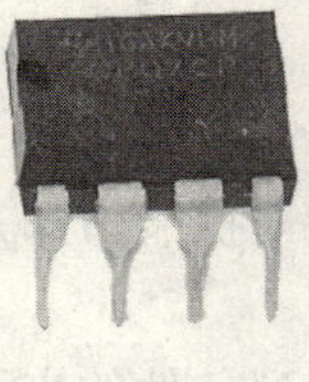  OP07  ICL7650	在精密仪器、弱信号检测等自动控制仪表中，希望运算放大器的失调电压小且不随温度的变化而变化，低温漂型运算放大器就是为此而设计的
高速型运算放大器	  LM318	高速型运算放大器的主要特点是具有较高的转换速率和较宽的频率响应。多应用在快速 A/D 和 D/A 转换器、视频放大器中，要求集成运算放大器的转换速率 S_R 要高，单位增益带宽 BWG 要足够大，通用型集成运放不适用于高速应用

续表

类　型	实 物 图	特点及应用
低功耗型运算放大器	 TL022  TL064	可采用单节电池供电，有的产品功耗已达微瓦级。由于电子电路集成化的最大优点是能使复杂电路小型轻便，所以随着便携式仪器应用范围的扩大，必须有低电源电压供电、低功率消耗的运算放大器与之相适用
高压大功率型运算放大器	 PB50	普通运算放大器输出电压的最大值一般仅几十伏，输出电流仅几十毫安。若要提高输出电压或输出电流，运放外部必须要加辅助电路。高压大功率集成运放外部不需附加任何电路，即可输出高电压和大电流

集成运放在使用中还应注意正、负电源电压的对称、单电源的设置以及调零等问题的妥善处理。在要求较高的集成运放应用电路中，要在输入端设置二极管或稳压二极管限制输入过电压保护电路，输出端设置防止器件过电流的保护电路及防止电源极性接反或电源电压瞬时过压的保护电路。

2. 集成稳压器

集成稳压器是一种具有稳压功能的电压变换集成电路，它种类很多，其中三端集成稳压器最为常见。故名思义，三端集成稳压器是指这种稳压用的集成电路只有 3 条引脚输出，分别是电压输入端、接地端和电压输出端。三端集成稳压器是一种串联调整式稳压器，内部设有过热、过流和过压保护电路。常用的三端集成稳压器主要有固定集成稳压器、可调集成稳压器、精密电压基准集成稳压器等。常见的三端集成稳压器如表 1-24 所示。

表 1-24　常见的三端集成稳压器

类　型	实 物 图	特点及应用
78××系列 正电压型三端集成稳压器		常用的固定式集成稳压器，其 3 个引脚分别是电压输入端、接地端和电压输出端。78××系列三端集成稳压器为正电压型。固定输出电压预先调整好，输出为固定值。 输出正电压系列（78××）的集成稳压器其电压共分为 5～24 V 7 个挡。例如，7805、7806、7809 等，其型号中的 78 表示输出电压为正值，后面的数字表示输出电压的稳压值。如 7805 表示输出电压为+5 V，输出电流为 15 A（带散热器）
79××系列 负电压型三端集成稳压器	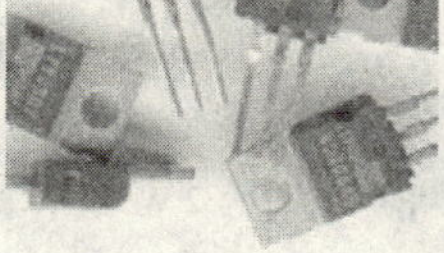	常用的固定式集成稳压器，79××系列为负电压型。除了输出电压为负，引出脚排列不同以外，其命名方法、外形等均与 78××系列的相同。 输出负电压系列（79××）的集成稳压器其电压共分为 –5～–24 V 7 个挡。例如，7905、7906、7912 等，其型号中的 79 表示输出电压为负值，后面的数字表示输出电压的稳压值，如 7905 表示输出电压为 –5 V，输出电流为 15 A（带散热器）

续表

类　型	实 物 图	特点及应用
可调输出电压式集成稳压器	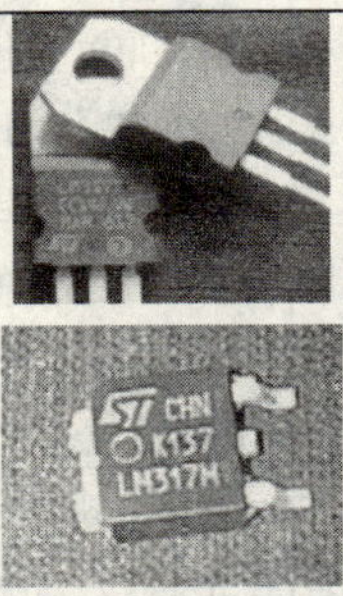	可调输出电压式集成稳压器输出电压可通过少数外接元件在较大范围内调整，当调节外接元件值时，可获得所需的输出电压。例如，CW317 型集成三端稳压器，输出电压可以在 12～37 V 范围内连续可调。 17/37 系列是较常用的可调式三端集成稳压器，其 3 个引脚分别是电压输入端、电压调节端和电压输出端。17 系列三端集成稳压器为正电压型，37 系列三端稳压器为负电压型

需要注意的是，78/79 系列三端集成稳压器有很多电子厂商生产，通常其型号的前缀表示生产厂家的代号，如 TA7805 是东芝的产品，AN7909 是松下的产品。有时在数字 78 或 79 后面还有一个 M 或 L，如 78M12 或 79L24，这是用来区别输出电流的。三端集成稳压器的输出电流有大、中、小之分，并分别由不同符号来表示。78L 系列的最大输出电流为 100 mA，78M 系列最大输出电流为 1 A，78 系列最大输出电流为 1.5 A。不同的生产厂商电流分挡符号不尽相同，使用时要注意查阅产品的技术手册。

三端集成稳压器的封装也有多种，详见表 1-25。塑料封装的稳压电路具有安装容易、价格低廉等优点，因此用得比较多。

表 1-25　三端集成稳压器的封装形式及引脚功能

封装形式	图　例	说　明
TO-220	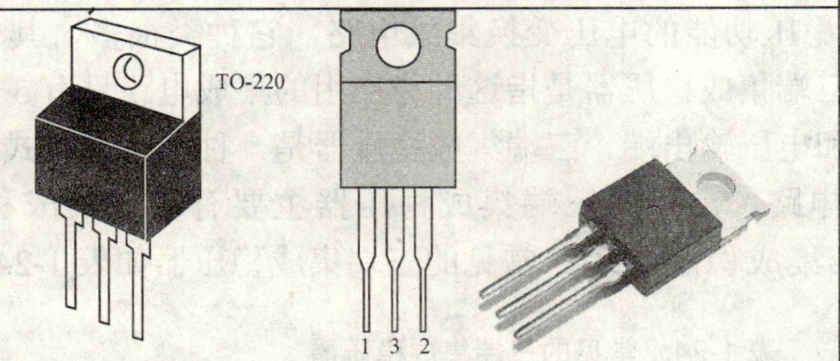	TO-220 塑料封装，国内代号 s-7，最大允许功耗为 10 W（不加散热器时为 1 W）
TO-92	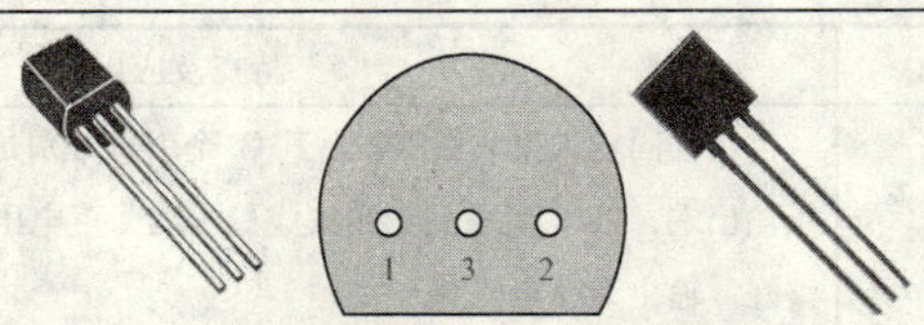	塑料封装： 1—电压输入端 2—电压输出端 3—接地端
TO-18	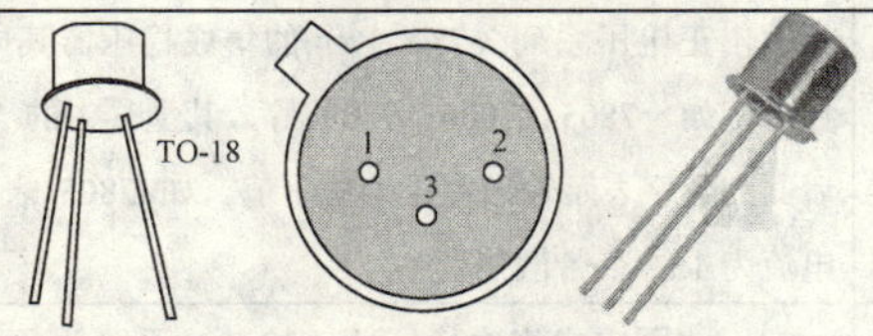	金属封装： 1—电压输入端 2—电压输出端 3—接地端
TO-3	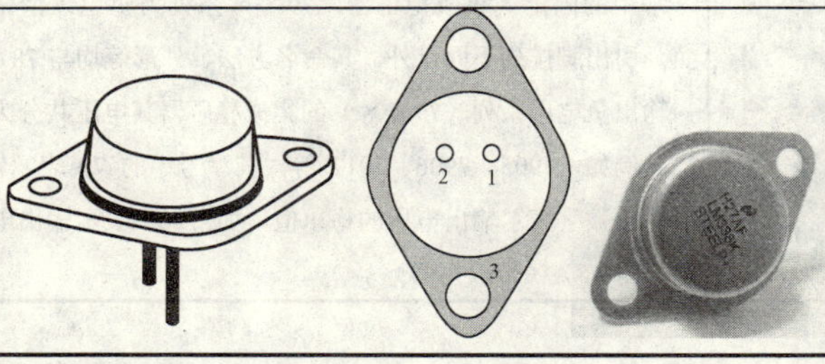	TO-3 金属壳封装，国内代号 F-2，最大允许功耗为 20 W，不加散热器时为 2 W

注意三端集成稳压器的输入、输出和接地端绝不能接错，否则容易烧坏。一般三端集成稳压器的最小输入、输出电压差约为 2 V，否则不能输出稳定的电压，一般应使电压差保持在 4～5 V，即经变压器变压、二极管整流、电容滤波后的电压应比稳压值高一些。

在实际应用中，应在三端集成稳压器上安装足够大的散热器（小功率的条件下不用）。当稳压管温度过高时，稳压性能将变差，甚至损坏。

当制作中需要一个输出 1.5 A 以上电流的稳压电源时，通常采用几块三端稳压器并联起来，使其最大输出电流增大，但应用时需注意：并联使用的集成稳压器应采用同一厂家、同一批号的产品，以保证参数的一致。另外，在输出电流上留有一定的余量，以避免个别集成稳压电路失效时导致其他电路的联锁烧毁。

1.5.3　数字集成电路

数字集成电路构成了各种逻辑电路，如各种门电路、编译码器、触发器、计数器、寄存器等。它们广泛地应用在生活中的方方面面，小至电子表，大至计算机，都是由数字集成电路构成的。

数字集成电路的种类有很多种。从结构上来看，数字集成电路可分成 TTL 型和 CMOS 型两类。74LS/HC 等系列是最常见的 TTL 电路，它们使用 5 V 的电压，具有固定的供电引脚，例如，16 脚集成电路的第 8 脚是电源负极，16 脚是电源正极；14 脚集成电路的第 7 脚是电源的负极，14 脚是电源正极。TTL 数字集成电路的逻辑“0”的输出电压小于等于 0.2 V，逻辑“1”的输出电压约为 3 V。

CMOS 数字集成电路的工作电压范围宽，静态功耗低，抗干扰能力强，更具优点。通常 CMOS 集成电路工作电压范围为 3～18 V，所以不必像 TTL 集成电路那样对供电电压有严格要求。CMOS 集成电路的输入阻抗很高，这意味着驱动 CMOS 集成电路时，所消耗的驱动功率几乎可以不计。同时 CMOS 集成电路的耗电很小，用 CMOS 集成电路制作的电子产品，通常都可以用干电池供电。CMOS 集成电路的输出电流不是很大，大概为 10 mA，在一般的电子制作中，驱动一个 LED 发光二极管是没有问题的。此外，CMOS 集成电路的抗干扰能力也较强，即噪声容限较大，且电源电压越高，抗干扰能力越强。

CMOS 集成电路容易被静电击穿，因此需要妥善保存。一般要放在防静电包装条中，或用锡箔纸包好。焊接的时候要用接地良好的电烙铁，或者拔掉插头，利用余热焊接。现在的 CMOS 集成电路由于改进了生产工艺，防静电能力都有很大提高。

市场上数字集成电路进口的较多，产品型号的前缀代表生产公司，常见的有 MC1××××（摩托罗拉）、CD××××（美国无线电 RCA）、HEF××××（飞利浦）、TC××××（东芝）、HC××××（日立）等。一般来说，只要型号相同，不同公司的产品可以互换。

常用 TTL 和 CMOS 数字集成电路的类型与功能分别如表 1-26 和表 1-27 所示。

表 1-26　常用 TTL 数字集成电路的类型与功能

型号和功能	引脚及逻辑功能	型号和功能	引脚及逻辑功能
74LS00 四 2 输入与非门	V_{CC} 4A 4B 4Y 3B 3A 3Y 74LS00 1A 1B 1Y 2A 2B 2Y GND $Y=\overline{A\cdot B}$	74LS02 四 2 输入或非门	V_{CC} 4Y 4B 4A 3Y 3B 3A 74LS02 1Y 1A 1B 2Y 2A 2B GND $Y=\overline{A+B}$
74LS04 六反相器	V_{CC} 6A 6Y 5A 5Y 4A 4Y 74LS04 1A 1Y 2A 2Y 3A 3Y GND $Y=\overline{A}$	74LS08 四 2 输入与门	V_{CC} 4B 4A 4Y 3B 3A 3Y 74LS08 1A 1B 1Y 2A 2B 2Y GND $Y=A\cdot B$
74LS10 三 3 输入与非门	V_{CC} 1C 1Y 3C 3B 3A 3Y 74LS10 1A 1B 2A 2B 2C 2Y GND $Y=\overline{A\cdot B\cdot C}$	74LS11 三 3 输入与门	V_{CC} 1C 1Y 3C 3B 3A 3Y 74LS11 1A 1B 2A 2B 2C 2Y GND $Y=A\cdot B\cdot C$
74LS20 双 4 输入与非门	V_{CC} 2D 2C NC 2B 2A 2Y 74LS20 1A 1B NC 1C 1D 1Y GND $Y=\overline{A\cdot B\cdot C\cdot D}$	74LS25 双 4 输入或非门 （带选通）	V_{CC} 2D 2C 2G 2B 2A 2Y 74LS25 1A 1B 1G 1C 1D 1Y GND $Y=\overline{G\cdot(A+B+C+D)}$
74LS27 三 3 输入或非门	V_{CC} 1C 1Y 3C 3B 3A 3Y 74LS27 1A 1B 2A 2B 2C 2Y GND $Y=\overline{A+B+C}$	74LS32 四 2 输入或门	V_{CC} 4B 4A 4Y 3B 3A 3Y 74LS32 1A 1B 1Y 2A 2B 2Y GND $Y=A+B$
74LS47 BCD7 段高电平有效译码器	V_{CC} f g a b c d e 74LS47 BI A_1 A_2 $\overline{LT}$ RBO $\overline{RBI}$ A_3 A_0 GND	74LS48 三 3 输入与非门	V_{CC} f g a b c d e 74LS48 $\overline{BI}$/ A_1 A_2 $\overline{LT}$ RBO $\overline{RBI}$ A_3 A_0 GND
74LS74 双上升沿 D 触发器（带置位、复位）	V_{CC} $2\overline{R}_D$ 2D 2CP $2\overline{S}_D$ 2Q $2\overline{Q}$ 74LS74 $1\overline{R}_D$ 1D 1CP $1\overline{S}_D$ 1Q $1\overline{Q}$ GND	74LS90 2-5-10 进制异步计数器	CLK_0 NC Q_a Q_d GND Q_b Q_c 74LS90 CLK_1 $R_D(1)$ $R_D(2)$ NC V_{CC} $R_d(1)$ $R_d(2)$

续表

型号和功能	引脚及逻辑功能	型号和功能	引脚及逻辑功能
74LS138 3-8 译码器	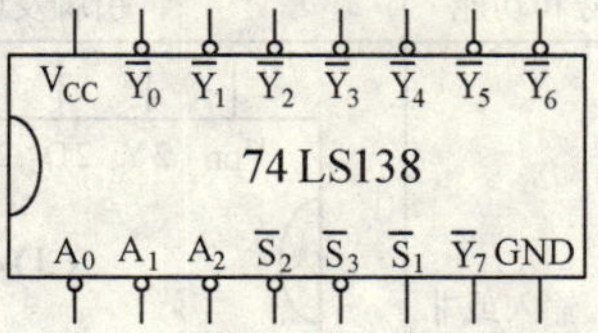	74LS148 8-3 线优先编码器	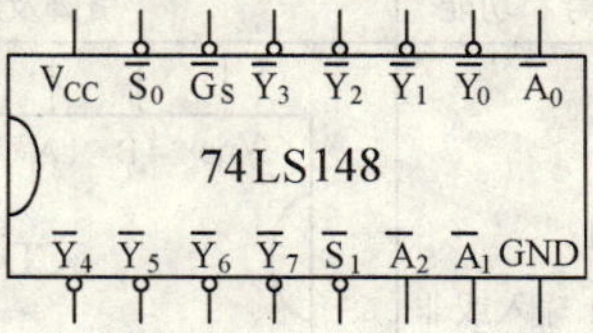
74LS153 双 4 选 1 数据选择器 / 多路开关	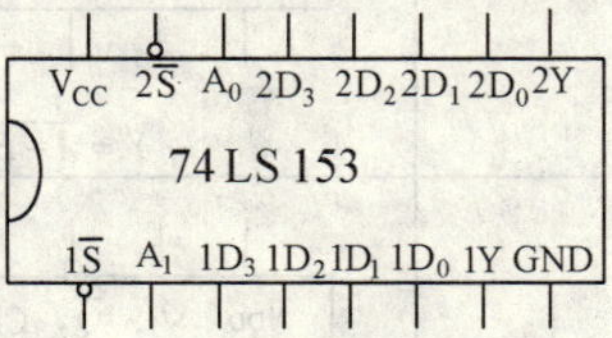	74LS160 十进制同步计数器（异步清零）	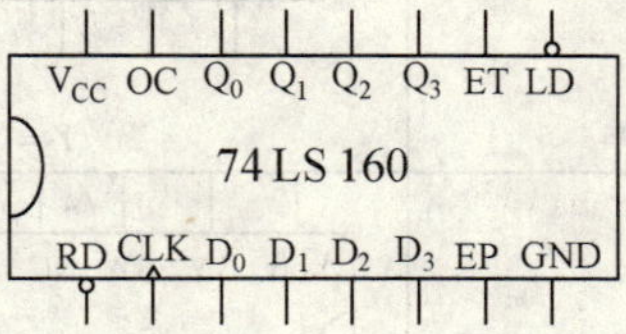
74LS161 四位二进制同步计数器 （异步清零）	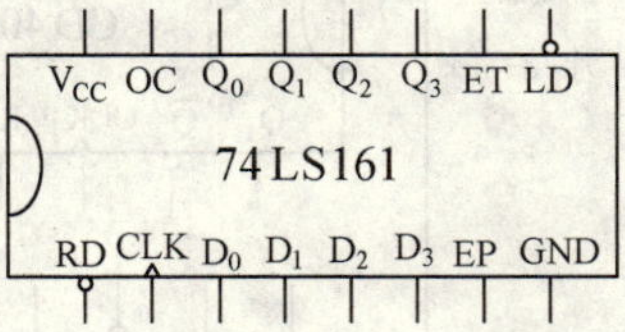	74LS163 四位二进制同步计数器 （同步清零）	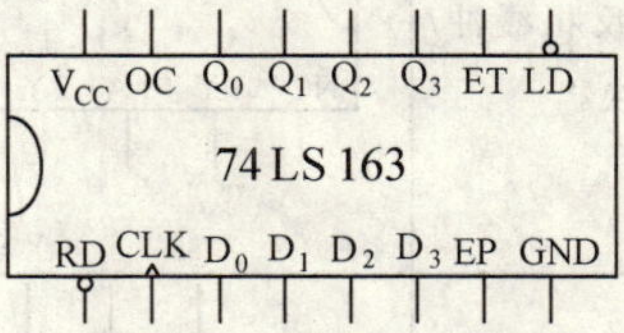
74LS175 双输出四 D 触发器	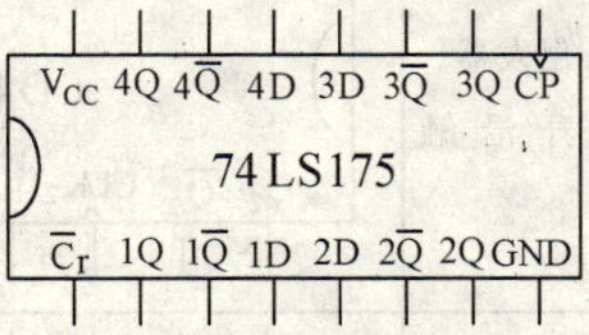	74LS192 双时钟可预置 BCD 同步加减计数器	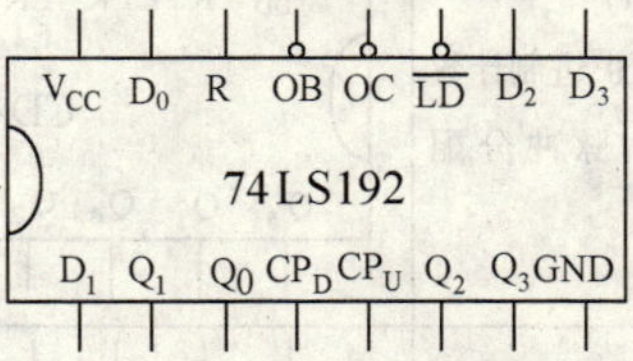
74LS193 双时钟可预置二进制同步加减计数器	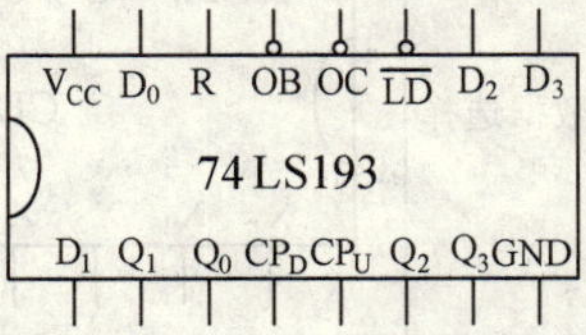	74LS194 四位双向通用移位寄存器	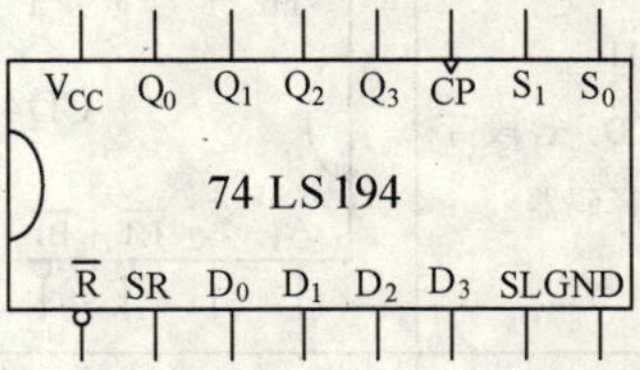
74LS273 八 D 触发器	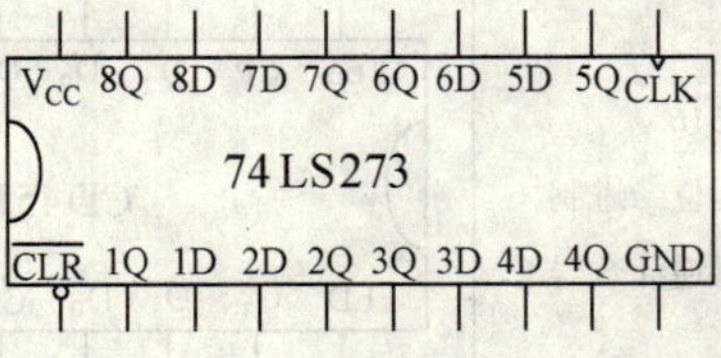	74LS373 八 D 锁存器	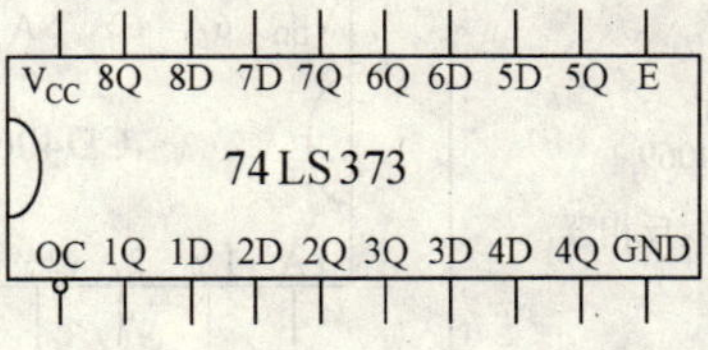
ADC0809 模 / 数转换器	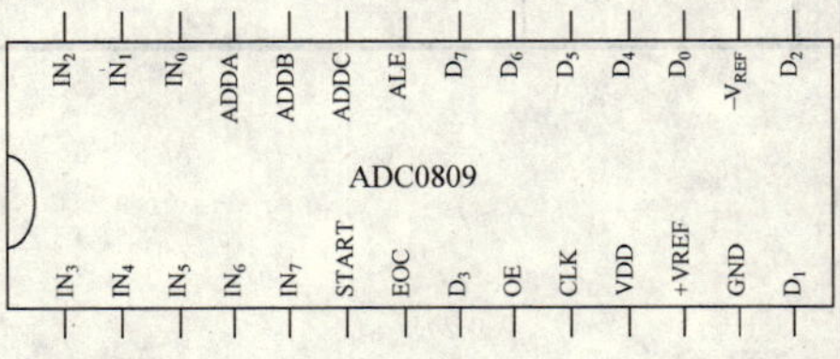	ADC0832 数 / 模转换器	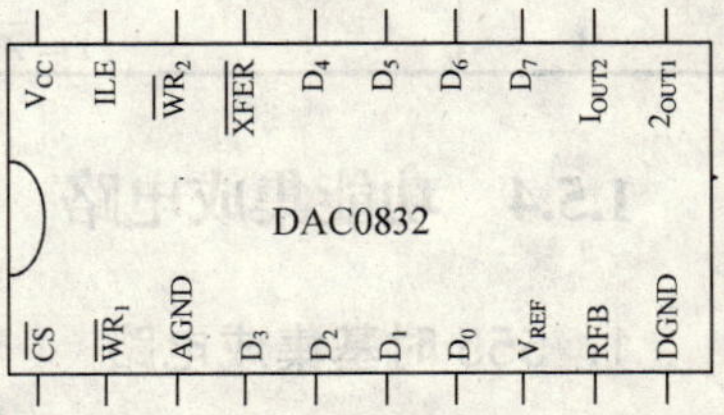

表 1-27 常用 CMOS 数字集成电路的类型与功能

型号和功能	引脚及逻辑功能	型号和功能	引脚及逻辑功能
4001 四 2 输入或非门	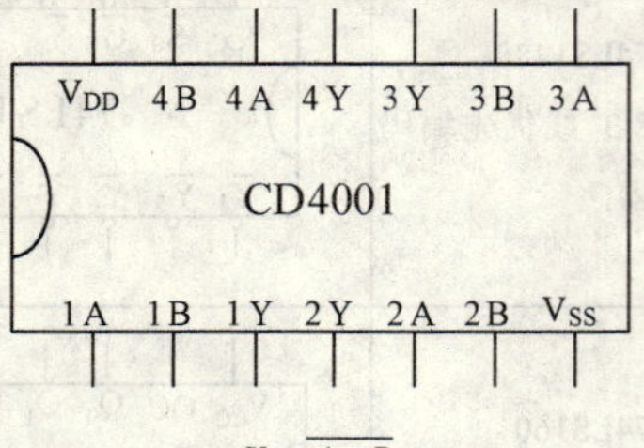 $Y=\overline{A+B}$	4002 双 4 输入或非门	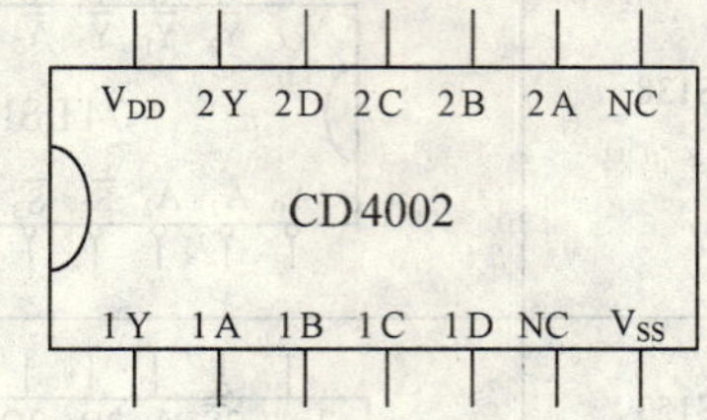 $Y=\overline{A+B+C+D}$
4009 六反相缓冲/变换器	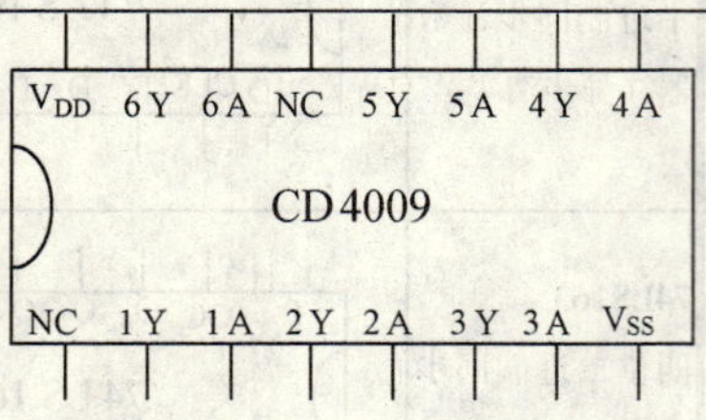 $Y=\overline{A}$	4013 双 D 触发器（上升沿触发）	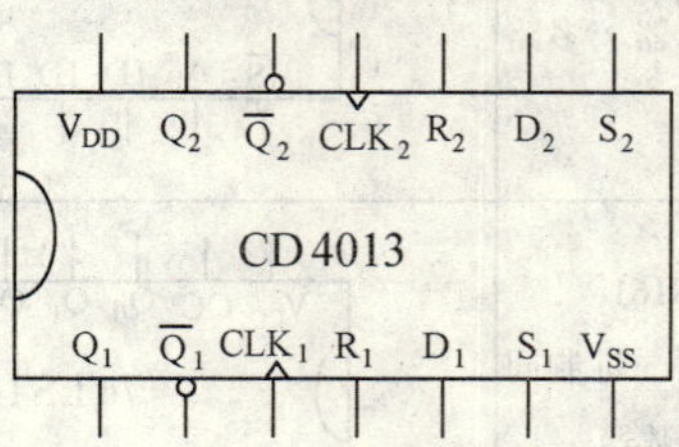
4017 2-10 进制计数器/脉冲分配器	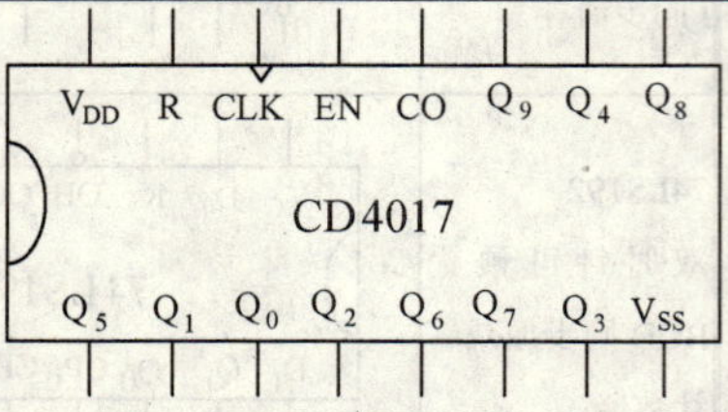	4027 双 JK 触发器（上升沿触发）	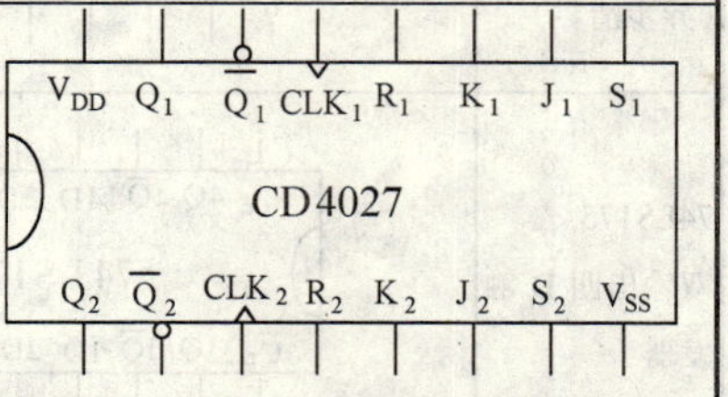
4511 BCD 七段字型译码器	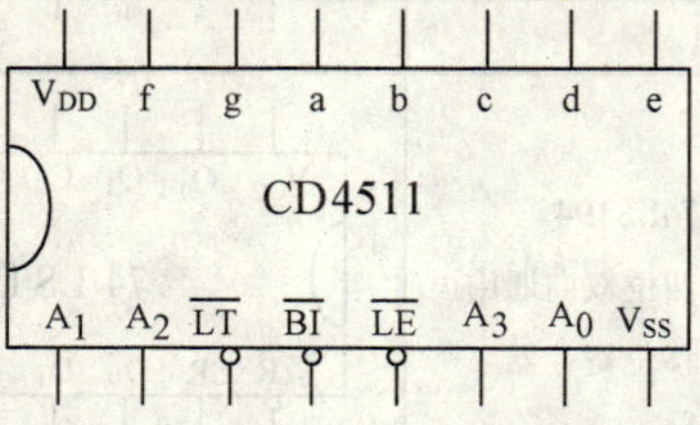	4512 8 路数据选择器	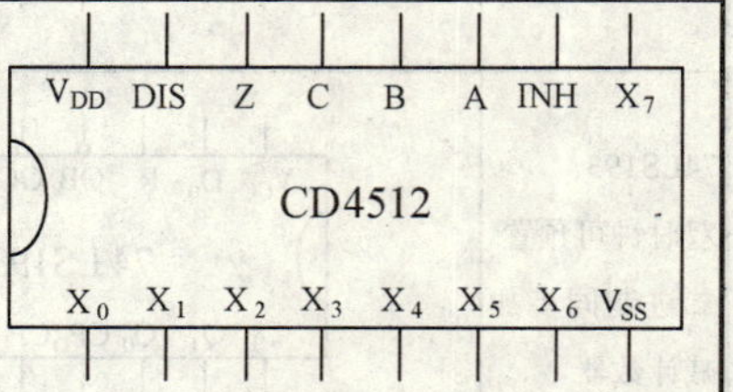
4069 六反相器	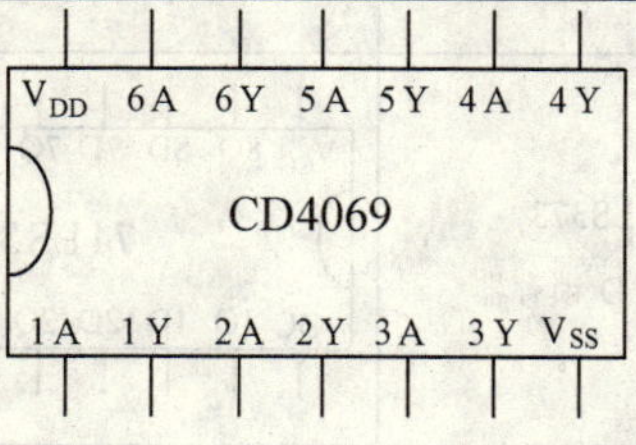 $Y=\overline{A}$	4516 四位二进制可逆计数器	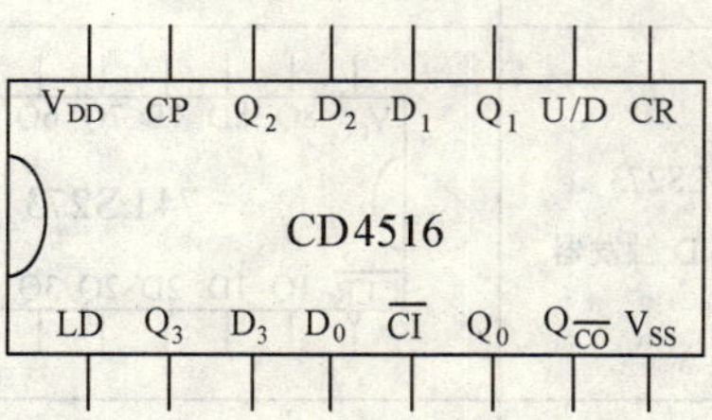

1.5.4 功能集成电路

1．555 时基集成电路

时基集成电路又称定时器电路，是一种具有定时翻转功能的电路。通常只要外接几个阻容元件，就可组成各种精度较高的多谐振荡器、单稳态触发器和施密特触发器，广泛应用于定时、延时、报警和自动控制等场合。

常用时基集成电路的特点及应用如表 1-28 所示。

表 1-28 时基集成电路的特点及应用

<table>
<tr><th>类别</th><th>特　　点</th><th>说　　明</th></tr>
<tr><td>外观</td><td>
</td><td>时基集成电路常用的有 555 单时基电路和 556 双时基电路两种</td></tr>
<tr><td>结构</td><td>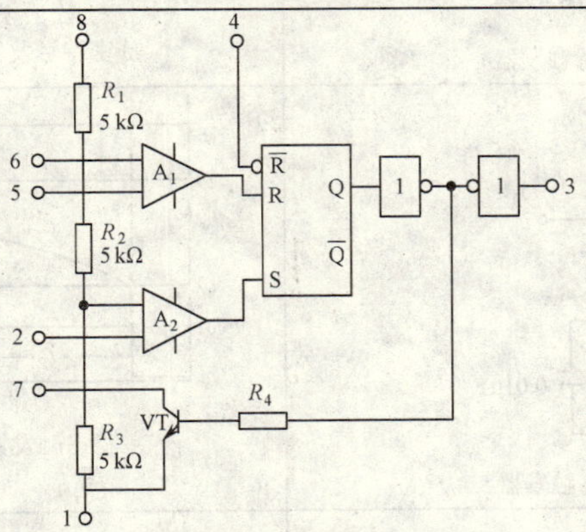

555 时基集成电路的内部结构</td><td>555 内部由 A_1、A_2 两个电压比较器、一个带清零端的基本 RS 触发器、一个集电极开路的放电晶体管和若干门电路及电阻等元件组成。555 时基电路内部结构有 TTL 和 CMOS 两种形式，二者结构和功能基本一致。TTL 型中三个电阻值均为 5 kΩ，CMOS 型电阻值则为 200 kΩ</td></tr>
<tr><td>引脚</td><td>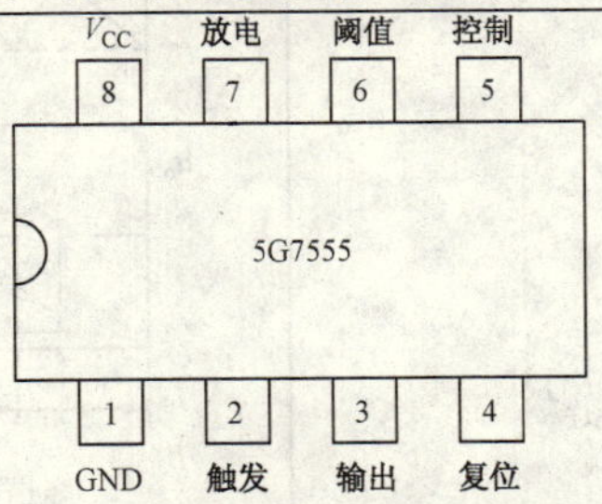

555 时基集成电路引脚排列
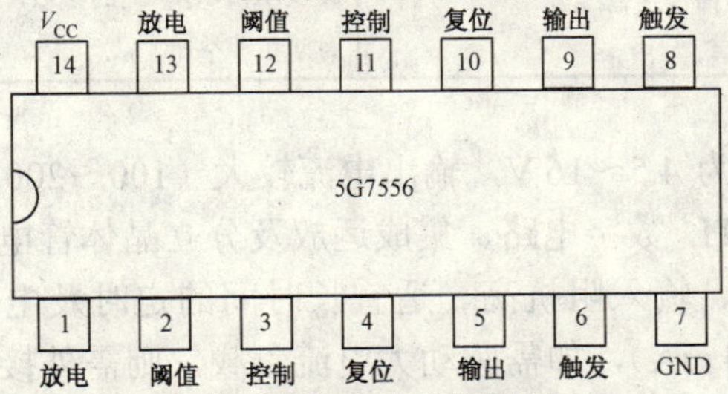

556 双时基集成电路引脚排列</td><td>以 555 为例：
1—接地端（负电源）；
2—触发端：模拟量输入端；
3—输出地：推拉结构输出，TTL 型输出电流为 200 mA；
4—复位端：数字量输入端；
5—控制端：内部分压电路（2/3）V_{CC} 点，一般对地接一个 0.01 μF 的电容，以提高电路的抗干扰能力；
6—阈值电压：模拟量输入端；
7—放电输出端：OC 输出，输出逻辑状态与 3 脚相同，输出“1”时为高阻态；
8—正电源</td></tr>
<tr><td>基本功能</td><td>
<table>
<tr><th>复位 $\overline{R}$（4 脚）电平</th><th>高触发端（6 脚）电压</th><th>低触发端（2 脚）电压</th><th>输出端</th><th>放电管状态</th></tr>
<tr><td>0</td><td>×</td><td>×</td><td>0</td><td>导通</td></tr>
<tr><td>1</td><td>$\gg\frac{2}{3}V_{cc}$</td><td>$>\frac{1}{3}V_{cc}$</td><td>0</td><td>导通</td></tr>
<tr><td>1</td><td>$\gg\frac{2}{3}V_{cc}$</td><td>$>\frac{1}{3}V_{cc}$</td><td>不变</td><td>不变</td></tr>
<tr><td>1</td><td>×</td><td>$<\frac{1}{3}V_{cc}$</td><td>1</td><td>截止</td></tr>
</table>
</td><td>“×”表示任意值。
举例：当 $\overline{R}=1$ 时，如果高触发端 6 脚的电压高于 $\frac{2}{3}V_{cc}$、低触发端 2 脚的电压高于 $\frac{1}{3}V_{cc}$，则 3 脚输出低电平“0”，此时内部放电三极管 VT 处于导通状态</td></tr>
</table>

续表

类别	特　点	说　明
常见应用	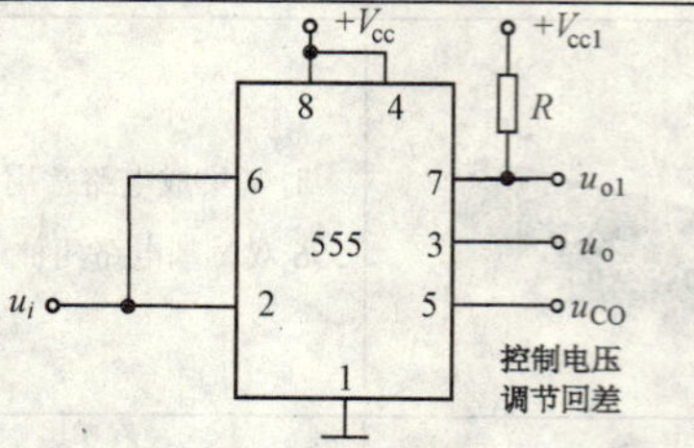 555 时基集成电路构成施密特触发器	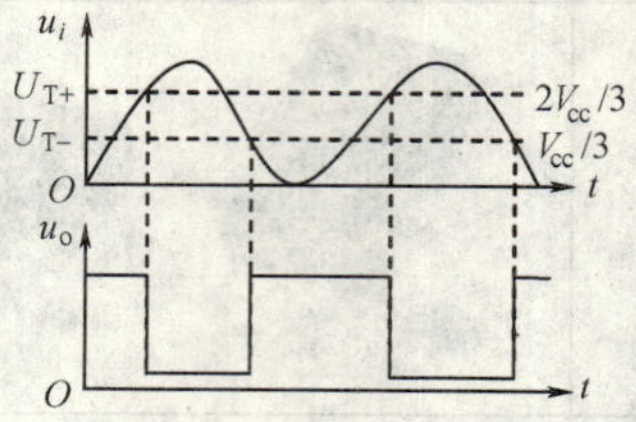 施密特触发器工作波形
	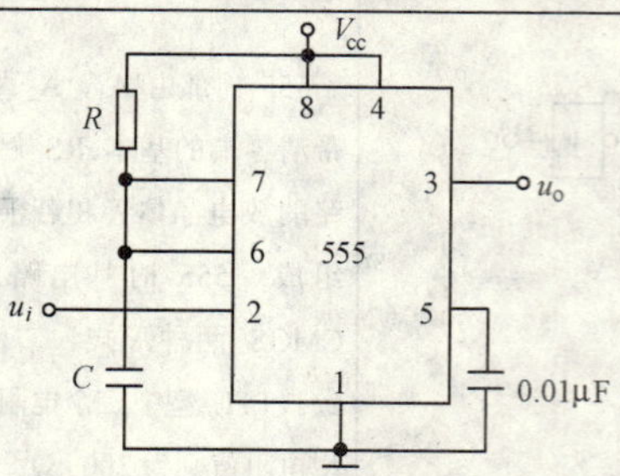 555 时基集成电路构成单稳态触发器	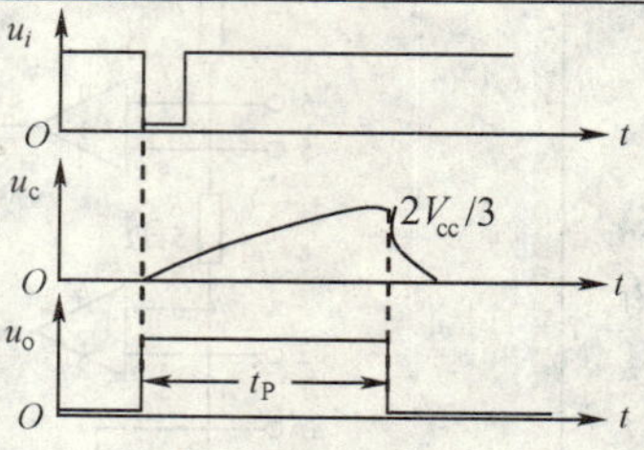 单稳态触发器工作波形
	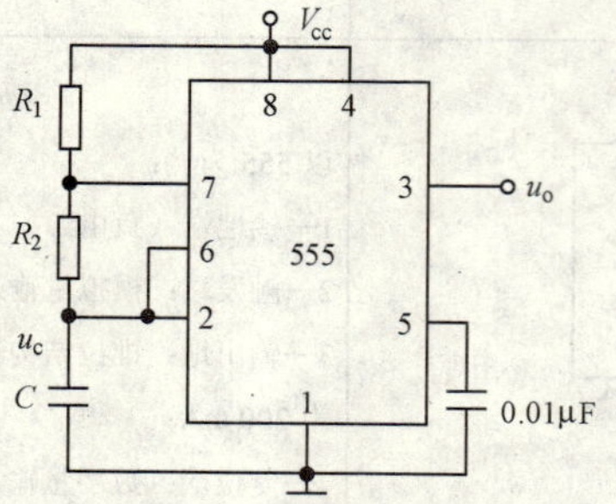 555 时基集成电路构成多谐振荡器	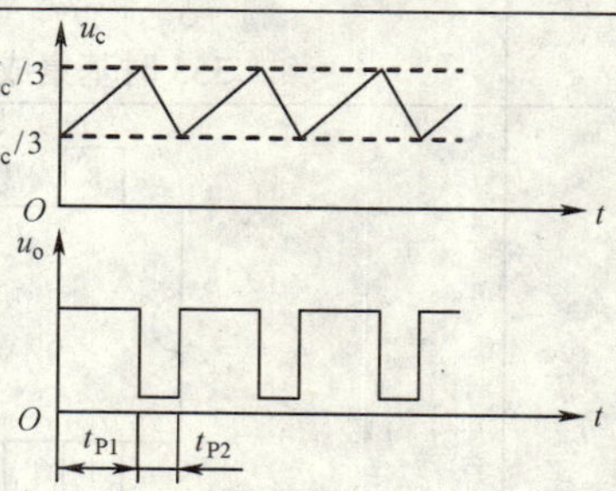 多谐振荡器工作波形 调整 R_1、R_2、C 的参数，可改变输出脉冲的周期和占空比

TTL 型 555 时基电路的工作电压为 4.5～16 V，输出电流较大（100～200 mA），能直接驱动继电器等负载，还可方便地与 TTL 数字电路、集成运放及分立晶体管电路接口匹配。CMOS 型 555 时基电路具有功耗低、输入阻抗高、适宜长时间的定时及电源电压范围宽（3～18 V）等优点，但输出电流小（4 mA），如需驱动大电流负载，则需外接三极管驱动。555 时基电路工作频率可达 500 kHz。

2. 音乐与语音集成电路

音乐与语音集成电路是指内部储存有音乐或语音信息的集成电路，例如，音乐乐曲集成电路、模拟声音集成电路、门铃集成电路、语言提示或报警集成电路等。音乐与语音集成电路有多种封装形式，最常见的是小印板软封装形式，即芯片直接用黑胶封装在一小块电路板上，如图 1-21 所示。音乐集成电路是一种高度集成的电路，一片音乐集成电路虽然很小，却包含了成千上万个电子器件。它的内部有振荡电路、音乐发生器、节拍产生器、音色发生器、地址计数器、控制输出器等单元电路，功能很强；另外，使用者在应用音乐集成电路芯片时无需了解其内部复杂的电路和工作原理，仅需要按要求将少量外围元件直接焊到音乐集成电路 PCB 上即可，使用非常方便，如图 1-22 所示。音乐集成电路对电源电压的要求不高，允许变化范围大，功耗较小，适应性强。正是由于以上特点，音乐集成电路才能具有十分广泛的应用，如音乐贺卡、音乐门铃、汽车倒车示警、声控玩具、语音提示等。可以说，音乐集成电路片已经进入了人们的日常生活和生产领域之中。

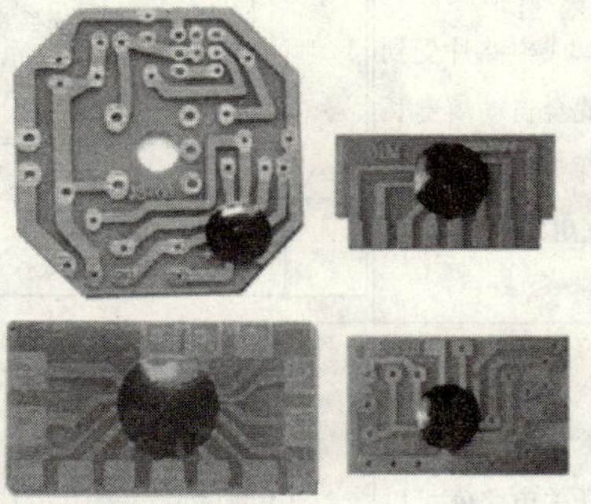

图 1-21　音乐集成电路的封装

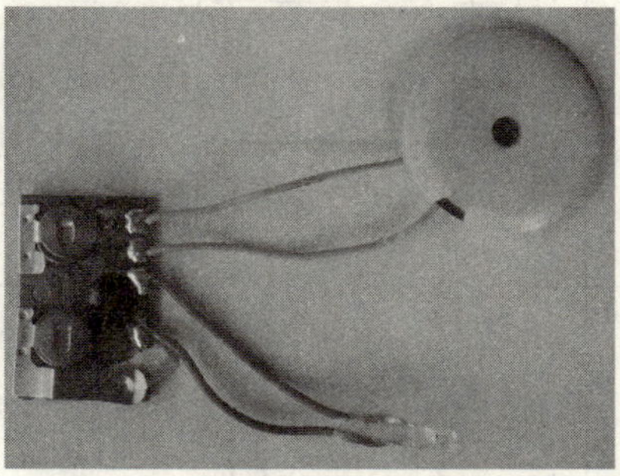

图 1-22　音乐集成电路的应用

一般来说，音乐集成电路片的工作与电源电压、可调电阻、触发信号和输出负载等因素有关。普通音乐集成电路片的电源电压范围为 1.5～3 V，使用时，应尽量按照生产厂家推荐的典型工作电压值供电。电源电压的高低对音乐集成电路片的工作时间有影响。通过对某音乐集成电路片的电路实测，当其电源电压为 1.5 V 时，演奏时间为 34 s，工作电流为 12 mA；当电源为 3 V 时，演奏时间为 26 s，工作电流为 34 mA；当电源为 4.5 V 时，工作电流为 54 mA，演奏时间为 24 s。

有些音乐集成电路工作时需要外接一个可调电阻 *R*，在电路图上标有“*”符号，说明该电阻 *R* 的阻值需要调整。实验表明，音乐集成电路演奏时间的长短与电路中 *R* 的取值是有关系的。例如，某音乐片的 *R* 取值范围为 6.2～10.5 kΩ，正常的播放时间为 20 s，当 *R* 取 1.6 kΩ 时，演奏时间不足 1 s，并且音质严重失真，因此，为了达到良好的音质效果，需要耐心地调整电路中可调电阻 *R* 的阻值。

将音乐集成电路片的触发端用某种信号加以控制，就成为一个可以用声音形式报警的通断器。例如：可以用音乐集成电路片制作接近开关、光电开关、防丢钱包提醒电路等，还可以利用音乐集成电路片作为信号源，它输出的是脉冲信号，如果再对信号加以处理，就可以输出方波、尖顶波和三角波等信号，作为简易的脉冲发生器使用。

几种常见的音乐集成电路片的型号和典型应用电路如表 1-29 所示。

表 1-29　常见音乐集成电路片的型号和典型应用电路

型　号	外　形	特　点	应　用
CW9300	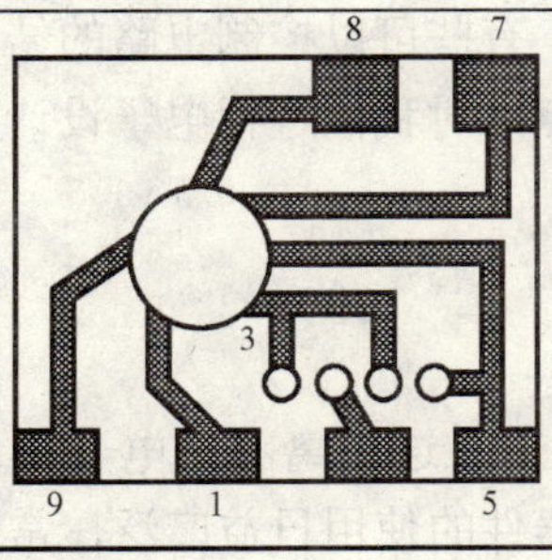	CW9300 系列是常见的音乐集成电路片，它的乐曲种类很多，不同的音乐片内部的音乐各不相同。该系列音乐集成电路片用法灵活，用途广泛，多应用在电子玩具、电话、门铃、钟表及各种仪器仪表中作发声装置	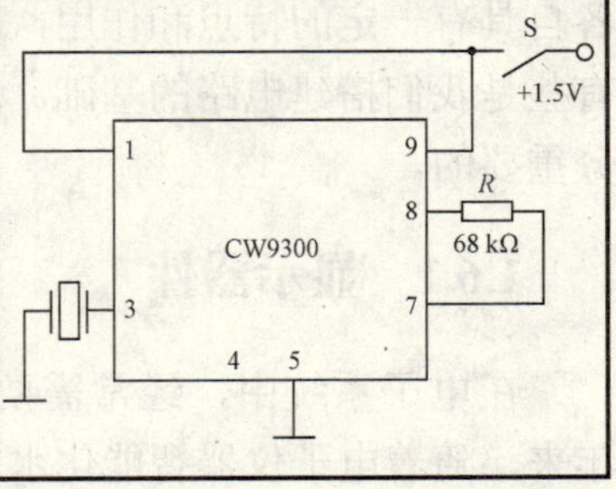

续表

型号	外形	特点	应用
HY-100 型音乐集成电路片	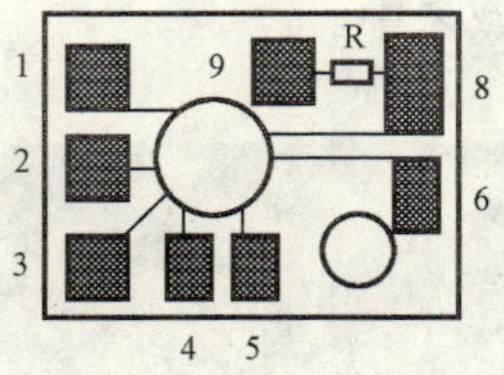	多用于门铃电路，可直接驱动2.5 英寸的动线圈式扬声器发声。当 HY-100 型音乐集成电路片受到脉冲信号触发时，就会自动演奏长约 20 s 的乐曲。如果要改变演奏乐曲的速度，只需改变电阻 *R* 的阻值	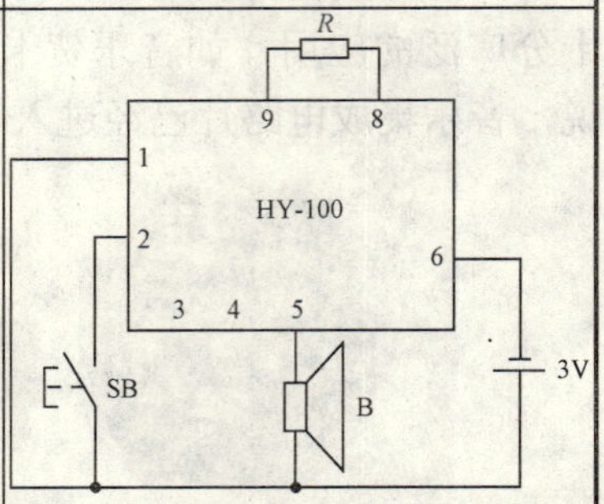
CH-105 型音乐集成电路片	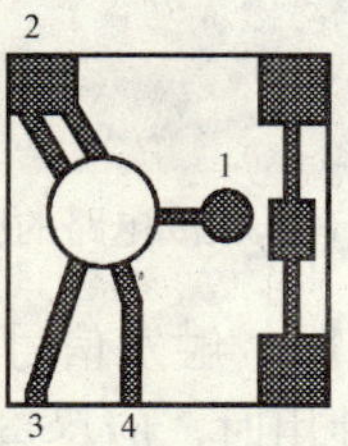	CH-105 型音乐集成电路片的接法简单，合上电源开关电路就可以工作，进行乐曲的演奏，无须外触发信号。发声元件采用 HTD-20 或 HTD-27 型压电陶瓷片	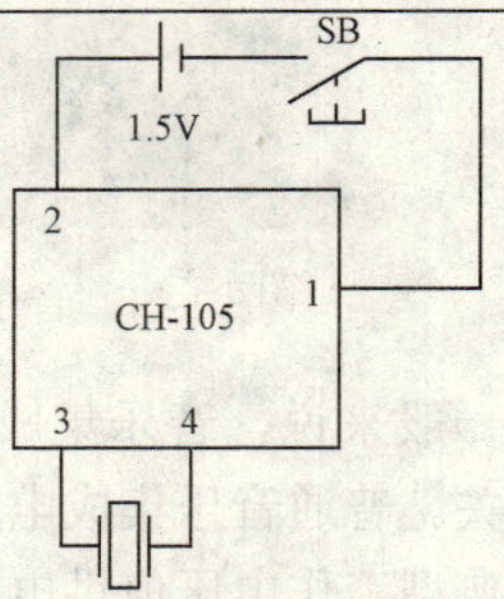
CW9561 型音乐集成电路片	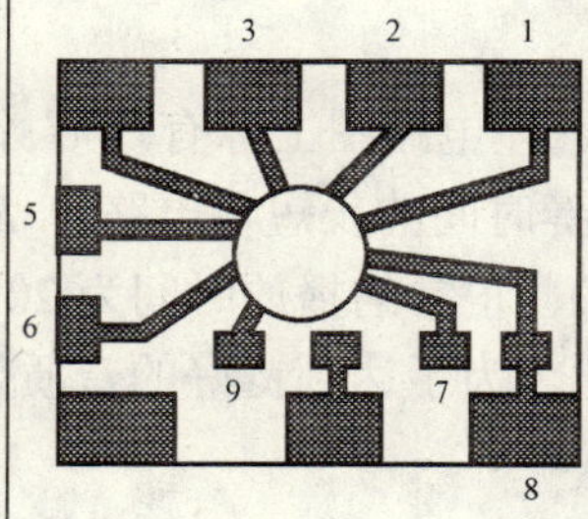	CW9561 型音乐集成电路片是一种能发出警报声、汽笛声、警车声、机枪声的四声音乐集成电路片。当开关 S_2 分别置于 A、B、C 位置时，电路可发出警报声、汽笛声、警车声；当开关 S_1 闭合时，无论 S_2 置于何处，电路均发出连续的机枪声。还有一种 CW9561 型音乐集成电路片，S_2 为一个双刀四掷开关，当 S_2 置于不同的挡位时，电路就会发出警报声、汽笛声、警车声和机枪声	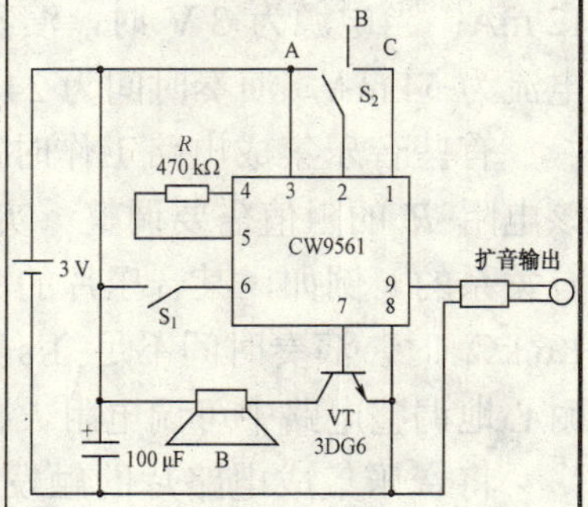

1.6　其他电子元器件

在电子技术实践中，还有许多不同功能、不同类型的元器件被广泛应用着。这些器件各自具有一定的特点和作用，有些能够发出声、光信号，有些可以控制电路的结构和功能，有些是我们搭建电路的基础。了解这些器件的性质和特点，对我们进行电子设计及应用是十分重要的。

1.6.1　显示器件

在电子系统中，经常需要对一些信息进行显示或指示，这就离不开电子显示器件。近年来，随着电子仪器智能化水平的不断提高，电子显示器件的使用日益广泛，常用的主要有发光二极管（LED）、数码管、液晶显示器、荧光屏等。

1. 常见电子显示器件的特点及应用

常见电子显示器件的特点及应用如表 1-30 所示。

表 1-30　常用电子显示器件的特点及应用

类　型	实　物　图	特点及应用
发光二极管（LED）	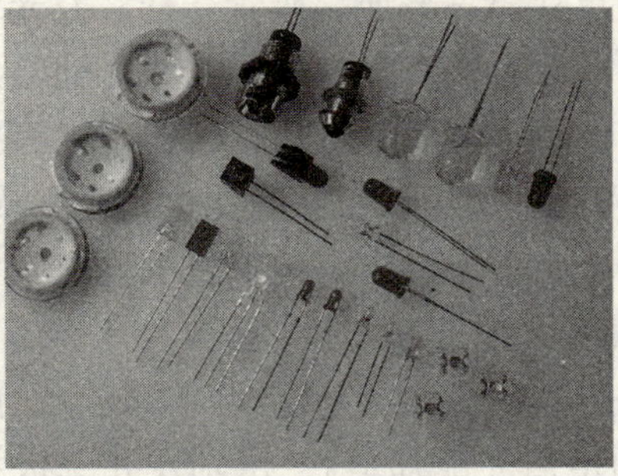	LED 是一种将电能转化为光能的半导体器件。LED 也具有单向导电性，但它的开启电压比普通二极管的大，一般为 1.7～2.4 V。 按形状分：点式、光柱式；按发光颜色分：红、橙、黄、绿、双色、三色；按发光强度分：普通亮度、高亮度
数码管	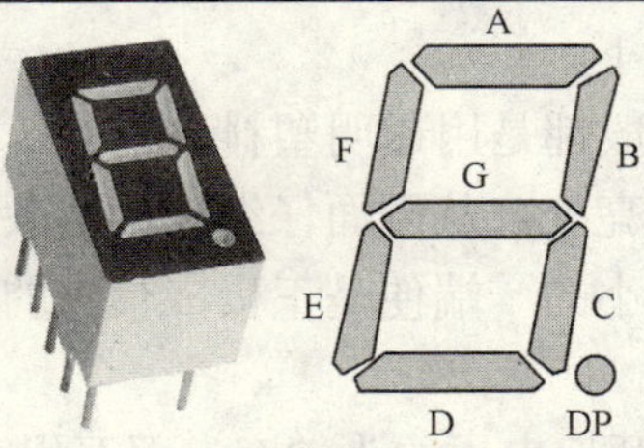	以发光二极管作为显示笔段，按照共阴或者共阳方式连接而成。可以显示 0～9 十个数字和小数点
多位数码管	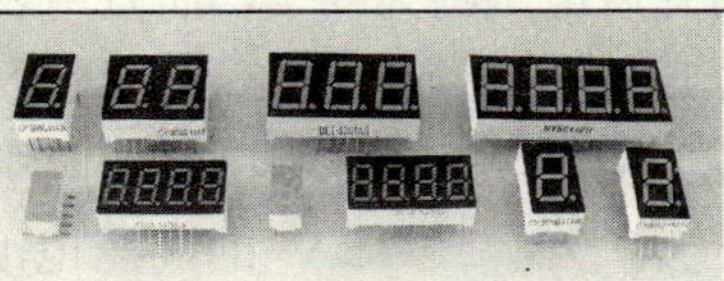	使用方便，将多个数字字符封装在一起成为多位数码管。内部封装了几个数字字符的，就叫做几位数码管。常用的有 1～6 位数码管
LED 点阵		LED 点阵是指由若干发光二极管组成的阵列，又称点阵显示器。LED 点阵根据其内部发光二极管的大小、数量、发光强度及发光颜色的不同，有多种规格：按其发光颜色可分为单色型和彩色型；按内部结构可分为行共阳型和行共阴型；按阵列构成方式可分为 4×6、5×7、8×8、16×16 等。LED 点阵一般都用 5 V 供电
液晶显示屏（LCD）	黑白液晶显示屏　　彩色液晶显示屏	将上、下两块具有透明电极的玻璃叠放（中间留有一定间隔），四周用封接胶封接。从注入口抽真空并注入液晶材料后密封。在玻璃的上下表面各贴上一片偏振方向相互垂直的偏振片，底部加反射板。当液晶盒上、下两电极间加上一定的交流电压时，电极部位的液晶分子在电场的作用下会转变成与上、下玻璃面垂直的排列状态，液晶层失去旋光性，不能改变偏振光方向，因此看不到反射极，只能看到电极部位为黑色，而电极则可制成数字、字符或图形

2. 显示器件的检测与应用

1）发光二极管的检测与应用

发光二极管在日常生活中无处不在，它能够发光，有红色、绿色和黄色等，常见的有直径 3 mm、5 mm 和 2×5 mm 长方形的不同尺寸。与普通二极管一样，发光二极管也是由半导体材料制成的，也具有单向导电的性质，即只有接对极性才能发光。通常发光二极管用来做电路工作状态的指示，它比小灯泡的耗电低得多，而且寿命也长得多。有些公司将两个不同颜色的发光二极管封装在一起，使之成为双色二极管（又名变色发光二极管）。这种发光二极管通常有三个引脚，其中一个是公共端。它可以发出三种颜色的光（其中一种是两种颜色的混和色），故通常作为不同工作状态的指示器件。

发光二极管的发光颜色一般和它本身的颜色相同，但是近年来出现了透明色的发光管，它也能发出红黄绿等颜色的光，只有通电后才能知道。辨别发光二极管正负极的方法有目测法和万用表检测两种方法，具体内容如下。

LED 正负极的目测判断：LED 的管体一般都是用透明塑料制成的，所以可以用眼睛观察来区分它的正、负电极。将管子拿起置较明亮处，从侧面仔细观察两条引出线在管体内的形状，可以发现内部的两个电极一大一小。较小的一端便是正极，较大的一端是负极。若是新买来的发光管，引脚较长的一个是正极。

LED 正负极的万用表测量方法：LED 的开启电压约为 2 V，而万用表置于 R×1 k 挡及其以下各电阻挡时，表内电池仅为 1.5 V，比 LED 的开启电压低，所以无论 LED 是正向接入还是反向接入，管子都不能导通，也就无法进行检测判断。因此，用万用表检测 LED 管时，必须使用 R×10 k 挡。置此挡时，表内接有 9 V 或 15 V 的高压电池，测试电压高于 LED 的开启电压，可以对 LED 进行测量。

注意发光二极管是一种电流型器件，虽然在它的两端直接接上 3 V 的电压后能够发光，但容易损坏，在实际使用中一定要串接限流电阻，工作电流根据型号不同一般为 1～30 mA。另外，由于发光二极管的导通电压一般为 1.7 V 以上，所以一节 1.5 V 的电池不能点亮发光二极管。

2）数码管的检测与应用

数码管是以发光二极管作为显示笔段，按照共阴或者共阳的方式连接而成。数码管按段数分为七段数码管和八段数码管，八段数码管比七段数码管多一个发光二极管单元（多一个小数点显示）；按能显示多少个“8”可分为 1 位、2 位、4 位等数码管；按发光二极管单元连接方式分为共阳极数码管和共阴极数码管；按发光强度可分为普通亮度 LED 数码显示器和高亮度数码显示器；按字高可分为 7.62 mm（0.3 英寸）、12.7 mm（0.5 英寸）直至数百毫米；按颜色分有红、橙、黄、绿等几种；按发光强度可分为普通亮度 LED 数码显示器和高亮度数码显示器。

数码管内部发光二极管有共阴和共阳两种连接方式，内部结构如图 1-23 所示。

共阳数码管是指将所有发光二极管的阳极（正极）接到一起，形成公共阳极（COM）的数码管。共阳数码管在应用时应将公共极 COM 接到 +5 V，当某一字段发光二极管的阴极为低电平时，相应字段就点亮。例如：当段 A、B、C、D、G 接低电平，而其他段输入高电平时，则显示数字为“3”。共阴数码管则相反，是指将所有发光二极管的阴极（负极）接到一起，形成公共阴极（COM）的数码管。在应用时应将公共极 COM 接“地”，当某一字段发光二极管的阳极为高电平时，相应字段就点亮。

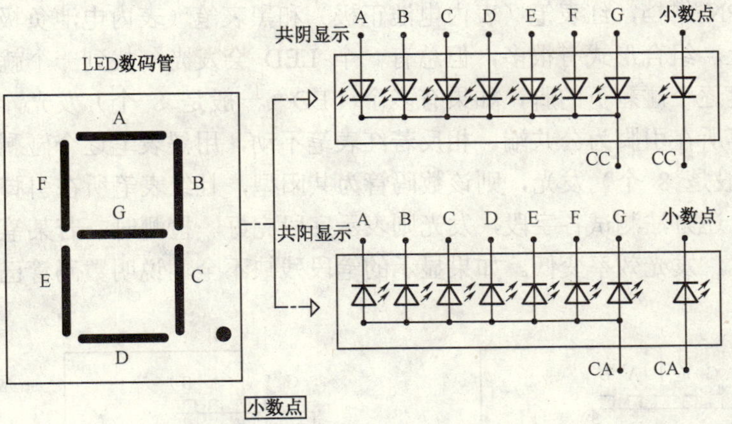

图 1-23　数码管内部发光二极管的连接方式

将多个数字字符封装在一起成为多位数码管。常用四位数码管的引脚排列如图 1-24 所示。

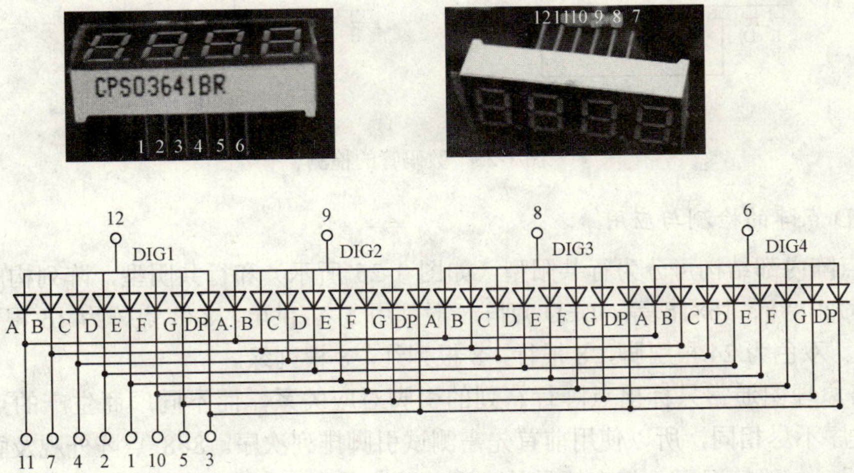

引脚顺序：从数码管的正面观看，以第一脚为起点，引脚顺序沿逆时针方向排列。12、9、8、6 为公共端，

其余为：A-11，B-7，C-4，D-2，E-1，F-10，G-5，DP-3

图 1-24　常用四位数码管的引脚排列

数码管要正常显示，需要用合适的信号来驱动数码管的各个段码，从而显示出需要的数字。根据数码管的驱动方式的不同，可以分为静态显示驱动和动态显示驱动两类。

数码管静态驱动也称为直流驱动，是指每个数码管的每一个段码都由一个单片机的 I/O 端口进行驱动，或者使用如 BCD 码二-十进制译码器译码进行驱动。

数码管动态显示驱动是单片机中最常见的一种多位数码管显示驱动方式。动态驱动是将所有数码管的 8 个显示笔划“A、B、C、D、E、F、G、DP”的同名端并接在一起，如图 1-24 所示，另外为每个数码管的公共极 COM 增加位选通控制电路，位选通由各自独立的 I/O 线控制，当单片机输出字形码时，所有数码管都接收到相同的字形码，但究竟是哪个数码管会显示出字形，取决于单片机对位选通 COM 端电路的控制，所以我们只要将需要显示的数码管的选通控制打开，该位就显示出字形，没有选通的数码管就不会亮。

在使用前可用数字式万用表对数码管进行检测。以共阴数码管为例，如图 1-25 所示，将万用表置于 PN 结挡，红表笔（表内电池正极）和黑表笔（表内电池负极）放于数码管的任意两个引脚上，组合形式有很多，但总有一个 LED 会发光，找到一个就够了，然后黑表笔不动，红表笔逐个碰剩下的脚，如果有多个 LED（一般是 8 个）发光，则该数码管为共阴型，且黑表笔所在引脚为公共端。相反若红表笔不动，用黑表笔逐个碰剩下的脚，如果有多个 LED（一般是 8 个）发光，则该数码管为共阳型，且红表笔所在引脚为公共端。当极性确定后，用上述方法测试各字段，发光则表示字段完好。检测时，若某笔段发光黯淡，说明器件已经老化，发光效率变低。如果显示的笔段残缺不全，说明数码管已经局部损坏。

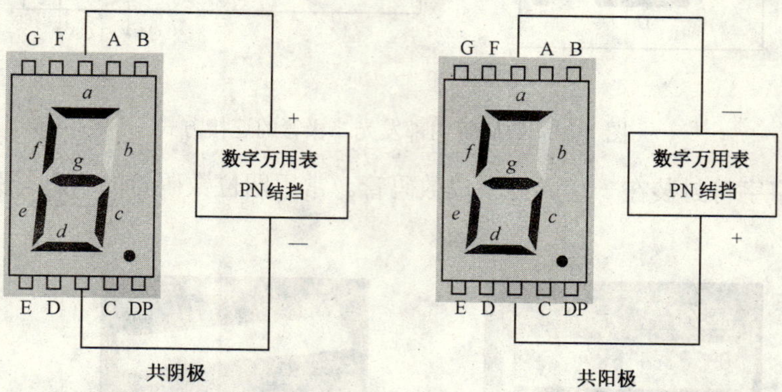

图 1-25　数码管的检测

3）LED 点阵的检测与应用

LED 点阵内部结构可分为行共阳型（如图 1-26 所示）和行共阴型，阵列构成方式可分为 4×6、5×7、8×8、16×16 等。LED 点阵一般都用 5 V 供电，8×8 点阵为 16 根引脚，8 根行，8 根列。双色为 24 根引脚，8 根行，8 根列红，8 根列绿。

在电路原理图通常只标出点阵行、列的引脚对应关系，而不同厂商生产的点阵后面的引脚排列次序不尽相同，所以使用前首先需测试引脚排列次序。8×8 点阵外观及背面引脚如图 1-27 所示。一般情况下，将有标号的一面朝下，从上向下依次是 1～8 行，从左向右依次是 1～8 列。各引脚分别对应的行号或列号可通过数字万用表测试得知，具体方法如下。

将数字万用表调至二极管挡，用红表笔（接表内电源正极）和黑表笔（接表内电源负极）分别接触点阵的任意两个引脚。观察点阵的亮灭状态并记录在表 1-31 中。表中数字 1 至 16 表示 8×8 点阵的 16 个引脚，如图 1-27 所示；符号“×”表示不亮；符号“5/2”中，5 为行号，2 为列号，表示此位置的 LED 被点亮。例如：红表笔接 1 号引脚，黑表笔分别接其余引脚，观察结果如表 1-31 中所示。从表中可以看出，当负极接 2 号引脚时，没有 LED 被点亮；当负极接 3 号引脚时，第 5 行第 2 列的 LED 被点亮；其余各状态如表所示。根据表中记录的测试数据可知，1 脚是点阵的第 5 行，且该点阵是行共阳结构；3 脚是第 2 列、4 脚是第 3 列、6 脚是第 5 列……等，以此类推，最后可测得点阵各引脚与各行各列的对应关系如图 1-27（c）所示。

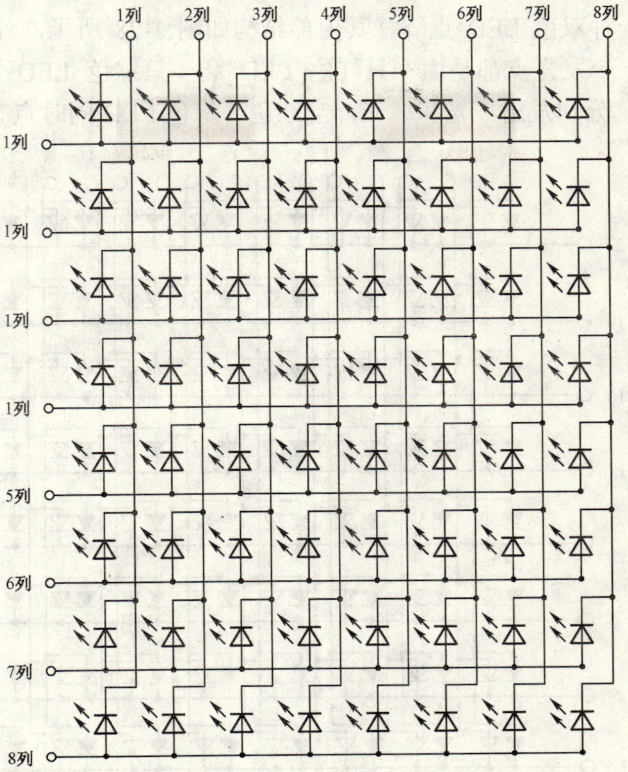

图 1-26　行共阳型 8×8 点阵显示器内部结构

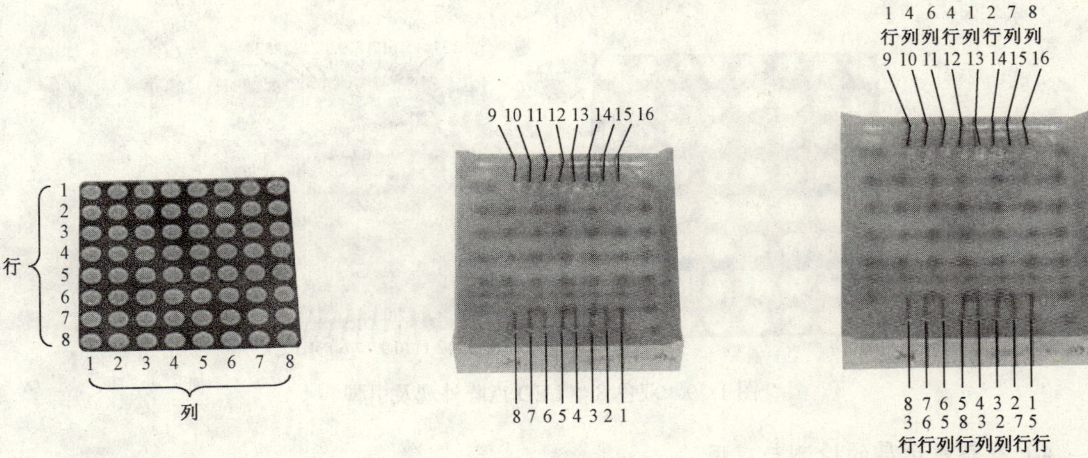

（a）正面图　　　　（b）反面图　　　　（c）引脚与各行列对应关系

图 1-27　单色 8×8 LED 点阵外观及背面引脚排列

表 1-31　8×8 LED 点阵外引脚对应关系测试数据记录表

黑笔− 红笔+	电源	1	2	3	4	5	6	7	8	9	10	11	12	13	14	15	16
1	+	×	×	5/2	5/3	×	5/5	×	×	×	5/4	5/6	×	5/1	×	5/7	5/8
2																	
3																	
…																	
16																	

另外，还有一种双色 LED 点阵，其内部结构如图 1-28 所示，外观及引脚如图 1-29 所示，该点阵的每一个发光点都是由一只红色 LED 和一只绿色 LED 组成的。当红色、绿色 LED 单独点亮时，分别发出红光和绿光；当红色、绿色 LED 同时点亮，则发出橙色光。

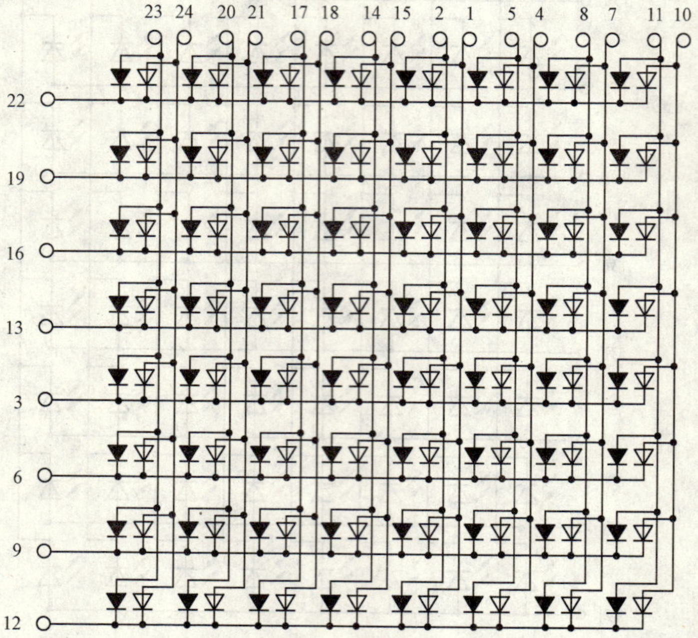

图 1-28　双色 8×8 LED 点阵内部结构

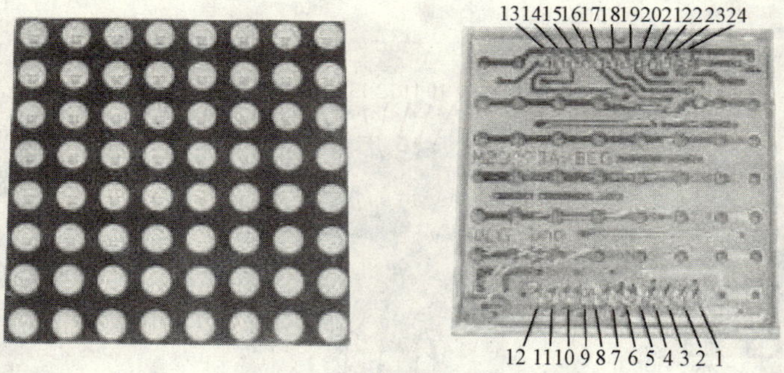

图 1-29　双色 8×8 LED 点阵外观及引脚

4）液晶显示屏的检测与应用

LCD 液晶显示屏常用于各种数字式仪表的显示器件。LCD 屏为高内阻、高灵敏度显示器件，检测时可使用一根导线一端缠绕在交流电源线外，测试线中可产生 50 Hz 的感应电动势，将此电势连接到 LCD 屏背面的玻璃电极上，该电极对应的笔画就会显示，以此可检验 LCD 显示屏的好坏。

1.6.2　电声器件

电声器件是指能将声音信号转换为音频电信号或者将音频电信号转换为声音信号的器件。它主要是利用电磁感应、静电感应或压电效应等来完成电声转换的。常见的电声器件主要有扬声器、压电陶瓷片、蜂鸣器、传声器等。

1．常见电声器件的特点及应用

在电子设计中经常要用到各种电声器件，常见电声器件的特点及应用如表 1-32 所示。

表 1-32　常用电声器件的特点及应用

类　别	实 物 图	特点及应用
扬声器	 外磁式扬声器  内磁式扬声器  号筒式扬声器  球顶式扬声器	最常用的是电动式扬声器。按照单元振膜的形状来分，有锥盆单元、平板单元、球顶单元、带式单元等类型，其中锥盆单元和平板单元比较适合播放低音和中音信号，而球顶单元和带式单元比较适合播放高频信号；从所覆盖的频带来看，扬声器单元又可分为低音单元、中音单元、高音单元和全频带单元。 圆形扬声器的标准尺寸通常用扬声器盆架的最大直径表示；椭圆形扬声器的标准尺寸则用椭圆的长短轴表示。尺寸单位用厘米或毫米表示，习惯上常用英寸表示，常见的有 8 英寸扬声器，其盆架外径为 200 mm；4×6 英寸扬声器的盆架尺寸为 100 mm×160 mm。 额定阻抗是扬声器在某一特定工作频率（通常为 1 kHz）时在输入端测得的交流阻抗值。一般扬声器的额定阻抗为 4 Ω、8 Ω、16 Ω等，通常由生产厂商在产品商标铭牌上标明。 额定功率是指扬声器单元长期正常工作时所能输入的最大电功率，而不是指扬声器单元所产生的声功率。扬声器从功率放大器中所获得的大部分能量都转换成热能，只有其中很小一部分被转换成声能。扬声器单元输出的声功率与它输出这些声功率所消耗的电功率之比称为扬声器的效率。扬声器所能承受的功率大小是扬声器单元的一个重要指标。常见的有 0.1 W、0.25 W、0.5 W、1 W、3 W、5 W、10 W、50 W、100 W、200 W
压电陶瓷片	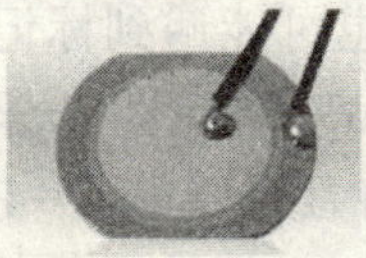 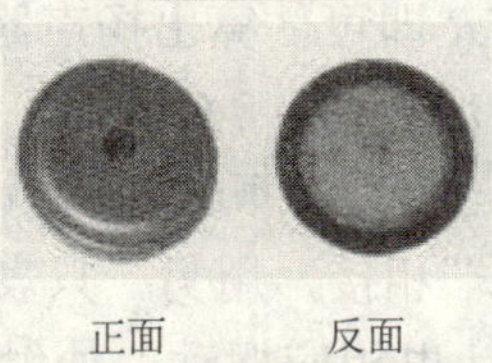 正面　　　反面	压电蜂鸣片主要应用在电话机、手机、玩具等电子产品中，它由压电陶瓷片和金属振动板粘合而成。当在两引线端施加交变电压后，会因为压电效应而生成机械变形伸展及收缩，利用此特性使金属片振动而发出声响
蜂鸣器	 有源蜂鸣器  无源蜂鸣器	蜂鸣器是将线圈置于由永久磁铁、铁心、高导磁的小铁片以及振动膜组成的磁回路中。通电时，小铁片与振动膜受磁场的吸引会向铁心靠近，线圈接收振动信号则会生成交变的磁场，继而将电能转为声能。 根据音源的类型可分为有源蜂鸣器和无源蜂鸣器。有源蜂鸣器直接接上额定电源就可连续发声，和扬声器不同的是蜂鸣器只能发出单一的音频。不论输入蜂鸣器的是交流电压还是直流电压，只要达到蜂鸣器的额定电压（有 3 V、5 V、12 V 等多种规格），它就会发出声响。即使我们改变输入的电压或频率，蜂鸣器也只发出一个音频的声音；无源蜂鸣器则相当于一个电磁扬声器，需要外加音频驱动信号才能发声

续表

类　别	实 物 图	特点及应用
动圈式话筒		动圈式话筒由永久磁铁、音膜、音圈、输出变压器等部分组成，音圈位于永久磁铁的缝隙中，并与音膜粘在一起。当有声音时，声波激发音膜振动，带动音圈作切割磁力线运动而产生音频感应电压，从而实现了声电转换
驻极体话筒	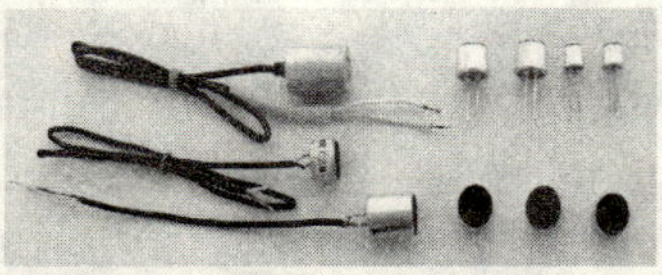 	驻极体话筒是一种用驻极体材料制作的新型话筒，具有体积小、频带宽、噪声小、灵敏度高等特点，被广泛应用于助听器、录音机、无线话筒等产品中。 驻极体话筒的结构由声电转换系统和场效应管放大器组成。常见的有两端式和三端式两种类型。国产驻极体话筒的常见型号有CRZ2-1、CRZ2-9、CRZ2-15、CRZ2-66 等 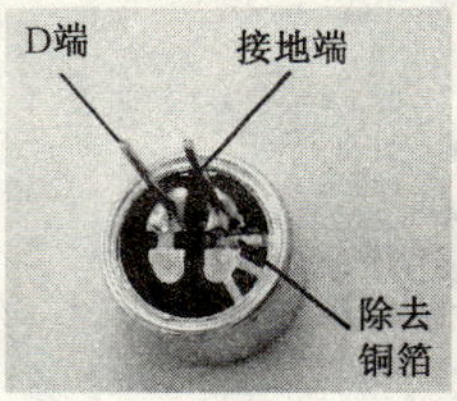 两端式 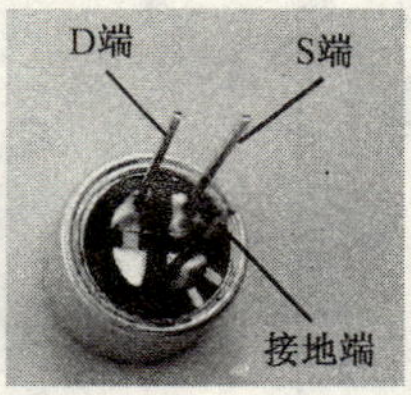 三端式

2. 常见电声器件的检测

1）扬声器的检测

一般在扬声器磁体的标牌上都标有阻抗值，但有时也可能遇到标记不清或标记脱落的情况。一般电动扬声器的实测电阻值约为其标称阻抗的 80%～90%，一只 8 Ω的扬声器，实测铜阻值为 11.5～7.2 Ω，所以可用下述方法进行估测。将万用表置于“R×1”挡，调零后，测出扬声器音圈的直流铜阻 R，然后用估算公式 Z=1.17R 即可估算出扬声器的阻抗。例如，测得一只无标记扬声器的直流铜阻为 7.2 Ω，则阻抗 Z=1.17×7.2=8 Ω。

扬声器是否正常，除可用以上方法测其阻抗外，还可用以下方法进行简易判断。将万用表置 R×1 挡，把任意一只表笔与扬声器的任一引出端相接，用另一只表笔断续触碰扬声器另一引出端，此时，扬声器应发出“喀喀”声，指针也相应摆动。如触碰时扬声器不发声，指针也不摆动，说明扬声器内部音圈断路或引线断裂。

选配扬声器时，要求其失真度小、频率特性好且灵敏度高。当扬声器损坏后，除简单故障可修复外，一般应进行更换，在选用和替换扬声器时，应注意新、旧扬声器的口径、阻抗要相同，额定功率及各项电气性能指标要尽量接近。

2）压电陶瓷片的检测

利用压电陶瓷片的压电效应，可以用万用表检测其好坏。从压电陶瓷片的两极引出两根导线，然后把压电陶瓷片平放到桌子上，把万用表拨至最小电流挡，将两根引线分别接至万用表（数字、指针式皆可）两表笔上，然后用绝缘物体轻按蜂鸣片，若万用表指针明显摆动，说明蜂鸣片完好，否则，说明已损坏。

3）蜂鸣器的检测

区分有源蜂鸣器和无源蜂鸣器，可以用万用表电阻挡 R×1 挡测试。用黑表笔接蜂鸣器"+"引脚，红表笔在另一引脚上碰触，如果触发出"咯咯"声且电阻只有 8 Ω（或 16 Ω）的是无源蜂鸣器；如果能发出持续声音，且电阻在几百欧以上的，是有源蜂鸣器。若无响声且电阻值为无穷大，则表明该蜂鸣器开路损坏。

4）动圈式话筒的检测

动圈式话筒的检测主要是用万用表的电阻挡测量输出变压器的初、次级线圈和音圈线圈。先用两表笔断续碰触话筒的两个引出端，话筒中应发出清脆的"咔咔"声。如果无声，则说明该话筒有故障，应该对话筒的各个线圈做进一步的检查。

测量输出变压器的次级线圈，可以直接用两表笔测量话筒的两个引出端，若有一定阻值，说明该次级线圈是好的，需要检查输出变压器的初级线圈和音圈线圈的通断。检查输出变压器的初级线圈和音圈线圈时，需要将话筒拆开，将输出变压器的初级线圈和音圈绕组断开，再分别测量输出变压器的初级线圈和音圈线圈的通断。

5）驻极体话筒的检测

驻极体话筒内部含有场效应管放大器，在场效应管的栅极和源极间有一只二极管，故可利用二极管的正、反向电阻特性来判断驻极体话筒的漏极与源极。具体方法是：将指针式万用表拨至 R×1 k 挡，用黑表笔接任意一点，红表笔接另外一点，记下测得的数值；交换两表笔的接触点再次测量，比较两次测得的结果，阻值比较小的一次，黑表笔接触的点为场效应管的源极，红表笔接触的点为场效应管的漏极。

判明极性后，可用指针式万用表的电阻挡检测性能的好坏。对两端式驻极体电容式话筒而言，用黑表笔接话筒的 D 端，红表笔接地端，此时，用嘴对准话筒吹气，万用表的指针应有指示。对三端式驻极体电容式话筒而言，用黑表笔接话筒的 D 端，红表笔同时接话筒的 S 端和接地端，此时，用嘴对准话筒吹气，万用表的指针应有指示。同类型的话筒比较，指示范围越大，说明该话筒的灵敏度越高。如果无指示，说明话筒有问题。

1.6.3　光电器件

光电器件是将光能转换为电能的一种传感器件，它是构成光电式传感器最主要的部件。 光电器件响应快、结构简单、使用方便，而且有较高的可靠性，在自动检测、计算机和控制系统中，应用非常广泛。

光电器件工作的物理基础是光电效应。在光线作用下，物体的电导性能改变的现象称为内光电效应，如光敏电阻等就属于这类光电器件；在光线作用下，物体内的电子受激逸出物体表面向外发射的现象称为外光电效应，如光电管、光电倍增管就属于这类光电器件。

1．常用光电器件的特性及应用

常用的光电器件有光敏电阻、光敏二极管、光敏三极管、光电池和光电倍增管等，光敏电阻的特性与检测在本章第一节中已有叙述，不再赘述。其他常用光电器件的特性及应用如表 1-33 所示。

表 1-33　常用光电器件的特性及应用

类　别	实 物 图	特性及应用
光敏二极管	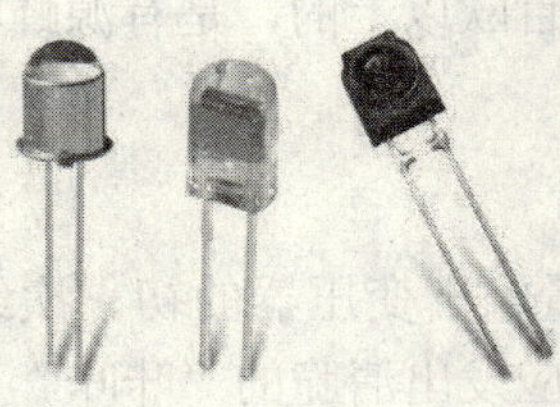	光敏二极管是一种利用硅 PN 结受光照后产生的光电效应原理制成的特殊二极管，其作用是将接收到的光信号转换成电信号输出。通常用在自动控制电路中。 光敏二极管在电路中一般是处于反向工作状态，在没有光照射时，反向电阻很大，反向电流（称为暗电流）很小；当有光照射在 PN 结上时，PN 结附近受光激发产生电子和空穴对，在内电场作用下作定向运动，形成光电流。光的照度越大，光电流越大。因此光敏二极管在不受光照射时，处于截止状态，受光照射时，处于导通状态
红外线发射二极管	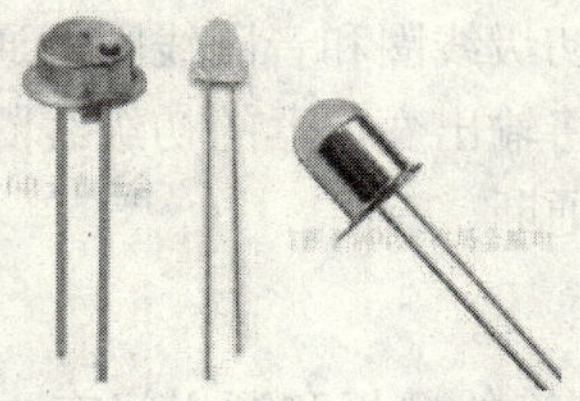	常见的红外线发射二极管（简称红外发射管）有深蓝与透明两种，外形与普通发光二极管相似，电路符号也与普通发光二极管相同。 红外发光二极管工作在正向电压下，工作电压约 1.4 V，工作电流一般小于 20 mA。为了适应不同的工作电压，回路中常串有限流电阻。为了增加红外线的控制距离，红外发光二极管通常工作于脉冲状态。 用红外发光二极管发射红外线去控制受控装置时，受控装置中均有相应的红外光电转换元件，如红外接收二极管、光电三极管等。实用中通常采用红外发射和接收配对的光电二极管
红外线接收二极管	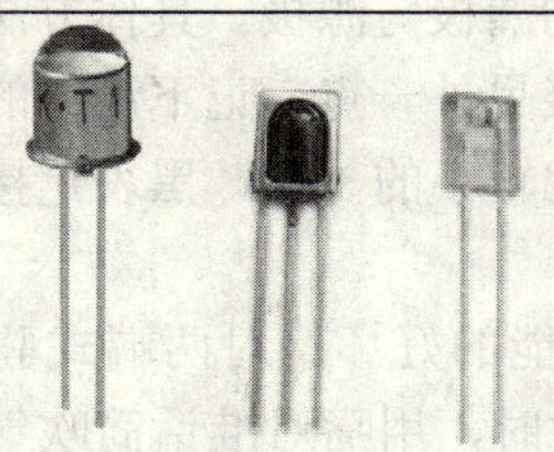	红外线接收管是用来接收红外发光二极管产生的红外线光波，并将其转换为电信号的一种半导体器件。为减少可见光对其工作产生干扰，红外线接收管通常采用黑色树脂封装（外观颜色呈黑色），以滤掉 700 nm 以下波长的光线
红外线接收头	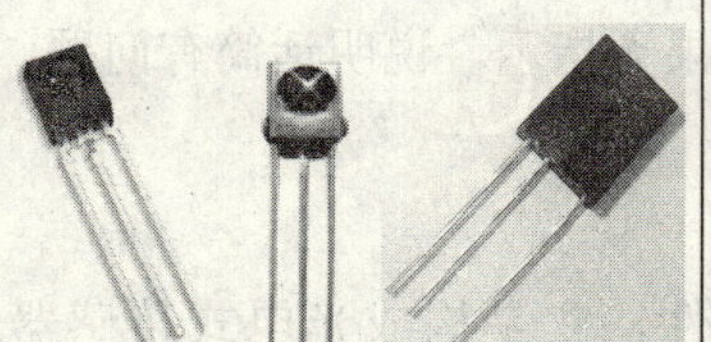	红外线接收头是一种红外线接收电路模块，通常由红外接收二极管与放大电路组成，放大电路通常又由一个集成块及若干电阻、电容等元件组成（包括放大、选频、解调几大部分电路），然后封装在一个电路模块（屏蔽盒）中。虽然电路比较复杂，体积仅与一只中功率三极管相当。 红外线接收头具有体积小、密封性好、灵敏度高、价格低廉等优点，因此被广泛应用在各种控制电路以及家用电器中。它仅有三条引脚，分别是电源正极、电源负极（接地端）以及信号输出端，其工作电压在 5 V 左右，只要给它接上电源即是一个完整的红外接收放大器，使用十分方便
光电三极管	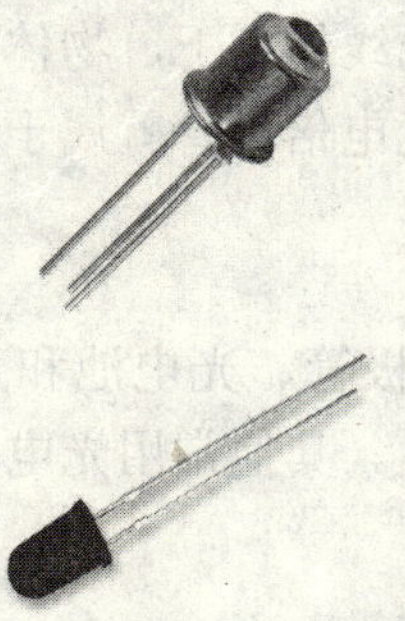	光电三极管具有电流放大作用，可以等效为一个光电二极管和一只晶体三极管的组合器件。光电三极管通常只引出集电极和发射极两个引脚，由于光电三极管通常采用透明树脂封装，所以管壳内的电极清晰可见，内部电极较宽大的一个为集电极，而较窄小的一个为发射极。光电三极管的发射极一边做得很大，以扩大光的照射面积。大多数光电三极管的基极无引出线，当集电极加上相对于发射极为正的电压而不接基极时，集电结就是反向偏压；当光照射在集电结上时，就会在结附近产生电子-空穴对，从而形成光电流，相当于三极管的基极电流。由于基极电流的增加，因此集电极电流是光电流的β倍，所以光电三极管有放大作用

续表

类　　别	实　物　图	特性及应用
光电池	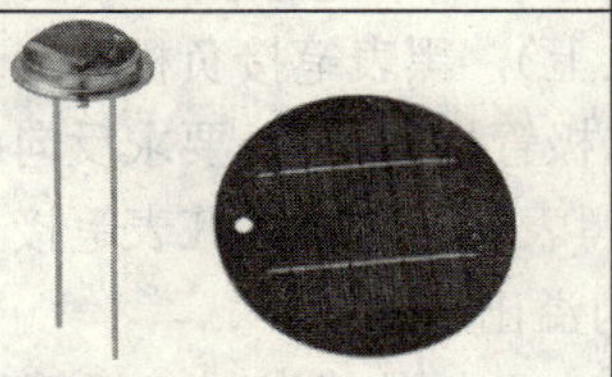	光电池也称为太阳能电池，是一种直接将光能转换为电能的光电器件，目前在照明、电子设备、无线通信等领域中得以普遍应用。光电池在有光线作用下实质就是电源，电路中有了这种器件就不需要外加电源
光电耦合器		光电耦合器件是由发光元件（如发光二极管）和光电接收元件合并使用，以光作为媒介传递信号的光电器件。光电耦合器中的发光元件通常是半导体的发光二极管，光电接收元件有光敏电阻、光敏二极管、光敏三极管或光可控硅等。根据其结构和用途不同，又可分为用于实现电隔离的光电耦合器和用于检测有无物体的光电开关。 光电耦合器实际上是一个电量隔离转换器，它具有抗干扰性能和单向信号传输功能，广泛应用在电路隔离、电平转换、噪声抑制、无触点开关及固态继电器等场合
光电倍增管	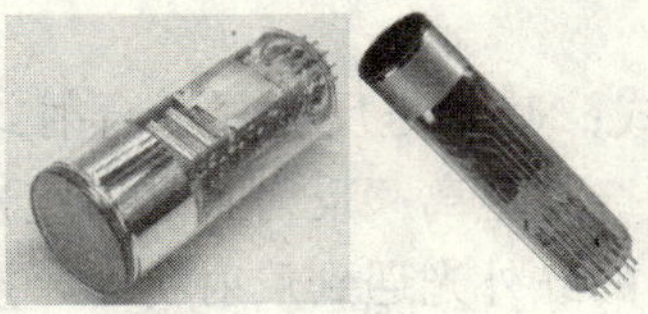	光电倍增管是将微弱光信号转换成电信号的真空光电转换器件。管内除光电阴极和阳极外，两极间还放置多个瓦形倍增电极。使用时相邻两倍增电极间均加有电压以加速电子。光电阴极受光照后释放出光电子，在电场作用下射向第一倍增电极，引起电子的二次发射，激发出更多的电子，然后在电场作用下飞向下一个倍增电极，又激发出更多的电子。如此电子数不断倍增，阳极最后收集到的电子可增加 104～108 倍，这使光电倍增管的灵敏度比普通光电管要高得多，可用来检测微弱光信号。广泛地应用在冶金、电子、机械、化工、地质、医疗、核工业、天文和宇宙空间研究等领域，在光学测量仪器和光谱分析仪器中也获得了广泛应用

2. 常用光电器件的检测与应用

1）光敏二极管的检测与应用

可采用万用表检测光敏二极管。将指针式万用表置于 R×1 k 挡，黑表笔接正极、红表笔接负极时测量光敏二极管的正向电阻，应在 10 kΩ 左右。对调两只表笔，使光敏二极管工作在反偏状态，此时用一个物体将光敏二极管的透明窗口遮住，这时万用表的读数应为无穷大；移去遮光体，这时万用表的表针应该向右偏转至几千欧姆处。光线越强反向电阻越小，光线特强时，电阻可降低到 1 kΩ 以下，这样的二极管就是好的。若二极管的正反向电阻都是无穷大或者是零，说明管子已经损坏。

用数字万用表测量时要将挡位开关置于二极管挡，红表笔接正极、黑表笔接负极，有光照时的压降值应为 0.5～0.6 V，对调表笔或无光照时屏幕显示的数字应为溢出符号“1”。

2）红外线发射二极管的检测与应用

红外线发射二极管应工作在正向电压下。因为红外线发射二极管通常采用透明的塑料封装，所以管壳内的电极清晰可见。内部电极较宽大的为负极，较窄小的为正极。全塑封装的红外线发射二极管（$\phi 3$ 或 $\phi 5$ 型）其侧向呈一小平面，靠近小平面的引脚为负极，另一引脚为正极。

检测红外线发射二极管时采用指针式万用表与采用数字式万用表的测量方式有很大的区别：将指针式万用表置于 R×1k 挡，黑表笔接正极、红表笔接负极时的电阻值（正向电阻）应在 20～40 kΩ（普通发光二极管在 200 kΩ以上），黑表笔接负极、红表笔接正极时的电阻值（反向电阻）应在 500 kΩ以上（普通发光二极管接近∞）。要求反向电阻越大越好。用数字万用表测量时要将挡位开关置于二极管挡，黑表笔接负极、红表笔接正极时的压降值应为 0.96～1.56 V，对调表笔后屏幕显示的数字应为溢出符号“1”。

还有一种简单方法可检测红外线发射二极管。由于红外线发射二极管发射的红外光人眼看不见，所以可准备一只光电池（如 2CR、2DR 型硅光电池）作为接收器。在给红外线发射二级管加上电源的情况下，用万用表测量光电池两端电压的变化情况，就可以判断出红外 LED 能否正常发射红外光。

3）红外线接收二极管的检测与应用

需要识别红外线接收二极管的引脚时，可以面对受光面观察，从左至右分别为正极和负极。在红外线接收二极管的管体顶端有一个小斜切平面，通常带有此斜切平面一端的引脚为负极，另一端为正极。

用数字万用表检测红外线接收二极管是最方便的。将挡位开关置于二极管挡，黑表笔接负极、红表笔接正极时的压降值应为 0.45～0.65 V，对调表笔后屏幕显示的数字应为溢出符号“1”。

红外线发射与接收的方式有两种：其一是直射式；其二是反射式。直射式是指发光管和接收管相对安放在发射与受控物的两端，中间相距一定距离；反射式是指发光管和接收管并列一起，平时接收管始终无光照，只在发光管发出的红外光遇到反射物时，接收管收到反射回来的红外线才工作。有时为了提高发射功率，增加红外线发射的作用距离，红外线发射电路可采用双管或者多管串联的工作方式。

4）光电三极管的检测与应用

可采用万用表检测光电三极管。将指针式万用表置于 R×1k 挡，黑表笔接集电极、红表笔接发射极，此时用一个物体将光电三极管的透明窗口遮住，万用表的指针应接近无穷大；移去遮光体，使光电三极管的窗口朝向光源，随着光照的增强电阻会逐渐变小，万用表的表针应该向右偏转至 1 kΩ 左右，表针偏转越大，三极管的灵敏度就越高，这样的三极管就是好的。再将表笔对调，则无论有无光照指针均接近无穷大。

若用数字式万用表，可将挡位开关置于 R×20k 挡，红表笔接集电极、黑表笔接发射极，有光照时屏幕显示的值应在 10 kΩ以下，无光照时屏幕显示的数字应为溢出符号“1”。

5）光电耦合器的检测与应用

光电耦合器的检测可分为输入部分、输出部分和传输特性检测 3 个步骤进行。

检测光电耦合器的输入部分时，将万用表置于 R×1k 挡，测量光电耦合器的两个输入端。光电耦合器的两个输入端之间其实就是一个 LED，所以只要测出这个 LED 的正反向电阻，就可以判断输入端的好坏。

检测光电耦合器的输出部分时，在输入端悬空的前提下，用万用表测量光电耦合器的两个输出端的正反向电阻，此时万用表的表针应该指示无穷大。

检测光电耦合器的传输特性最简单的方法是采用双电表法。用两只万用表同时分别测量光电耦合器的输入端和输出端的电阻。当测量光电耦合器的输入端电阻指示读数比较小时，测量光电耦合器的输出端的电阻指示读数也比较小。这就说明输出端接收到了光信号，并且对信号加以放大了。

6）光电池的检测与应用

可以利用万能表与白炽灯配合，快速检测光电池的性能。首先将万用表置于 R×10 k 挡上。然后把表笔的正、负极分别与电池的正负极相连接（表笔与电池极性不能反接），当连接后万用表显示的正常电池电阻值应为无穷大；然后将电池板移至白炽灯台灯下照射，此时其电表显示的电阻值由无穷大降至 10～20 kΩ之间，则基本可以判断该电池性能良好。

1.6.4 开关和继电器

开关和继电器都是常用的电子元器件，它们的基本功能就是实现电路的通和断。

1. 常用开关的特性及应用

开关是通过一定的动作完成电气连接和断开的元件，一般串接在电路中，实现信号和电能的传输与控制。

通常一个开关由两个接触点构成：其中有一个可以移动的触点，这个触点称为刀片触点，简称“刀”，与这个触点相连的引脚就是刀片引脚；另一个触点就是定触点，简称“掷”，与该触点相连的引脚就是定片引脚，如图 1-30 所示。

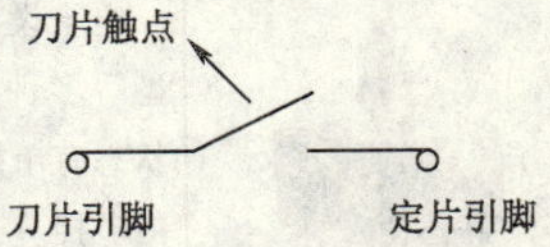

图 1-30 开关中“刀”和“掷”的概念

按照开关的结构和工作原理不同，可分为单刀开关、多刀开关、单刀多掷开关、多刀多掷开关等。若一个开关只有一个刀片触点且该触点只能与一个定触点接通，就是单刀单掷开关，这种开关只有两个引脚；若一个开关有 3 只引脚，且其中的一个引脚与动触点相连（通常为中间的引脚），另外的两个引脚与静触点相连，而且动触点可以轮流在两个静触点之间进行切换，就称为单刀双掷开关。

按照控制方式，开关可以分为机械式开关和电子开关两大类。本书仅介绍常用的机械式开关。机械式开关的产品也有多种，如摇头开关、滑动开关、按钮开关、翘板开关、波段开关、拨码开关等。常用机械式开关的特性及应用如表 1-34 所示。

表 1-34 常用机械式开关的特性及应用

类 型	实 物 图	特性及应用
滑动开关		也称为拨动开关。通过推动装有动触点的钮柄滑动，使动触片从一组静触片接到另一组静触片上实现电路换接的开关，有单刀单掷和多刀多掷等多种类型，是电子设计中最常用的开关

续表

类　型	实 物 图	特性及应用
按钮开关		按钮开关分为大、小型，按钮形状多为圆柱体或长方体，其结构主要有簧片式、组合式、带指示灯和不带指示灯等几种类型。按下或松开按钮开关，则电路接通或断开。 根据开关操作的行为不同，可分为自锁式开关和自复式开关两种。所谓自锁式开关就是开关按一下即导通并能自锁，再按一下就会断开。自复式开关就是开关只有在压下时导通（常开触点）或者压下时断开（常闭触点），一放开就会回到原始状态
翘板开关		又称船形开关，其结构与纽子开关相同，只是把钮柄换成波形按键，依靠按动开关按键换位。常用作设备的电源开关，其触点分为单刀双掷和双刀双掷等几种，有些开关还带有指示灯
纽子开关		电子设备中常用的一种开关，有大、中、小型和超小型等多种类型，触点有单刀、双刀和三刀等几种，接通状态有单掷和双掷两种，额定工作电流为 0.5～5 A 范围内多挡
微动开关	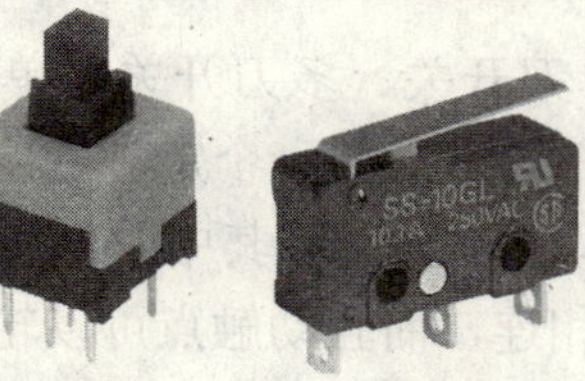	微动开关是一种施压促动的快速转换开关，因为其开关的触点间距比较小，故名微动开关，又叫灵敏开关。微动开关在一个微小按力作用下，开关就会接通，是一种小电流的开关器件
波段开关	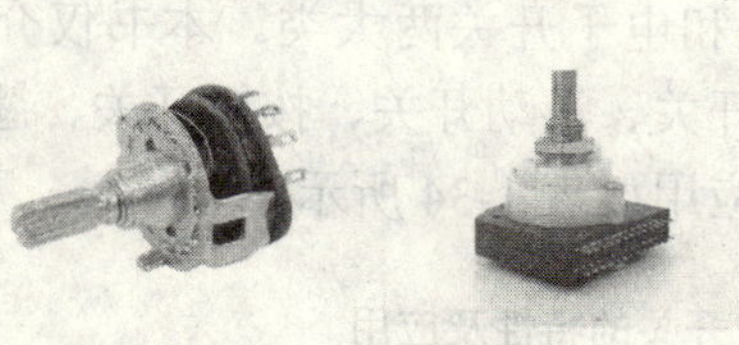 单层波段开关 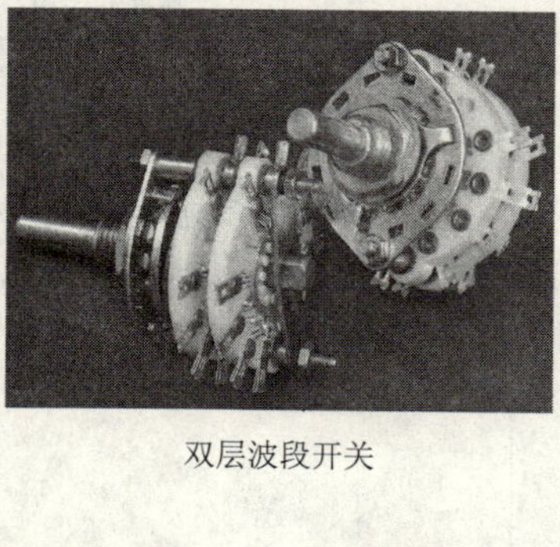 双层波段开关	波段开关通常由 3 路以上的选择触点组成。波段开关中的选择动触点与其他待选择的静触点呈圆形排列，静触点构成一个层次，常根据波段开关中选择触点的多少来对波段开关进行“层”分类。即只有一个选择触点的波段开关就被称为单层波段开关，实际上就是一个单刀多掷开关，有两个选择触点的波段开关就被称为双层波段开关，实际上就是一个双刀多掷开关。 波段开关操作时用旋转方式进行触点的选择，在切换时有先断后通型和先通后断型两种。其中先断后通型的额定电流通常较大，多应用在自动控制、整流器、电压调整器、包装机等电力设备中。由于其额定电流较大，所以常采用密封封装，因此又被称为大电流密封波段开关。先通后断型的额定电流通常小于 1A，在切换时先接通下一个触点，然后才断开上一个触点，以降低噪声。因为这种开关在切换时有短暂短路状态，故不能用于电源及电力切换电路中，多应用在小信号电路、音响及 A/V 设备中

续表

类　　型	实 物 图	特性及应用
拨码开关		拨码开关又名 DIP 开关，是多个单刀单掷开关的组合，内部可以有多个微型开关。当组合有 4 个开关时，其具体名称就为 4 位拨码开关，当组合有 8 个开关时，其具体名称就为 8 位拨码开关。这种开关通常在正面上的一方标注有一个 ON 符号，当该路开关拨至 ON 位置时，该路开关为闭合状态，否则为断开状态。拨码开关主要应用在小电流的模式选择、地址选择、频率选择电路中
薄膜键盘		薄膜键盘采用 16 键标准键盘，为矩阵排列方式，有 8 根引出线，分成行线和列线。 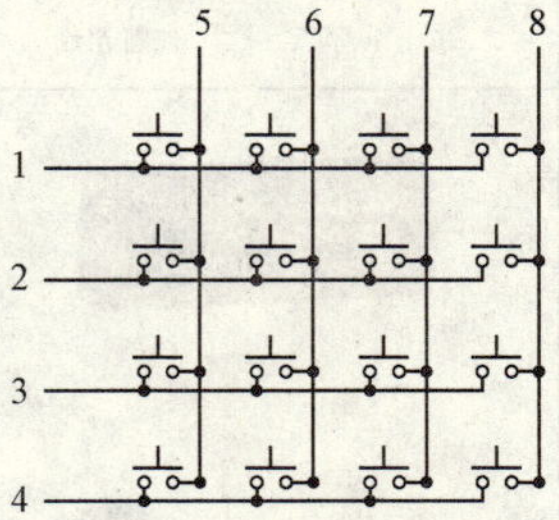 检测时，将万用表置于 R×10 挡，两支表笔分别接一个行线和一个列线，当用手指按下该行线和列线的交点键时，测得的电阻值应为零。当松开手指时，测得的电阻值应为无穷大

2. 常用继电器的特性及应用

继电器是一种常见的用小电流去控制高电压或大电流的自动控制开关元件。它在电路中起着自动调节、自动操作、安全保护和检测设备运转等作用。在实际应用中，继电器的类型有很多。常用继电器的特性及应用如表 1-35 所示。

表 1-35　常用继电器的特性及应用

类　　型	实 物 图	特性及应用
电磁继电器	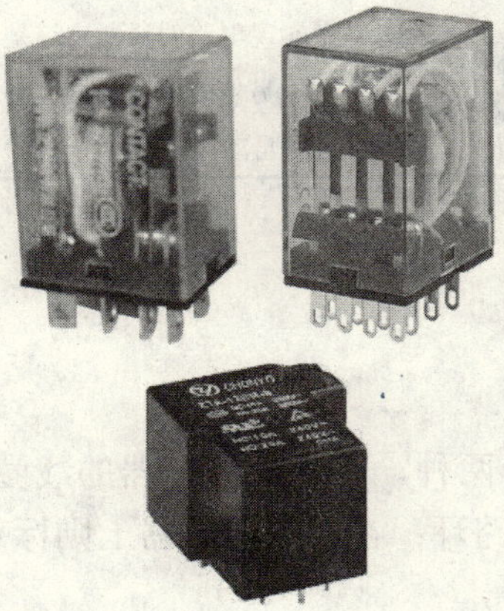	电磁继电器是一种电子机械开关，一般由铁心、线圈、衔铁、触点、簧片等组成。在线圈两端加上一定的电压，线圈中流过一定的电流使铁心产生磁场，该磁场产生强大的电磁力，吸动衔铁带动簧片，使簧片上的触点接通（常开触点）或断开（常闭触点）。当线圈断电时，铁心失去磁性，电磁的吸力也随之消失，衔铁就会离开铁心，在簧片的弹性作用下，由于衔铁压迫而接通的簧片触点就会断开。因此，可以用很小的电流去控制其他电路的开关，达到某种控制的目的。 电磁继电器通常由塑料或有机玻璃防尘罩保护着，有的还是全密封的，以防触点氧化

续表

类　型	实　物　图	特性及应用
	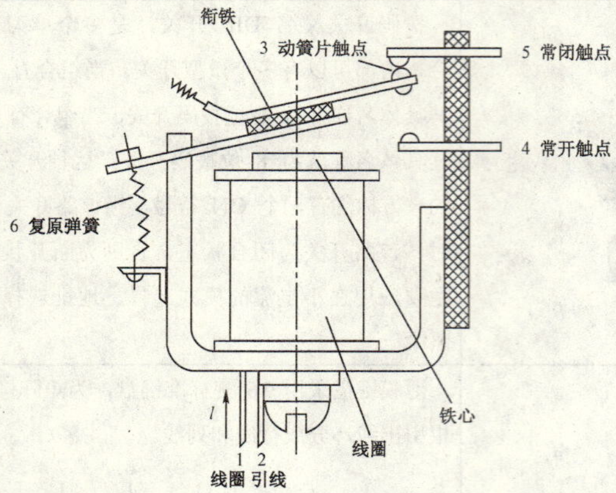	
干簧继电器	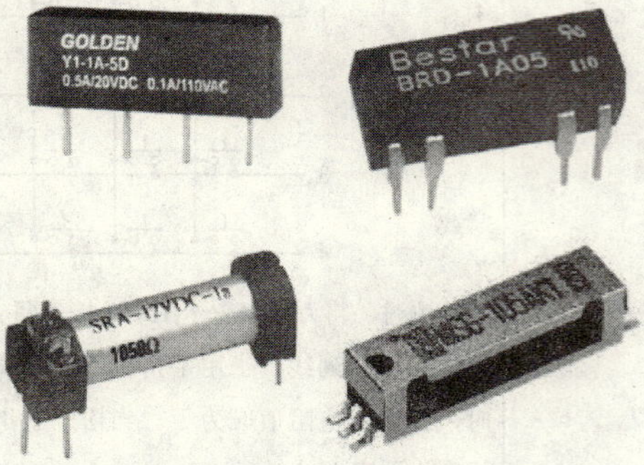	干簧继电器由干簧管和线圈构成。当控制电流流过线圈时，线圈产生的磁场将干簧管的触点磁化，使簧片吸和，触点接通。 干簧继电器的特点是灵敏、动作快、体积小、成本低，但是允许通过的电流较小 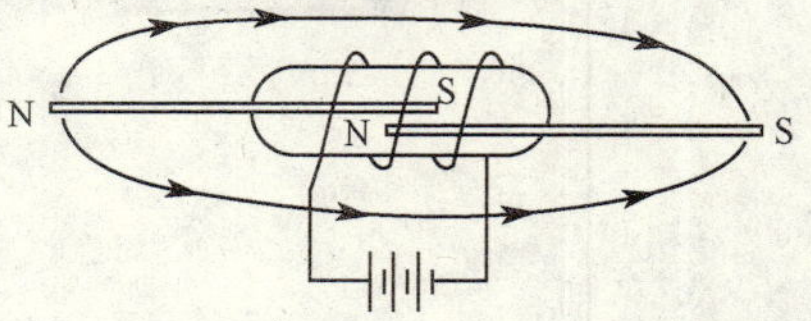
双金属片温度继电器		双金属片是将两种热膨胀系数不同的金属贴合在一起而构成的。当双金属片受热时，就会因伸长不一样而发生弯曲变形，利用这种变形可使触点接通或断开。 双金属片常用镍铁合金和黄铜来制作，并要求具有良好的弹性，以保证控温的精度和重复使用性
固体继电器	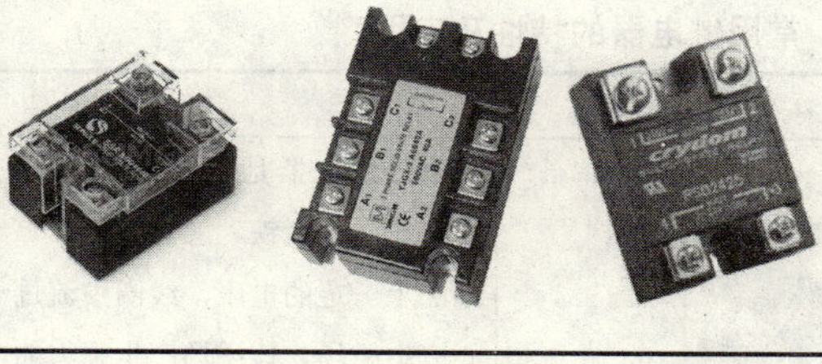	固体继电器简称 SSR，是一种一体化无触点电子开关器件，其功能与电磁继电器相似，但固体继电器是没有机械触点的开关，可以以很高的频率实现电路的通断，这是机械式开关所无法比拟的。另外固体继电器驱动电压低，电流较小，在各种自动控制设备中得到广泛应用

3. 继电器的检测及应用

1）电磁继电器的检测及应用

电磁继电器分为交流继电器和直流继电器两种。在交流继电器的线圈上常标有 AC 字样，并且在其铁心顶端，都嵌有一个铜制的短路环；在直流继电器上则标有 DC 字样，且在其铁心顶端没有铜环。

仔细观察继电器的触点结构，即可知道该继电器有几对触点，还能看清楚在不通电的情况下，触点是闭合的还是断开的。也可以用万用表的欧姆挡测量触点两个引脚的电阻，通过电阻的阻值，来判断该继电器是常开式还是常闭式。若触点对外有 3 个引脚，则该继电器属于转换式。若触点对外只有两个引脚，则该继电器只能属于常开式或是常闭式。

测量触点的接触电阻，可以判断该触点是否良好。用万用表的 R×1 挡，先测量一下常闭触点间的电阻，该阻值应为零。然后再测量一下常开触点之间的电阻，该阻值应为无穷大。接着，用手按下衔铁，这时常开触点闭合而常闭触点打开，常闭触点之间的电阻变为无穷大，常开触点之间的电阻变为零。如果常开触点和常闭触点的状态转换不正常，可轻轻拨动相应的簧片，使触点充分闭合或打开。

如果触点闭合后接触电阻极大，看上去触点已经熔化，那么该继电器已不能再继续使用。若触点闭合后接触电阻时大时小状态不稳定，看上去触点完整无损，只是表面颜色发黑，这时，可用细砂纸轻轻擦蹭触点的表面，使其接触良好，然后在触点空载的情况下，给继电器线圈加上额定工作电压，使其吸合、释放几次，然后再测一下触点的接触电阻是否恢复正常。检测继电器接点时，给继电器线圈接上规定的工作电压，再用万用表 R×1 挡检测接点的通断情况。未加上工作电压时，常闭接点应导通。当加上工作电压时，应能听到继电器吸合声，这时常开接点应导通，否则应检查接点是否清洁、氧化及接点压力是否足够。

根据继电器标称的线圈直流电阻值，将万用表置于适当的电阻挡，可直接测出该继电器线圈的电阻值。例如，某继电器标明线圈电阻值为 R=1000 Ω，则将万用表拨至 R×100 挡，然后将万用表的两表笔接到继电器线圈的两个引脚，用万用表测量线圈电阻指示值的大小应与该继电器的线圈标注阻值基本相符，指示值过大、过小都说明线圈存在着断线和短路的故障。

如果测出线圈有开路现象，可查一下线圈的引出端，看是否是线头开焊。如果断头在线圈的内部或看上去线包已烧焦，那么只有更换一个相同的线圈或将继电器整个更换。

2）干簧继电器的检测及应用

检测常开式干簧继电器时，应先将万用表置于 R×1 挡，两个表笔分别接干簧管的两个引脚，测量的阻值应为无穷大。然后用一块小磁铁靠近干簧管，此时万用表指针应向右摆至零，说明两个簧片已接通，然后将小磁铁移开干簧管，万用表指针应向左回摆至无穷大。测试时，若磁铁靠近干簧管时，万用表指针不动或摆不到零位，说明其内部簧片不能很好地吸合，表明该簧片间隙过大或已发生位移；若移开磁铁后，簧片不能断开，说明该簧片弹性已经减弱，这样的干簧继电器就无法使用。

3）双金属片温度继电器的检测及应用

双金属片温度继电器是一种可重复使用的温控开关，有 50℃、60℃、70℃、80℃、90℃、110℃和常开、常闭等各种规格。以常闭型双金属片温度继电器为例，用万用表 R×1 挡测量继电器两引脚，其电阻值应为 0；用电烙铁加温后靠近继电器，当温度达到继电器额定值后，再次测量两引脚间电阻值，应为无穷大。

具体使用时，应根据温控温度和类型来选择不同型号的双金属片温度继电器。

4）固体继电器的检测及应用

固态继电器的种类很多，常用的有直流固态继电器和交流固态继电器两种。不论是直流固态继电器还是交流固态继电器，都采用光电耦合方式作为控制端与输出端之间的信号传输，既可以完成电气控制，又能实现控制端与输出端的电气隔离，有效地防止了电磁干扰。

在交流固态继电器的输入端一般标有“+”、“−”字样，而在输出端则不分正、负。在直流固态继电器的输入和输出端上均标有“+”、“−”，并注有“DC 输入”和“DC 输出”的字样，以示区别。用万用表判别时，可使用 R×10 k 挡，分别测量 4 个引脚间的正、反向电阻值。其中必能测出一对引脚间的电阻值符合正向导通、反向截止，据此便可判定这两个引脚为固态继电器的输入端。对于其他各引脚间的电阻值，则无论怎样测量均应为无穷大。对于直流固态继电器，找到其输入端后，一般与其横向两两相对的便是输出端的正极和负极。

另外，有些固态继电器的输出端带有保护二极管，如直流五端器件，测试时，可先找出输入端的两个引脚，然后采用测量其余 3 个引脚间正、反向电阻值的方法，将公共的、输出正端和输出负端加以区别。

1.6.5　常用接插件

接插件是电子产品中用于电气连接的一类机电元件，其功能是实现信号和电能的传输和控制。在某种程度上，接插件质量和性能的好坏直接影响到电子系统和设备的工作可靠性。

接插件的使用十分广泛，类型繁多。常用接插件的特性及应用如表 1-36 所示。

表 1-36　常用接插件的特性及应用

类　型	实　物　图	特性及应用
圆形接插件	 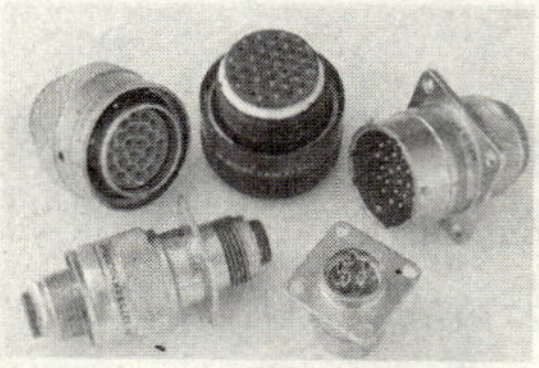	适合各类电子设备做电路连接使用
矩形接插件	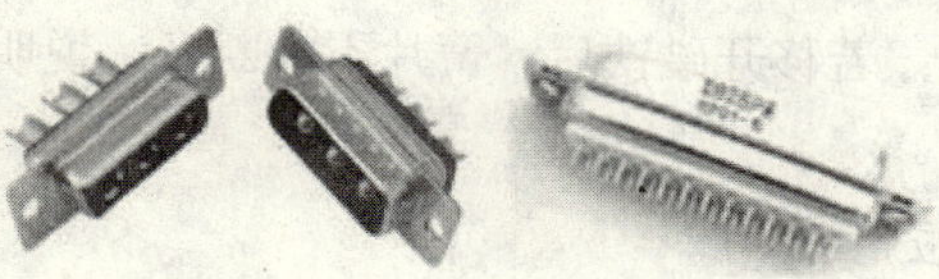	适合各类电子设备做电路连接使用
鳄鱼夹	 	常用于电子实验中
接线柱	 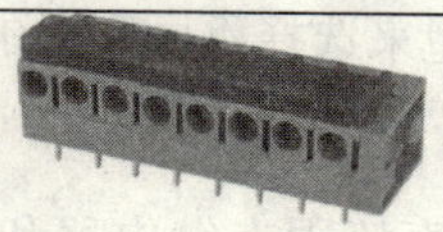	常用于电路内、外部连接

续表

类　型	实　物　图	特性及应用
印制板插座	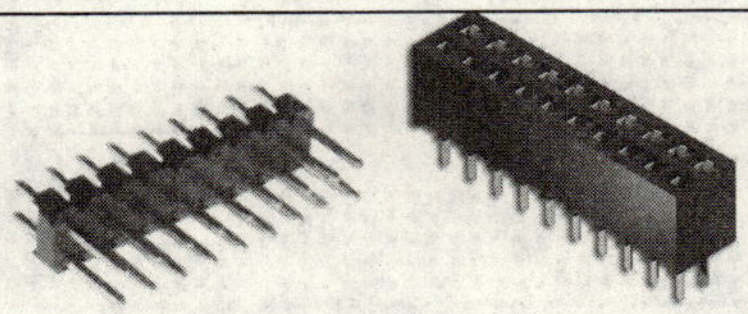	用来实现印制板与底板上安装的其他元件之间的连接
集成电路插座	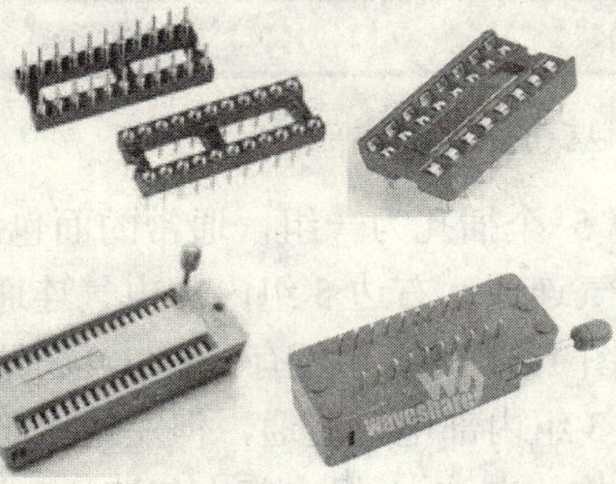	专为双列直插式集成电路设计。使用时将插座焊接在 PCB 上，再将集成电路插入插座中，便于检测和更换
面包板及连接线	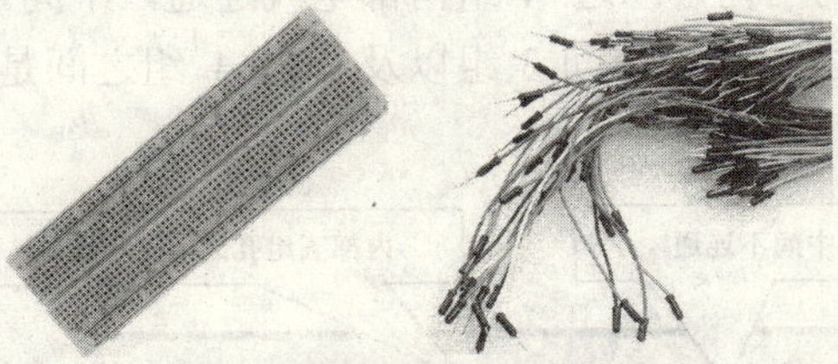	面包板是专为电子电路的无焊接实验设计制造的。由于各种电子元器件可根据需要随意插入或拔出，免去了焊接，节省了电路的组装时间，而且元件可以重复使用，所以非常适合电子电路的组装、调试和训练
万能板	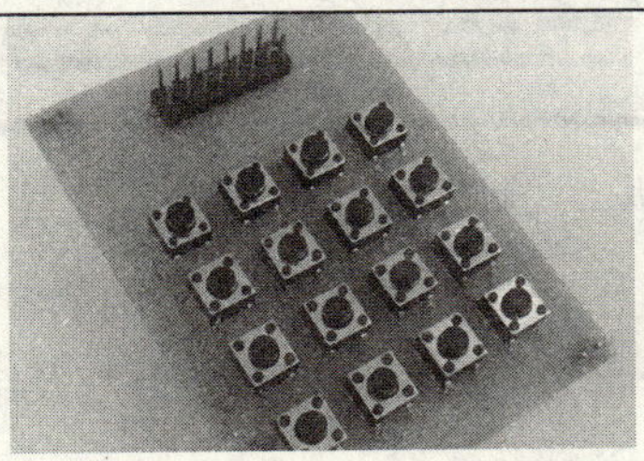 正面 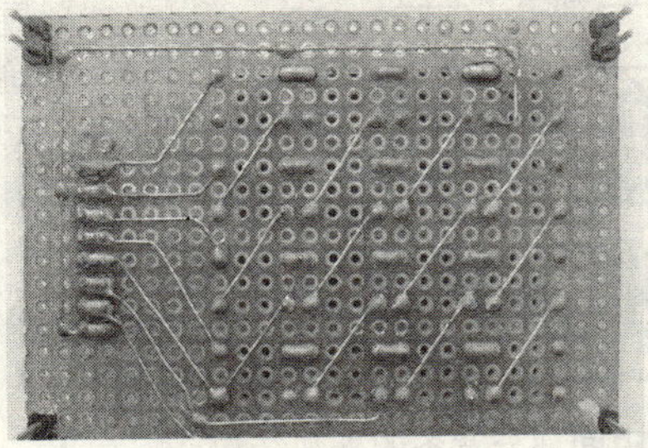 背面	万能板是一种按照标准 IC 间距（2.54 mm）布满焊盘、可自由插装元器件及连线的印制电路板。和 PCB 相比，万能板成本低廉，使用方便，扩展灵活，适合初学者练习使用。 万能板主要有两种形式：一种是焊盘各自独立，称为单孔板；另一种是多个焊盘连接在一起，称为连孔板。单孔板较适合数字电路和单片机电路，因为数字电路和单片机电路以芯片为主，电路较规则。连孔板则更适合模拟电路和分立电路，因为模拟电路和分立电路往往较不规则，分立元件的引脚常常需要连接很多根线，这时如果有多个焊孔连接在一起就要方便一些。连孔板一般有双连孔、三连孔、四连孔和五连孔等

面包板是实验室中用于搭接电路的重要工具，熟练掌握面包板的使用方法是提高实验效率，减少实验故障出现几率的重要基础之一。下面就面包板的结构和使用方法做简单介绍。

面包板的外观和内部结构如图 1-31 所示，常见的最小单元面包板分上、中、下三部分，上面和下面部分一般是由一行或两行插孔构成的窄条，中间部分是由中间一条隔离凹槽和上下各 5 行的插孔构成的宽条。

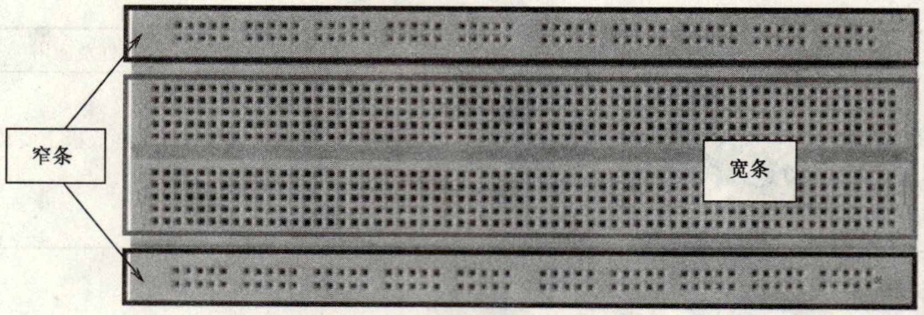

图 1-31　面包板的外观和内部结构

窄条上、下两行之间电气不连通。每 5 个插孔为一组，通常的面包板上有 10 组或 11 组。对于 10 组的结构，左边 5 组内部电气连通，右边 5 组内部电气连通，但左右两边之间不连通，这种结构通常称为 5-5 结构，如图 1-32 所示。还有一种 3-4-3 结构即左边 3 组内部电气连通，中间 4 组内部电气连通，右边 3 组内部电气连通，但左边 3 组、中间 4 组以及右边 3 组之间是不连通的。对于 11 组的结构，左边 4 组内部电气连通，中间 3 组内部电气连通，右边 4 组内部电气连通，但左边 4 组、中间 3 组以及右边 4 组之间是不连通的，这种结构称为 4-3-4 结构。

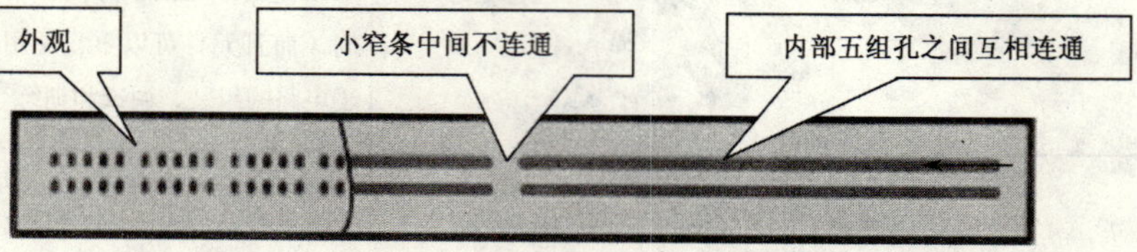

图 1-32　面包板上、下窄条的结构

中间部分宽条是由中间一条隔离凹槽和上下各 5 行的插孔构成的。在同一列中的 5 个插孔是互相连通的，列和列之间以及凹槽上下部分则是不连通的。外观及结构如图 1-33 所示。

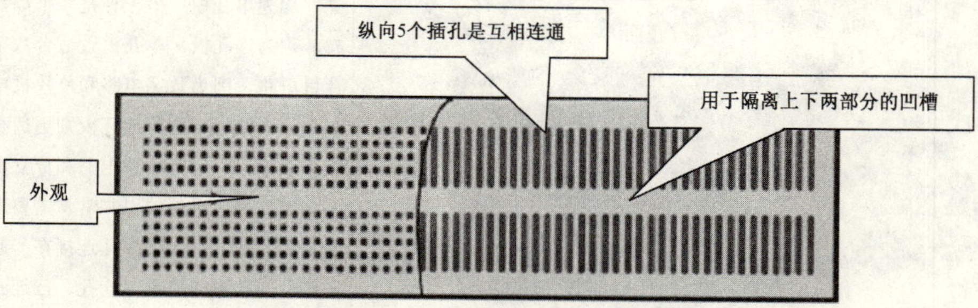

图 1-33　面包板中间部分宽条的外观结构

在搭建实验电路时，通常是使用两窄一宽组成的面包板小单元，在宽条部分搭接电路的主体部分，上面的窄条取一行做电源，下面的窄条取一行做接地，使用时注意窄条的中间部分不通。当电路规模较大时，一个面包板单元无法容纳，则需要多个单元组合成较大的面包板，但在使用时同样是两窄一宽同时使用，两个窄条的第一行一般和地线连接，第二行和电源相连。由于集成块电源一般在上面，接地在下面，如此布局有助于将集成块的电源脚和上面第二行窄条相连，接地脚和下面窄条的第一行相连，减少连线长度和跨接线的数量。中间宽条用于连接电路，由于凹槽上下是不连通的，所以集成块一般跨插在凹槽上。多块面包板上电路插接实例如图 1-34 所示。

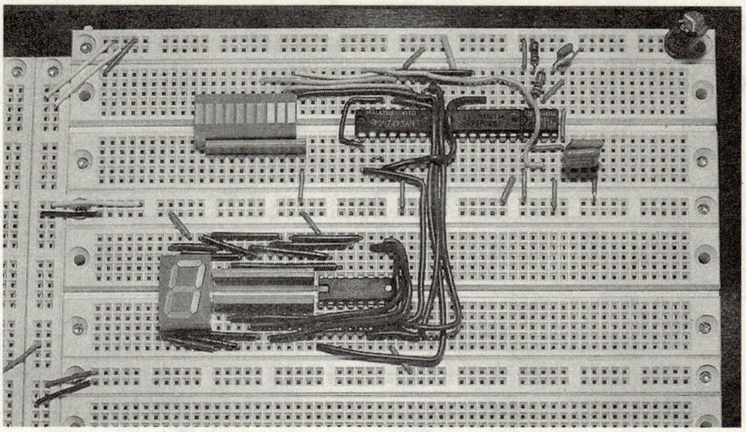

图 1-34　多块面包板上电路插接实例

1.7 技 能 训 练

1.7.1 常用元器件的识别与检测训练

1. 色环电阻器的识读与检测训练

根据教师提供的 10 只色环电阻器（其中四色环、五色环各 5 只），识别其标称阻值和允许误差并用万用表进行检测，分别将识别与检测结果填入表 1-37 中。

表 1-37　色环电阻器的识读与检测

编号	色环	标称值	允许误差	检测值	编号	色环	标称值	允许误差	检测值
1					6				
2					7				
3					8				
4					9				
5					10				

2. 发光二极管的识别与检测训练

根据教师提供的 5 只发光二极管（红、黄、绿等各种颜色），用万用表分别测量其正、反向电阻，将测量结果填入表 1-38 中。根据测量结果评判发光二极管的质量好坏。

表 1-38　发光二极管的识别与检测

编　号	正向电阻		反向电阻		检测结果
	挡　位	阻　值	挡　位	阻　值	
1					
2					
3					
4					
5					

3. 常用开关的识别与检测

教师提供各种类型的开关若干只，要求用万用表检测并区分其动合与动断端，并说明开关的类型，将识别、测量结果填入表 1-39 中。

表 1-39　开关的识别与检测

编　号	类　型	动合与动断的对数	检测结果（质量好坏）

4. 电位器的识别与检测

教师提供各种类型的电位器若干只，要求用万用表测量：

（1）电位器两固定端之间的标称阻值；

（2）电位器中间滑动片与固定端间的电阻值，旋转或移动电位器把柄，观察阻值变化情况，将识读、测量结果填入表 1-40 中。

表 1-40　电位器的识别与检测

编　号	标称阻值	阻值变化范围	检测结果（质量好坏）
1			
2			
3			
4			
5			

1.7.2　简易光控电路的设计与制作训练项目

1. 电路工作原理

图 1-35 所示为简易光控电路原理图。

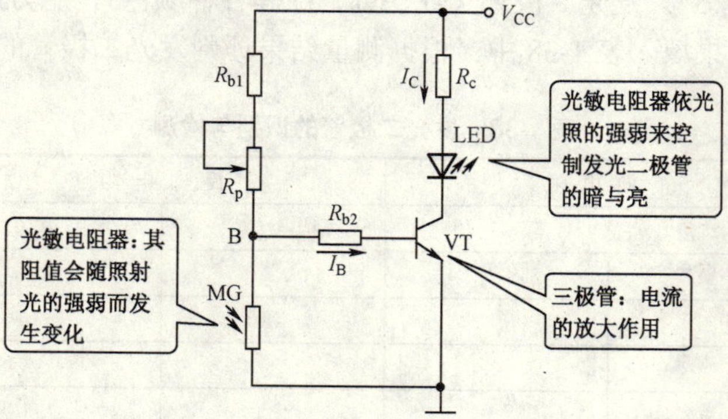

图 1-35　简易光控电路原理图

该电路由三极管 VT、电位器 R_P、光敏电阻器 MG、电阻器 R_{b1}、R_{b2}、R_c 及发光二极管 LED 组成。光敏电阻器的阻值会随着照射光的强弱而发生变化，从而改变三极管中的基极电流 I_B，那么通过发光二极管的集电极电流 I_C 也跟着发生变化，结果，发光二极管的亮暗发生变化。光敏电阻器光照的强弱控制发光二极管的亮与暗，称为简易光控电路。

2．电路元器件的检测

对应表 1-41 对所需元器件逐一进行识别和检测，同时把检测结果填入表 1-41 中。

表 1-41　简易光控电路元器件识别与检测表

代　号	名　称	规　格	检测结果	代　号	名　称	规　格	检测结果
LED	发光二极管	红色ϕ10		VT	三极管	9013	
R_{b1}	色环电阻	1 kΩ		MG	光敏电阻	普通	
R_{b2}	色环电阻	100 Ω		V_{CC}	1 号电池	1.5 V/3 节	
R_C	色环电阻	220 Ω			面包板		
R_P	电位器	50 kΩ					

（1）色环电阻器、发光二极管、电位器、三极管的识读与检测方法可参考前面相关章节的内容。

- 色环电阻器：主要会识读其标称阻值并用万用表测量其实际阻值。
- 发光二极管：会识别其正负极性，会用万用表测量其正反向电阻。
- 电位器：主要检测其标称阻值与质量。
- 三极管：主要识别其类型、引脚排列及检测放大倍数与质量。

（2）光敏电阻器的检测。

光敏电阻是一种电阻值随外界光照强弱（明暗）变化而变化的元件，光照越强阻值越小，光照越弱阻值越大，并且它与普通电阻器一样也没有正负极性，在一般情况下，其亮电阻为几千欧到几十千欧，有的甚至在 1 kΩ以下，暗电阻可达几兆欧以上。

- 测亮电阻。用万用表 R×1 k 挡测量在光照下光敏电阻的阻值。
- 测暗电阻。用一只手或黑纸片遮住光敏电阻的受光面，然后再用万用表 R×1 k 挡测量光敏电阻的暗阻值。
- 质量检测。观察万用表指针在光敏电阻的受光面被遮住前后的变化情况，若指针偏转明显，则光敏电阻性能良好；若指针偏转不明显，则将光敏电阻的受光面靠近电灯，以增加光照强度，同时再观察万用表指针的变化情况，如果指针偏转明显，则光敏电阻灵敏度较低；如果指针仍无明显偏转，则说明光敏电阻已失效。

3．实物连接图

如图 1-36 所示为简易光控电路实物连接图。接通电源，调节电位器 R_P，使发光二极管 LED 处于微亮状态，然后用手或黑纸片慢慢遮住光敏电阻，将发现发光二极管 LED 慢慢变亮。即用光敏电阻的光敏特性控制发光二极管的暗与亮，实现电路的光控功能。

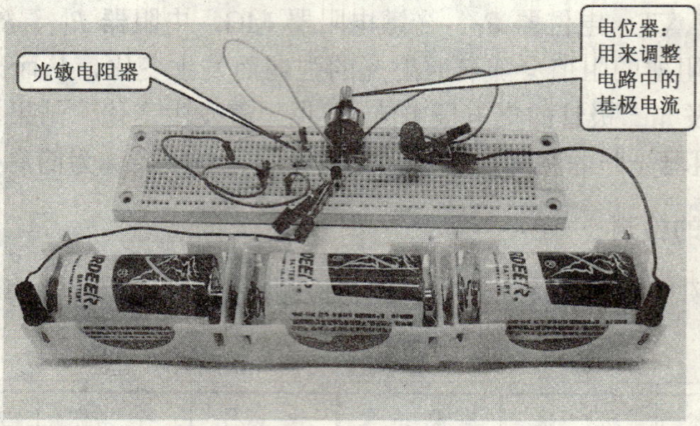

图 1-36　简易光控电路实物连接图

接通电源，调节电位器 R_P 的阻值，使发光二极管正好处于微亮状态，然后用黑纸片或手指反复做遮住光敏电阻的受光面后移开的动作，将发现：当用黑纸片或手指慢慢遮住光敏电阻时，发光二极管慢慢变亮；当黑纸片或手指慢慢移开光敏电阻时，发光二极管又慢慢变暗，即电路实现光控功能。

可能存在的故障：

- 整个电路可能有未连通之处；
- 发光二极管极性可能接反；
- 电位器的三个端可能接错；
- 三极管的 b、e、c 三个极可能接错。

4．电路测试与分析

电路工作正常后，可进行如下测试：

测试 1　测电路初始状态各参数

调节电位器 R_P 的阻值，使发光二极管处于微亮状态。用万用表分别测三极管的基极电位 V_B、光敏电阻器两端的电压 U_{MG}、基极电流 I_B 和集电极电流 I_C。

测试 2　测电路动态下的各参数

把微安表和毫安表（或用万用表）串接到电路中，然后用黑纸片或手指慢慢遮住、移开光敏电阻，仔细观察两表的读数及变化情况。

测试 3　测光敏电阻完全不受光照时的各参数

用黑纸片或手完全挡住光照，使光敏电阻完全不受光照。再用万用表测三极管的基极电位 V_B、光敏电阻器两端的电压 U_{MG}、基极电流 I_B 和集电极电流 I_C。

对测试结果进行如下分析：

分析 1　光敏电阻器光照与非光照时，基极电流 I_B、集电极电流 I_C 及发光二极管情况。

光敏电阻器受光照射时，其亮电阻较小，则如图 1-37 所示电路中的 B 点电位就较低，基极电流 I_B 相对较小，经过三极管放大后，集电极电流 I_C 也相对较小，发光二极管微亮；当光敏电阻器不受光照射时，其暗电阻较大，可达几百千欧，此时，电路中的 B 点电位较高，导致基极电流 I_B 相对较大，经三极管放大后，集电极电流 I_C 也相对较大，发光二极管呈明亮状态。

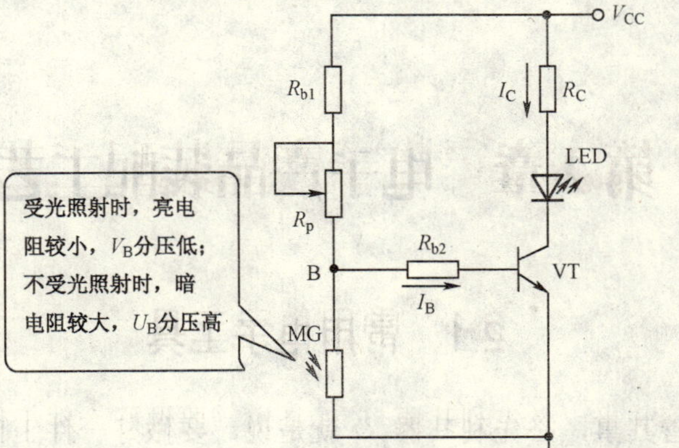

图 1-37　简易光控电路分析图

分析 2　电路中电位器 R_P 的主要作用。

调节电位器 R_P 至合适值，可起到如下 3 个作用：

- 光敏电阻器无论受光照还是非光照时，三极管 VT 始终处于放大工作状态；
- 光敏电阻器受光照时，发光二极管可处于微亮状态；
- 能使实验现象更加直观、明显。因此，在电路的调试过程中，必须把电位器 R_P 调节到合适的位置。

第 2 章　电子产品装配工艺

2.1　常用电子工具

孔子说："工欲善其事，必先利其器。"就是说，要做好一件工作，首先要具备得心应手的工具。在进行电子产品的装配与制作时，认识一些常用的工具，并掌握其正确的使用方法，的确是很重要的。

电子产品装配常用的工具可划分为板件加工、安装焊接和检测调试 3 大类：板件加工类工具主要有锥子、钢板尺、刻刀、螺丝刀、钢丝钳、小型台钳、手钢锯、小钢锉、锤子、手电钻等，安装焊接类工具主要有镊子、铅笔刀、剪刀、尖嘴钳、偏口钳、剥线钳、热熔胶枪、电烙铁等，检测调试类工具主要有测电笔、万用表等。

2.1.1　板件加工类工具

常用的板件加工类工具如表 2-1 所示。

表 2-1　常用的板件加工类工具

名　　称	实 物 图	说　　明
锥子	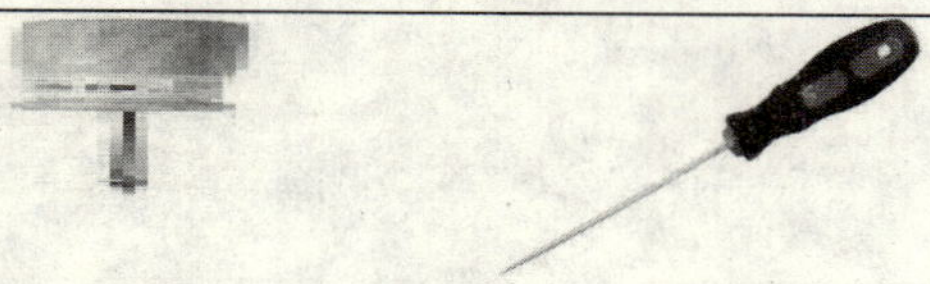	锥子主要用来在纸板或薄胶木板上扎孔，或穿透电路板上被锡堵塞的元器件插孔等。常见的锥子有塑料柄、木柄和金属柄几种，其中金属柄的锥头可以更换
钢板尺		钢板尺是一种简单的尺寸量具，尺面上刻有尺寸刻线，最小尺寸刻度线为 0.5 mm，其长度规格有多种，通常选用 150 mm 或 300 mm 的比较适合。钢板尺主要用来量取尺寸，测量元器件尺寸，也可以代替直尺作为划直线的导向工具。常见钢板尺采用不锈钢材料制成，所以也称不锈钢直尺
美工刀 / 刻刀	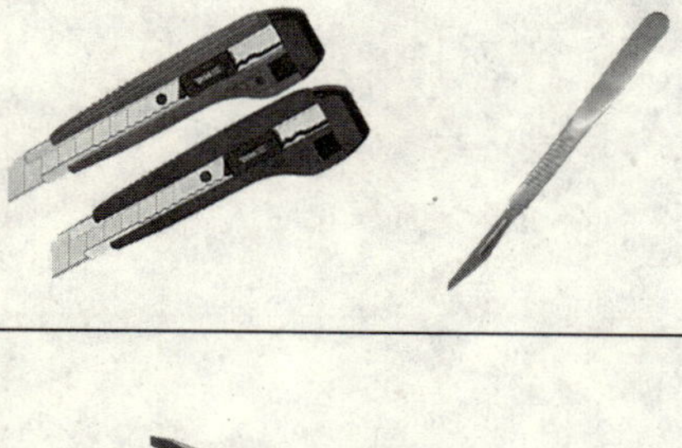	刻刀由刀架、可更换和伸缩的刀片组成，由于刀片锋利，所以常用来切、削、裁、割各种材料和清除电路板、外壳等加工后出现的毛边，也可以用来刮净元器件引线或印制电路板等焊接点。刻刀有多种规格，一般用刀片的长度来表示，通常选 80 mm 的比较合适
螺丝刀	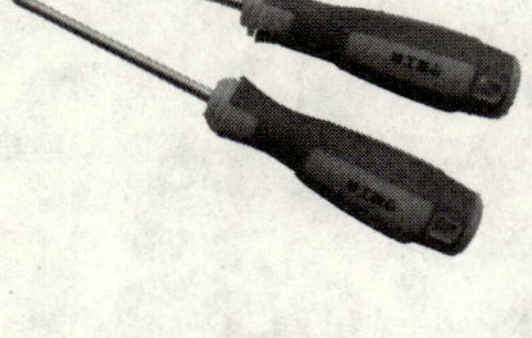	螺丝刀按头部形状的不同，常分为"一"字形和"十"字形等多种，分别用于拧动不同槽型的螺钉。使用时要根据螺钉的大小，选用合适的螺丝刀。螺丝刀的刃口要与螺钉槽相吻合，不要凑合使用，以免损坏刀口或螺钉。"一"字型的螺丝刀刀口不严时，可用砂轮或粗石打磨。"十"字形螺丝刀刀口若有磨损，可用钢锉锉好。此外，不要将螺丝刀当凿子用

续表

名　称	实　物　图	说　明
钢丝钳	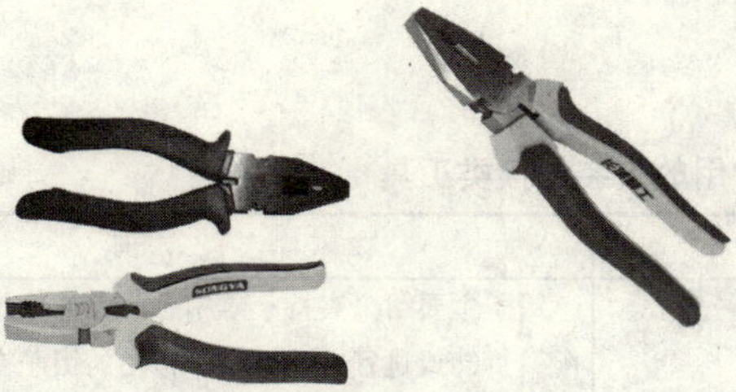	钢丝钳又叫平口钳，钳柄上套有耐压为 500 V 以上的绝缘套。钢丝钳功能较多，它可以夹持、弯扭和剪切金属薄板，剪断较粗的金属线，还可以用来剥去导线的绝缘外皮，拧动较大的螺母，或用来起钉子等。使用时注意，不要把钢丝钳当锤子去敲击金属物，否则会造成钳轴变形，使钢丝钳动作不灵活；不要用钢丝钳的刀口去剪过粗或过硬的钢丝，以防止卷刃。要定期在钢丝钳的钳轴处注入润滑油，以保持钳轴动作灵活
小型台钳		小型台钳可在工作台面边沿或木凳子上卡固，用来夹紧各种加工件，以便割锯、锉削和打孔等。小型台钳附有小铁砧子，可用锤子来敲打小金属板、砸铆钉等，用途更为广泛。但注意不可用来敲击大体积的加工件，否则台钳中的丝杠容易被砸弯，钳口也容易砸坏
手钢锯	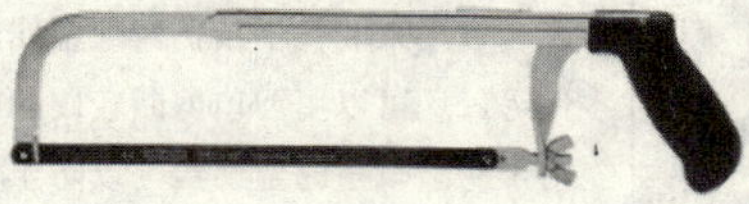	手钢锯是一种使用方便的锯割工具，一般用来锯割各种体积不大的金属板或电路板。锯弓通常是活络的，可配用 200 mm、250 mm 或 300 mm 长度的锯条。在锯弓上安装锯条时，锯齿尖端要朝前方（参照物是手柄），不可向后，否则操作起来很困难。锯条的松紧要合适，一般以两个手指能把紧固锯条的元宝螺母拧紧为度
小钢锉	 平锉  三角锉	小钢锉可用来锉平机壳开孔、金属板或绝缘板的毛边以及锉掉电烙铁头上的氧化物等。钢锉的规格很多，一般选用小型平锉、三角锉等，便可满足各种需要。使用小钢锉时应当注意钢锉较硬脆，敲击时易断裂，不允许当作其他工具（如撬棒、锥子、锤子等）使用
锤子		锤子又叫榔头、手锤、掌锤，它是一般家庭常用的工具。在电子制作中，可用来敲金属板、砸铆钉等。应选用能起钉子的羊角锤，它在加工木制外壳时尤为适用
手电钻	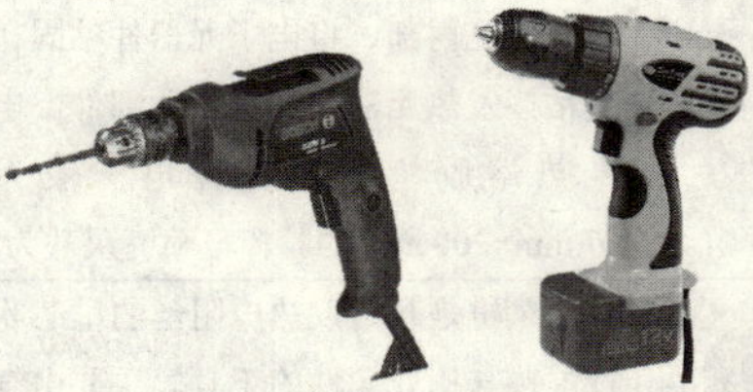 	手电钻是一种携带方便的小型钻孔用工具，它由小电动机、控制开关、钻夹头和钻头几部分组成。手电钻的规格是以钻头夹所能夹持最大直径钻头的尺寸来表示的，常见的有 ϕ3 mm，ϕ6 mm、ϕ10 mm、ϕ13 mm 等几种。在电子制作中，手电钻主要用来在金属板、电路板或机壳上打孔。适合电子制作者使用的小型手电钻规格多为 3 mm，可夹持最小 0.5 mm，最大 3 mm 的多种钻头，以满足不同需要

2.1.2　安装焊接类工具

1．常用的安装焊接类工具

常用的安装焊接类工具如表 2-2 所示。

表 2-2　常用的安装焊接类工具

名　称	实 物 图	说　明
镊子	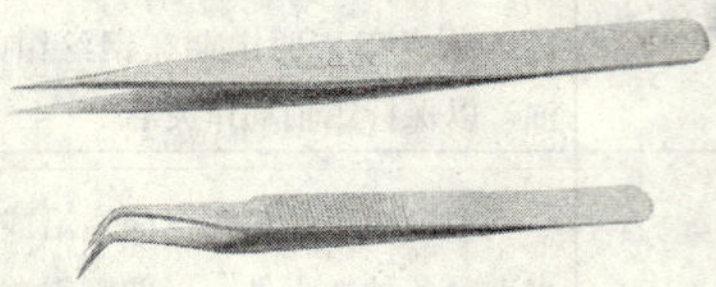	镊子主要用来夹持小螺帽、小元件及细引线等，以便装配、拆卸或进行电路焊接。常用的镊子有直头镊子和弯头镊子两种。镊子有助于在狭小的空间内进行操作。选择镊子应选不锈钢材质产品，要求恢复弹性好、尖头吻合良好，以总长度在 110～130 cm 之间为宜
剪刀		剪刀在电子装配中主要用来剪切各种导线和细小的元器件引脚、套管、绝缘纸、绝缘板等。也可以用它来剥除导线的绝缘皮，起剥线钳的作用。采用优质钢材制造而成的剪刀，能够剪切薄铁皮等较硬的材料
尖嘴钳	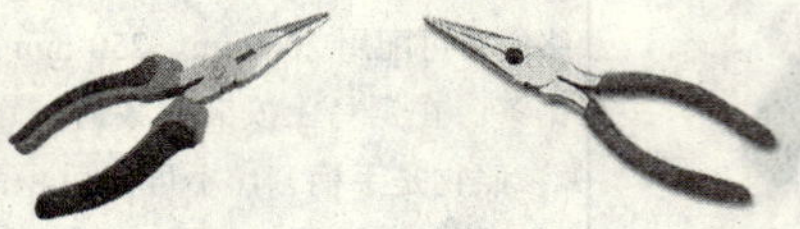	尖嘴钳的钳头细而尖，并带有刀口，钳柄上套有绝缘套。一般用来取代手指折弯细金属丝，夹持螺母或其他小零件等，还可以用刀口剪断较硬的电线或细金属丝，但不能用于剪断较粗的金属丝，以防止将尖嘴钳损坏。尖嘴部的前端细小者折弯铜线时比较好用
偏口钳	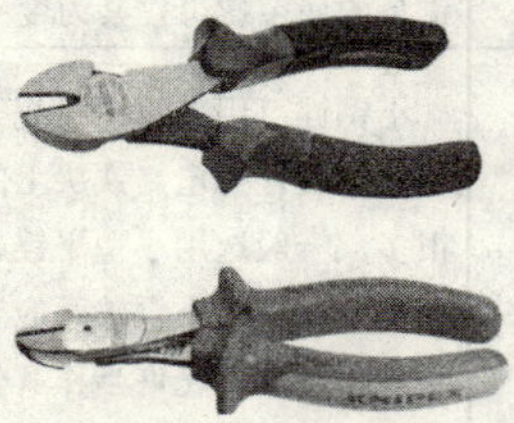	在电子制作过程中，偏口钳主要用来剪断较粗的电线或细金属丝；修剪焊接后多余的线头；捋掉导线外层的绝缘皮等。在捋导线的绝缘外皮时，要控制好偏口钳刃口的咬合力度，既要能咬住绝缘外皮，又不会剪伤绝缘层内的金属线芯。使用偏口钳时，不能用来剪断硬度较大的金属丝，以防止钳头变形或断裂
剥线钳	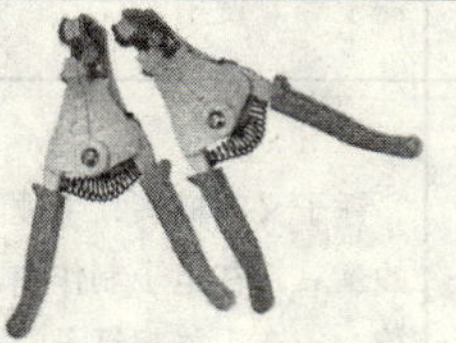	剥线钳是专门用于剥除电线端部绝缘层的专用工具。剥线钳钳头刀口处有口径为 0.5～3 mm 的多个切口，使用时应根据导线直径的不同选择合适的切口
热熔胶枪		热熔胶枪是一种用来加热熔化热熔胶棒的工具。当热熔胶棒在加热腔中被加热熔化为胶浆后，用手扣动扳机，即从喷嘴中挤出胶浆，常用来粘固机壳，或将印制电路板粘固在机壳内部、将电子元器件粘固在绝缘板上等，但不适宜粘接发热元器件和强振动部件。电子制作时采用普通小号热熔胶枪即可。耗电一般为 10～15 W，使用 ϕ7 mm×200 mm 的胶棒，喷嘴尺寸为 ϕ2 mm
热风枪	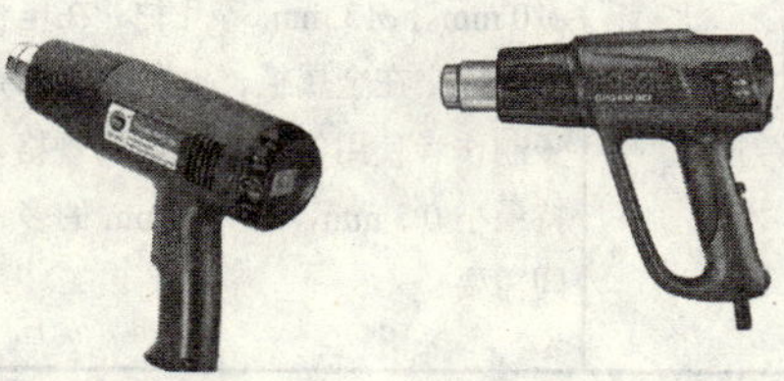	热风枪是利用发热电阻丝的枪芯吹出的热风来对元件进行焊接与摘取元件的工具。主要由气泵、气流稳定器、线性电路板、手柄、外壳等基本组件构成。其主要作用是拆焊小型贴片元件和贴片集成电路。为了提高热风枪的功能，有些型号还设置温度显示，便于在操作过程中依照显示的温度来手动调节

续表

名　称	实 物 图	说　明
电烙铁	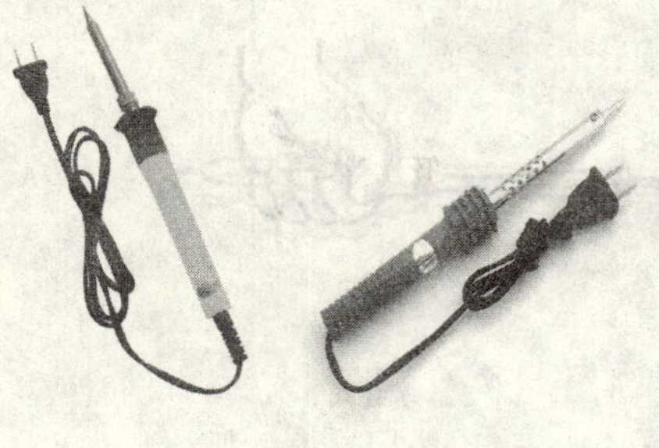 内热式　外热式	电烙铁是手工焊接的主要工具，它是用电来加热电阻丝或 PTC 加热元件，并将热量传送给烙铁头来实现焊接。电烙铁主要由烙铁头、金属外壳、发热芯子、绝缘手柄、电源线和电源插头等部分组成。常见的电烙铁有外热式、内热式、速热式和吸锡电烙铁等多种，功率有 16 W、20 W、25 W、30 W、35 W、45 W 等多种规格。同一种类的电烙铁，功率越大，体积也越大

2. 电烙铁的使用

电烙铁是电子制作中必备的工具，元器件的安装和拆卸都需要用到它。按结构可分为内热式电烙铁和外热式电烙铁，按功能可分为焊接用电烙铁和吸锡用电烙铁，根据功率不同又分为大功率电烙铁和小功率电烙铁。

内热式电烙铁的特点是体积较小，发热快，耗电省。在连续使用中，烙铁头工作面温度可保持在 250 ℃左右，而且更换烙铁头和电发热芯也比较方便。一般电子制作选用 20～30 W 的内热式电烙铁比较合适。常见的内热式电烙铁有尖头和扁头两种类型。尖头电烙铁常用来焊接较细小的元器件，扁头电烙铁一般用来焊接较大的元器件。

以往的内热式电烙铁为紫铜烙铁头，发热芯子全部采用电热丝绕制，寿命不是很长。现在大部分烙铁头采用了镀有保护层（如锌）的铜头，具有极强的抗腐蚀能力，发热芯子则采用了新一代半导体 PTC 陶瓷材料，其外形与电热丝芯子一致，可以互换使用；使用寿命一般高达 2000 h 以上，而且可以防静电、防感应电，能直接焊接 CMOS 器件。但应注意，这种电烙铁在初次使用时，不能用砂纸或钢锉打磨烙铁头，如将其表面的镀层打磨掉，就会使烙铁头失去耐腐蚀性。

在实际使用时，为了防止电烙铁烫坏桌面，加热后的电烙铁暂不用时，必须放在如图 2-1 所示的专门的烙铁架上。烙铁架的底座上配有一块耐热且吸水性好的圆形海绵体，使用时加上适量的水，可以随时用于擦洗烙铁头上的污物等，保持烙铁头的光亮。

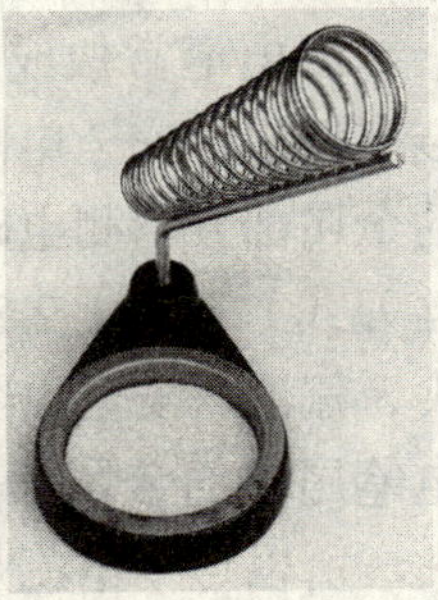

图 2-1　烙铁架

新买来的电烙铁在使用前，必须先给烙铁头挂上一层锡，俗称“吃锡”。具体方法是：先接通电烙铁的电源，待烙铁头可以熔化焊锡时，用湿毛巾将烙铁头上的漆擦掉，再用焊锡丝在烙铁头的头部涂抹，使尖头覆盖上一层焊锡。也可以把加热的烙铁头插入松香中，靠松香除去尖头上的漆，再挂焊锡。对于普通的紫铜烙铁头，可先用小刀刮掉烙铁头上的氧化层，待露出紫铜光泽后，再按上面的介绍挂上焊锡。给烙铁头挂锡的好处是保护烙铁头不被氧化，并使烙铁头更容易焊接元器件。一旦烙铁头“烧死”，即烙铁头温度过高使烙铁头上的焊锡蒸发掉，烙铁头被烧黑氧化，焊接元器件就很难进行，这时需要用小刀刮掉氧化层，再重新挂锡后才能使用。所以当电烙铁较长时间不使用时，应拔掉电源防止电烙铁“烧死”。

电烙铁的握法有握笔式和拳握式两种，如图 2-2 所示。使用小功率直头电烙铁时一般采用握笔式，适合焊接线路板和中、小焊点；使用大功率弯头电烙铁时一般采用拳握式，适合焊接电路板和大焊点。

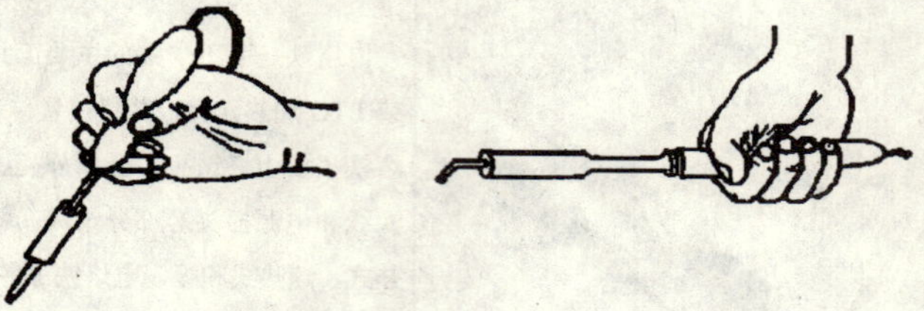

图 2-2　电烙铁的正确握法

用电烙铁要特别注意安全，必须认真做到以下几点：

- 电烙铁的外壳应妥善接地；
- 每次使用前，都应认真检查电源插头和电源线有无损坏，烙铁头是否松动；
- 使用过程中严禁任意敲击、摔打电烙铁，烙铁头上焊锡过多时，可用布擦掉；
- 焊接过程中，电烙铁不能到处乱放，不焊接时应将电烙铁放在烙铁架上，严禁将电源线搭在烙铁头上，以防烫坏绝缘层而发生事故；
- 使用结束后，应及时切断电烙铁电源，待完全冷却后再收回工具箱。

2.1.3　检测调试类工具

在装配焊接工作完成后，要对产品进行检测，在这个过程中有可能会发现一些电路故障，这就需要采用一定的工具对电子系统进行检测和调试，以达到发现问题并解决问题的目的。常用的检测调试工具主要有测电笔和万用表。

1. 测电笔的使用

测电笔是检测电路通电是否良好的工具，其工作原理是当电流流过电笔中的稀有气体时，会发出有颜色的光。测电笔还常用来检测低压导体和电气设备外壳是否带电。

测电笔常做成钢笔式结构或小型螺丝刀结构。它的前端是金属探头，后部塑料外壳内装有氖泡、安全电阻和弹簧，笔尾端有金属端盖或钢笔型金属挂鼻，作为使用时手必须触及的金属部分。测电时要注意手指必须接触金属笔挂（钢笔式）或测电笔顶部的金属螺钉（螺丝刀式），如图 2-3 所示，当测电笔的笔尖触及带电体时，带电体上的电压经测电笔的笔尖、氖泡、安全电阻、弹簧及笔尾端的金属体，再经过人体接入大地形成回路。如果不触碰电笔尾部的金属部分，那么电流就无法从电笔直接流到地下。当然，因为稀有气体电阻很大，所以这个电流是很小的，不会对人体造成伤害。普通测电笔测量电压范围在 60～500 V 之间，只要被测带电体与大地之间电压超过 60 V 时，氖管就会起辉发光，指示被测带电体有电。低于 60 V 时测电笔的氖泡可能不会发光，高于 500 V 不能用普通测电笔来测量，否则容易造成人身触电。

测电笔在每次使用前，应先在确认有电的带电体上试验，检查其是否能正常验电，以免因氖管损坏，在检验中造成误判，危及人身或设备安全。凡是性能不可靠的，一律不准使用。要注意防止测电笔受潮或强烈振动，平时不得随便拆卸。螺丝刀式测电笔裸露部分较长，可在金属杆上加绝缘套管，以便使用设备。

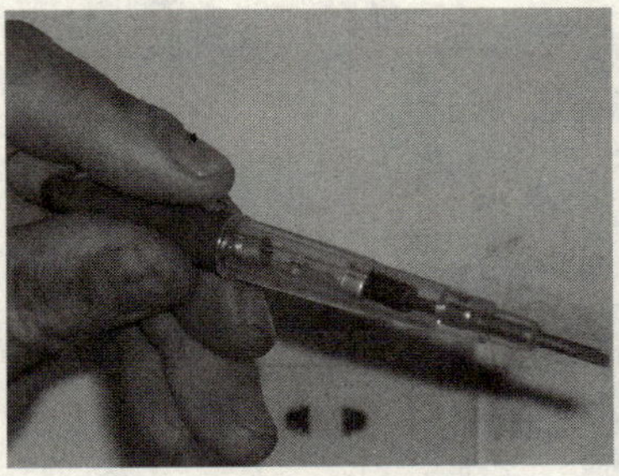

钢笔式测电笔

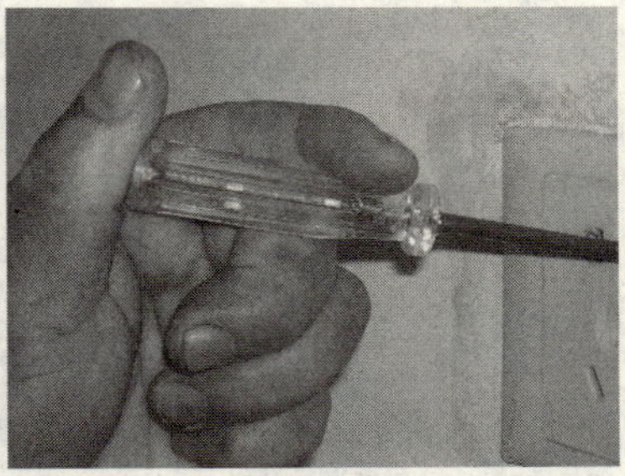

螺丝刀式测电笔

图 2-3　测电笔的正确握法

使用测电笔时，应注意以下事项：

- 使用测电笔之前，首先要检查试电笔里有无安全电阻，再直观检查测电笔是否有损坏，有无受潮或进水，检查合格后才能使用。
- 使用测电笔时，不能用手触及测电笔前端的金属探头，这样做会造成人身触电事故。
- 使用测电笔时，一定要用手触及测电笔尾端的金属部分，否则，因带电体、测电笔、人体与大地没有形成回路，测电笔中的氖泡不会发光，造成误判，认为带电体不带电，这是十分危险的。
- 在测量电气设备是否带电之前，先要找一个已知电源测试测电笔的氖泡能否正常发光，能正常发光，才能使用。
- 在明亮的光线下测试带电体时，应特别注意氖泡是否真的发光，必要时可用另一只手遮挡光线仔细判别。千万不要造成误判，将氖泡发光判断为不发光，从而将有电判断为无电。

2. 万用表的使用

万用表是电子制作中不可缺少的测试工具，它不仅能够测量电路中的电压、电流和电阻等多种电量的大小，而且还能检测电子元器件的好坏等，故称“万用表”。可以毫不夸张地讲，离开了万用表，人们在从事电子制作时就会变得很困难。

万用表的种类很多，按显示不同，可分为指针式和数字式；按外形结构不同，又可分为台式和便携式等。指针式万用表相对于数字式万用表来讲，读取精度较差，但指针摆动的过程比较直观，其摆动速度和幅度有时也能比较客观地反映被测量值的大小。数字式万用表是后起之秀，由于有良好的灵敏性，功能齐全，测量种类多，测量直观（可直接显示被测量的大小），性能稳定，过载能力强，轻便，不易损坏等优点，得到迅速普及，正逐步取代机械指针式万用表。

现以目前使用较普遍的 MF47 型指针式万用表和 DT830B 型数字式万用表为例，分别介绍它们的基本使用方法。

1）MF47 型指针式万用表的使用

MF47 型指针式万用表可测量直流电流、直流电压、交流电压、电阻等 19 个基本量程和 6 个附加量程，使用方便，且测量范围宽。该万用表的外观结构如图 2-4 所示。MF47 型万用表共有 8 条刻度线。挡位选择开关的作用是选择测量的项目和量程。插孔主要用于连接测试专用的表笔，功能多的万用表还包含一些专门测试晶体三极管等的插孔。

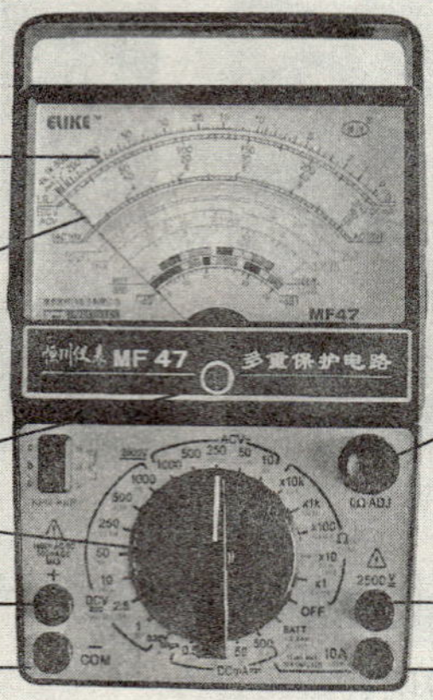

图 2-4　MF47 型指针式万用表外观结构

新购买的万用表在使用前，首先应打开万用表的后盖，将一块 10F20-15V 型叠层干电池和一节 5 号干电池（1.5 V）装入万用表的电池夹内。然后，在桌面放平万用表，注意观察指针是否指在零位，如不指在零位，可用小螺丝刀旋动表头上的机械调零旋钮，使指针调到零位。表笔分红、黑两色以区别极性。习惯上以红色表笔为正表笔，插在万用表的“+”插孔内；黑色表笔为负表笔，插在万用表的 COM 插孔内。

在电子制作中，测量电阻、电压、电流和晶体三极管的 h_{EF} 等是万用表最基本的应用，下面就使用中的注意事项进行一些介绍。

（1）测量电阻时应注意，切勿用手指同时接触电阻或表笔的两端，否则人体电阻与被测电阻并联，会使测量结果出现较大的误差。R×1 挡耗电较大，测试时间不宜过长；当测量电路中的电阻时，应将被测电路的电源切断，如果电路中有电容器，应先将其放电后才能测量，切勿在电路带电的情况下测量电阻。另外，在每次换挡后，都要进行欧姆调零。如果调节电阻挡调零旋钮不能使指针指在 0 位置，一般是表内电池电压不足，应更换新干电池（对应 R×10 k 挡，需更换 15 V 叠层干电池，其他挡则更换 1.5 V 干电池）。

需要说明的是，万用表内的干电池只在测量电阻时才工作。其中 15 V 干电池仅用于 R×10 k 挡，其余欧姆挡均使用 1.5 V 干电池。在测量电阻时，万用表的黑表笔接通表内干电池的正端、红表笔接通表内干电池的负端。由于表笔输出电流相对于数字式万用表来说要大许多，所以用 R×1 挡可以使扬声器发出响亮的“哒”声，用 R×10 k 挡可以点亮发光二极管。这在借助欧姆挡灵活、巧妙地测试电子元器件时非常方便，也非常实用。

（2）在测量直流电压时，绝对不允许误用内阻很小的直流电流挡，否则会短路被测电路，导致万用表因过流而烧坏。另外，在电压挡（尤其是低电压挡）情况下，指针式万用表的内阻相对于数字式万用表内阻要小许多，并联的万用表的内阻会对被测电路产生较大的分电流，使得测量精度出现较大误差。尤其是在某些高电压、微电流的场合下，甚至无法测出正确的电压值。

（3）测量交流电压时，需要注意的是，交流 10 V 挡测量结果看第 3 条专用刻度线，其他各挡看第 2 条刻度线。当需要测量 220 V 交流电压时，挡位选择开关应选 250 V 挡，由于电压较高。操作时一定要注意安全，表笔应无破损，手持表笔切勿触及金属头，以防发生触电。注意不要错用电流挡或欧姆挡测量 220 V 交流电压，否则会立即损坏万用表。

（4）用指针式万用表进行测试，应轻拿轻放万用表，避免剧烈振动，以免造成表头测量机构的损坏；要远离高温和强磁场，以免表头中的永久磁铁退磁而降低测量精度。每次测量前，要先查看所选测量挡位和量程是否相符，如无法估计被测值，应先用最大量程进行初测，然后根据初测情况再换到适当的量程进行准确测量。尤其注意不要误用欧姆挡去测量电压，不要误用电流挡去测量高电压，这样很容易烧坏万用表。要将红、黑两个测量表笔正确插入相应的插孔内，尤其是在测量直流电量时，如正、负极性插错，就会使表头指针反偏，容易损坏表头零件。测量过程中。如需调换量程或测量挡位，必须先将表笔脱离电路。再转动挡位选择开关换挡或换量程，否则易产生电弧火花，烧坏挡位选择开关的触点。测量结束后，应将挡位选择开关拨到交流电压挡位中的最高量程位置（如 1000 V 挡位），可防止下次使用不当损坏仪表。

2）数字式万用表的使用

DT830B 是目前市场上比较常见、价格较低的数字式万用表，它可以测量直流电压、直流电流、交流电压、电阻、晶体二极管及三极管的直流电流放大系数 h_{EF} 等，能够满足初学者的需要。

DT830B 型数字式万用表的外形如图 2-5 所示。DT830B 型数字式万用表的表内包括电子线路和一块 6F22-9V 型叠层干电池等。面板上的旋转式挡位选择开关带有电源断开挡，不使用时，挡位选择开关应旋至“OFF”位置。当显示屏左下角出现电池形状的符号时，说明万用表内部 9 V 叠层干电池的电压不足（≤7.2 V），应打开后盖，及时更换新电池；当用 mA 和μA 挡测量电流没有反应时，应查看表内熔断器熔丝是否已烧断，并更换相同规格（0.5 A、250 V）的熔断器，如图 2-6 所示。

DT830B 型数字式万用表优于一般指针式万用表之处是它具有更高的输入阻抗和灵敏度，对被测电路影响更小，测量的精度更高；它具有自动调零功能（不测量时显示为“000”）。同时正、负极性可自动变换，如挡位或量程选择不当，则显示“1”或“–1”，这说明它的过载能力强。在测量直流电量时，允许红、黑表笔任意接被测负载，直流电的极性（也就是红表笔所接测试点的极性）在液晶屏上会指示出来，如出现“–”号，说明红、黑表笔的极性与负载的接点极性相反。

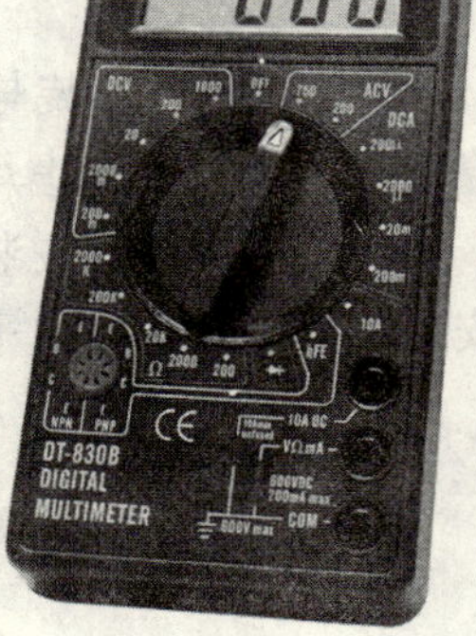

图 2-5　DT830B 型数字万用表的外形

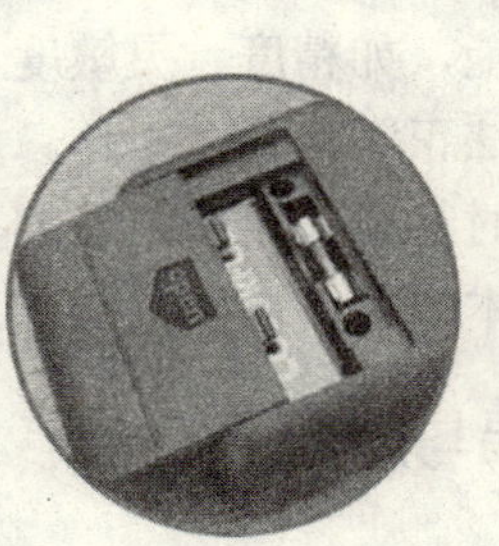

图 2-6　更换电池和熔断器

下面介绍用 DT830B 型数字式万用表测量电阻、电压、电流、晶体二极管和晶体三极管 h_{EF} 等的注意事项。

（1）电阻的测量。

测量时注意，红表笔的极性是正极性“+”，黑表笔的极性是负极性“–”，这正好跟指针式万用表相反。当表笔没有连接时，万用表的表笔呈开路状态，液晶显示屏将显示“1”。如果测量电阻时仍然显示“1”，说明被测电阻的阻值大于所选择的量程，应将挡位选择开关旋至更高的电阻量程挡位，以显示正确的数值。

（2）直流及交流电压的测量。

例如，测量两节串联 5 号干电池的电压，由于此时电压约为 3 V，所以必须把万用表拨到直流 20 V 挡。此时，液晶显示屏显示出的数字“2.47”表示所测出的电压为 2.47 V，若数字前面出现“–”号，则表示红表笔所接测试端为电压负极；当测量 220 V 交流电压时，应将挡位选择至交流电 750 V 挡，此时液晶屏左上角显示“HV”符号，表示所测电压为“高电压”，应注意安全。

如果待测电压信号在测量之前是未知的，可把挡位选择开关旋至最高量程挡位，然后逐挡往下拨。直到显示的数字适当为止。当液晶屏只显示“1”时，表示量程超载了，应调换大的量程，以显示准确的数值。需要强调的是，绝不允许测量 1000 V 以上的直流电压或 750 V 以上的交流电压，虽然可能显示正确的数值，但是这样会损坏万用表。

（3）直流电流的测量。

如果待测电流在测量之前是未知的，可把挡位选择开关旋至最高量程挡位，然后逐挡往下拨，直到显示的数字适当为止。当液晶显示屏只显示“1”时，表示量程超载了，可调换大的量程，以显示准确的数值。另外，万用表的 10 A 挡没有熔断器，测量时一定要小心使用。

（4）晶体三极管 h_{EF} 的测量。

利用表上三极管测量插座，在正确判断三极管的类型和引脚的基础上，将三极管的各极插入相应的插孔，在表上就会显示被测三极管的 h_{EF} 值。例如，测量 9013 型（NPN 管）晶体三极管时，所测得的直流放大系数 β=281。

2.2　焊 接 技 术

在电子产品的制作过程中，元器件的安装与焊接非常重要。安装与焊接质量直接影响到电子产品的性能，如精度、灵敏度、稳定性、可靠性等，有时因为虚焊、焊点脱落等原因造成电子产品无法正常、稳定工作。大批量工业生产中一般采用自动安装与焊接，实验、试制及小批量生产时往往采用手工安装与焊接。手工安装与焊接技术是电子工作者和电子爱好者必须掌握的基本技术，需要勤加练习、熟练掌握。

2.2.1　焊锡与焊剂

焊料（俗称焊锡）和焊剂（又称助焊剂）是最常用的焊接材料，其应用对焊接质量有重要影响。

1．焊料

焊料是一种熔点比焊件低，在焊件不熔化的情况下能浸润焊件表面，并于焊件接触面处形成合金层的物质。焊料的作用是使元器件引线与印制电路板的焊盘等连接点连接在一起。

焊锡按其组成的成分可分为锡铅焊料、银焊料、铜焊料等，其中以锡铅焊料最为常用，故焊料也常称做焊锡。锡铅按不同比例配比组成合金后，其熔点和其他物理性能都不同。为方便使用，焊接电子元件用的焊锡通常做成焊锡丝的形式，常见的有直径为0.5 mm、0.8 mm、0.9 mm、1.0 mm、1.2 mm、1.5 mm、2.0 mm、2.3 mm、2.5 mm、3.0 mm、4.0 mm、5.0 mm 等几种规格。焊锡丝内一般都含有助焊的松香。常见焊锡丝采用 60%的锡和 40%的铅合成，内部为空心结构，空心内装有起焊剂作用的松香粉，其特点是使用方便、熔点较低、对元件和导线的附着力强、焊点光亮美观。

常用的锡铅焊料及其用途如表 2-3 所示。

表 2-3　常用的锡铅焊料及其用途

名 称	牌 号	熔点温度 / ℃	用 途
10#锡铅焊料	HlSnPb10	220	焊接食品器具及医疗方面物品
39#锡铅焊料	HlSnPb39	183	焊接电子电气制品
50#锡铅焊料	HlSnPb50	210	焊接计算机、散热器、黄铜制品
58-2#锡铅焊料	HlSnPb58-2	235	焊接工业及物理仪表
68-2#锡铅焊料	HlSnPb68-2	256	焊接电缆铅护套、铅管等
80-2#锡铅焊料	HlSnPb80-2	277	焊接油壶、容器、大散热器等
90-6#锡铅焊料	HlSnPb90-6	265	焊接铜件
73-2#锡铅焊料	HlSnPb73-2	265	焊接铅管件

2．焊剂

金属在空气中加热时，表面会生成氧化膜薄层。在焊接时会阻碍焊锡的浸润和接点合金的形成。采用焊剂能破坏金属氧化物，使氧化物飘浮在焊锡表面上，改善焊接性能，又能覆盖在焊料表面，防止焊料和金属继续氧化，还能增强焊料和金属表面的活性，增加浸润能力。

根据作用不同，焊剂可分为助焊剂和阻焊剂两大类。

松香是电子爱好者使用最普遍的一种助焊剂，它的主要作用是防止烙铁头在高温时氧化，并且能够增强焊锡的流动性，使焊接更容易进行。松香既可以直接用，也可以配成松香溶液（用25%的松香溶解在75%的酒精中）使用。在一些要求较高的场合下可使用新型助焊剂——氧化松香。

当助焊剂存放时间过长时，会使助焊剂活性变坏而不宜于使用。常用的松香助焊剂在温度超过 60℃时，绝缘性会下降，焊接后的残渣对发热元件有较大的危害，故在焊接后要清除助焊剂残留物。

阻焊剂是一种耐高温的涂料，可使焊接只在所需要焊接的焊点上进行，而将不需要焊接的部分保护起来。以防止焊接过程中的桥连，减少返修，节约焊料，使焊接时印制板受到的热冲击小，板面不易起泡和分层。阻焊剂的种类有热固化型阻焊剂、光敏阻焊剂及电子束辐射固化型等几种，目前常用的是光敏阻焊剂。

2.2.2　手工焊接方法

焊接技术的种类很多，而且几乎每种焊接方法都会在电子工业中用到。目前，虽然电子产品广泛采用了自动化程度很高的机器焊接（波峰焊或回流焊），但总有一些不规则元件或不适于自动焊接的元件需要手工焊接。其次，机器焊接的合格率还做不到 100%，总会有些错装、漏装的元件需要修复。因此还没有一种焊接方法可以完全代替手工焊接。手工焊接技术仍然是电子技术工程人员必备的一种生产技能，也是掌握其他焊接技术的基础。

在手工焊接中尤以锡焊方法最具代表性，所以下面主要对手工锡焊的工艺进行介绍。

1．锡焊的必备条件

进行锡焊时必须具备以下几个条件：

（1）焊件必须具有良好的可焊性。

所谓可焊性是指在适当的温度下，金属表面被熔融焊料润湿的特性。有些金属如铜、金、银、镍等的可焊性较好，适于锡焊。而铬、铝、不锈钢、铸铁等金属的可焊性则很差，需采用特殊焊剂及方法才能进行锡焊。

（2）焊剂的选用必须合适。

不同材料的焊件，要选用不同的焊剂。同种材料的焊件在不同的焊接工艺下，也应选用不同的焊剂。

（3）焊件表面必须保持清洁。

为了达到原子间相互作用的距离，实现焊锡和焊件良好的结合，焊接表面一定要保持清洁。焊接前，金属表面轻度氧化的可通过助焊剂来清除，重度氧化的则可采用诸如刀刮或酸洗等方法清除。

（4）焊接必须加热到合适的温度。

合适的温度是为了使焊料和焊件原子获得足够能量以彼此扩散而形成合金层。焊接温度过低，不利于金属原子的扩散，无法形成合金层而出现“虚焊”；焊接温度过高，会使焊料处于非共晶状态，加速焊剂分解和挥发速度，使焊料品质下降。适宜焊接的温度是焊件在焊锡熔化时也能达到与之相同的温度。

2．焊接前的准备工作

在焊接前，应对烙铁头和焊接表面进行可焊性处理——镀锡，以提高焊接的质量和速度，避免虚焊等缺陷的发生。

1）镀锡的工艺

镀锡的工艺要点有如下几个方面：

- 清理待镀面。各种元器件、焊片、导线等在加工、存储的过程中都可能带有不同的污物，而这些污物的存在会导致虚焊等不良现象的产生，必须予以清理。较轻的污垢可以用酒精或丙酮擦拭；严重的腐蚀性污点则需用刀刮或砂纸打磨等方法去除，经过处理的待镀面应露出光亮金属色。
- 提供足够温度。焊件金属表面温度应接近焊锡熔化时的温度，才能形成良好的结合层。所以应根据焊件大小选择合适的电烙铁来供给足够的热量。但元器件承受的温度又不能太高，必须把握好加热的时间。

- 使用有效的焊剂。有效的焊剂可除去氧化膜、增加焊锡的流动性，使焊点可靠美观。松香因其活性弱且无腐蚀性而在电子产品的焊接中被广泛使用。但松香经多次反复加热后会变黑失效，应及时更换。使用有效的助焊剂，是获得合格焊点的前提条件。

2）电烙铁使用前的镀锡

在使用前，根据需要可用挫刀把烙铁头挫成一定的形状，再准备一块木板并在其上放些松香和一段焊锡，用烙铁头在松香水中浸一下，然后接上电源，当烙铁头温度升到能熔锡时，用烙铁头“吸”上焊锡并在松香中来回摩擦，如此反复两到三次，使烙铁头的刃面均匀镀上一层锡为止。

3）元器件引脚和导线的镀锡

根据元器件引线的原有镀层，按照相应的方法进行清理。镀银引线容易产生不可焊接的黑色氧化膜，必须用小刀轻轻刮去，直到露出导线的原有金属色；镀金引线因其基材难以镀锡而不能刮掉镀金层，可用粗橡皮擦之类的物品擦去引线表面的污物；镀铅锡合金的引线因其在较长的时间内可保持良好的可焊性，一般不需要清理。

对经过清理的元器件引线浸涂焊剂（酒精松香水），再对引脚进行镀锡。镀锡时，可将元器件的引脚放在有松香的木板上，先用加热的烙铁给引线敷涂一层焊剂，再镀上焊锡即可。

单股导线和多股导线的镀锡和元器件引脚差不多。只不过多股导线镀锡时需注意以下几点：

- 剥绝缘层不要伤线。绝缘层剥离不当，容易造成多股线中少数几根断掉或虽未断但有压痕情况，这样的线头在使用中容易断开。
- 多股导线的线头要很好地绞合。剥好的导线端头，要将其紧紧绞合在一起，否则镀锡时就会散乱，给焊接带来一定的麻烦。
- 镀锡要留有余地。镀锡时，最好在绝缘皮和裸露的线头之间留出约 3 mm 的间隔，便于穿管和检查导线有无断股。

3. 手工锡焊的基本操作

正确掌握手工锡焊的基本操作，是熟练掌握手工锡焊方法和焊接技巧的基础。手工锡焊的基本操作主要包括以下两个方面。

1）焊接的操作姿势

焊剂加热会释放出一些对人体有害的化学物质。为减少有害气体的吸入量，烙铁到鼻子的距离通常应不小于 30 cm。另外，正确的操作姿势可防止因操作不当而产生的疲劳，同时预防或降低劳动伤害的发生。

使用电烙铁和焊锡丝时有以下几种拿法，如表 2-4 所示。

表 2-4　电烙铁和焊锡丝的常用拿法

种　类	名　称	示 意 图	使用范围
电烙铁	反握法	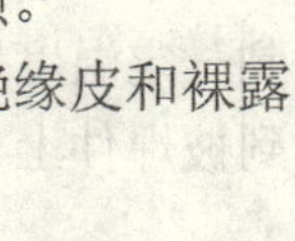	大功率电烙铁

续表

种　类	名　称	示 意 图	使 用 范 围
电烙铁	正握法		中等功率或带弯头电烙铁
	握笔法		小功率电烙铁，用于印制电路板等焊件的焊接
焊锡丝		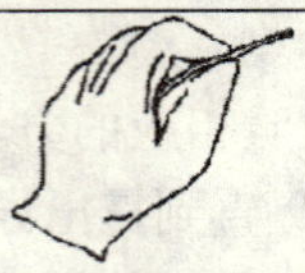	连续焊接
			断续焊接

使用电烙铁要配备烙铁架，并放置于拿烙铁的手的前方。放置烙铁时禁止将烙铁头与烙铁导线或其他带电导线接触。

由于焊锡丝含有一定的铅成分，所以操作时应戴手套，操作后要洗手，避免误食。

2）焊接的基本步骤

- 准备。首先把被焊件、锡丝和烙铁准备好，处于随时可焊的状态。
- 加热被焊件。把烙铁头放在接线端子和引线上进行加热。
- 放上焊锡丝。被焊件经加热达到一定温度后，立即将手中的锡丝触到被焊件上使之熔化适量的焊料。注意焊锡应加到被焊件上与烙铁头对称的一侧，而不是直接加到烙铁头上，如图 2-7 所示。

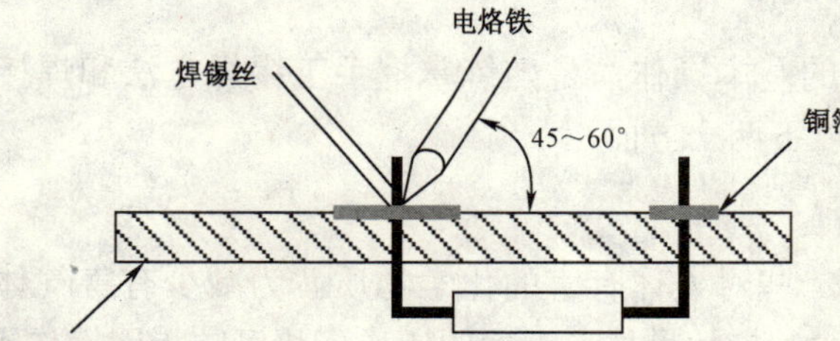

图 2-7　焊接时焊锡丝与电烙铁的角度

- 移开焊锡丝。当锡丝熔化一定量后（焊料不能太多），迅速移开锡丝。
- 移开电烙铁。当焊料的扩散范围达到要求后移开电烙铁。撤离烙铁的方向和速度的快慢与焊接质量密切相关，操作时应特别留心仔细体会。

要获得良好的焊接质量，就必须严格按照上述步骤进行。其中，烙铁头接触焊件，是为了给焊件预热，使焊件达到焊锡熔化的温度。这是防止虚焊的有效手段。如果烙铁头不是先接触焊件，而是先与焊锡丝接触，那么熔化的焊锡滴落在尚未预热的被焊部位，就会导致虚焊现象的产生。如果用烙铁头蘸一些焊锡再带到被焊部位，那么在这个过程中焊剂已全部挥发或焦化，从而失去了助焊的作用，严重影响焊接的质量。

与焊接基本步骤相对应的操作示意图如图 2-8 所示。

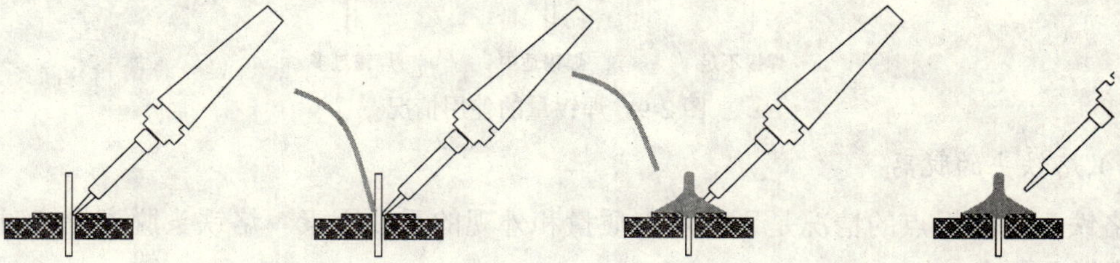

（a）焊件预热　（b）送上焊丝　（c）脱开焊死　（d）脱开烙铁

图 2-8　手工焊接操作示意图

4．手工锡焊的要领

掌握锡焊的要领是提高焊接质量、获得良好焊点的关键。其要领有以下几点：

1）烙铁头与焊件的接触

焊件通过与烙铁头接触来获得焊接所需要的温度。两者接触时要注意以下几点：

- 烙铁的温度要适当。可将烙铁头放到松香上去检验，一般以松香熔化较快又不冒大烟的温度为宜。
- 烙铁头的接触位置要正确。烙铁头应同时接触需要互相连接的两个（或两个以上，以两个为例来说明）焊件（如引线和焊盘），且与焊接平台呈 45°，如图 2-7 所示。防止只与其中一个焊件接触。当两个焊件的热容量相差悬殊时，可适当调整烙铁的倾角，增大烙铁头与热容量较大的焊件的接触面积，加强对它的热传导，尽可能使两个焊件在相同的时间内达到相同的温度。
- 接触压力要合适。烙铁头与焊件接触时应略施些压力，因为热传导的强弱与施压的大小成正比。当然，施压的大小应以不对焊件表面造成损伤为原则。

2）焊锡丝的供给

焊件预热后，再供给焊锡丝时应注意以下 3 点：

- 供给时间。送焊锡丝的最佳时间应该是当焊件加热到焊锡熔化的温度时。
- 供给位置。焊锡丝要从与烙铁送进相反的方向接触焊件（如图 2-8 所示）。因为熔化的焊锡具有朝高温的方向流动的特性。所以，在烙铁的对面加焊锡丝，可使熔化的焊锡快速流向烙铁头与焊件的接触部位，确保焊锡均匀分布。如果焊锡丝直接接触烙铁头，则焊锡很快熔化并覆盖在焊接处。而如果被焊部位的其他部分尚未达到焊接的温度，则很容易形成假焊点。
- 供给数量。焊料与焊剂的使用要适量。焊锡过量，焊点会呈现“馒头”状，容易掩盖假焊点的出现；焊锡过少，会影响焊点的强度，如图 2-9 所示。如果焊点需要支撑较重元器件，或者需要通过大电流（数百毫安以上）且易受发热器件温度影响（焊点本体 60℃以上），那么该焊点处需堆积较多的焊锡，称为“强焊”。金属化孔焊接时，除焊锡丝的直径选择要合适外，还要控制焊料供给的速度和总量。

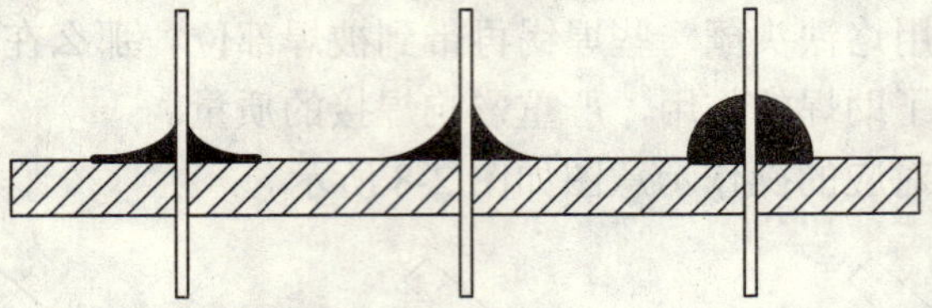

图 2-9　焊锡量的使用情况

3）烙铁头的脱离

烙铁头脱离焊点的情况是影响焊点质量和外观的重要因素。烙铁头脱离焊点时，需主要注意以下两点：

- 脱离时间。当焊锡已充分润湿焊接部位，但焊剂尚未完全挥发、焊点呈光亮的金属色时，则需立即脱离烙铁。如果焊点表面粗糙又无光泽，或者焊剂焦化变黑，说明烙铁脱离时间已晚。
- 脱离速度。烙铁头脱离焊点时，动作要迅速，且沿焊点的切线方向或引线的轴向抽出。脱离焊点的瞬间，烙铁头应有一个小幅摆动，再快速脱离焊点，以防止焊点表面拉尖并获得匀称的轮廓。

4）焊接间隙的处理

在烙铁脱离焊接点到进入下一个焊接点之前的这段间隙，要确定焊点凝固后再移动焊件。切勿在焊料熔融状态时移动焊件。特别是在用镊子夹住焊件时，一定要等焊锡凝固后再移走镊子，否则极易造成虚焊。

5. 焊点质量及外观检查

对焊点的质量，应该包括电气接触良好、机械结合牢固和美观 3 个方面的标准。保证焊点质量最关键的一点，就是必须避免虚焊。

1）虚焊产生的原因及其危害

虚焊顾名思义就是焊接很虚，焊点看上去没什么问题，但是实际焊接不牢固，在受力、受热等情况下容易开焊。

虚焊会使焊点成为有接触电阻的连接状态，导致电路工作不正常、不稳定，噪声增加而没有规律性，给电路的调试、使用和维护带来重大隐患。此外，一部分虚焊点在电路开始工作后较长时间内，保持接触良好，但在温度、湿度和振动等条件的作用下，接触表面逐步被氧化，接触慢慢地变得不完全。再有，虚焊点的接触电阻会引起局部发热，而温度升高又会使不完全接触的焊点进一步恶化，甚至最终使焊点脱落，电路完全不能正常工作。

由于虚焊隐蔽性强，不易被发现，要在复杂的电子产品中找出因虚焊点而引起的故障是很困难的。所以，虚焊是电路可靠性的一大隐患，必须设法避免。

一般来说，造成虚焊的原因主要有：焊锡质量差；焊剂的还原性不良或用量不够；被焊接处表面未预先清理，镀锡不牢；烙铁头的温度过高或过低，表面有氧化层；焊接时间太长或太短，掌握得不好；焊接中焊锡尚未凝固时，焊接元件松动等。

2）焊点的质量标准

（1）可靠的电气连接。

通过焊接可以实现电路物理上的电气连接，因此焊接与电路的通断紧密相连。锡焊连接是靠焊接过程中形成的牢固的合金层实现电气连接的。如果焊锡只是简单堆积在焊件的表面或只有少部分形成了合金层，那么，在最初的测试或工作中，焊点能实现一定的电气连接，但随着工作环境的改变和时间的推移，会因为接触层氧化而出现脱离现象，导致电路产生间歇通断或者完全不工作。但单查看焊点外表，会发现电路依然是连通的。这种问题在电子产品的故障中是最难排查的，必须引起高度重视。

（2）光亮整洁的外观。

焊点的表面有无光泽，不仅是对外表美观的要求，更是焊接温度是否合适、是否生成合金层的标志。因此，一个良好的焊点，其焊料用量要恰到好处，外表有金属光泽，无拉尖、桥接等现象，也不伤及导线的绝缘层及相邻元件。

3）典型的焊点外观及其检查

图 2-10 所示为两种典型的焊点外观。其共同的特点是：

- 形状以焊接导线为中心，对称成裙形拉开；
- 表面平滑，有金属光泽；
- 无裂纹、针孔、夹渣；
- 焊料的连接面呈半弓形凹面；
- 焊料与焊件交界处平滑，接触角尽可能小。

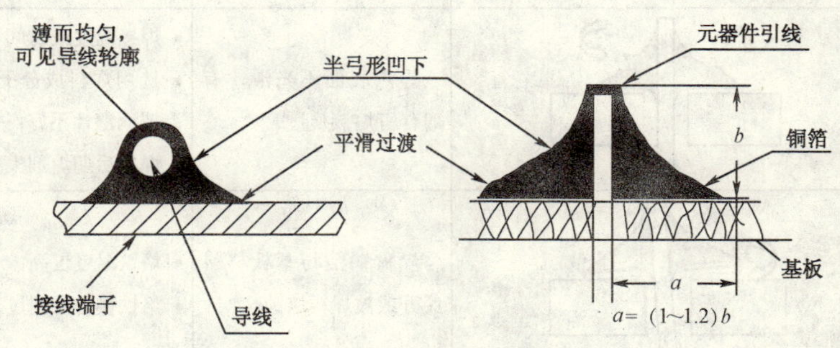

图 2-10　典型焊点外观

对焊点外观的检查除上述要求之外，还应包括以下几个方面的检查：

- 漏焊；
- 焊料拉尖；
- 桥接（焊料引起的导线之间短路的现象）；
- 导线及元器件绝缘的损伤；
- 焊料飞溅。

在进行外观检查的同时，除了观察外，还要辅以指触、镊子拨动、拉线等办法检查有无导线断线、焊盘剥离等缺陷。

6．常见的不良焊点及形成原因

造成焊点不良的原因主要有材料、工具、焊接的方式方法以及操作者的责任心等。图 2-11 所示为接线端子焊接缺陷示意图。

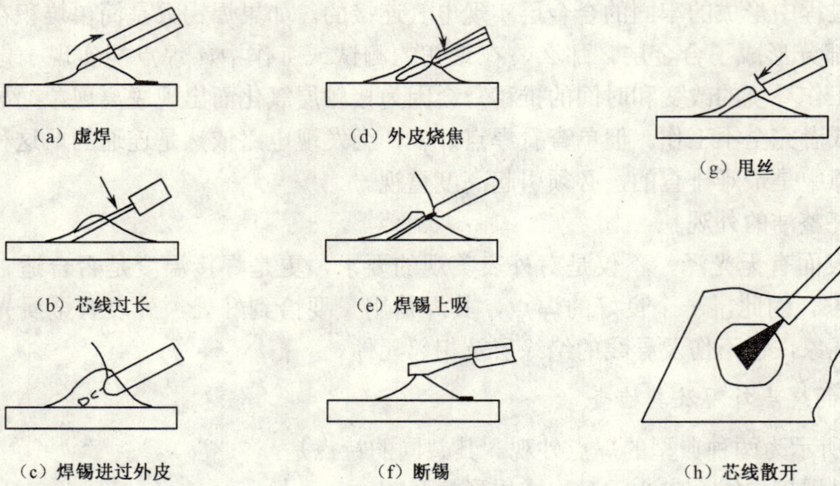

图 2-11　接线端子焊接缺陷示意图

常见的不良焊点及其产生的原因如表 2-5 所示。

表 2-5　常见不良焊点及其产生的原因

不良焊点		说明	原因
拉尖	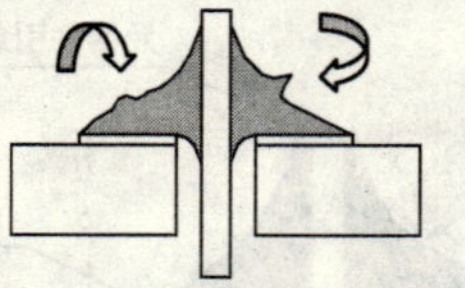	焊点表面不光滑，有时伴有熔接痕迹	• 焊接温度或时间不够； • 选用焊料成分配比不当，液相点过高或润湿性不好； • 焊接后期焊剂失效
焊盘剥离	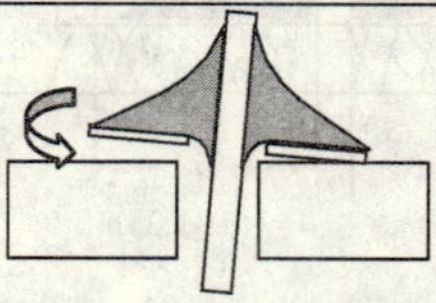	焊盘铜箔与基板材料脱开或被焊料熔蚀	• 烙铁温度过高； • 烙铁接触时间过长
焊料过多	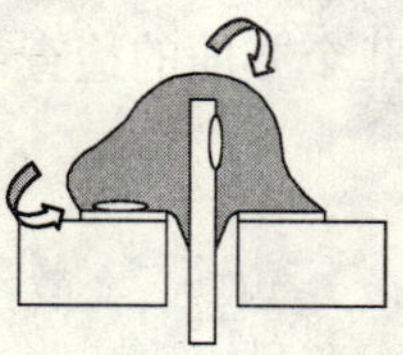	元器件引脚端被埋，焊点的弯月面呈明显的外凸圆弧	• 焊料供给过量； • 烙铁温度不足，润湿不好，不能形成弯月面； • 元器件引脚或印制板焊盘局部不润湿； • 选用焊料成分配比不当，液相点过高或润湿性不好
松香焊	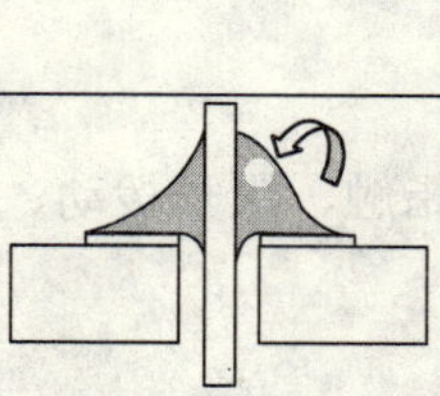	焊点中夹有松香渣	• 使用焊剂过多； • 焊剂已失效； • 焊接时间或加热不足； • 表面氧化膜没处理
焊料过少	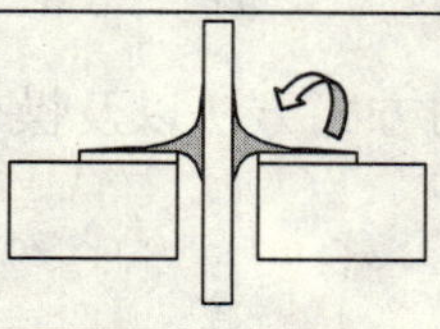	焊料未形成平滑面	焊锡丝撤离过快

续表

不良焊点		说明	原因
焊料疏松无光泽	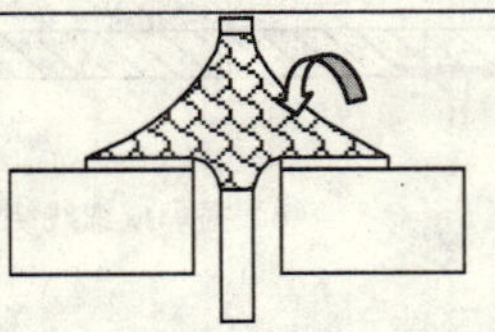	焊点表面粗糙无光泽或有明显龟裂现象	• 焊接温度过高或焊接时间过长； • 焊料凝固前受到振动； • 焊接后期焊剂失效
不对称	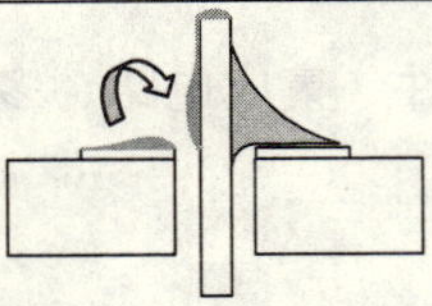	焊锡未流满焊盘或焊点不完整	• 焊料流动性不好； • 焊剂不足或质量差； • 加热不足
桥接	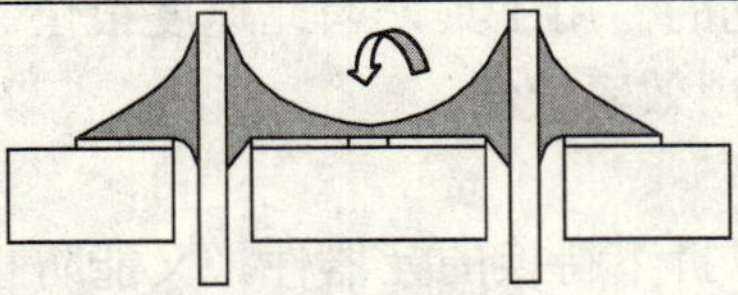	相邻焊点之间的焊料连接在一起	• 焊剂过多； • 烙铁脱离方向不恰当
针孔	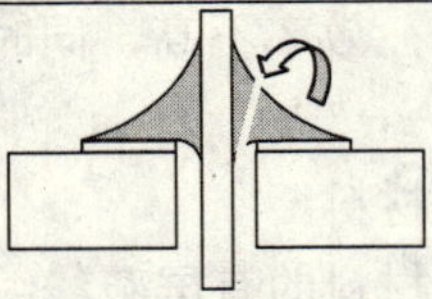	焊点中有可见的小孔	焊盘孔和引线间距太大
气泡	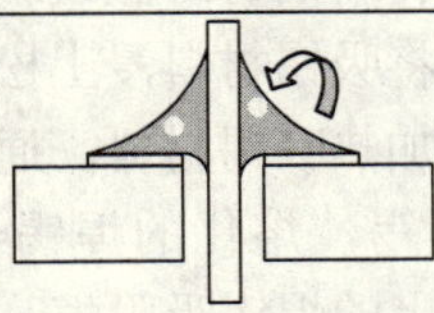	引线根部有时有焊料隆起，内部存有空洞	• 引线与孔间隙过大； • 引线润湿不良
松动	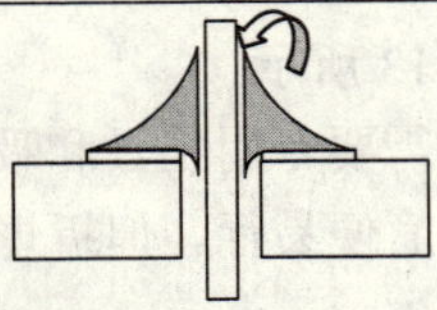	导线或元器件引脚可以移动	• 焊料未凝固前引线移动造成空隙； • 引线润湿不良或不润湿（未处理好）
虚焊	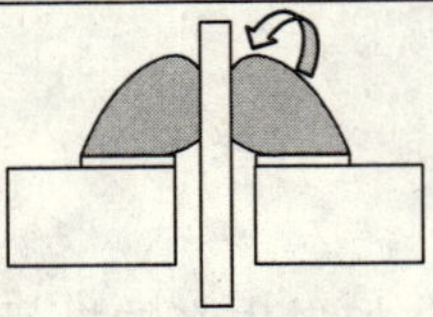	焊料与焊件交界面接触角度过大且不平滑	• 焊件清理不干净； • 焊剂不足或质量差； • 焊件未充分加热

7．拆焊

在调试、维修电子设备的工作中，经常需要更换一些元器件。要更换元器件，需要先把原来的元器件拆焊下来。如果拆焊的方法不当，可能会破坏印制电路板，拆换下来但并没失效的元器件也无法再使用。

对于电阻、电容、晶体管等引脚少，且每个引线都能够相对活动的元器件，可以用烙铁直接拆焊，方法是：先将印制板竖起来加以固定，然后一边用烙铁加热元器件的焊点至熔化，一边用镊子或尖嘴钳夹住元器件的引线并轻轻地拉出来。

重新焊接时，也要用烙铁加热熔化焊锡，再用带尖的工具将焊孔穿通，才能继续进行焊接。但要指出：同一个焊点不宜多次使用这种方法，否则会使印制导线和焊盘脱落，损坏印制电路板。如果遇到多次更换的情况，应该采用如图 2-12 所示的断线法。

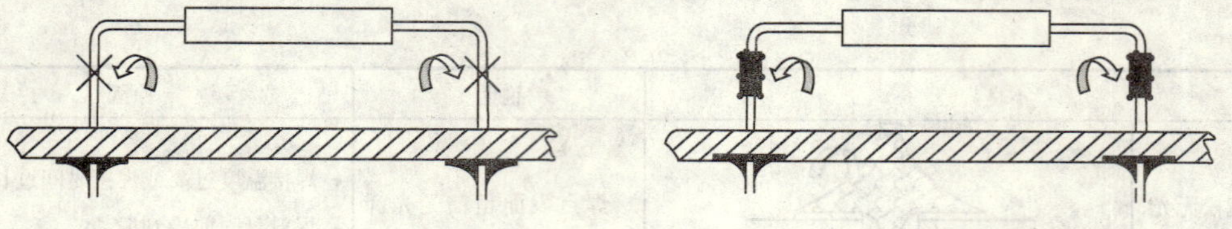

(a) 剪断引线　　(b) 搭焊或细线绕焊

图 2-12　断线法更换元器件

在拆下有多个焊点、引线较硬且不易活动的元器件（集成电路、多波段开关等）时，可采用以下 3 种方法：

（1）采用专用工具。

这种方法须具备可将所有焊点同时加热熔化的专用工具，因此速度很快。但是，对于不同的元器件，需要不同种类型的专用工具，使用效率较低。

（2）采用吸锡烙铁或吸银器。

这种工具对于拆焊元器件很有用途，既可以拆下待换的元器件，又能防止焊孔堵塞，且不受元器件类型的限制。但拆焊时必须逐个焊点除锡，效率不高，同时还需及时清除吸入的锡渣。

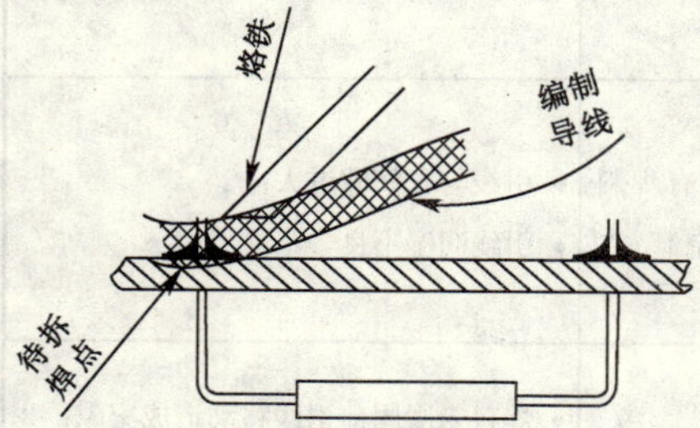

图 2-13　吸锡材料拆焊示意图

（3）用吸锡材料。

可用做吸锡材料的有屏蔽线编织层、细铜网及多股铜导线等。先将吸锡材料浸上松香水贴到待拆焊点上，再用烙铁头加热吸锡材料，通过吸锡材料将热传到焊点上熔化焊锡，熔化的焊锡会沿着吸锡材料上升，从而将焊点上的焊锡吸附掉，这样，焊点就可以被拆开，如图 2-13 所示。

这种方法不需要专用工具和吸锡烙铁，且不易烫坏印制电路板，简便易行。但拆焊后板面较脏，需要用酒精等溶剂擦拭干净。

2.2.3　自动焊接技术

手工焊接技术只适用于小批量生产、维修和加工。如果生产的批量大，焊接质量要求较高，尤其是在电子产品微型化的趋势下，再加上超大规模集成电路的外引线数目增加，但芯片面积不增反降的情况，都要求使用更为先进的自动焊接技术。常见的自动焊接技术有浸焊、波峰焊、回流焊等。这些焊接一般是用自动焊接机完成焊接，而不是用手工操作。

1. 浸焊与浸焊设备

浸焊是将安装好元器件的印制电路板，在装有已熔化焊锡的锡锅内浸一下，一次即可完成印制板上全部元件的焊接方法。此方法有人工浸焊和机器浸焊两种，常用的是机器浸焊。浸焊可提高生产率，消除漏焊。

浸焊设备包括普通浸焊设备和超声波浸焊设备两种，普通浸焊设备又可分为人工浸焊设备和机器浸焊设备两种。人工浸焊设备由锡锅、加热器和夹具等组成；机器浸焊设备由锡锅、振动头、传动装置、加热电炉等组成。超声波浸焊设备由超声波发生器、换能器、水箱、换料槽、加温设备等几部分组成，适用于一般锡锅较难焊接的元器件，利用超声波增加焊锡的渗透性。

2．波峰焊

波峰焊是将熔融的液态焊料，借助于泵的作用，在焊料槽液面形成特定形状的焊料波，然后将插装了元器件的印制板置于传送链上，以某一特定的角度和一定的浸入深度穿过焊料波峰而实现焊点焊接的过程。波峰焊主要适用于成批、大量地焊接一面装有分立元器件和集成电路的印制线路板。凡与焊接质量有关的重要因素，如焊料与助焊剂的化学成分、焊接温度、速度、时间等，在波峰焊时均能得到比较完善的控制。图 2-14 和图 2-15 所示为波峰焊机外形图和内部结构示意图。

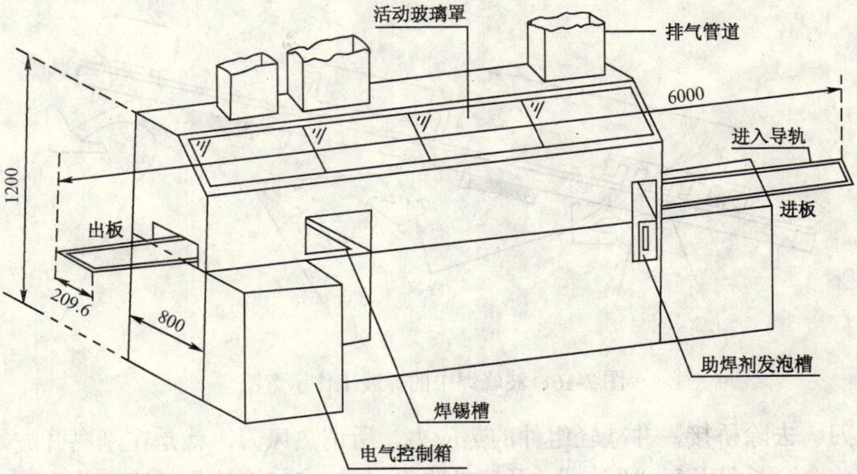

图 2-14　波峰焊机外形图

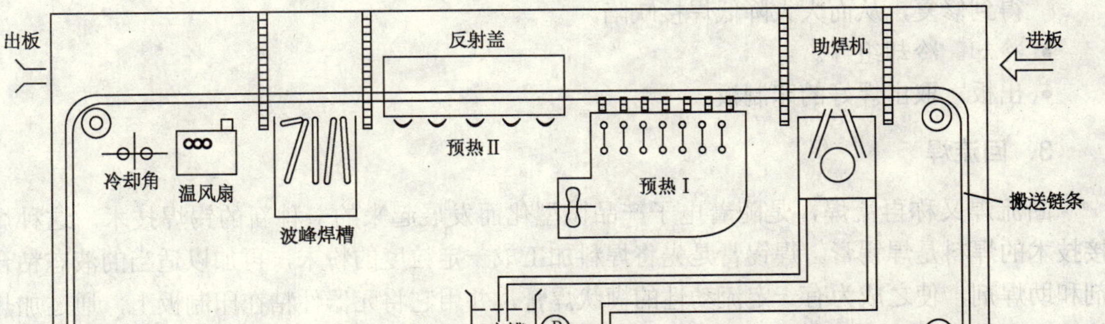

图 2-15　波峰焊机内部结构示意图

波峰焊机的工艺过程包括以下几个步骤：

- 进板。将待焊印制板置于传送链条上。
- 涂助焊剂。涂助焊剂的目的是清除金属表面的氧化层。涂助焊剂的方法有发泡、浸渍、刷涂和喷雾等几种，其中以发泡法最常用。这道工序在助焊剂槽内完成。助焊剂在槽缸内，当泵工作时，助焊剂泡沫就喷在 PCB 上。
- 预热。预热的目的是蒸发印制板上助焊剂中的大部分溶剂，增加助焊剂的粘度。另外，预热可加速助焊剂的化学反应，提高清除氧化层的能力和焊接速度。预热控制得好，就可以防止虚焊、拉尖和搭桥，减少波峰焊料对基板的热冲击，同时，有效解决焊接中的印制板翘曲、分层、变形问题。

- 波峰焊。波峰焊槽是完成焊接的主要设备。熔化的焊锡在电磁泵的作用下，从喷嘴源源不断地喷出焊锡并形成波峰，当印制板经过波峰时元件被焊接。为改善焊接的效果，一般采用双波峰的焊接方式。印制板在向前运行的过程中，首先经过振动波（也称λ波），这种焊波有较大的穿透力，能将焊料打到底面所有的焊盘、元件引脚、可焊端，确保熔融的焊料在金属表面上润湿和扩散。然后经过平滑波（也称Ω波），Ω波可将引脚及焊端之间的桥接分开，除去拉尖等焊接缺陷。图 2-16 为波峰焊中的焊波工作示意图。

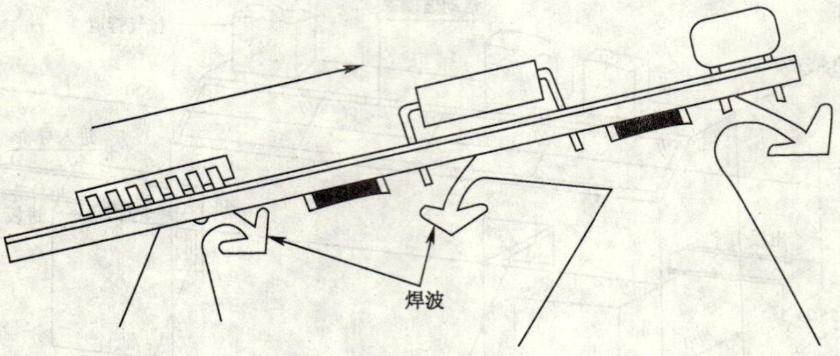

图 2-16　波峰焊中的焊波工作示意图

- 热风刀。去除桥接，并减轻组件的热应力。所谓热风刀，就是在刚离开波峰焊之后，通过一个窄长带开口“腔体”，开口处吹出 500～525℃的热气流。热风刀的高温高压气体可以吹掉多余的焊锡，使桥接的焊点得到修复，同时也能使原来带有气孔的焊点得到修复，从而大大降低焊接缺陷。
- 冷却。冷却组件。
- 出板。取出焊好的印制板。

3. 回流焊

回流焊又称再流焊，是随着电子产品微型化而发展起来的一种新的锡焊技术。这种焊接技术的焊料是焊锡膏。焊锡膏是先将焊料加工成一定粒度的粉末，再加以适当的液态粘合剂和助焊剂，使之成为有一定流动性的糊状焊膏，并用它将元器件粘在印制板上，通过加热使焊膏中的焊料熔化而再次流动，达到将元器件焊接到印制板上的目的。回流焊主要应用于表面安装片状元器件的焊接。

回流焊的工艺流程如下：

- 准备焊膏。将铅锡焊料、粘合剂、抗氧化剂等加工成糊状焊膏。
- 涂刷焊膏。用手工、半自动或自动丝网印刷机如同油印一样将焊膏印到印制板上。
- 贴装器件。用手工或自动机械装置把元器件贴装到印制板上。
- 回流焊接。主要在回流炉中完成。回流炉通常包括预热区、回流区和冷却区。
- 预热区。将线路板加热到 100～140℃，使线路板及焊膏预热，防止线路板及焊膏在回流区受到热冲击。

- 回流区。温度上升到焊膏熔点，且保持一定的时间，使焊膏完全熔化，最高温度在 200～230℃，而在 178℃以上的时间为 30～40 s。
- 冷却区。借助冷却风扇，降低焊膏温度，形成焊点，并将电路板冷却至常温。
- 测试。检验焊接是否合格。
- 整形处理。测试合格以后，还要对电路板进行整形、清洗、烘干并涂敷防潮剂。

2.3　电子装配工艺基础

2.3.1　元器件的手工安装方法

电子元器件是组成电子产品的基础，电子元器件的安装工艺是掌握电子技术基本技能的一个重要方面。

1．元器件的引线成型

电子元器件在安装到电路板上之前，为了使元器件的安装尺寸满足印制电路板上元器件安装孔尺寸的要求，需要对元器件的引脚进行弯曲成型，以适应电路安装的需要。为了避免损坏元器件，成型必须注意以下几点：

- 引线弯曲的最小半径不得小于引线直径的两倍，即不能打死弯；
- 引线弯曲处距离元器件本体至少 3 mm，对于容易崩裂的玻璃封装元器件，引线成型时尤其要注意这一点。

在生产过程中，元器件的引线成型一般采用模具手工成型，成型模具根据元器件形状的不同而不同。在模具的垂直方向开有供插入元器件引线的条形孔隙，将引线从上方插入孔隙后，再插入插杆，即可将引线弯成所需的形状。用模具成型的元器件引线形状的一致性较好。对个别元器件的引线成型不便于使用模具时，也可用尖嘴钳加工引线。当印制电路板上的焊点孔距不合适时，元器件引线一般采用加弯曲半径的方法来解决。常见的元器件引线成型的形式如图 2-17 所示。

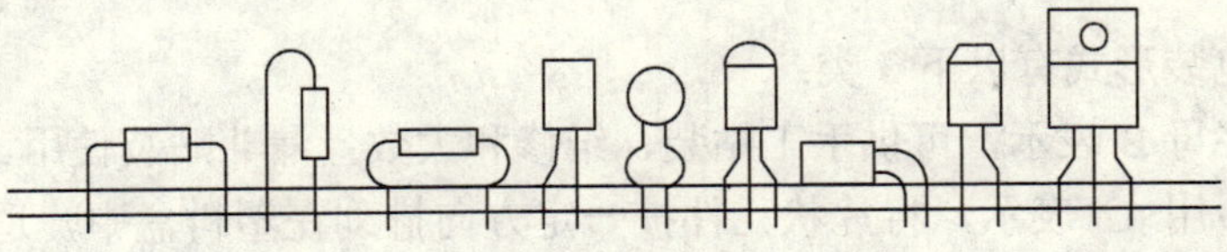

图 2-17　常见的元器件引线成型的形式

2．元器件的插装

元器件的插装是指将已经加工成型的元器件的引线垂直插入印制电路板的焊孔。在没有特别指明的情况下，元器件必须从线路板正面（即有丝印的元器件面）装入，在线路板的另一面将元件焊接在焊盘上。安装元件时应注意与印制线路板上的印刷符号一一对应，不能错位，有极性的元器件要注意安装方向。

电路板上元器件的安装次序应该以前道工序不妨碍后道工序为原则，一般先装较低的小功率卧式元器件，然后安装立式元器件和大功率卧式元器件，再装可变元器件、易损元器件，最后装带散热器的元器件和特殊元器件，即遵循“先低后高，先小后大，先轻后重”的原则。

一般元器件的插装形式有卧式、立式、倒装式、横装式及嵌入式等，如图 2-18 所示。

电容器、半导体三极管、晶振等立式插装组件，应保留适当长的引线。引线保留太长会降低元器件的稳定性或者引起短路，太短会造成元器件焊接时因过热而损坏。一般要求距离电路板面 2 mm，插装过程中应注意元器件的电极极性，有时还需要在不同电极套上绝缘套管以增加电气绝缘性能、元器件的机械强度等。

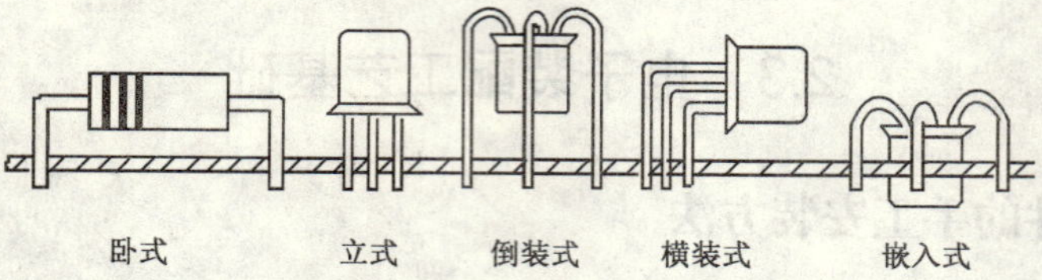

图 2-18　元器件的插装形式

安装水平插装的元器件时，标记号应向上、方向一致，便于观察。功率小于 1 W 的元器件可贴近印制电路板平面插装，功率较大的元器件应距离印制电路板 2 mm，以利于元器件散热。

电阻可立式安装，也可卧式安装。立式安装时，应将电阻本体紧靠线路板，引线上弯半径≤1 mm，引线不要过高，表示第一位有效数字的色环朝上。卧式安装时，电阻离开线路板 1 mm 左右，引线折弯时不要折直弯。安装热敏电阻时要让电阻紧靠发热体，并用导热硅脂填充两者之间的空隙。

形状较大、重量较重的元器件如变压器、大电解电容、磁棒等，在插装时一定要用金属固定件或塑料固定架加以固定。采用金属固定件固定时，应在元件与固定件间加垫聚氯乙烯或黄腊绸，最好用塑料套管防止损坏元器件和增加绝缘，金属固定件与印制板之间要用螺钉连接，并需加弹簧垫圈以防因振动使螺母松脱。采用塑料支架固定元件时，先将塑料固定支架插装到印制板上，再从板的反面对其加热，使支架熔化而固定在印制板上，最后再装上元器件。

2.3.2　片状元件的贴装方法

片状元件的包装形式有以下 3 类：

- 袋装。用字母 B 表示，可供手工贴装、维修和大数量漏斗贴装使用。
- 盒式包装。用 C 表示，将片状元件按一定方向排列在塑料盒中，适合夹具式贴片机使用。
- 编带包装。用 T 或 U 表示，将贴片元件按一定方向逐只装入纸编带或塑料编带孔内并封装，再卷绕在带盘上，适合全自动贴片机使用。

片状元件的贴装就是从传送带、传送架或者料盘中拾取组件，然后再把它们正确地贴到电路板上，分为手动贴装、半自动贴装和全自动贴装。手动贴装适合返修时使用，但是它的精确度差，速度也不快，不适合目前的组件技术和生产线的要求。半自动贴装是用真空的办法把组件吸起来，然后放到电路板上。这个方法比手动贴装快得多，但是，由于它需要人的干预，还是有出错的可能。全自动贴装在大批量组装中的应用非常普遍，贴片速度从每小时三千到八万个组件不等。

1．真空吸笔贴装

真空吸笔主要用于质量在500 mg以下微型器件的贴装，如图2-19所示。由于自带电磁释放器，通过吸笔孔的人工吸放来控制器件的贴装。该设备具有操作简单、速度快的特点，但不适合体积大、引脚多的IC贴装。

2．精密贴片台贴装

精密 IC 贴片台具有机械三自由度，X、Y 轴可精密微调，Z 轴可大范围调整，同时配备大倍率摄像头及彩色显示终端，适合于高精密封装器件的贴装，如图2-20所示。

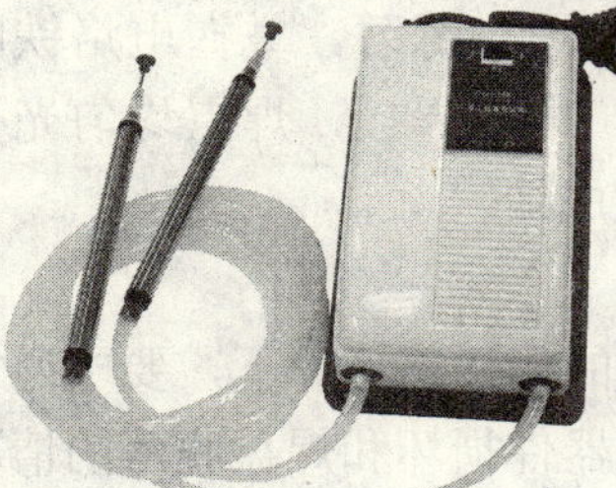

图2-19 真空吸笔贴装工具

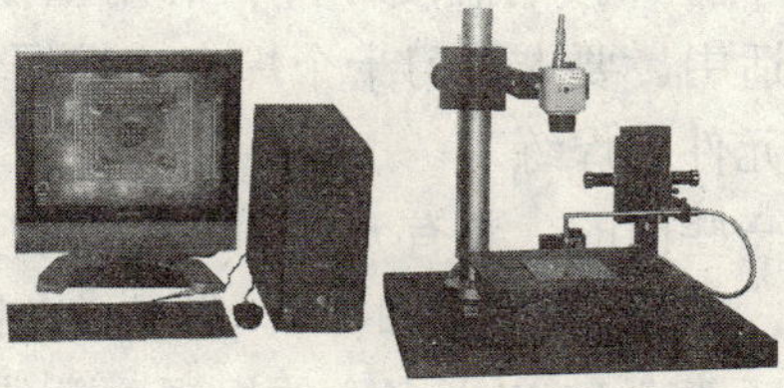

图2-20 精密贴片台贴装工具

3．流水线贴装

采用先进的片状元件自动贴装机来贴装元器件，设计者要根据元器件在印制板图上的位置，编出相应的程序来控制自动贴装机的贴装工作，如图2-21所示。采用贴片流水线作业，辅以工艺图，有助于提高贴片效率，增加贴片成功率。

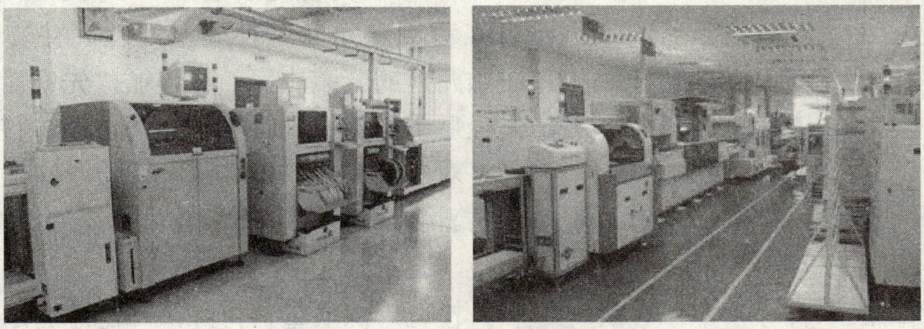

图2-21 表面贴装流水线

2.4 技能训练

2.4.1 元件的预处理及插装训练

对常用元件如电阻、电容、二极管、三极管、集成电路等进行焊接前预处理，包括以下内容：

（1）如发现器件金属引线脚或印制电路板表面有氧化层、锈斑、油污等，必须用刮刀或细砂纸清除干净并上锡。

（2）根据印制电路板孔的距离用尖嘴钳或镊子对元器件引线长短进行成型加工。加工成型时，应把元器件的阻值、容量、极性、型号、参数标识置于便于读取的方位，便于插装焊接后检测、调试、维修方便。

（3）在练习板上插入处理好的元器件。插装时应按先低后高、先小后大的顺序，要求布局合理、排列有序。

2.4.2　焊接技术练习

通过在 PCB 上对元件的焊接与拆焊，练习手工焊接技术。

所需器材：电烙铁、镊子、尖嘴钳、螺丝刀、万用板、焊锡、助焊剂、元件若干。

（1）焊接技术初步练习。

在给定的练习板上用大头针代替元件练习焊接技术。通过练习，掌握电烙铁的正确使用方法，掌握焊接的温度和焊料的用量控制，均匀加热，同时焊接，焊点均匀光亮。无毛刺，用量适中。要求练习十个焊点，根据焊接质量，评定成绩。

（2）元件拆焊练习。

收集一些旧的、装有元件的 PCB 或万用板，将板上的元件逐一焊下，要求遵守拆焊的操作要点，控制好温度和时间、尽量避免断脚、烫伤等元器件损坏和焊盘脱落的情况出现。拆焊完成后清理 PCB 上多余的焊锡，并使焊盘通孔通透。

（3）在旧的 PCB 或万用板上，练习焊接一些元件，包括电阻、电容、二极管、三极管、集成电路等，注意焊接时保持正确的方法，要求焊点质量较好，无虚焊、假焊等现象，焊接牢固。

2.4.3　电子产品装配工艺综合训练

在给定万用板上装配并焊接完成如图 2-22 所示的简易光控电路时，要求如下：

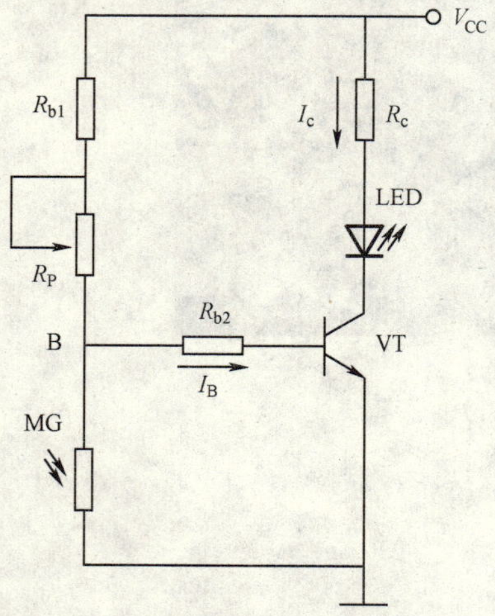

图 2-22　简易光控电路原理图

（1）对给定元件进行成型处理，并安装在万用板上。注意元件的安装次序，应遵循“先低后高，先小后大，先轻后重”的原则。要求布局合理、整洁有序。

（2）对安装完成的器件进行焊接。注意焊接时保持正确的方法，要求焊点质量较好，无虚焊、假焊等现象，焊接牢固。

（3）检查焊点质量，排除故障隐患。通电测试，要求能够实现电路功能。

所需元件：发光二极管，红色 $\phi10\times1$；电阻，100 Ω、220 Ω、1 kΩ各一个；电位器，50 Ω×1；三极管，9013×1；电池，1 号 1.5 V×3；导线若干。

所需器材：电烙铁，镊子、尖嘴钳、螺丝刀、万用板，焊锡，助焊剂等。

第 3 章　印制电路板的设计

印制电路板（Printed Circuit Board，PCB）是电子产品的重要部件之一。几乎每种电子设备，小到电子手表、计算器，大到计算机、通信电子设备、军用武器系统，只要存在电子元器件，它们之间的电气互连就要使用印制电路板。

印制电路板的设计，是指根据设计人员的意图，将电路原理图转换成印制电路板图。选择材料和确定加工技术要求的过程。本章基于 Protel 99 SE 计算机辅助电路设计软件，主要以“彩灯控制器”印制电路板的设计为例，详细讲述印制电路板的设计流程和方法。

3.1　印制电路板的设计基础

在进行 PCB 设计之前，理解一些基本概念和专业术语，熟悉 PCB 的设计原则和步骤，对后面章节的学习将有很大的帮助。

3.1.1　有关 PCB 的基本概念

印制电路板也称印制线路板，简称 PCB，是指在绝缘基材上，按预先设计制成的一定尺寸板，在其上面至少有一个导电图形或印制元件以及所设计好的孔，以实现元器件之间的电气互连。根据电路结构，在 PCB 基板上合理安排电路元器件的位置（布局），再将不需要的铜箔腐蚀掉，留下来的部分就变成很细的导电铜膜线作为连接导线，为 PCB 上的元器件提供电气连接，然后再经钻孔、裁剪成一定外形尺寸等处理后，就成为供装配元器件用的印制电路板。

铜膜导线：简称导线，是覆铜板经过加工后在 PCB 上的铜膜走线，处于所有的导电层，用于连接各个焊点，是 PCB 重要的组成部分。导线的主要属性为宽度，它取决于承载电流的大小和铜箔的厚度。

飞线：预拉线，是在引入网络表后生成的，而它所连接的焊盘间一旦完成实质性的电气连接，飞线则自动消失。它并不具备实质性的电气连接关系。在手工布线时它可起引导作用，从而方便手工布线。可以根据电路板中有无飞线来大致判断电路板是否已完成布线。

元器件封装：是实际元器件焊接到电路板时所指示的外观和焊点位置，仅是空间的概念。

焊盘：代表实际元器件的引脚，并且具有将元器件焊接到电路板上的功能。

过孔：用于实现不同工作层间的电气连接，与元件引脚的焊接及固定无关。可分为穿透式过孔、半盲孔和盲孔 3 种。过孔内壁同样作金属化处理。

网络状填充区：即网络状铜箔，具有较强的抑制高频干扰的作用，适用于需要大面积填充的场合，例如，把某些区域作为屏蔽区、分割区或大电流的电源线时。

填充区：即完整铜箔。用于导线端部或转折区。

辅助性说明文字：主要用来说明印制电路板的设计者信息、设计日期、设计版本号等内容。辅助性说明文字可以放置在丝印层（通常为白色的文字），也可以放置在信号层（文字由铜箔腐蚀而成），或者两层面均有。

助焊膜：涂于焊盘上提高焊接性能的一层膜，也就是在印制板上比焊盘略大的浅色圆。

阻焊膜：为了使制成的印制电路板适应波峰焊等焊接形式，要求板子上非焊盘处的铜箔不能粘焊，因此在焊盘以外的各部位都要涂覆一层涂料，用于阻止这些部位上锡。阻焊膜多为绿色，有些采用黄色、黑色、蓝色等。

单面板：也称单层板，即只有一个导电层，在这个层中包含焊盘及印制导线，这一层也称为焊接面，另外一面则称为元件面。单面板的成本较低，但由于所有导线集中在一个面中，所以很难满足复杂连接的布线要求。适用于线路简单及对成本敏感的场合，如果存在一些无法布通的网络，通常可以采用导线跨接的方法。

双面板：也称双层板，是一种包括顶层和底层的电路板，双面都有覆铜，都可以布线。通常情况下，元件一般处于顶层一侧，顶层和底层的电气连接通过焊盘或过孔实现，无论是焊盘还是过孔都进行了内壁的金属化处理。相对于单面板而言，两面布线极大地提高了布线的灵活性和布通率，可以适应高度复杂的电气连接的要求，双面板在目前应用最为广泛。

多层板：是在顶层和底层之间加上若干中间层构成的，中间层包含电源层或信号层，各层间通过焊盘或过孔实现互连。多层板包括顶层、底层、中间层及电源／接地层等，层与层之间是绝缘层，绝缘层用于隔离电源层和布线层，绝缘层的材料要求有良好的绝缘性能、可挠性及耐热性等。多层板适用于制作复杂的或有特殊要求的电路板。

长度单位及换算：Protel 99 SE 的 PCB 编辑器支持英制（mil）和公制（mm）两种长度的计量单位。它们的换算关系是 100 mil=2.54 mm（其中 1000 mil=1 inch）。可根据设计需要，单击【View】/【Toggle Units】实现两种单位之间的相互转换。

安全间距：进行印制电路板设计时，为了避免导线、过孔、焊盘及元件的相互干扰，必须使它们之间留出一定的距离，这个距离称为安全间距。

PCB 的一些基本概念的实物对照图，如图 3-1 所示。

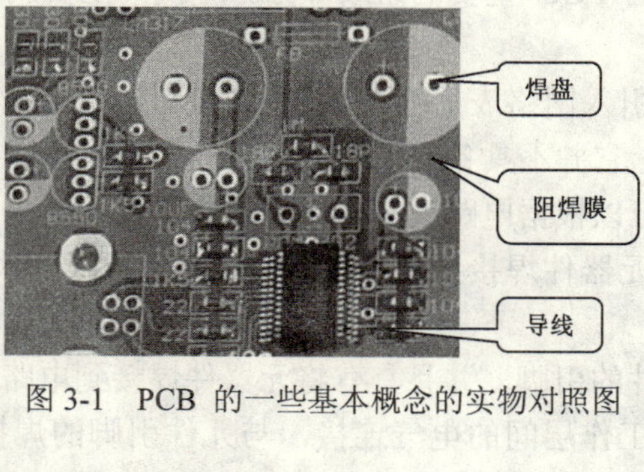

图 3-1　PCB 的一些基本概念的实物对照图

3.1.2　PCB 的设计步骤

1．制作印制电路板应遵守的基本原则

（1）按照设计要求，设计正确的电路。

电路板设计是服务于电路设计的，所以必须符合设计要求，而且必须保证设计好的电

路板上的各元器件之间的电气连接正确。

（2）选择适宜的板面尺寸。

印制电路板面积大小应适中，其原则是在保证元器件装得下的前提下选择合适的板面尺寸，尽量做到印制线短、元器件紧凑，既能降低干扰，又有利于散热，使制作材料消耗小，制作工时少，也便于外壳的设计制作。

（3）合理布置元器件。

电路中元器件的布置原则是应充分考虑每个单元电路彼此之间的联系，由输入端（或高频）向输出端（或低频）的顺序来设置，元器件占的地方大小应心中有数，并兼顾上下左右，以防前紧后松或前松后紧。

（4）合理布线电路板。

在电路板设计中进行元器件布线时也应遵循一定的设计原则，这些原则可以通过设置软件系统提供的布线设计原则来实现。

（5）便于安装和调试。

电路板设计完成后，需要安装和焊接元器件，还需要进行必要的调试工作。为了方便安装和焊接元器件，应充分考虑元器件之间的间距是否足够大，序号是否清晰明了；为了便于调试，还需要在关键网络上放置专门设计的测试点。

2．印制电路板的设计步骤

（1）绘制原理图和生成网络表。

利用原理图设计工具绘制原理图，并且生成对应的网络表。网络表是原理图和印制电路板之间的桥梁，是印制电路板自动布线的重要依托。当然，在有些特殊情况下，如电路板比较简单，已经有了网络表等，也可以不进行原理图的设计，直接进入 PCB 设计系统，在 PCB 设计系统中，可以直接取用元器件封装，人工生成网络表。

在原理图绘制时，有时在系统自带元件库中找不到所需元器件符号或元器件符号引脚需要重新编辑，就需要创建新元器件或修改已有元器件符号，并可根据自己的习惯创建常用元件库，进行后续管理，以备日后使用。

（2）制作与管理 PCB 元器件的封装库。

当在 PCB 设计系统中找不到合适的封装时，可制作新的封装或对现有封装进行适当修改，生成自己专有的 PCB 封装库并进行相应的管理。

（3）创建 PCB 设计文件，加载元器件封装库，设置电路板类型，设置 PCB 工作参数。

创建一个 PCB 设计文件，加载所需的全部元器件封装库，设置电路板类型，设置 PCB 工作参数，包括设置工作层面，格点大小和类型，光标类型，板层参数，布线参数等。

（4）规划电路板。

确定电路板的边框，包括电路板的尺寸和大小等；确定电路板与外界的接口形式及接插件的安装位置；在需要放置固定孔的地方放置适当大小的焊盘。

（5）调入网络表文件和修改零件封装。

网络表必须调入正确后，才能进行电路板的布局和布线。在原理图设计的过程中，电气设计规则检查不会涉及元器件的封装问题。因此，在进行原理图设计时，元器件的封装可能被遗忘，在引进网络表时可以根据设计情况来修改或补充元器件的封装。当然，可以直接在 PCB 内人工生成网络表，并且指定元器件封装。

（6）布置元器件封装的位置，也称元器件布局。

元器件布局，应当从机械结构散热、电磁干扰、将来布线的方便性等方面综合考虑。在确定 PCB 尺寸后，先确定特殊元器件的位置，如单片机、DSP、存储器、FPGA 等，然后按照地址线和数据线的走向布置其他元器件。最后，根据电路的功能单元，对电路的全部元器件进行布局。可采用自动和手动相结合的交互式布局，合理布置元器件。可使用系统自带的 3D 功能观察布局后的实际效果，根据情况作适当调整后，锁定全部元器件。

（7）自动布线与手动调整。

制订详细的布线规则，采用 Protel 99 SE 提供的自动布线功能，进行布线。对部分重要线路进行手工预布线（如晶振、小信号模拟电路等），完成后保存。

自动布线后，可对结果进行手工调整，使用设计规则检查工具进行检查，通过后可在电路板上添加一些辅助性说明文字。

（8）补泪滴和覆铜。

对所有过孔、焊盘补泪滴，可增加它们的牢度，对于表面贴装元器件和单面板一定要补加。对信号层上的接地网络和其他需要保护的信号进行覆铜，可增强电路板的抗干扰能力和负载电流的能力。

（9）DRC 设计检验。

对布线完成后的电路板进行 DRC 设计检验，可以确保电路板设计符合要求，电气连接正确。

（10）PCB 板图的打印输出和生成各种类型的报表文件。

PCB 设计完成后，根据设计需要，打印相应的 PCB 板图和生成各种类型的报表文件，方便人员进行加工制作。

3.2　印制电路板的设计

3.2.1　原理图的绘制

1．原理图绘制的基本原则

原理图的正确性是完成印制电路板设计的关键。通常需要遵循的原则如下：

（1）功能相关的内容集中放置；

（2）信号流向尽量保证左进右出；

（3）绘制导线时尽量横平竖直，尽量避免交叉和折弯；

（4）信号的流入、流出端口最好放置在图纸边框附近；

（5）原理图布局疏密恰当，既保证清晰美观，又方便后续项目的补充和插入。

2．原理图绘制的基本流程

利用 Protel 99 SE，绘制原理图的基本流程主要包括以下几个步骤。

（1）构思原理图。

在原理图绘制之前，一般先在图纸上有个大致的想法，构思放置哪些元器件和它们之间如何进行连接，这样可以提高使用软件设计的效率。

（2）新建设计数据库。

为了方便设计文件的管理，通常先新建一个设计数据库，组织和管理相应的设计文件，然后进行设计。

（3）新建原理图设计文件。

创建新的原理图设计文件，进行图纸绘制。

（4）设置工作环境参数。

根据设计的需要，设置原理图工作环境参数，如图纸的大小和规格、栅格的大小和类型、常用工具栏的打开 / 关闭等，这些环境参数设置合理，有助于加快原理图设计的速度。

（5）加载元器件库。

在绘制原理图之前，应先将需要的原理图元器件库加载到原理图编辑器中。由于元器件更新速度加快，如果在设计系统自带的原理图元器件库中找不到相应的元器件，可使用系统的元器件库编辑器进行相应的设计。

（6）放置元器件和编辑属性。

从加载的元器件库中，选择所需的各种元器件，放置到原理图纸中，然后根据布线的需求和整体布局的美观性，适当调整图纸上元器件的位置和方向。在放置的同时，需要对元器件的相应属性进行设置，如编号、引脚定义和显示、封装形式等，以方便 PCB 的设计。

（7）连接原理图。

放置元器件并设置好属性后，使用各种连接方式如电气意义的导线、总线、网络标号、端口等图件将元器件连接起来，使各个元器件之间有电气联系，使绘制的原理图成为一张真正具有实际意义的电路原理图。

（8）调整、美化原理图。

将绘制的原理图，根据设计需要，进行相应的调整、标注和美化，以增强原理图的可读性和整齐美观性。

（9）校对、修改、保存和打印文件。

利用设计系统提供的各种校验工具，根据设定规则对原理图进行相应的校验，然后再作进一步的调整和修改，保存，最后打印输出。

（10）产生各种报表文件。

根据设计需要，生成相应的报表文件，如网络表、元器件列表等。

下面将结合“彩灯控制器”设计实例详细介绍原理图的绘制过程。有关彩灯控制器的电路设计，参见本书 6.6 节。

3. 新建设计数据库

Protel 99 SE 通常采用数据库的模式管理文件，该数据库中包含与设计相关的所有文件。所以，一般在建立一个设计项目时，首先新建一个设计数据库文件，后缀名为“*.ddb”，然后在其中进行相应的原理图绘制和印制电路板设计。

（1）如果设计者没有打开任何的设计数据库，单击【File】/【New】，如图 3-2 所示。如果设计者已经打开一个或多个设计数据库，单击【File】/【New Designs】，新建一个设计库，如图 3-3 所示。

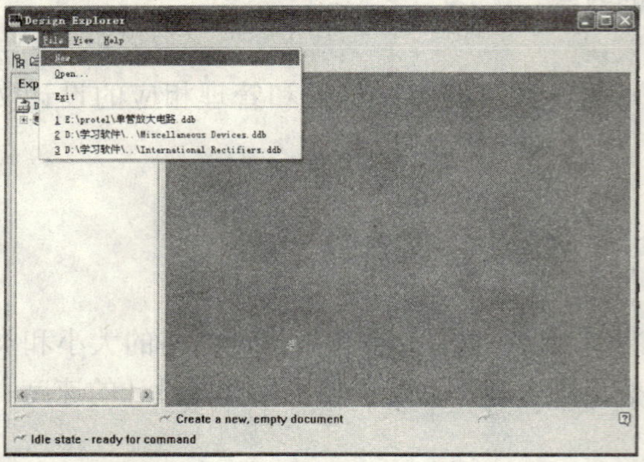

图 3-2　新建设计数据库（1）

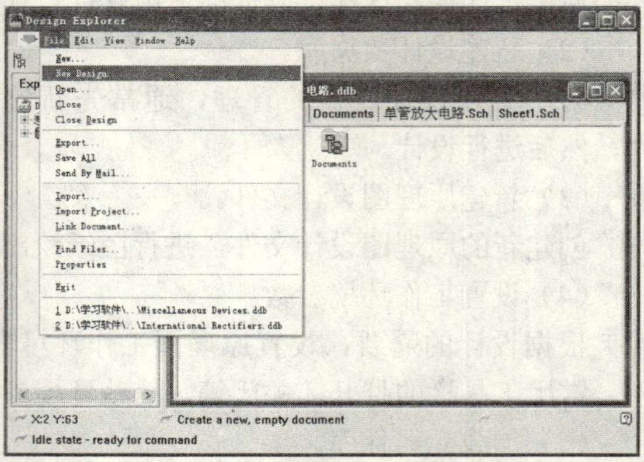

图 3-3　新建设计数据库（2）

（2）出现如图 3-4 所示的【New Design Database】（新建设计数据库相关信息设置）对话框，在【Database File Name】处可输入设计库保存文件名“彩灯控制器”，单击【Browse…】按钮改变保存目录。如需保护设计文件，单击【Password】标签页，再选【Yes】并输入密码，单击【OK】按钮保存。然后，Protel 99 SE 的主窗口变成如图 3-5 所示的界面。

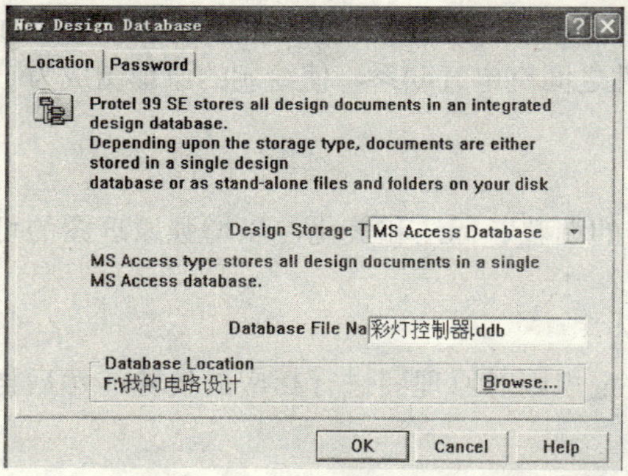

图 3-4　新建设计数据库相关信息设置对话框

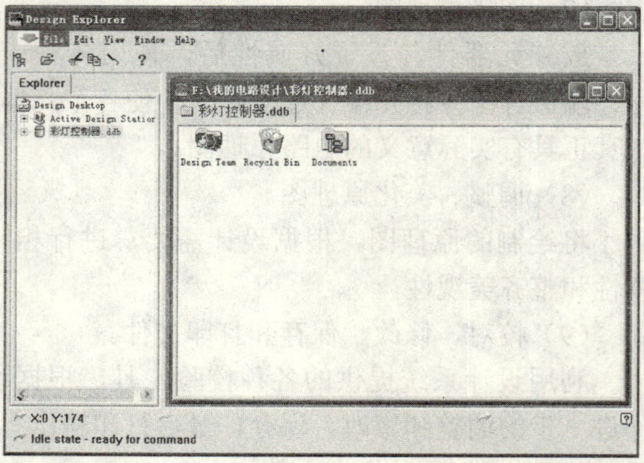

图 3-5　生成的“彩灯控制器”数据库

4．新建原理图设计文件

在创建一个数据库文件后，就可以在该数据库文件夹下创建原理图设计文件，进行电路图绘制。

（1）双击【Documents】图标，单击【File】/【New】，或者在空白处单击鼠标右键，选择【New】，出现【New Document】（选择创建文件类型）对话框，如图 3-6 所示。

（2）在对话框中双击【Schematic Document】图标，即可建立原理图设计文件。默认的文件名为“sheet1.Sch”，可以根据设计需要对文件名进行修改，如在本设计中改为“彩灯控制器.Sch”（注意保留后缀名.Sch），如图 3-7 所示。

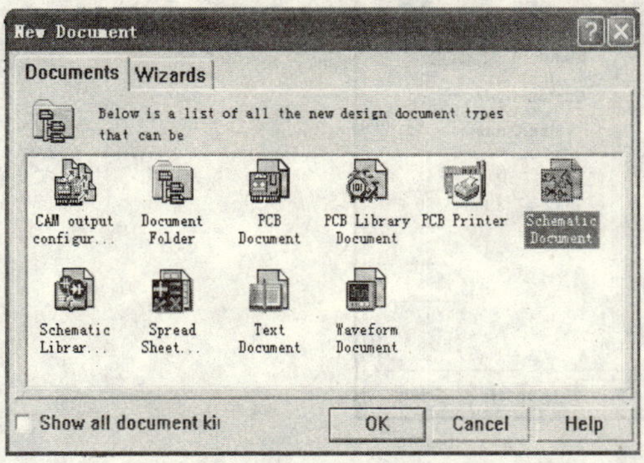

图 3-6　选择创建文件类型对话框

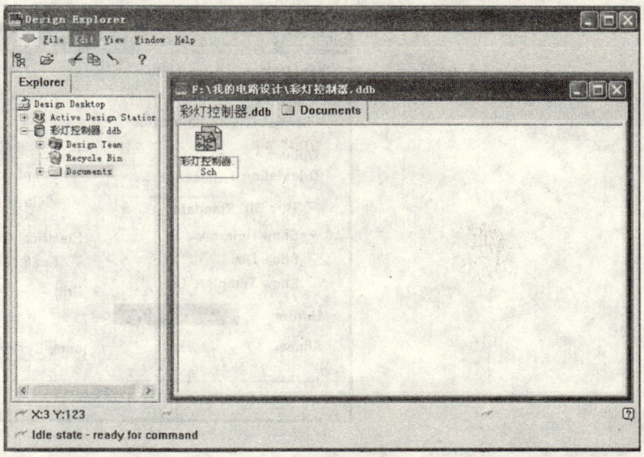

图 3-7　新建“彩灯控制器”原理图设计文件

5．设置工作环境参数

双击“彩灯控制器.Sch”，启动原理图编辑器工作界面，设置工作环境参数。

1）设置图纸参数

（1）单击【Design】/【Options】，或在图纸区域内单击右键，选择【Document Option】，可打开【Document Option】（文档参数）设置对话框，如图 3-8 所示。

（2）单击“Sheet Options”标签页，其中：

【Standard Style】：设置图纸的尺寸标准。一般情况下，如果原理图设计不是太复杂或为了输出方便，可以选择标准 A4 图纸。

【Options】：设置图纸的放置方向，是否显示标题栏及其类型，是否显示图纸的参考边框，是否显示图纸边框，设定图纸边框颜色和设定图纸底色。

【Grids】：设置光标位移步长、可视栅格和电气搜索栅格。

【Change System Font】：设置对象的系统显示字体。

【Custom Style】：自定义图纸的尺寸。

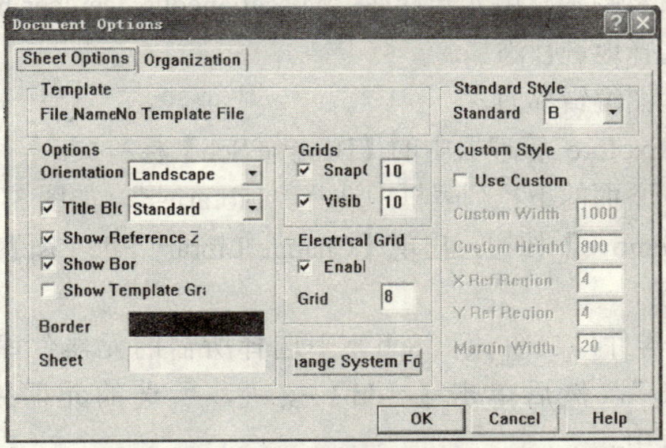

图 3-8　文档参数设置对话框

单击【Organization】标签页，可以设置文件的相应信息。

（3）设置完成后，单击【OK】按钮，如图 3-9 所示。

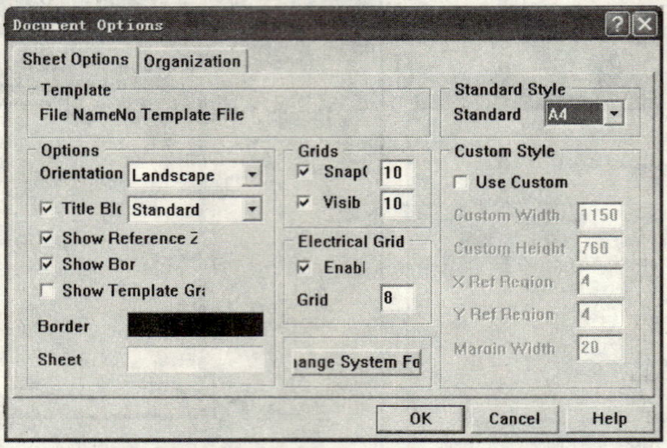

图 3-9　本设计中采用的文档参数设置对话框

2）设置操作参数

可单击【Tools】/【Preferences】，根据设计者的绘图习惯，设置相应的操作参数，如无特殊需要，此选项采用系统默认值即可。

3）调整绘图区显示范围

在调用元器件符号前最好先将光标移到图纸的中心位置，然后反复按【Page Up】键直到刚好能够看到图纸上的参考网格，这样便于对齐元器件和使图形不偏离图纸中心。

（1）在命令状态下，每按一次【Page Up】键，图纸被放大一级显示；每按一次【Page Down】键，图纸被缩小一级显示；按【End】键，可对当前画面刷新，消除原理图绘制过程中画面的显示问题。

（2）在非命令状态下，单击【View】下面的相应命令进行图纸显示。

6. 加载元器件库

绘制电路原理图必须放置元器件符号，Protel 99 SE 中自带数万个元器件符号分别存放在不同的元器件库中（存放路径为 X\ Design Explorer 99\ Library\ Sch）。为了不影响运行速度，系统默认状态下只将基本常用元器件库“Miscellaneous Devices.lib”加载为当前元器件库，可根据需要再有选择地进行添加。

（1）进入电路原理图编辑界面。

（2）单击 Design Explore 管理器中的【Browse Sch】标签页。

（3）在【Browse】下面的下拉列表框中选择“Libraries”，如图 3-10 所示。

（4）单击【Add/Remove】按钮，出现【Change Library File List】（改变当前元器件库）对话框，如图 3-11 所示。

（5）在原理图元器件库文件夹（Sch）下选择所需的元器件库名，如“Protel DOS Schematic Libraries.ddb”，然后单击【Add】按钮，所选的元器件库文件名即出现在“Selected Files”列表框中。

（6）重复上述操作可加载多个元器件库（根据需要添加，不要全部加载进去，否则会降低应用程序的执行效率），最后单击【OK】按钮关闭对话框完成元器件库的加载，加载后变为如图 3-12 所示界面。

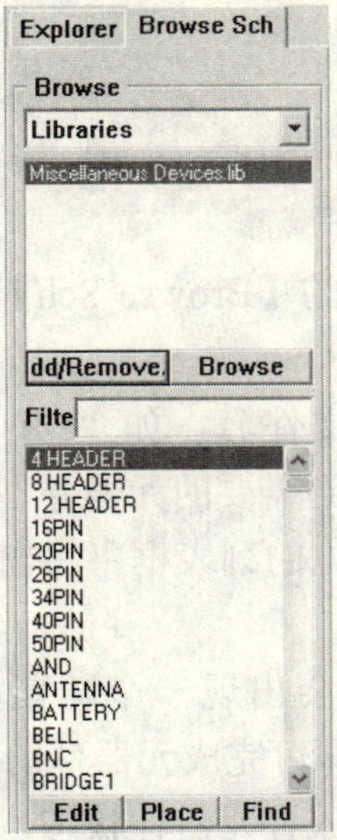

图 3-10　原理图编辑器中的设计管理器

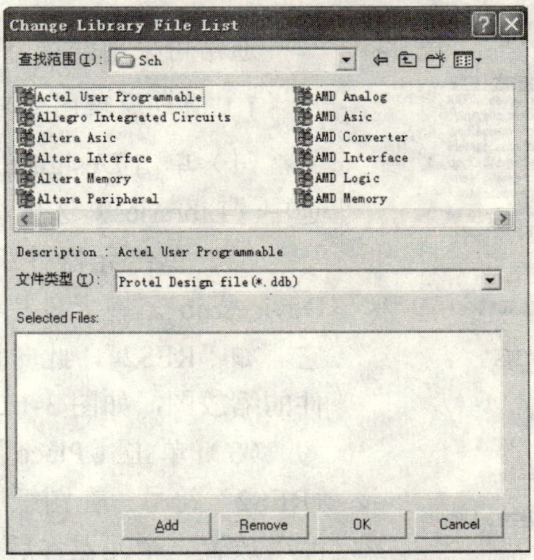

图 3-11　改变当前元器件库对话框

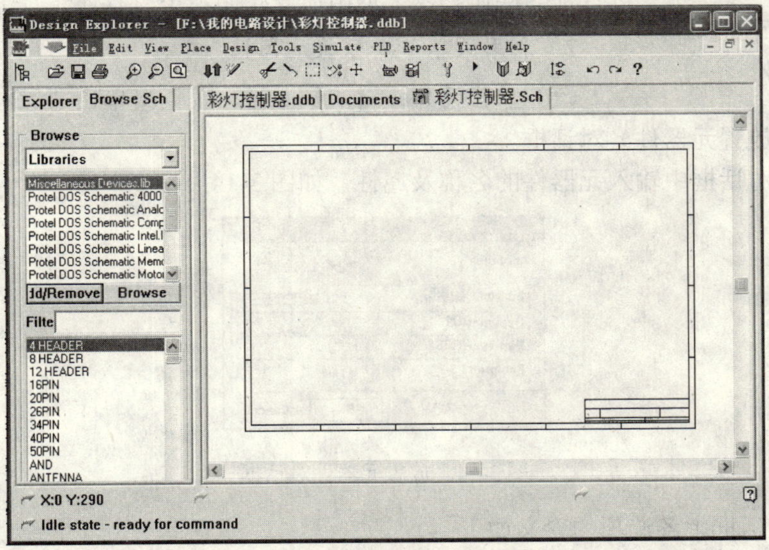

图 3-12　加载元器件库后原理图编辑器界面

在安装 Protel 99 SE 时，系统将会自动安装 119 个元器件库。其中常用的有“Protel DOS Schematic Libraries.ddb”元器件库中包含常用的原理图库，“Sim.ddb”元器件库中包含常用的仿真元器件，“Intel Databooks.ddb”元器件库中包含有 Intel 公司常用的 CPU 及外围元器件，“TI Logic.ddb”元器件库中包含 TI（得州仪器）公司常用的逻辑器件。

若需将元器件库从当前元器件库中删除，只需在图 3-11 中的“Selected Files”列表框内选择所需删除的元器件库文件名，单击【Remove】按钮即可。

采用同样的方法也可加载和删除自己创建的原理图元件库，只要选择自建原理图元件库的存放位置，方法同上。

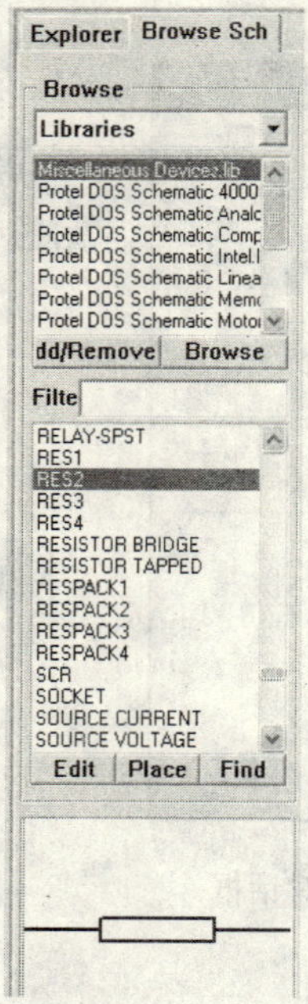

图 3-13　找到所需的元器件型号

7. 放置元器件

通常可采用两种方法放置元器件。

1）通过原理图管理器放置元器件

（1）单击 Design Explore 管理器中的【Browse Sch】标签页，选中【Libraries】选项。

（2）单击元器件所在的元器件库文件名，如“Miscellaneous Devices.lib”，在元件栏中利用滚动条找到需要的元器件型号并选定它，如“RES2”，此时设计管理器最下方的列表框中将出现该元器件的缩放图，如图 3-13 所示。

（3）单击【Place】按钮，屏幕上会出现一个随鼠标移动的“RES2”符号，在图纸适当位置单击，即可完成元器件的放置。

放置一个元器件后，系统依旧处于放置元器件状态，此时移动光标并单击，就会在光标所在位置再次放置一个相同的元器件。只有按下【Esc】或者单击鼠标右键，才能退出元器件的放置状态而进行别的操作。以下退出命令相同，不再叙述。

2）利用菜单命令放置元器件

（1）单击【Place】/【Part】，或直接单击“ ”按钮，出现【Place Part】（放置元器件）对话框。

（2）在该对话框中输入元器件的名称及属性，如图 3-14 所示。

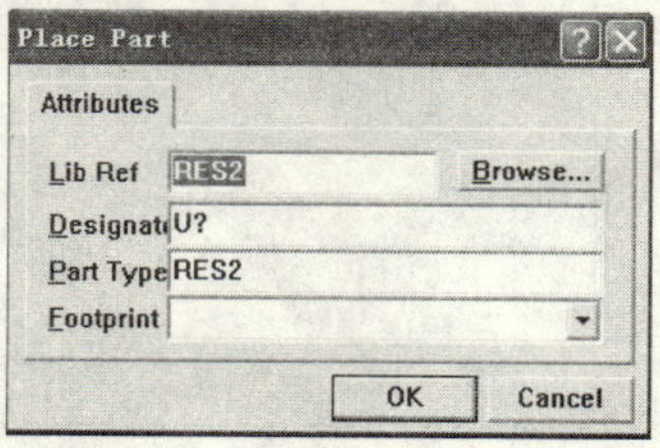

图 3-14　放置元器件对话框

图 3-14 对话框中各选项的含义如下：

【Lib Ref】：在元器件库中所定位的元器件名称，不会显示在绘图页中。此处填写的名称必须在当前已经载入的元器件库中可以找到，如果不清楚元器件名称，可单击【Browse】，在已加载的元器件库中寻找所需的元器件。

【Designator】：元器件编号。原理图中的元器件编号通常由“字母+数字”组成，在一块电路板的原理图中，每个元器件的编号应该是唯一的。

【Part Type】：元器件参数。默认值与【Lib Ref】一致。可在此填入解释性的说明文字，标示元器件的参数或大致功能，如电阻的阻值和电容的容值等。

【Footprint】：元器件封装。如果绘制原理图的最终目的是制作印制电路板，那么“Footprint”这一栏必须正确填写。应该填入系统 PCB 封装库中已有的封装名称，而且在设计印制电路板时需要将该封装所在的库载入 PCB 编辑器中。不过在绘制电路原理图时，系统不会对这一栏是否填写或填写是否正确进行检查。因此，如果尚未确定元器件封装，这一栏可以暂时不填。如果已经确定了元器件封装，建议在原理图绘制时就正确填入，这样在设计印制电路板时会减少很多麻烦。

（3）正确填入所需元器件信息后，单击【OK】按钮，光标上即带有所需的元器件符号，在图纸合适位置单击一下即完成放置。

8. 调整元器件位置

在 Protel 99 SE 中选中、移动、复制和删除元器件，这几项操作和 Windows 下的基本操作相同。注意：在完成相关命令后，由于元器件处于选中状态，元器件四周被黄色框包围，单击【Edit】/【DeSelect】/【All】取消元器件的选中状态，否则无法进行其他操作。

在调用元器件符号时，可根据需要对元器件的放置方向进行调整。在已取出元器件符号但未放置前，即元器件粘在光标上处于浮动状态时，按 X、Y 或空格键使元器件左右翻转、上下翻转、逆时针旋转 90°；如果元器件已经放置完成，则应先单击按住该元器件，待光标变为十字形后，再按 X、Y 或空格键改变元器件的放置方向。单击按住该元器件后，按 Ctrl+X/Y/空格，可进行反转操作。注意，对元器件位置的调整操作必须在英文输入状态下进行。

9. 编辑元器件属性

放置好元器件后，对于元器件的相关属性还需认真设置，这对后面的 PCB 的生成有重大影响。

（1）在将元器件放置到原理图之前，元器件符号随鼠标移动，可按下【Tab】键，如果已将其放置好后，双击该元器件符号，均可出现【Part】（属性设置）对话框，如图 3-15 所示，这里以 74LS00 为例。

（2）单击【Attributes】标签页，在该标签下的窗口即可修改元器件属性。各选项的含义是：

【Lib Ref】：元器件在元器件库中的名称（如图 3-15 中的“74LS00”），内容属于指示性质，此项不会显示在绘图页中。

【Footprint】：元器件的封装形式（如图 3-15 中的“DIP-14”），此项一定要符合元器件的实际封装形式。

【Designator】：元器件序号（如图 3-15 中的“U？”），文本框中输入的序号必须是整张原理图中唯一的一个序号（如 U1），绝对不允许与其他元器件的序号重复，否则在 PCB 设计时将会出现错误。

【Part】：元器件放置后在原理图中显示的型号名称（如图 3-15 中的“74LS00”）。该对话框中有两个【Part】栏，此处为上部的【Part】。

【Sheet】：元器件的图纸号（如图 3-15 中的“*”），此项一般情况下不用修改，采用默认值即可。

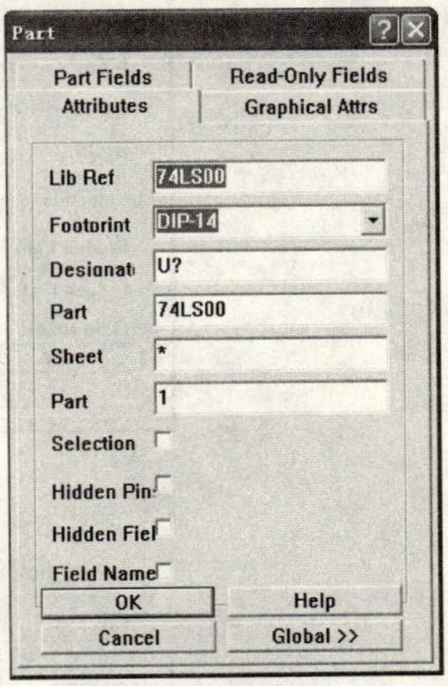

图 3-15　编辑元器件属性设置对话框

【Part】：子元器件的序号，用来设定同一个集成电路中的第几个相同的部分，主要是针对复合元器件而设的。对于封装内部只有一个功能电路的集成电路，则该栏的数字就为“1”，且不可改变；若封装内部有多个功能相同的电路，则该栏中的数字就不为“1”，且可改变，此处为下部的“Part”。

【Selection】：切换选取状态。

【Hidden Pin】：是否显示隐藏引脚。

【Hidden Field】：是否显示隐藏栏。

【Field Name】：是否显示隐藏栏的名称。

那如何区分单一元器件和复合元器件呢？只要在放置元器件时，它的元器件序号显示的如“U？A”，则表示这个芯片就是复合元器件，反之则是单一元器件。

以 74LS00 为例，它本身是一个 4 个 2 输入与非门，当在原理图放置与非门时，使用一个 74LS00 芯片可同时实现 4 个与非门，这样在 PCB 设计时就可节约芯片。未设置属性前原理图中放置的两个 74LS00 如图 3-16 所示，其各自的属性设置对话框如图 3-17 所示，属性设置完成后原理图中的两个 74LS00 变为如图 3-18 所示的情形。

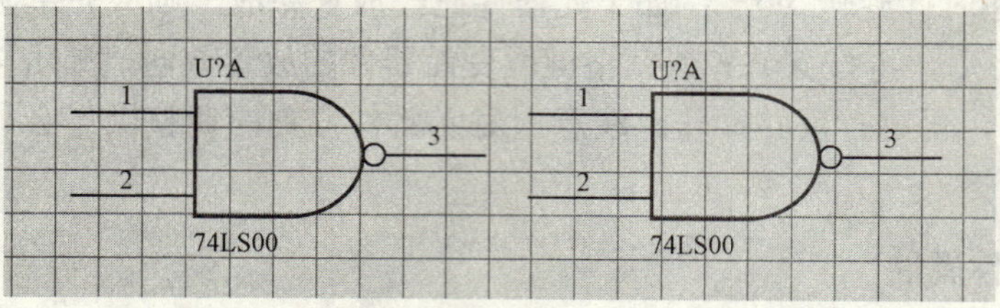

图 3-16　未设置属性前原理图中放置的两个 74LS00

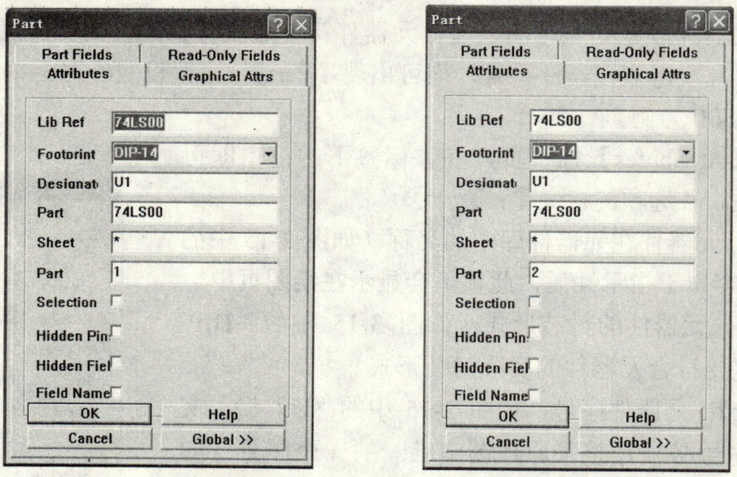

图 3-17　两个 74LS00 的属性设置对话框

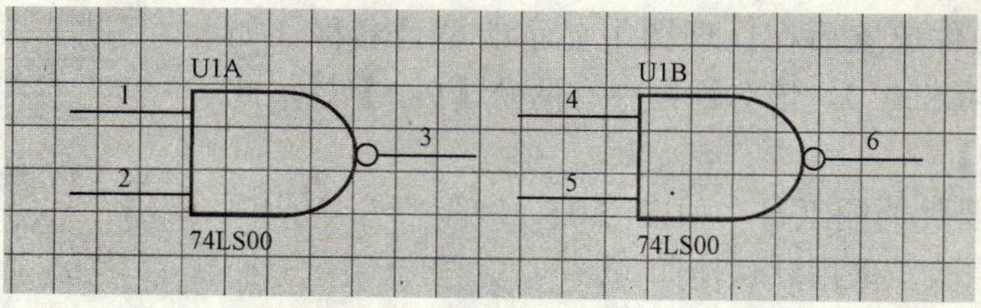

图 3-18　设置属性后原理图中的两个 74LS00

注意观察属性设置对话框中的【Designator】项和【Part】项，设置完成后观察标号，“U1A”和“U1B”表示在 PCB 设计时都是由一片 74LS00 芯片实现的。

（3）单击【Graphical Attrs】标签页，可设置元器件的位置 / 角度属性。如果需要整体修改元器件属性，可单击对话框右下角的【Global】按钮，在相应对话框中修改即可。

（4）单击【OK】按钮，完成元器件属性设置。

当只针对元器件的某一属性设置时，可在其属性上双击，就会打开一个只针对此属性的对话框，如在文字“U?A”上双击，则可打开【Part Designator】（元器件序号设置）对话框，设置完成后，单击【OK】确定即可，如图 3-19 所示。

10. 放置电源与接地元器件

VCC 电源元器件与 GND 接地元器件有别于一般的电气元器件，在放置时应特别注意。

（1）单击【Place】/【Power Port】或电路绘制工具栏上的“ ”按钮。

（2）按【Tab】键，出现【Power Port】（电源端口）对话框，如图 3-20 所示。

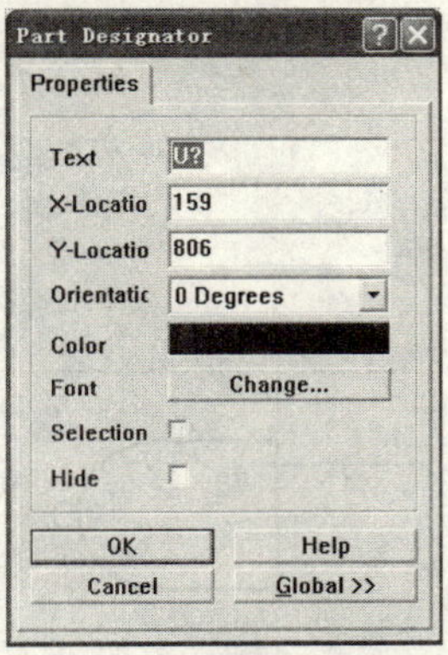

图 3-19　元器件序号设置对话框

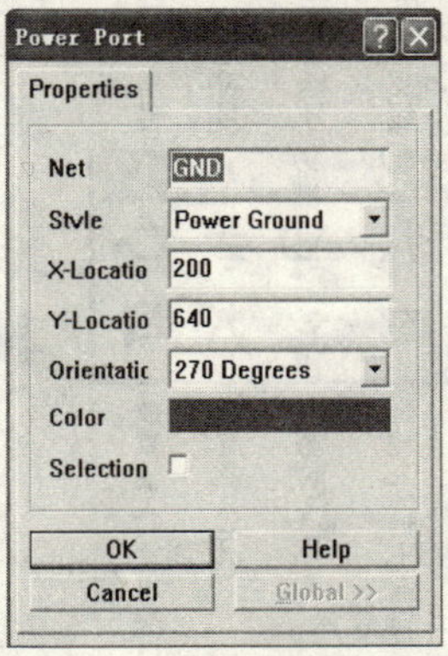

图 3-20　电源端口对话框

（3）在对话框中可以编辑电源属性，在【Net】栏中修改电源 / 接地符号的网络名称，在【Style】栏中修改电源类型，在【Orientation】栏中修改电源 / 接地符号放置的角度。电源与接地符号在【Style】下拉列表中有很多类型可供选择，如图 3-21 所示。

注意，其实电气图形符号仅仅是个符号，其电气意义完全由网络标号来确定。一般数字地用“VCC”表示，模拟地和电源地用“GND”表示。在设置电源及接地符号的属性时，尤其重要的是“Net”属性。相同的“Net”属性的元器件，在原理图中认为是连接在一起的。

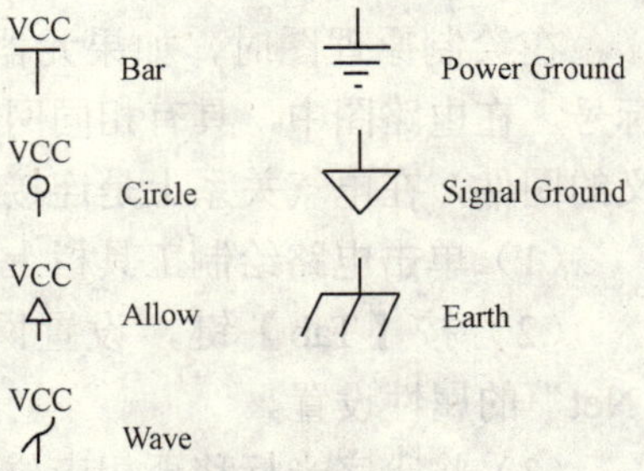

图 3-21　电源与接地符号各种类型样式

11. 连接原理图

所有元器件放置完毕后，就可以进行电路图中各对象间的连线（Wiring）。连线的主要目的是按照电路设计的要求建立网络的实际电气连通性。

可由电气意义的导线、总线、网络标号、端口等图件实现各个元器件之间的电气连接关系。这里主要使用的是电路连线工具栏，若没有此工具栏，可单击【View】/【Toolbars】/【Wiring Tools】使连线工具条显示出来，如图 3-22 所示。

1）电气意义的导线

（1）单击电路连线工具栏上的“ ”按钮，或者直接单击【Place】/【Wire】。

在绘制具有电气意义的导线时，必须使用连线工具栏中的连线工具“ ”按钮，注意不要错误使用图形工具栏中的绘制线条工具“ ”按钮，使用绘制线条工具“ ”按钮绘制的线条不具有任何电气意义。

（2）鼠标指针由空心箭头变为大“十”字时，在需连线的起始点（出现一个大黑点时）单击，在需转弯处单击，在结束点（出现一个大黑点时）单击，单击鼠标右键完成连线，再单击鼠标右键或按【Esc】键退出绘制状态，如图 3-23 所示。

图 3-22　连线工具栏

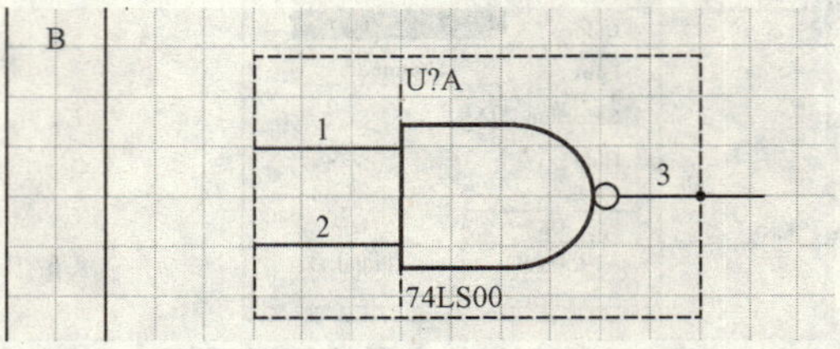

图 3-23　使用导线进行电气连接

（3）双击绘制后的导线，在弹出的属性设置对话框中，设定导线的相关参数。

2）网络标号

在绘制原理图时，如果元器件位置距离较远，不方便采用导线连接，可考虑使用网络标号。在电路图中，具有相同网络标号的元器件引脚、导线、电源及接地符号等具有电气意义的图件，在电气关系上是连接在一起的。

（1）单击电路绘制工具栏上的“ ”按钮，或单击【Place】/【Net Label】。

（2）按【Tab】键，设置网络标号的相关属性后确认，如图 3-24 所示，尤其注意“Net”的属性设置。

（3）将十字光标移至相应位置，出现小圆点，单击它完成网络标号的放置。

3）电路节点

如果在两条导线交叉时，在交叉点有电路节点，则认为这两条导线是相互连通的，否则认为它们在电气上不相连，只是搭接在一起。通常情况下，在“T”型的导线交点处，电路节点是自动放置的，在“十”字形的导线交点处，系统默认是不放置的。

如需放置，单击电路绘制工具栏上的“ ”按钮，或单击【Place】/【Junction】，这时鼠标指针变成“十”字，且还有个小黑点，然后将“十”字光标移至需要放置电路节点的位置，单击一下完成放置。

在绘制原理图中往往会由于操作不当而出现多余的节点，主要原因是对象之间有重叠。调整元器件，使之不再有重叠，即可消除。注意，不可用删除的方法直接消除多余的节点，因为这种删除方法是暂时的，稍后节点又会自动出现。

按照上述方法，只需单击电路连线工具栏上的相应按钮，即可放置总线、总线连接线和输入 / 输出端口，然后进行相应的属性设置。

12. 调整、美化原理图

将绘制的原理图，根据设计需求，进行相应的调整、标注和美化，以增强原理图的可读性和整齐美观性。

1）绘图工具栏的使用

如需对在原理图中添加文字、绘制指示型图形，可使用绘图工具栏的相应按钮。可单击【View】/【Toolbars】/【Drawing Tools】使绘图工具条显示出来，如图 3-25 所示。

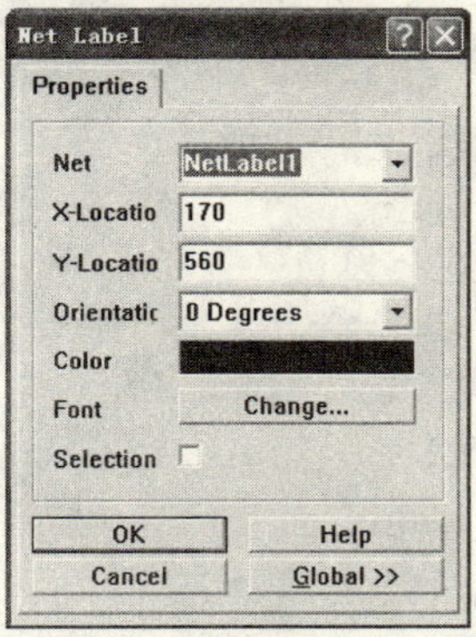

图 3-24　网络标号的属性设置对话框

图 3-25　绘图工具栏

注意，这个工具栏的按钮都是指示性的，不具有电气连接意义，尤其注意画直线按钮“”与画导线按钮“”的区别，千万不能用错。

2）重新自动定义元器件标号

因为原理图中的元器件必须具有唯一的标号，否则将无法进行印制电路板设计。在元器件放置到位且完成连线后，可利用系统的注释工具自动定义元器件的标号。单击【Tool】/【Annotate】，重新定义元器件标号。

13. 校对修改、保存、导出和导入、打印文件

1）对原理图进行电气规则测试，生成报告

（1）单击【Tools】/【ERC】或单击鼠标右键选择【ERC】，在出现的“Setup Electrical Rule Check”（设置电气规则）对话框中进行设置，如无特殊需要，采用默认值即可。

（2）单击【OK】按钮，系统会自动按照设置的规则开始对原理图进行电气规则测试，测试完毕后，自动生成相应的测试报告（*.ERC）。如果原理图中无违反设置的电气规则，它的测试报告如图 3-26 所示。如果有错误，则其测试报告如图 3-27 所示。

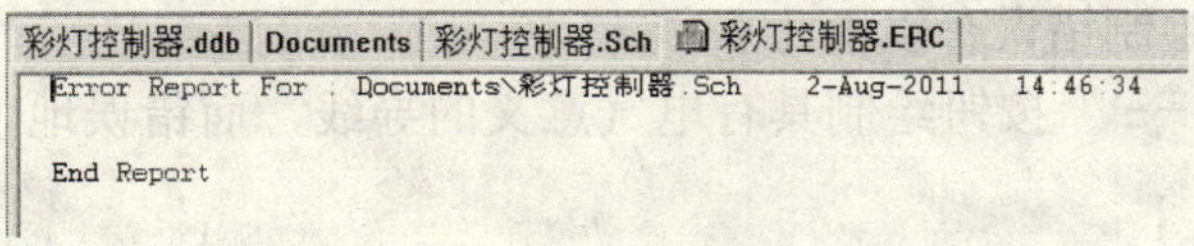
彩灯控制器.ddb | Documents | 彩灯控制器.Sch | 彩灯控制器.ERC

Error Report For : Documents\彩灯控制器.Sch　　2-Aug-2011　　14:46:34

End Report

图 3-26　原理图没有错误时的电气规则测试报告

相应的原理图中也会用红色的小圆圈标识出相应错误，如图 3-28 所示，对照测试报告中的提示内容，修改错误之处，使其正确。

如果原理图中有需要忽略电气规则测试的地方，可以：

（1）单击【Place】/【Direction】/【No ERC】或单击工具栏中的“　”按钮。

（2）“十”字光标上会带有一个“No ERC”符号，在需要放置的地方单击即可。

例如，图 3-28 中 74LS153 中的 3 脚和 13 脚，只是输入端悬空，原理图设计时是允许的。当放置了“No ERC”标志后，在电气规则测试中系统就不会报错了，如图 3-29 所示。

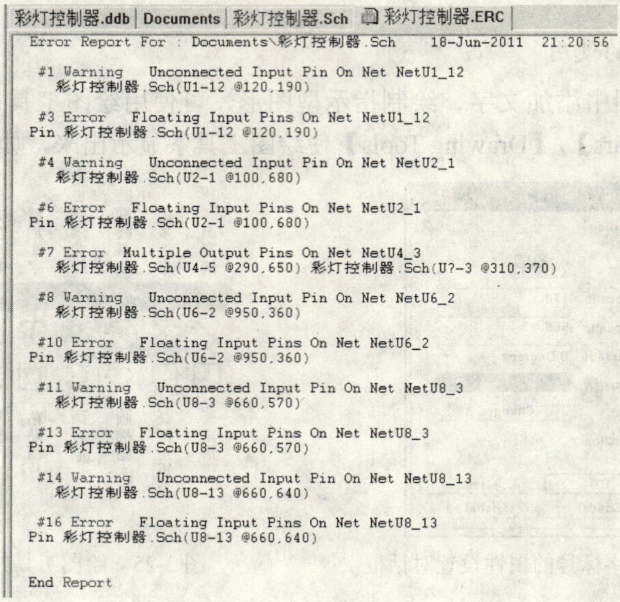

```
彩灯控制器.ddb | Documents | 彩灯控制器.Sch | 彩灯控制器.ERC
Error Report For : Documents\彩灯控制器.Sch    18-Jun-2011  21:20:56

 #1 Warning   Unconnected Input Pin On Net NetU1_12
    彩灯控制器.Sch(U1-12 @120,190)

 #3 Error   Floating Input Pins On Net NetU1_12
Pin 彩灯控制器.Sch(U1-12 @120,190)

 #4 Warning   Unconnected Input Pin On Net NetU2_1
    彩灯控制器.Sch(U2-1 @100,680)

 #6 Error   Floating Input Pins On Net NetU2_1
Pin 彩灯控制器.Sch(U2-1 @100,680)

 #7 Error  Multiple Output Pins On Net NetU4_3
    彩灯控制器.Sch(U4-5 @290,650) 彩灯控制器.Sch(U?-3 @310,370)

 #8 Warning   Unconnected Input Pin On Net NetU6_2
    彩灯控制器.Sch(U6-2 @950,360)

 #10 Error   Floating Input Pins On Net NetU6_2
Pin 彩灯控制器.Sch(U6-2 @950,360)

 #11 Warning   Unconnected Input Pin On Net NetU8_3
    彩灯控制器.Sch(U8-3 @660,570)

 #13 Error   Floating Input Pins On Net NetU8_3
Pin 彩灯控制器.Sch(U8-3 @660,570)

 #14 Warning   Unconnected Input Pin On Net NetU8_13
    彩灯控制器.Sch(U8-13 @660,640)

 #16 Error   Floating Input Pins On Net NetU8_13
Pin 彩灯控制器.Sch(U8-13 @660,640)

End Report
```

图 3-27　原理图有错误时的电气规则测试报告

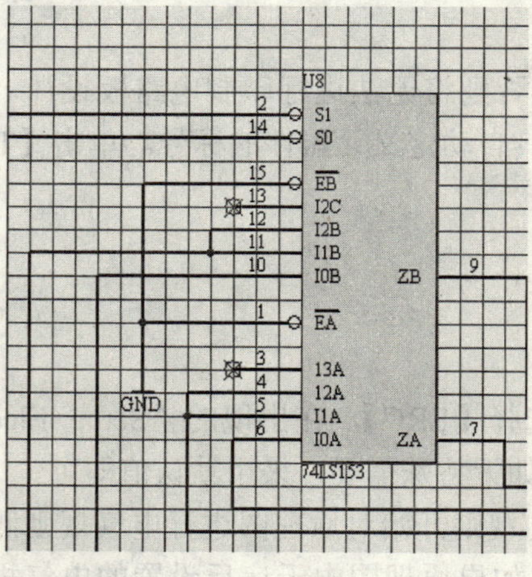

图 3-28　原理图中的错误标识

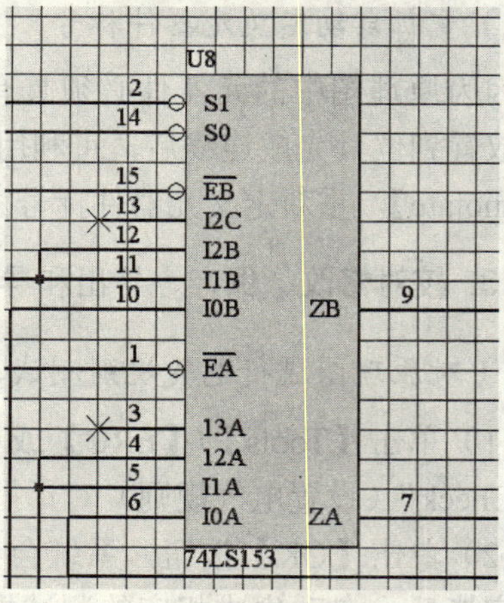

图 3-29　放置了“No ERC”标志后的原理图

原理图中常见的绘制错误有以下几点：

（1）没有使用“　”按钮绘制具有电气意义的导线，而错误地使用“　”按钮绘制导线；

（2）原理图中各个元器件的标号有重复，不是唯一标号；

（3）注意多部件元器件的使用，如“74LS00”等；

（4）为了后续的 PCB 制作，没有给元器件添加正确的封装；

（5）网络标号的错误使用。

2）保存文件

电路图校对完成后要保存起来，以供日后调用。

单击【File】/【Save】，自动将其保存在原先设定的路径文件中。

单击【File】/【Save Copy As…】，在另存为对话框中指定新的存盘文件名和格式，即可将设计文件单独保存为一个文件。

在默认情况下，电路图文件的扩展名为“*.Sch”。

3）导出和导入文件

虽然 Protel 99 SE 的数据库（ddb）文件管理比较科学，可以把相关的原理图文件、印制电路板图文件等都集中在一个数据库中进行高效有序的管理，但是尺寸非常庞大，如果只需要其中的某单个文件，需要将其导出后，再压缩，就可节省存储空间，方便管理。

（1）右击需要导出的文件，选择【Close】关闭文件。

注意：每次退出 Protel 99 SE 程序前，应该先逐个关闭打开文件，否则下次打开时会一起全部打开，可能导致程序运行缓慢。

（2）单击【File】/【Export】，在【Export Document】（导出文件）选择对话框中，确定保存文件名和地址，单击【保存】即可。

导入命令，首先打开执行导入操作的数据库，然后单击【File】/【Import】找到导入文件，执行导入。

4）打印文件

为了便于技术存档，通常需要将原理图打印输出。

（1）打开所需打印的原理图。

（2）单击【File】/【Setup Printer…】，系统弹出设置打印机对话框，可根据需要进行设置。

（3）设置完毕后，单击对话框左下角的【Print】按钮，进行打印输出。

14. 生成各种报表文件

可根据设计需要生成相应的报表文件，如网络表、元器件列表等。

1）生成网络表

网络表是原理图和印制电路板之间的桥梁，是印制电路板自动布线的灵魂。

（1）单击【Design】/【Creat Netlist】，出现【Netlist Creation】（网络表生成）对话框，进行设置。

（2）单击【OK】按钮，即可生成与原理图文件同名的网络表文件（*.NET），如图 3-30 所示。

从所生成的网络表可以发现，网络表文件可分为两个部分，首先是元器件声明（文件中的一对“[]”符号定义），然后是网络定义（文件中的一对“()”符号定义）。它们有各自固定的格式和组成部分，缺少其中的任何部分都有可能在印制电路板自动布线时产生错误。当使用程序熟练时，也可根据网络表构成特点，手动生成网络表文件。

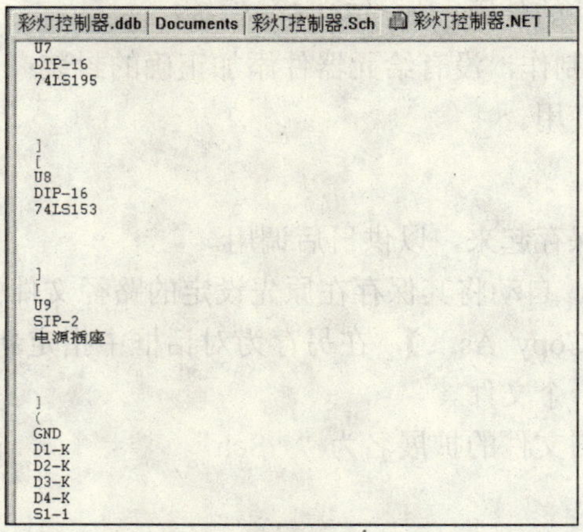
彩灯控制器.ddb | Documents | 彩灯控制器.Sch | 彩灯控制器.NET

```
U7
DIP-16
74LS195


]
[
U8
DIP-16
74LS153


]
[
U9
SIP-2
电源插座


]
(
GND
D1-K
D2-K
D3-K
D4-K
S1-1
```

图 3-30　所生成的网络表文件

2）生成元器件列表文件

单击【Report】/【Bill of Materical】，可生成 3 种类型的元器件列表文件。这样就可以对原理图中的所有元器件有一个详细的清单，以便校对和购买。图 3-31 为系统生成的元器件列表文件，其中包含有“彩灯控制器”原理图中所有元器件的相关信息，在设计时可作为参考。

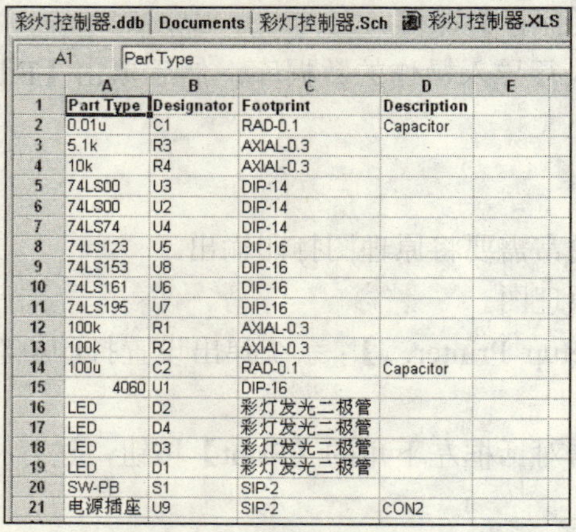
彩灯控制器.ddb | Documents | 彩灯控制器.Sch | 彩灯控制器.XLS

A1　Part Type

	A	B	C	D	E
1	Part Type	Designator	Footprint	Description	
2	0.01u	C1	RAD-0.1	Capacitor	
3	5.1k	R3	AXIAL-0.3		
4	10k	R4	AXIAL-0.3		
5	74LS00	U3	DIP-14		
6	74LS00	U2	DIP-14		
7	74LS74	U4	DIP-14		
8	74LS123	U5	DIP-16		
9	74LS153	U8	DIP-16		
10	74LS161	U6	DIP-16		
11	74LS195	U7	DIP-16		
12	100k	R1	AXIAL-0.3		
13	100k	R2	AXIAL-0.3		
14	100u	C2	RAD-0.1	Capacitor	
15	4060	U1	DIP-16		
16	LED	D2	彩灯发光二极管		
17	LED	D4	彩灯发光二极管		
18	LED	D3	彩灯发光二极管		
19	LED	D1	彩灯发光二极管		
20	SW-PB	S1	SIP-2		
21	电源插座	U9	SIP-2	CON2	

图 3-31　“彩灯控制器”原理图生成元器件列表文件

3）生成其他报表文件

单击【Report】/【Design Hierarchy】，生成后缀名为“*.rep”的文件。

单击【Report】/【Cross Reference】，生成后缀名为“*.xrf”的文件。

15. 制作原理图元器件

Protel 99 SE 自带了丰富的原理图元器件库，但是任何一个电路绘图软件，也不可能把目前所有的电子元器件做在自己的元器件库里；系统自带的库元器件的数量众多，实际需要时又很难查找；系统自带的有些原理图元器件的引脚序号与 PCB 图中元器件的封装序号不对应，使用同步器无法进行网络布线。解决这些问题都需要自己学会修改和制作元器件符号。

1）创建新的元器件库

为了绘图方便，根据实际需要，可以自己创建元器件符号库。为了能够正确反映元器件的所有信息，应该通过元器件的数据手册明确元器件的功能原理及所有引脚的定义，同时确定每个引脚的序号。注意，这个序号一定要和该元器件的 PCB 封装的引脚序号完全相同，否则在设计印制电路板图时，系统将报出找不到对应引脚的错误。具体的操作步骤如下：

（1）在前面创建的“彩灯控制器”设计数据库中单击【Document】标签，进入设计文件夹，单击【File】/【New】，出现【New Document】（新建文件）对话框，双击对话框中的【Schematic Library Document】图标，即可新建一个原理图文件库文件，可改名为“彩灯控制器元器件符号.Lib”，注意与原理图文件名（*.Sch）的区别，如图 3-32 所示。

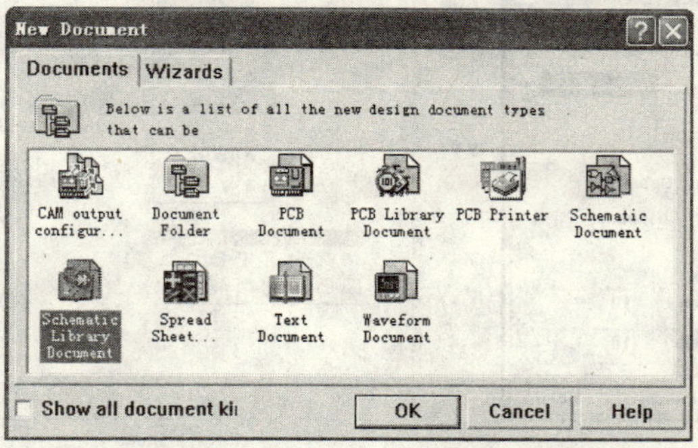

图 3-32　新建一个原理图文件库文件

（2）双击“彩灯控制器元器件符号.Lib”，进入原理图元器件库编辑界面，在此界面中利用“Sch Lib Drawing Tools”元器件库画图工具和“Sch Lib IEEE Tools”IEEE 符号工具即可逐一创建所需的原理图元器件符号。如果绘图区没有显示这两个工具条，可单击【View】/【Toolbars】下的相应菜单选中即可，如图 3-33 所示。

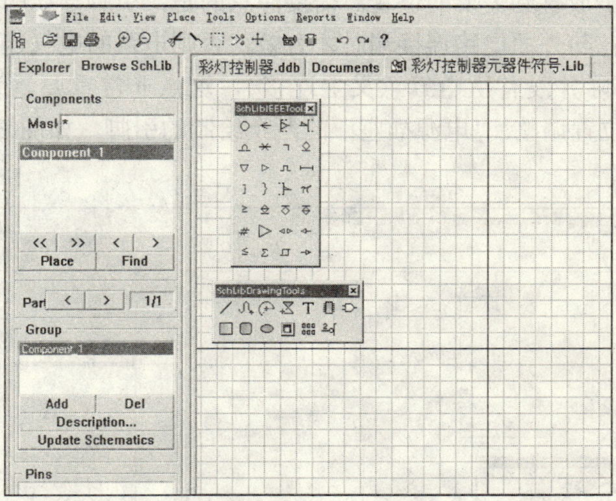

图 3-33　原理图元器件库编辑界面

（3）单击【Options】/【Document Options】，设置工作环境。出现【Library Editor Workspace】（库编辑界面）对话框中，将【Grids】下的【Visible】选项选中，即可将网格显

示出来，方便图形放置。若选中【Snap】选项，则为栅格锁定状态，在后面的框中填入相应的数值，鼠标指针就按此数值移动。一定要选中【Show Border】（显示边界），否则绘制时不容易找准元器件中心，设置的具体参数如图 3-34 所示。

（4）参考 Protel 99 SE 自带的元器件库，几乎所有元器件都是在第四象限。自制元器件也需放置在第四象限，起点可在编辑区的（0，0）坐标处。以创建“彩灯控制器”原理图中的“电源插座”为例，首先利用【Sch Lib Drawing Tools】工具条中的“ ”按钮或“ ”按钮绘制出一个实心矩形，作为元器件的外框（没有电气属性），其外形不一定要和元器件的实际外形相对应，只要能清晰、完整地表达元器件的功能即可，如图 3-35 所示。

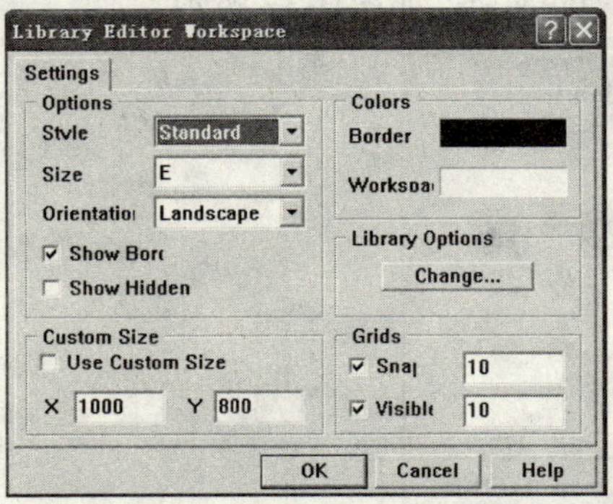

图 3-34　库编辑界面的工作环境设置对话框

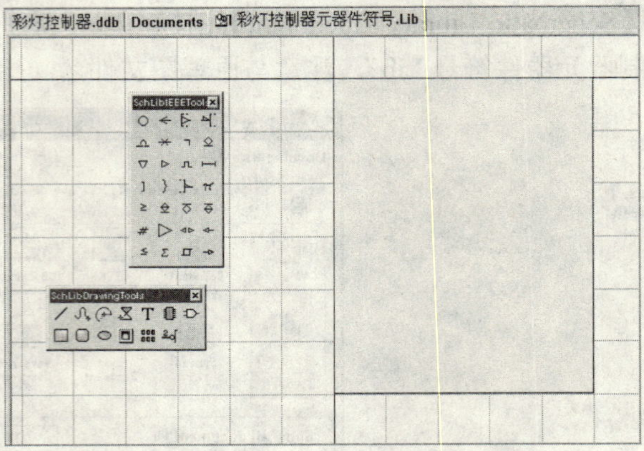

图 3-35　元器件的外框绘制

在绘制元器件外形的过程中，有时需要线段倾斜，可单击鼠标确定好起点后，连续按空格键，系统将循环进入不同的画线模式，可根据需要进行选择。在绘制图形时按住“Ctrl”键，可使十字指针处于不捕获栅格的状态，从而绘制出任意方向及位置的直线。

（5）利用【Sch Lib Drawing Tools】工具条中的“ ”按钮逐一绘制出元器件的所有引脚。选中按钮后，单击放置到需要的位置。需要注意的是，引脚导线的一个具有圆点的端子为电气连接点，放置在与外面电路连接端时才有效，否则电路的电气连接无效（虽然从视觉上看已经连接，但实际并没有从电气意义上连接），这点非常重要。为方便放置，可结合 X、Y 和空格键进行位置调整。“电源插座”的两个绘制的引脚，如图 3-36 所示，注意向外的那个灰色圆点。

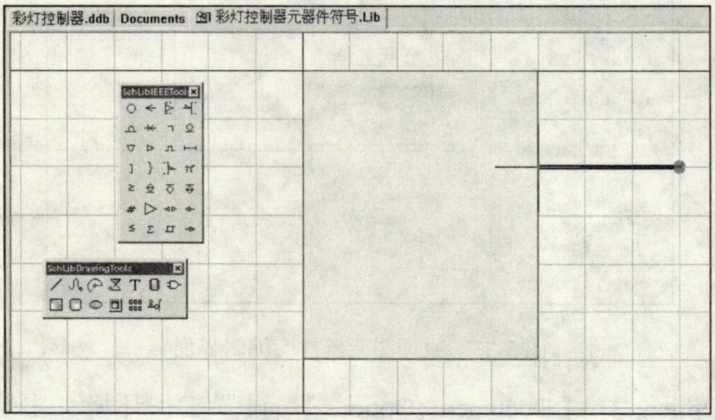

图 3-36　元器件的电气引脚绘制

（6）将引脚放置完成后，双击导线，出现【Pin】（元器件引脚属性设置）对话框，可以设置引脚的名称、序号、位置、方向、颜色及电气意义等属性。在【Name】栏中输入元器件引脚的功能名称，在【Number】栏中输入元器件引脚的序号，这是必填项，而且要和 PCB 封装完全一致才能用于自动布线。引脚的序号对于原理图符号来讲是非常关键的部分，要保证完全正确。在【Pin】栏中输入元器件引脚的长度，其数值必须是“5”的整数倍，因为“5”是栅格的最小单位，要切记这一点，否则绘制元器件是不可用的。其他选项根据需要进行设置，也可不作改动采用系统默认设置，单击【OK】即可，如图 3-37 所示。重复上述过程，将所有引脚一一设置，如图 3-38 所示。

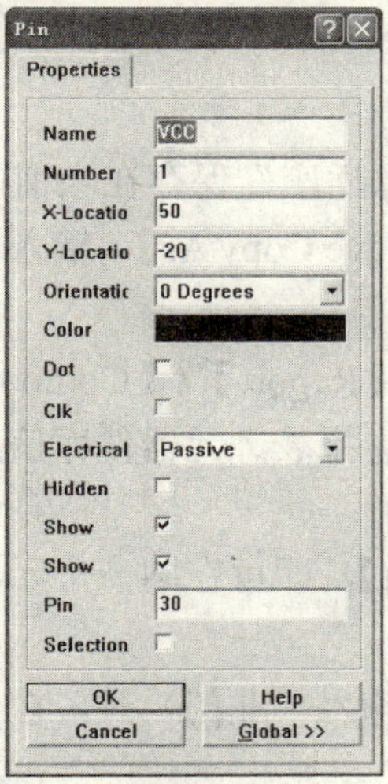

图 3-37　元器件引脚属性设置对话框

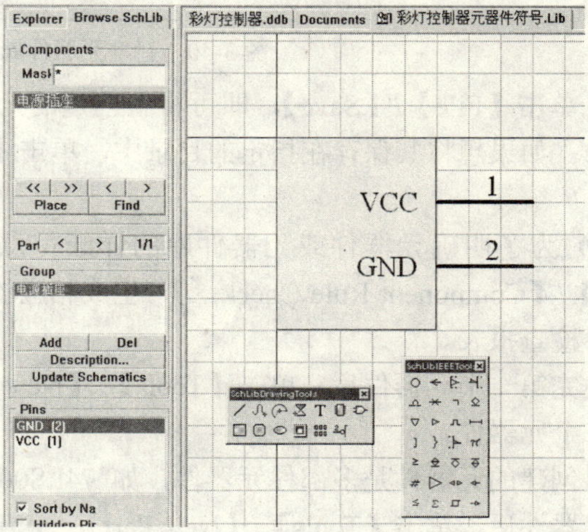

图 3-38　绘制完成的“电源插座”元器件符号

. 对于引脚其他属性的设置，若为了表示该信号为低电平有效，可以利用在引脚属性设置对话框中的元器件引脚名称字母后加“\”的方式实现。如果需要在多个字母上添加，则应在每个字母后面加“\”。若在引脚上添加低电平输入有效符号，可在对话框中选中【Dot】后的复选框。若在引脚上添加时钟符号，可在对话框中选中【Clk】后的复选框。为了在原理图设计完成后能够进行可靠的电气规则检查，可以选择引脚的电气类型，在对话框中【Electrical Type】栏中选择相应的类型即可。对于需要隐藏的引脚，可以在对话框中选中【Hidden】后的复选框。但是，如果设置为隐藏的引脚没有在原理图中设置为显示状态，且该隐藏引脚的名称和原理图中其他的网络名称相同，那么系统会自动将这个隐藏引脚和这个网络相连，在进行有多个电源及接地系统的电路设计时尤其要注意这个问题。

（7）单击【Tools】/【Rename Component】，出现元器件重命名对话框，将系统默认的元器件名改为“电源插座”，如图 3-39 所示。

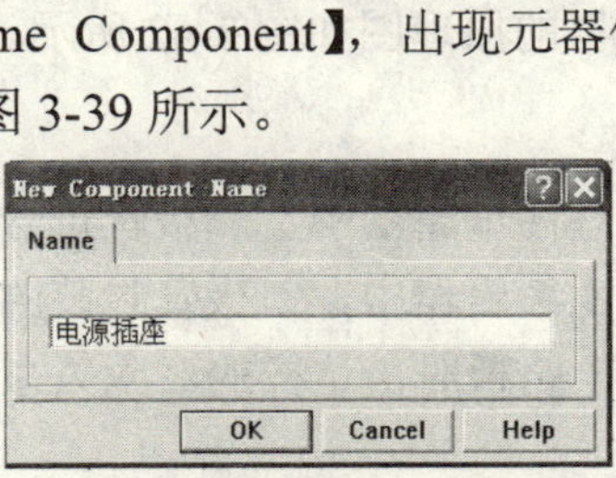

图 3-39　元器件重命名对话框

（8）单击【Tools】/【Description】，出现【Component Text Fields】（元器件属性）对话框，在【Default】栏中输入本元器件的默认种类标号“U?”，在【Description】栏中输入

"电源插座"，在【Footprint】栏中可指定本元器件的封装形式（在 PCB 中应用），单击【OK】按钮即可，如图 3-40 所示。

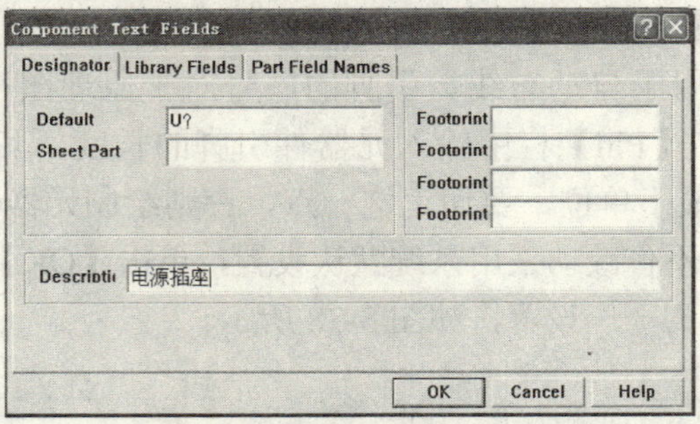

图 3-40　新增元器件属性对话框

（9）单击【File】/【Save】，即可将新创建的元器件"电源插座"保存在当前的元器件库文件中。如果想将其保存在指定的目录中，单击【File】/【Save Copy As】，输入相应名称即可。

（10）为了明确元器件或元器件库的详细信息，可单击【Report】/【Component】或【Library】/【Component Rule Check…】，生成相应的元器件信息报表、元器件库信息报表和元器件库检查报表。

创建完第一个元器件后，单击【Tools】/【New Component】，即可在同一个元器件库中创建第二个元器件。

如果创建的元器件是多部件元器件，如 74LS00（四个 2 输入与非门）时，在创建完第一个子元器件后，单击【Tools】/【New Part】，接着绘制下一个单元。

所需的元器件都创建完毕后，回到原理图编辑环境中，添加自己制作的元器件库，单击绘制的"电源插座"元器件，放置到原理图中，使用网络标号，完成其与其他元器件的电气连接关系，如图 3-41 所示。

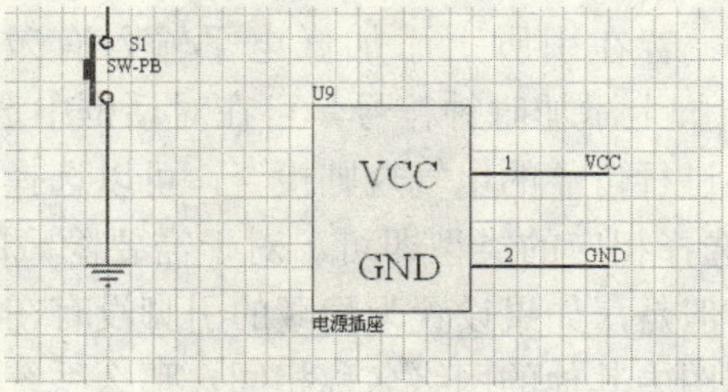

图 3-41　添加了新创建的"电源插座"元器件符号的原理图

校对完成后的"彩灯控制器"的原理图如图 3-42 所示。

2）修改现有的元器件符号

例如，在 Protel 99 SE 的原理图编辑器中，二极管符号的"正极"和"负极"的引脚序号分别为"1"和"2"，而在 PCB 编辑器中，二极管封装的"正极"和"负极"的焊盘序号分别为"A"和"K"。设计印制电路板时，这样的对应关系将导致调入的网络表找不到封装引脚，因此必须进行相应的修改。

修改的方法有两种：第一种是进入原理图库，对原理图符号的引脚序号进行修改，将"1、2"改为"A、K"；第二种是进入元器件封装库，修改元器件的焊盘序号，将"A、K"改为"1、2"。

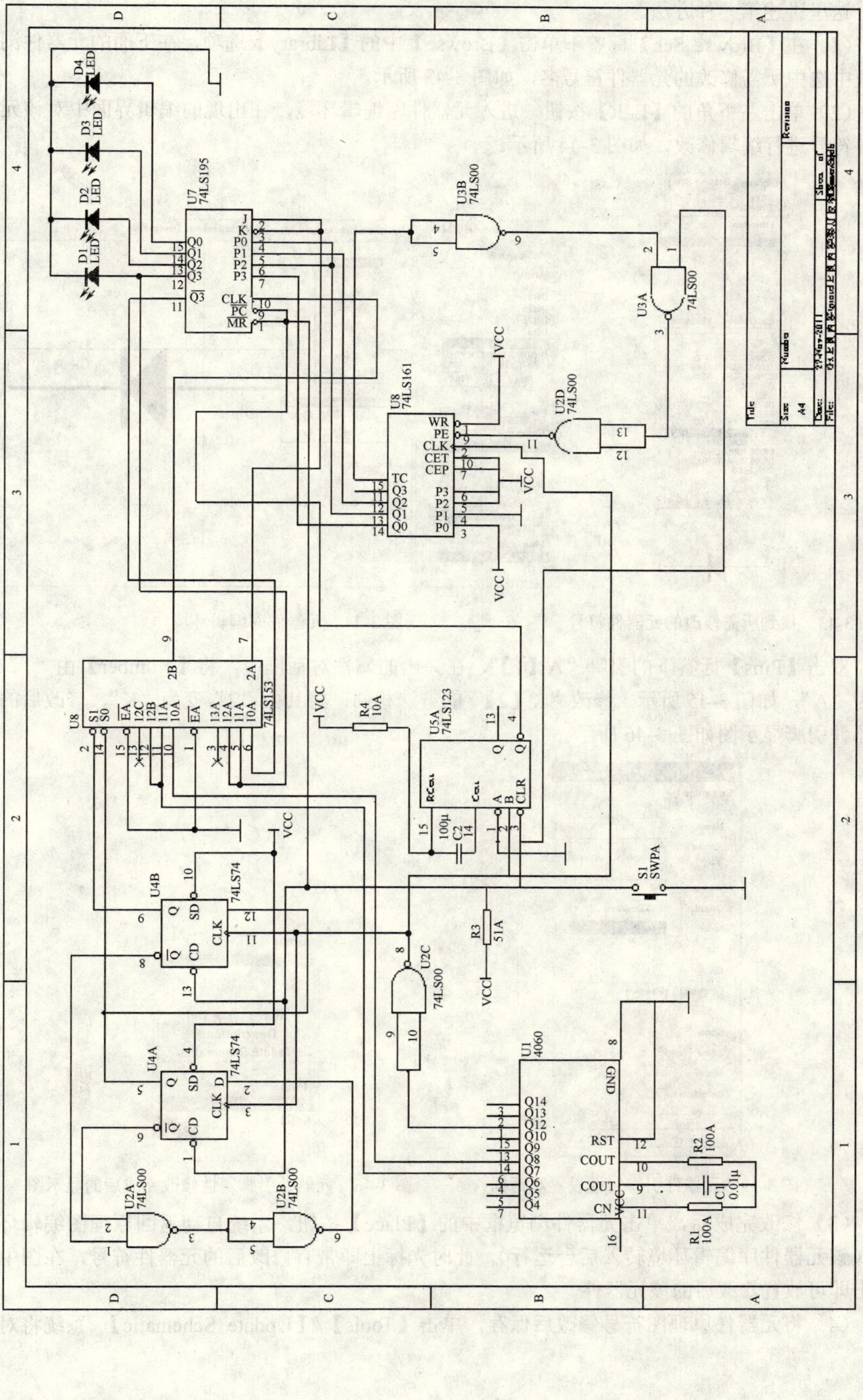

图3-42　校对完成后的“彩灯控制器”的原理图

这里讲述第一种方法。

（1）在【Browse Sch】标签下单击【Browse】中的【Library】选项，在下面的元器件浏览框中选中所需修改的元器件符号名，如图 3-43 所示。

（2）单击左下角的【Edit】按钮，进入元器件库编辑环境，在出现的编辑界面中对该元器件符号进行编辑修改，如图 3-44 所示。

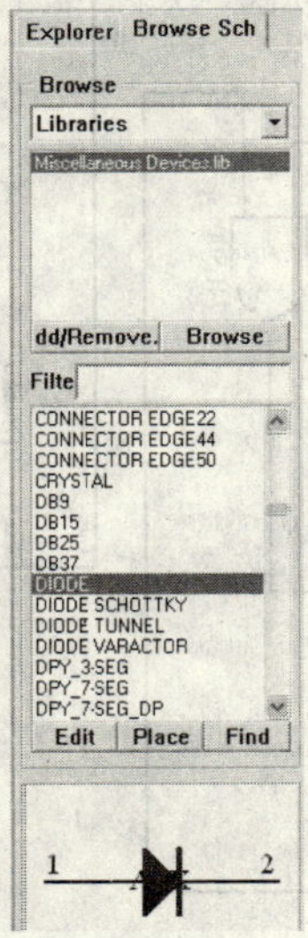

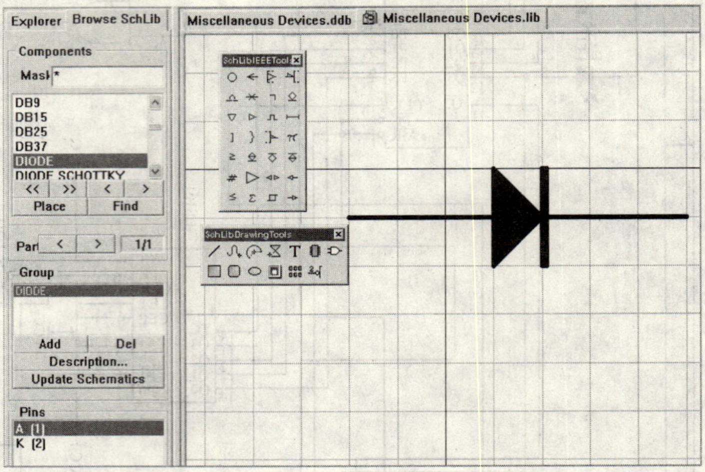

图 3-43　找到所需修改的元器件符号　　　　图 3-44　元器件库编辑环境

双击【Pins】标签下的引脚“A【1】”，在弹出的属性对话框中，将【Number】由“1”变为“A”，如图 3-45 所示。修改“K【2】”的方法相同，将其由“2”变为“K”，修改后的元器件引脚显示图如图 3-46 所示。

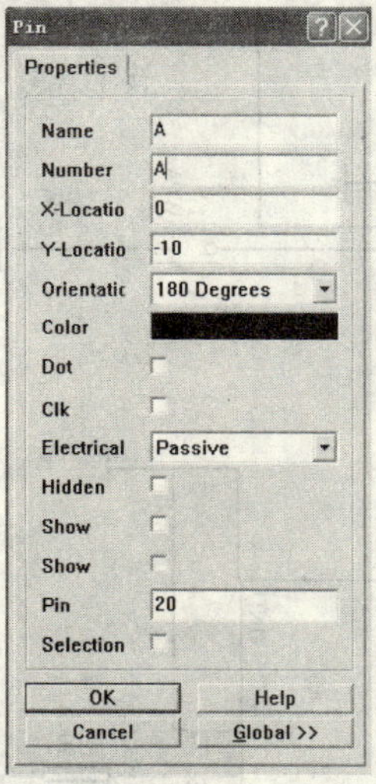

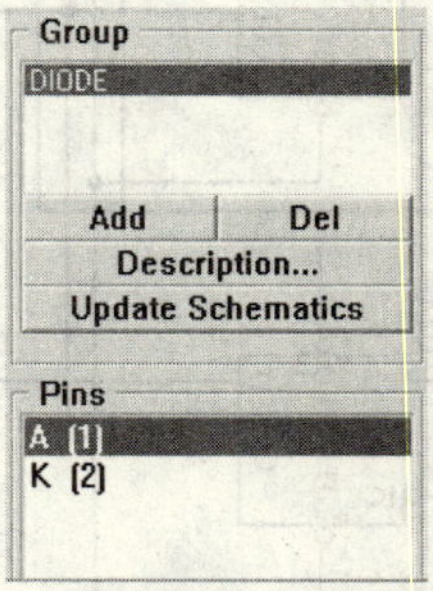

图 3-45　元器件引脚属性设置对话框　　　　图 3-46　元器件引脚属性修改完成后的显示图

（3）修改完成后，单击元器件浏览框中的【Place】按钮，系统自动返回原理图编辑环境（该元器件库编辑环境转入后台运行），此时光标上即带有修改后的元器件符号，在图中单击即可放置修改后的该元器件。

（4）将元器件原理图符号修改后保存，单击【Tools】/【Update Schematic】，系统将对当前打开的用到该元器件原理图符号的原理图进行同步更新，此后打开的原理图中，所有元器件原理图符号将自动更新为修改后的元器件原理图符号。

3）管理元器件库

在 Protel 99 SE 所提供的众多元器件库中，有些元器件经常会用到，可以根据需要把它们提取出来，重新组合成一个常用的元器件库，以方便绘制原理图时调用。

（1）首先新建一个空白的原理图文件（*.Sch）并命名。

（2）在现有的元器件库中挑选出所需的元器件符号放入绘图区（每个元器件符号只需放置一个），待所需元器件符号挑选完成后，单击【Design】/【Make Project Library】，系统就会自动生成与电路原理图同名的元器件库文件（*.Lib）。

（3）在原理图编辑环境中，单击【Design】/【Add/Remove Library】，可将此元器件库添加到当前元器件库列表中。

注意：在自动生成的新的元器件库文件中可将元器件符号的名称重新命名（如改为中文名字），方便查阅。在左侧的库浏览区的元器件列表中选中需要重命名的元器件，单击【Tool】/【Rename Component】，在出现的对话框中重新输入新的名称即可。

3.2.2 PCB 元器件封装的制作与管理

1. PCB 元器件

PCB 中的元器件是以不同的元器件的封装存在的。元器件封装就是原理图元器件属性中的“Footprint”属性。它是指实际元器件焊接到电路板时，所指示的外观和焊盘位置。

原理图中的元器件注重于元器件的引脚，引脚序号（Number 属性）是表示该元器件电气特性的关键部分，引脚之间的连接不能有任何错误。而 PCB 中的元器件不仅注重元器件引脚之间的连接，更注重元器件的外形尺寸，其表示该元器件电气特性的部分是焊盘序号（Number 属性）及元器件外观图形，将引脚与引脚之间的导线连接转换成焊盘与焊盘之间的铜膜线连接。原理图中三极管与 PCB 中三极管封装的对应关系如图 3-47 所示。原理图元器件与 PCB 元器件不一定是一一对应的关系。不同的元器件可以共用同一种元器件封装。同一种元器件也可以有不同的封装形式。

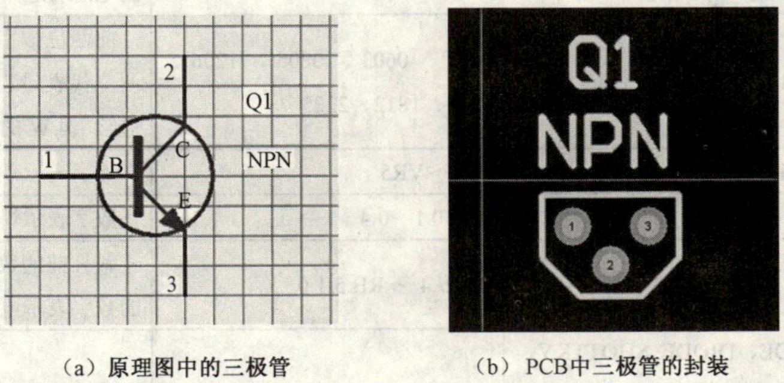

（a）原理图中的三极管　　（b）PCB中三极管的封装

图 3-47　原理图中三极管符号与 PCB 中三极管封装的对应关系

一般元器件的封装包括元器件的图形、焊盘和元器件属性 3 部分，如图 3-48 所示。元器件图形不具备电气性质，由丝网漏印的方法印到电路板的元件层上。焊盘就是元器件的引脚。焊盘上的序号就是元器件引脚的序号。原理图元件的引脚序号必须与封装图中的焊盘序号一致。焊盘的序号、尺寸、位置十分重要，如果出错，制作的 PCB 就不能使用。元器件属性用于设置元器件的位置、层次、编号和注释等项目的内容。

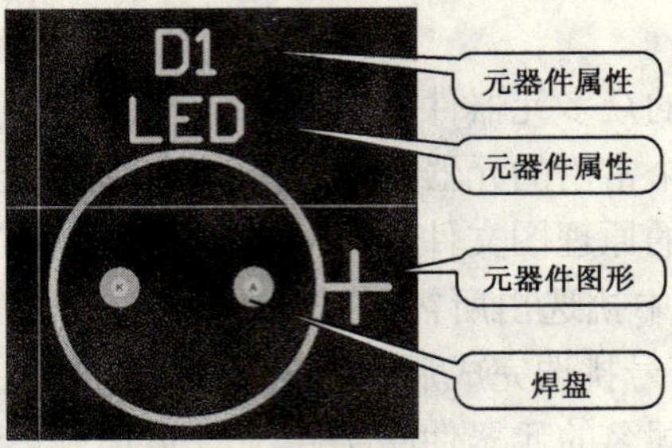

图 3-48　元器件封装结构说明

2. PCB 封装分类和常用元器件的封装形式

PCB 封装分为针脚式和表面贴装式两大类。针脚式元器件是指元器件的引脚是一根导线，其焊盘位置必须钻孔（从顶层钻到底层），安装元件时导线必须穿过电路板焊接固定。表面贴装式元器件是指焊盘不需要钻孔，而直接在焊盘表面进行焊接的元器件。由于针脚式元器件制作比较麻烦，体积较大，成本较高，所以不利于产品的小型化和大批量生成。表面贴装式元器件不需要钻孔，体积较小，成本较低，所以适合进行大批量、全自动的机械式生产加工。

Protel 99 SE 中有 3 个元器件封装库。它们分别是连接器库（Connector），一般封装库（Generic Foot Prints）和 IPC 封装库。系统中元器件封装编号一般为“元器件类型+焊盘距离（焊盘数）+元器件外形尺寸”。可根据元器件封装编号来判别元器件封装的规格。

常用元器件的原理图符号和封装形式如表 3-1 所示（单位为 kmil）。

表 3-1　常用元器件的原理图符号和封装形式

元件类别	原理图符号	封装符号	说　明
电阻（针脚式）	RES1～RES4	AXIAL0.3～1.0	数字表示焊盘间距，根据安装功率不同，选择相应大小的封装。通常 1/4 W 的电阻可选用“AXIAL0.4”封装
电阻（表面贴装式）	RES1～RES4	0402、0603、0805、1206、1210、1812、2225 等	前两位数字表示贴片电阻的长度，后两位代表封装的宽度，单位为 10 mil，通常 1/4 W 的电阻可选用“1206”封装
电位器	POT1、POT2	VR1～VR5	数字表示外观形状
无极性电容	CAP	RAD0.1～0.4	数字表示焊盘间距
有极性电容	ELECTRO1 ELECTRO2	RB.2/.4～ RB.5/1.0	斜杠前的数字表示焊盘间距，斜杠后的数字表示电容圆通的外直径
二极管	DIODE、DIODE SHOTTKY、DIODE TUNNEL、ZENER1～3	DIODE0.4、DIODE0.7	数字表示焊盘间距
整流桥	BRIDGE1， BRIDGE2	D-xx，如 D-70、D-71、D-38、D-44、D-46 等	其中 xx 为数字，表示不同的整流桥封装
晶体管	NPN、NPN1、PNP 和 PNP1	TOxxx，如 TO18、TO92A、TO92B、TO220 等	其中 xxx 为数字，表示不同的晶体管封装

续表

元件类别	原理图符号	封装符号	说明
集成电路双列直插式		DIPxxx	其中 xxx 表示引脚数
集成电路引脚栅格阵列式		PGAxxx	其中 xxx 表示引脚数
集成电路贴片式		PLCC、QUAD、SOJ、BGA、SPGA	
石英晶体		XTAL1	
单列直插		SIPx	其中 x 表示引脚数
牛角连接器		IDCxx	其中 xx 表示引脚数

3. PCB 元器件封装的制作与管理

Protel 99 SE 提供了功能强大的 PCB 元件库编辑器，可以帮助用户制作和管理自己的元器件封装库。

在绘制新的元器件封装之前，一定要先了解需要绘制的元器件实物的物理尺寸与引脚功能。元器件引脚之间的距离和引脚直径以及外形尺寸，是封装绘制的关键所在。元器件的实际物理尺寸（封装尺寸）和引脚功能可以找实物，利用公英制的游标卡尺进行尺寸测量，也可以从厂家提供的元器件说明书中获得相应内容。

1）创建新元器件封装

可以利用元器件封装向导和手动制作两种方法创建所需元器件封装。

当创建的封装在很多方面符合某些通用标准时，Protel 99 SE 提供的 PCB 元器件向导制作封装就很方便。可以根据实际元器件的外形和尺寸，定义一些设计规则，系统就会自动生成新的封装。

（1）新建一个设计数据库（*.ddb 文件），为了方便管理，可以利用绘制原理图时创建的“彩灯控制器”数据库。

（2）单击【File】/【New】，在弹出的新建文件对话框中，双击【PCB Library Document】图标，生成一个“PCBLIB1.LIB”文件，可改名为“彩灯控制器封装.LIB”。生成的 PCB 封装库文件如图 3-49 所示。注意，一定不能和 Protel 99 SE 自有封装库中的 PCB 封装名称相同，也不能和自己制作的 PCB 元件名称重名，否则加载封装时会出错。

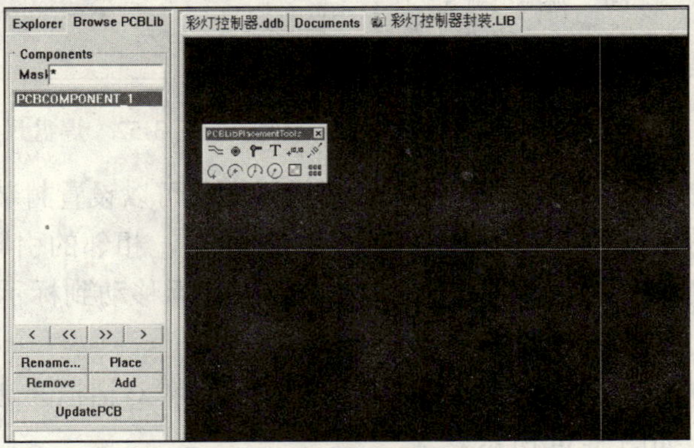

图 3-49　生成的 PCB 封装库文件

图 3-49 中的【Browse PCBLib】标签下为封装库编辑器，可以方便管理封装库。与原理图元器件库管理器的内容大致相同，其中【Update PCB】按钮是用来更新当前激活的 PCB 文件中的封装。

图 3-49 中的【PCBLib Placement Tools】放置工具栏，可以利用其中的按钮手动制作元器件的封装。

（3）单击【Tools】/【New Component】或单击封装库编辑器中的【Add】按钮，弹出启动【Component Wizard】（封装创建向导）对话框，如图 3-50 所示。

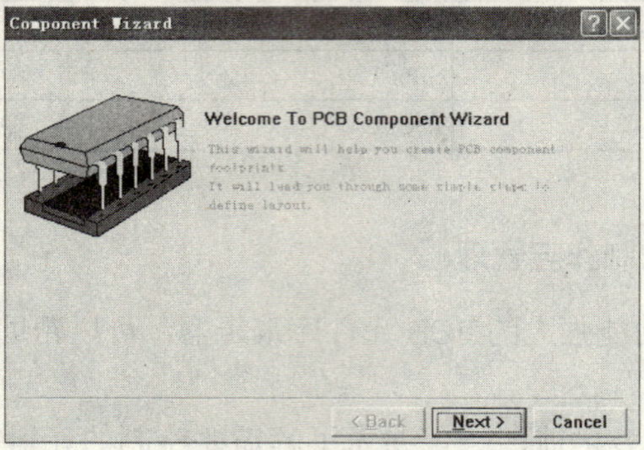

图 3-50　封装创建向导对话框

（4）单击该对话框中的【Next】按钮，出现选择封装模板对话框。以“彩灯控制器”原理图中使用较多的“DIP 封装”为例，在“元器件封装类型”中选择“Dual in-line Package[DIP]”双列直插式，在“单位类型”中可选择“Imperial[mil]”英制尺寸单位，如图 3-51 所示。

（5）单击【Next】按钮，进入焊盘尺寸设置对话框。对于需要修改的焊盘尺寸及孔径大小，在数值上单击，然后输入数值即可，如图 3-52 所示。

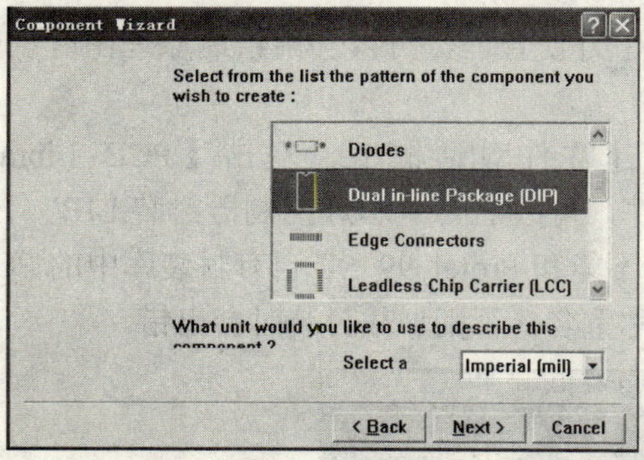

图 3-51　选择封装模板对话框

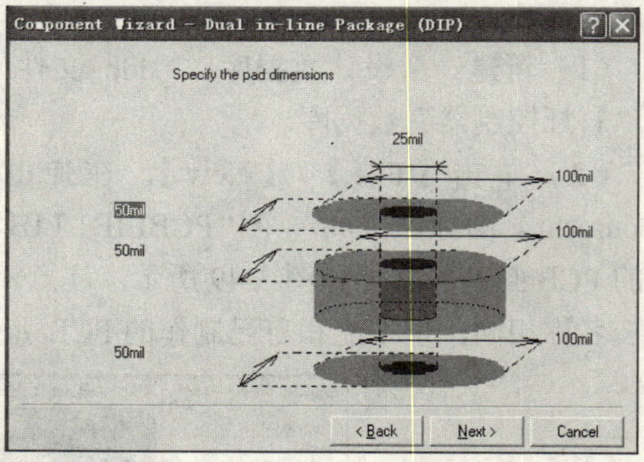

图 3-52　焊盘尺寸设置对话框

（6）单击【Next】按钮，进入焊盘间距设置对话框。可以设置封装的引脚间距与相对位置，默认的两排引脚的间距为 600 mil（修改为 300 mil），相邻的引脚间距为 100 mil（即 2.54 mm，DIP 封装集成电路引脚间距的标准值）。将光标移动到标示尺寸的数字上单击一下，即可修改这些尺寸数据，如图 3-53 所示。

（7）单击【Next】按钮，进入元器件外形轮廓线宽设置对话框。通常情况下采用默认值 10 mil 即可满足要求，如图 3-54 所示。

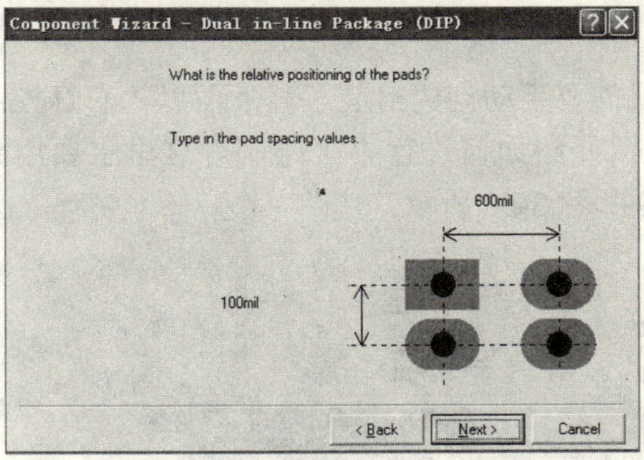

图 3-53　焊盘间距设置对话框

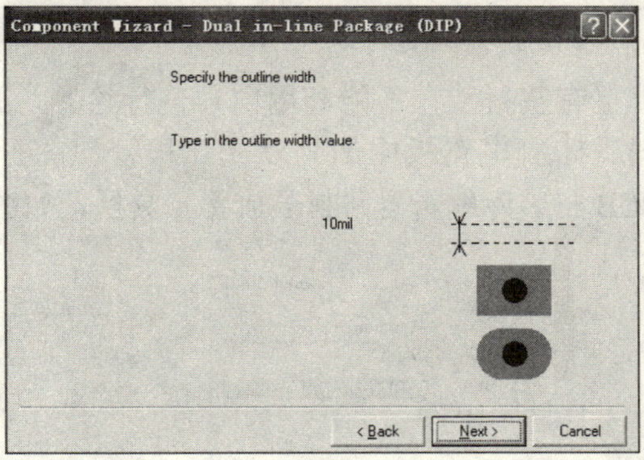

图 3-54　元器件外形轮廓线宽设置对话框

（8）单击【Next】按钮，进入元器件封装引脚数目设置对话框。这里设置为“14”，如图 3-55 所示。

（9）单击【Next】按钮，进入元器件封装名称设置对话框。这里填入“彩灯 DIP14”，如图 3-56 所示。

（10）单击【Next】按钮，系统弹出完成向导对话框，单击【Finish】按钮完成封装的绘制，如图 3-57 所示。

随后就可以在工作区中看到新创建的元器件封装的外形，并可以在 PCB 编辑浏览器中看到该元器件封装的名称，如图 3-58 所示。注意，电路原理图中元器件填入的封装名称一定要和该名称相同)，否则在设计 PCB 调入网络表时将会出错。

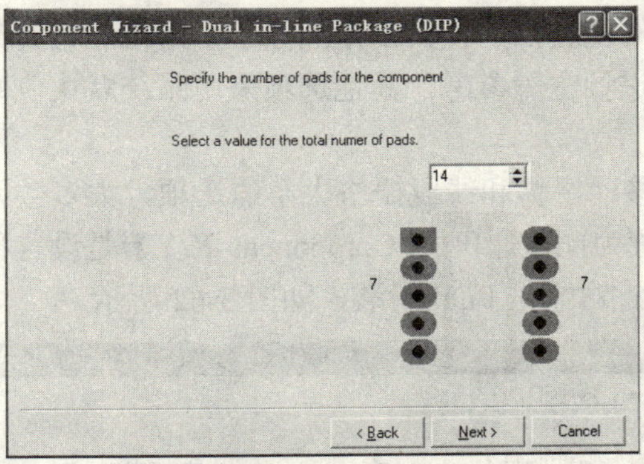

图 3-55　元器件封装引脚数目设置对话框

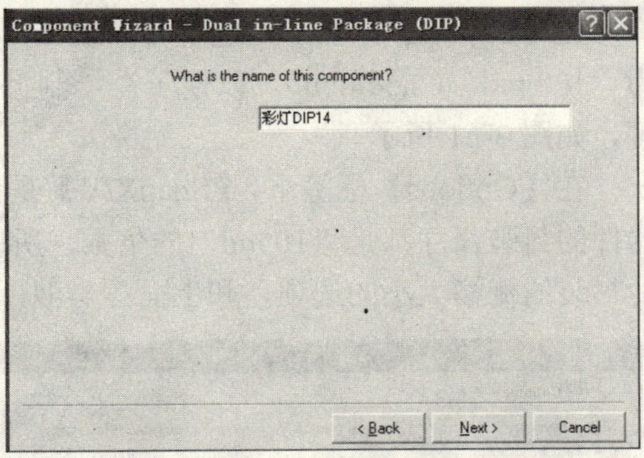

图 3-56　元器件封装名称设置对话框

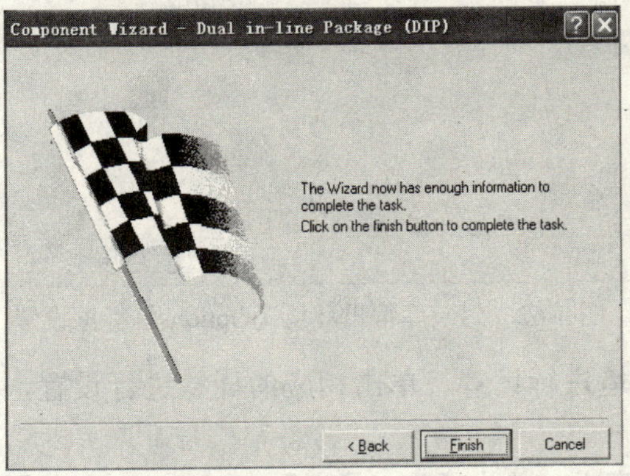

图 3-57　完成封装绘制向导对话框

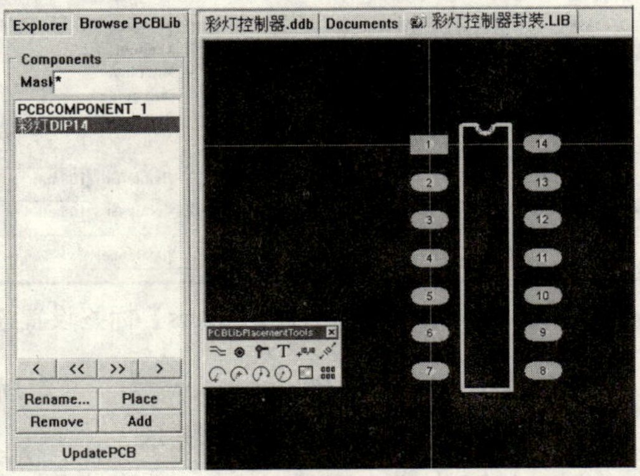

图 3-58　新创建的元器件封装

2）手动创建封装

有些封装在不能利用向导进行绘制，此时就需要手动创建封装了。下面以“彩灯控制器”印制电路板中的“发光二极管”的封装为例介绍如何进行手工绘制。这里主要用到PCB封装库编辑器和封装放置工具栏，如图3-59和图3-60所示。

图3-59　PCB封装库编辑器

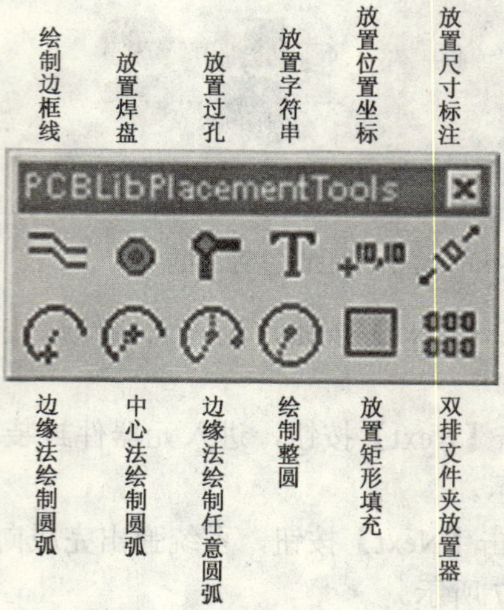

图3-60　封装放置工具栏

（1）为了方便元器件封装的绘制，可以对编辑环境进行一些设置。单击【Tools】/【Libraty Options】，对封装库编辑环境进行设置。

在【Layers】标签下，选中【Visible 2】前的复选框，使其工作区显示小栅格，将其改为“100 mil”（2.54 mm），以便于在绘制封装时进行位置参考，其他选项采用系统默认值即可，如图3-61所示。

在【Options】标签下，【SnapX/Y】是设置移动字体和线段栅格大小的选项，大多数元器件的封装尺寸都是“10 mil”的倍数，所以设置为此值即可。【Component X/Y】是设置移动封装的栅格大小的选项，和上面的类似，只不过对象是PCB封装，如图3-62所示。

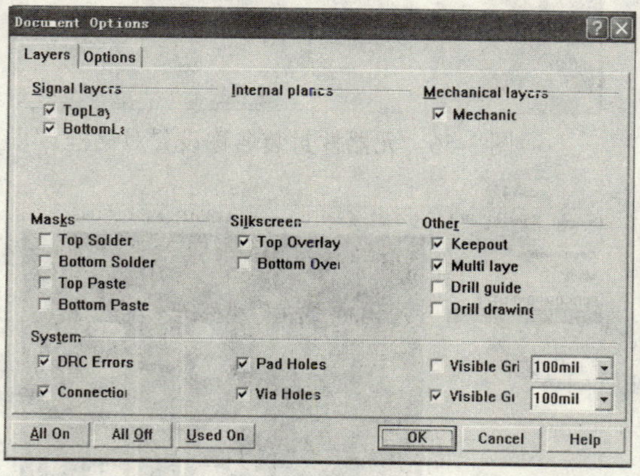

图3-61　封装库编辑环境【Layers】标签设置

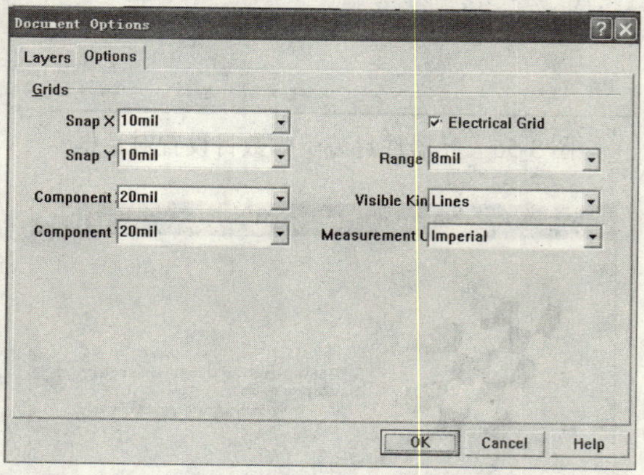

图3-62　封装库编辑环境【Options】标签设置

单击【Tools】/【Preference…】，对系统环境进行设置。单击相应的标签进行设置，这里采用系统默认值，如图3-63所示。

（2）在创建的“彩灯控制器封装.LIB”封装库中，单击【Tools】/【New Component】或单击封装库编辑器中的【Add】按钮，在随后弹出的元器件封装制作向导对话框中单击【Cancel】按钮取消制作向导，系统自动创建了一个默认名称为“PCBCOMPONENT-1-DUPLICATE”的空元器件。

（3）单击封装库编辑器中的【Rename…】按钮，将此封装命名为“彩灯发光二极管”，如图 3-64 所示。

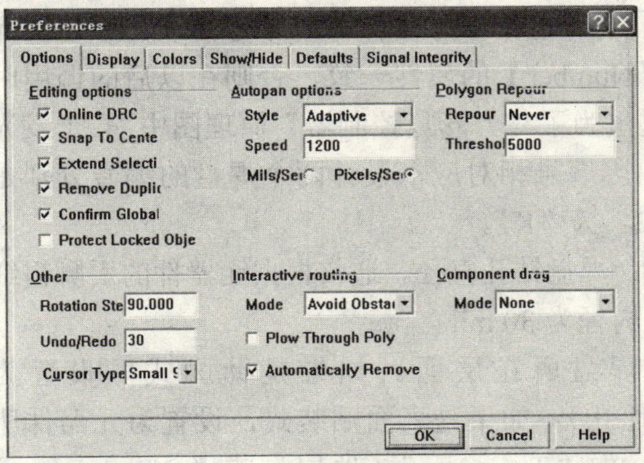

图 3-63　系统环境设置

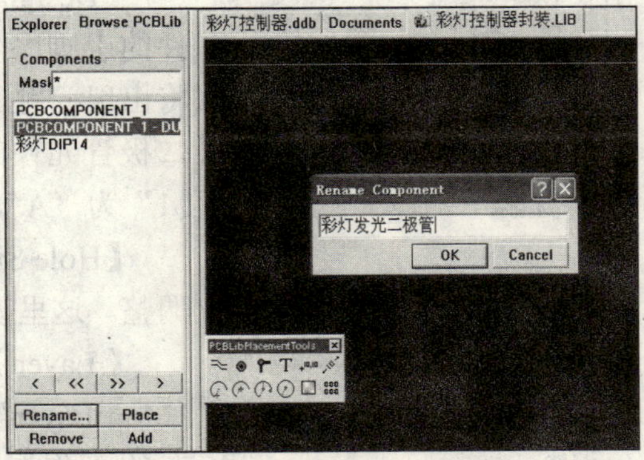

图 3-64　彩灯发光二极管封装文件

（4）单击工作区下方的【TopOverlay】标签，切换到顶层丝印层（元器件的封装图形在 PCB 中处于此层），如图 3-65 所示。

图 3-65　工作层面切换标签

（5）单击 PCB 封装库放置工具栏中的“ ”按钮（或者按快捷键【P】/【T】），然后将光标移动到工作区中，绘制元器件的轮廓边框。在默认情况下，系统显示比例为 100%，此时看不到栅格，需要单击主工具栏上的“ ”按钮将栅格放大到合适的大小以利于绘制工作的进行。可双击绘制的线段，进行相应属性的设置。绘制完成的封装外形如图 3-66 所示。

（6）单击 PCB 封装库放置工具栏中的“ ”按钮（或者按快捷键【P】/【P】），然后将光标移动到工作区中，放置元器件的焊盘。单击一次将放置一个焊盘，如图 3-67 所示。如果双击，则会在同一位置放置两个重合的焊盘，需要特别注意。

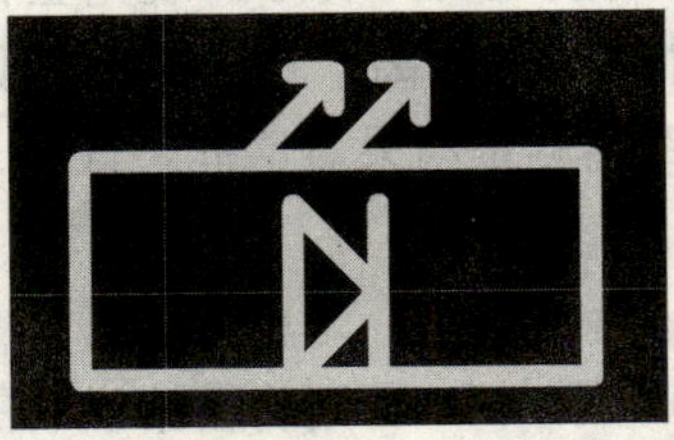

图 3-66　绘制完成的彩灯发光二极管的封装外形

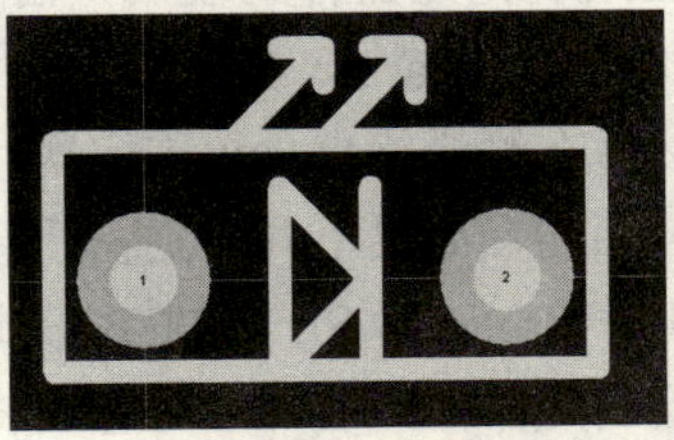

图 3-67　添加了焊盘后的彩灯发光二极管

（7）双击放置的焊盘，在弹出的“Pad”（焊盘属性）设置对话框中，进行相应的设置，如图 3-68 所示。其中：

【X/Y-Size】：焊盘在 X 轴 / Y 轴的尺寸。这两项决定焊盘的外径，直接影响焊盘的机械强度，焊盘越大，机械强度越大。一般设置焊盘尺寸为外径 60～70 mil。双面板可以定义小

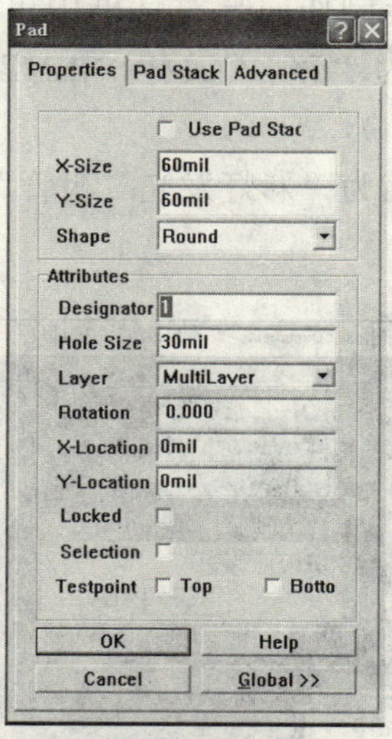

图 3-68　焊盘属性设置对话框

一些，单面板定义大一些。

【Shape】：焊盘的形状。为了便于区别多引脚元器件的引脚，通常将第 1 脚焊盘形状设置为“Rectangle”（正方形）。具有极性的元器件引脚通常采用矩形来表示正极，其他部分皆使用“Round”（圆形）。

【Designator】：焊盘的序号名称。该序号必须与原理图元件的引脚序号【Number】的属性一致，否则在以后的调用时将出现问题。这里为了与“彩灯控制器”原理图中 4 个发光二极管元件的引脚序号相对应，设计两个焊盘的编号分别是“1”为“A”，“2”为“K”。

【Hole Size】：焊盘钻孔直径。通常根据元器件的引脚粗细调整。这里设置内径为 30 mil。

【Layer】：焊盘所在层面。如果是针脚式，设置为“MultiLayer”（通孔），如果是表面贴装式，设置为元器件所在的工作层面，如“TopLayer”（顶层）或“BottomLayer”（底层）。

【Rotation】：焊盘旋转角度。此选项对于圆形焊盘没有实际意义。

【X/Y-Location】：焊盘的 X 轴 / Y 轴坐标。可根据实际元器件的引脚距离来设置。

【Locked】：设定焊盘的位置是否锁定。

【Selection】：设定焊盘是否处于选择状态。

【Testpoint】：设定焊盘是否作为对应层面的测试点。

设置完成后的“彩灯发光二极管”的封装如图 3-69 所示。注意与图 3-68 焊盘的区别。

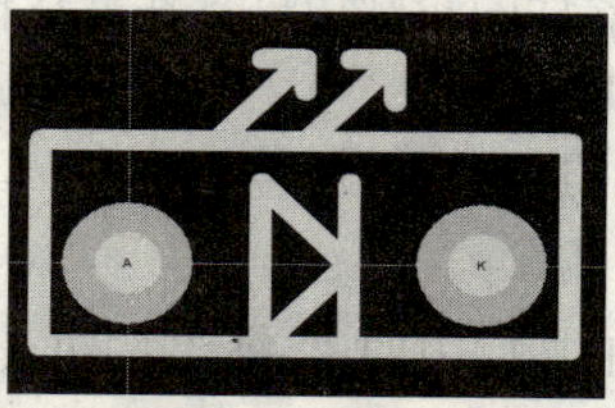

图 3-69　焊盘设置完成后彩灯发光二极管的封装

（8）在绘制完元器件封装后，若不能确定元器件封装是否与实际封装完全相同，可单击【Reports】/【Measure Distance】，测量一下各图件之间的距离。移动光标在测试起点单击一次，然后在测量终点再单击一次，系统就会弹出距离测量结果对话框。查看一下，是否和实际封装相同，如果不同，则需重新绘制。

（9）由于 Protel 99 SE 在 PCB 编辑器中对元器件进行旋转时，是以第 1 脚为中心的，这就需要在绘制元器件封装外形时也要将第 1 脚设定为“原点”，否则将会给以后的调用工作带来意想不到的麻烦。但是在前面的绘制过程中，不能确定元器件封装是否已经定位在原点，所以还需要进行设定。单击【Edit】/【Set Reference】/【Pin 1】，将已经绘制好的元器件封装的第 1 脚设定为原点。

（10）单击【Reports】/【Component Rule Check…】，可以对元件封装进行检查设置，单击【OK】按钮确认，如图 3-70 所示。系统会将规则检查结果以文本的形式显示，如图 3-71 所示。

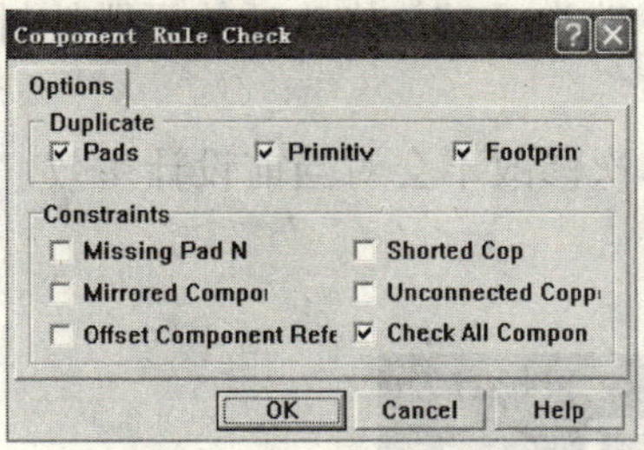

图 3-70　元器件封装规则检查对话框

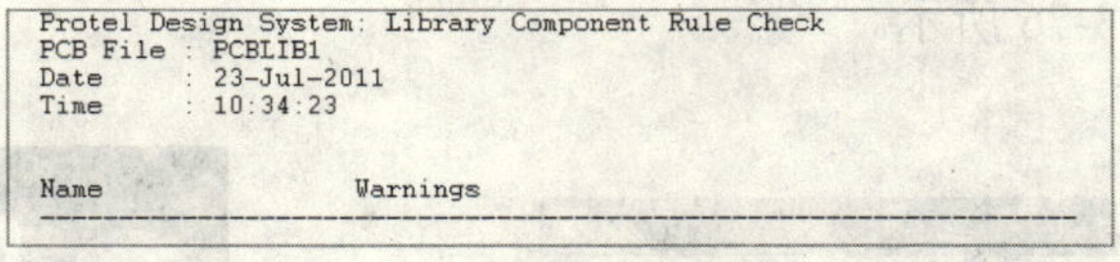

图 3-71　规则检查结果的文本形式显示

以上内容表明元器件的封装设计没有相关错误。

（11）单击“▣”按钮，保存新创建的封装。

4. 修改现有的元器件封装

在 PCB 系统自带的元件库中，个别元器件的封装不符合设计要求，或者其焊盘序号与原理图元件引脚序号不对应，这都会给 PCB 的设计工作带来错误，所以可以对现有的封装库进行修改。

在前面的原理图绘制时提到二极管原理图元件的引脚序号和其封装的焊盘序号不对应的情况，在这里介绍第 2 种方法。

（1）在 PCB 编辑器中的元器件封装名称浏览框中单击需要修改的元器件封装名称，如图 3-72 所示。

（2）单击【Edit】按钮，系统自动启动封装库编辑器并出现元器件封装编辑修改界面，如图 3-73 所示。

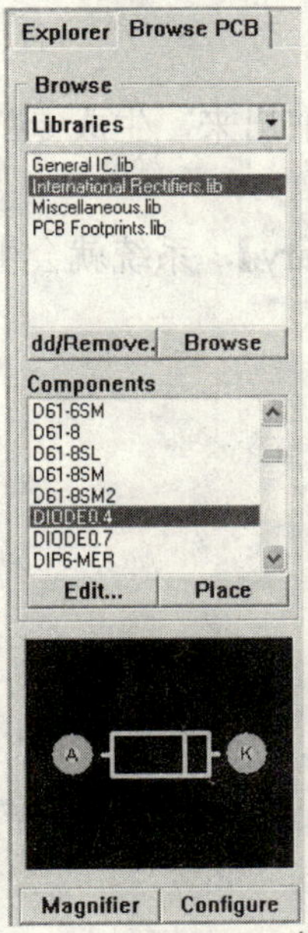

图 3-72　选中需要修改的元器件封装名称

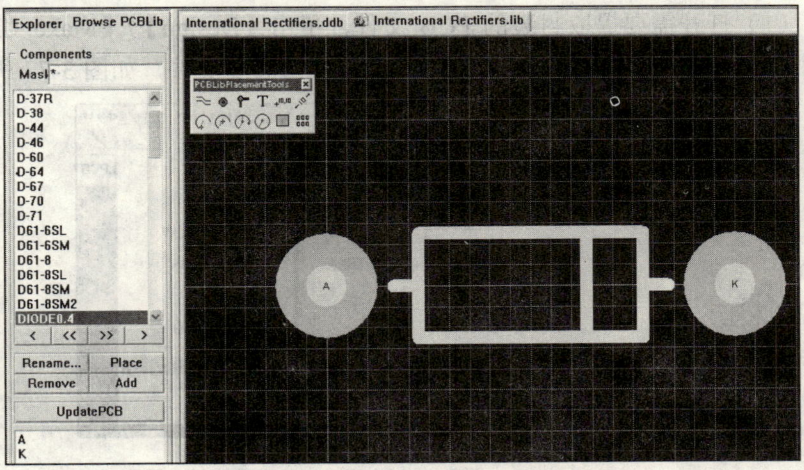

图 3-73　元器件封装编辑修改界面

（3）在元器件封装库编辑器的工作窗口内双击元器件封装的焊盘“A”，打开焊盘属性对话框，在对话框中将【Designator】属性由“A”改为“1”即可，如图 3-74 所示。

（4）采用同样的方法，修改焊盘“K”,，将其由“K”改为“2”，修改后的元器件封装如图 3-75 所示。

（5）单击【Update PCB】按钮更新当前设计，否则本次修改不会对当前设计生效，如图 3-76 所示。

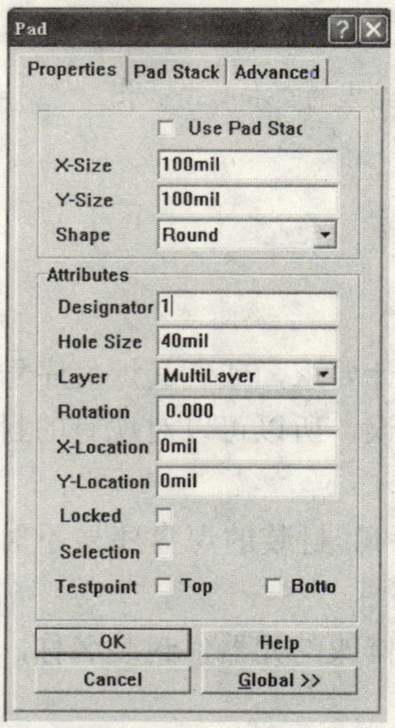

图 3-74　焊盘属性对话框

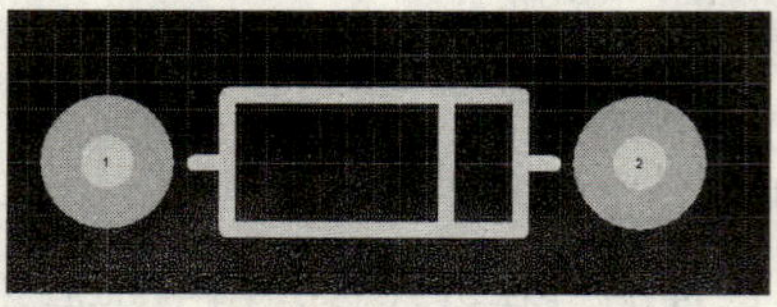

图 3-75　修改后的元器件封装

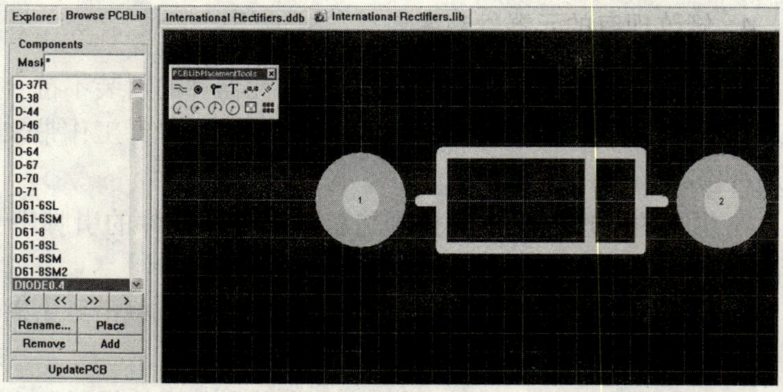

图 3-76　更新当前 PCB 中库文件

5. 管理 PCB 元器件封装

对于已经设计完成的 PCB 文件，可以将该文件中的元器件封装提取出来，生成专门的 PCB 元器件封装库，可以对其进行管理，以备后用。

（1）打开需要提取封装的 PCB 文件，单击【Design】/【Make Library】，系统就会生成一个名称与 PCB 名称相同的“.LIB”元器件封装库文件，如图 3-77 所示。

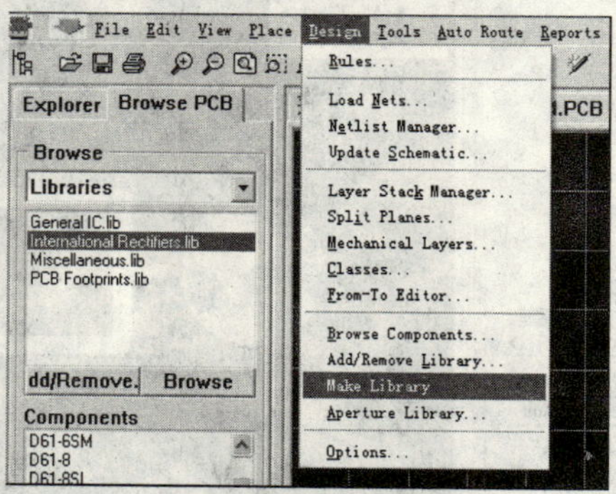

图 3-77　生成 PCB 元器件封装库操作

（2）在文档管理器中右击该文件，在出现的快捷菜单中单击【Export】选项，可将该 PCB 封装数据库文件导出到指定文件夹中，以备日后使用。

（3）将导出的“.LIB”PCB 封装数据库文件导入到“.ddb”格式的 PCB 封装数据库

中，再保存为“.ddb”格式的数据库文件就可以加载到 PCB 设计管理器中进行自由调用了。

在 PCB 设计时，有时需要从一个元器件封装数据库中复制一些封装文件到其他封装数据库中，以方便进行设计工作。

（1）将需要复制文件的封装数据库和目的封装数据库在同一个数据库文件中打开。

（2）打开需要复制封装文件的封装数据库文件，选择需要复制的封装文件，右击，单击【Copy】选项，将选择的封装文件复制到剪贴板。

（3）再打开目的封装数据库，在 PCB 编辑器中元器件封装名称处右击，单击【Paste】选项，将剪贴板中的封装文件粘贴到目的数据库中。

3.2.3　PCB 元器件布局前的准备工作

在 PCB 元件布局前，进行一些必要的准备工作，使接下来的布局工作得以顺利进行。

1. 创建一个 PCB 电路板设计文件

（1）打开前面创建的“彩灯控制器”设计数据库文件（.ddb 文件），其中含有已经绘制完毕的“彩灯控制器.Sch”电路原理图文件。

（2）双击【Document】文件夹后，单击【File】/【New...】，打开新建设计文件对话框，如图 3-78 所示。

（3）双击“PCB Document”（PCB 设计文件）图标，即可创建一个默认名称为“PCB1.PCB”的 PCB 设计文件，可重新命名为“彩灯控制器.PCB”文件。为了方便文件管理和调入网络表时使用同步器，建议将 PCB 设计文件（.PCB）和电路原理图文件（.Sch）都放在一个设计数据库中。

（4）双击新建的“彩灯控制器.PCB”图标，即可进入 PCB 编辑器，如图 3-79 所示。

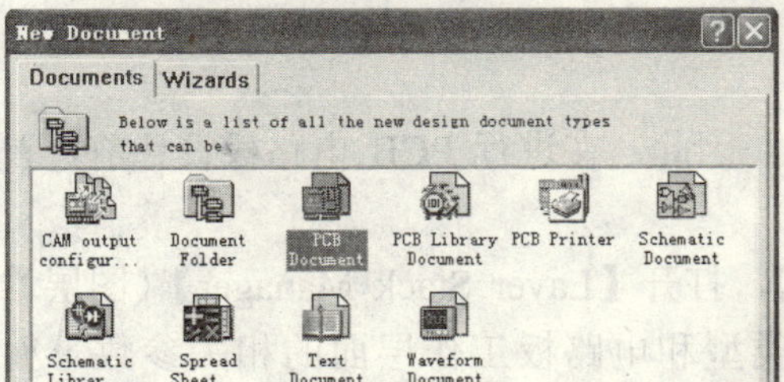

图 3-78　新建设计文件对话框

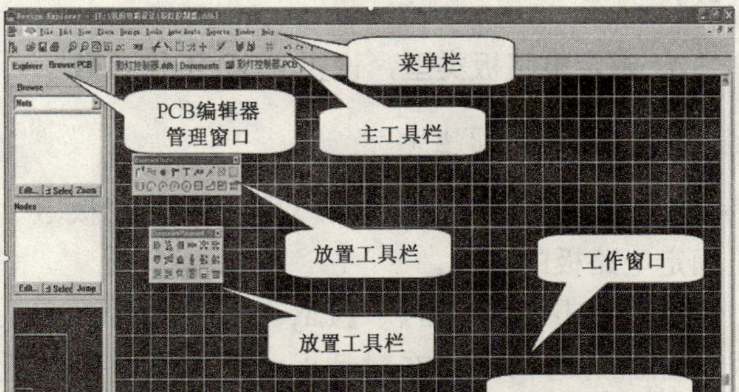

图 3-79　PCB 编辑器

2. 加载元器件封装库

在创建完 PCB 设计文件后，加载 PCB 设计时所需的全部元器件封装库。这是顺利调入网络表，载入元器件封装的前提。

（1）单击 PCB 编辑器管理窗口中的【Browse PCB】标签的下拉按钮，选择【Libraries】库选项，如图 3-80 所示。

（2）单击【Add/Remove】按钮，即可打开【PCB Libraries】（添加 / 删除元器件封转库）对话框，如图 3-81 所示。

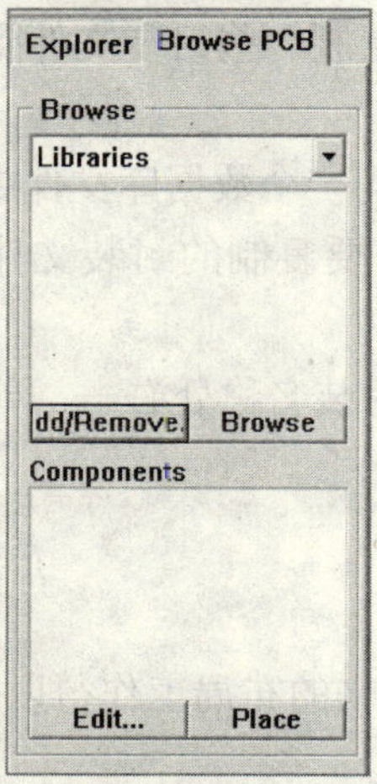

图 3-80　PCB 编辑器管理窗口

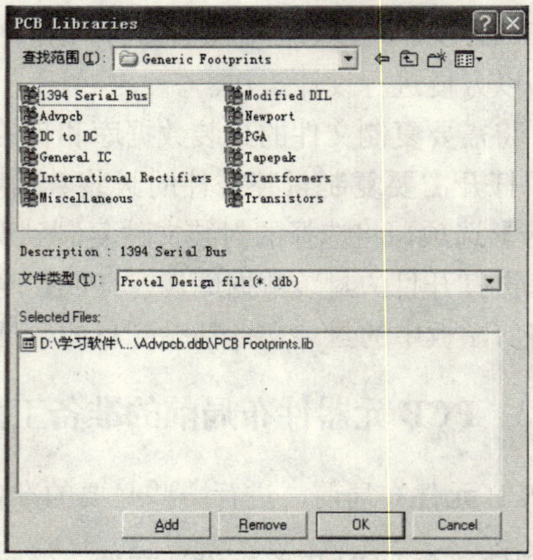

图 3-81　添加 / 删除元器件封转库对话框

（3）双击所要添加的封装库，使其出现在【Selected Files】列表框中，单击【OK】按钮，即可完成元器件封装库的加载工作。

Protel 99 SE 中，元器件封装库存放的路径是“X:\Program Files\Design Explorer 99 SE\Library\Pcb。其中的“Generic Footprints”文件夹包含了常用的元器件封装，可以选择加载。比较常用的还有 Advpcb.ddb、DC to DC.ddb、General IC.ddb 这几个元器件封装库。还可以根据需要，加载自己制作的 PCB 元器件封装库，如前面制作的“彩灯控制器封装.LIB”文件。注意，必须将 PCB 制作时所需的全部封装文件都加载进去，如果没有加载完全，那么在调入网络表和封装的时候，系统会提示存在宏操作错误，从而造成网络表调入失败。

3. 确定电路板类型，设置 PCB 工作参数

1）确定电路板类型

一般的电路板有单面板、双面板和多层板 3 种。因此，在进行 PCB 电路板设计前，首先确定电路板的类型。

（1）单击【Design】/【Layer Stack Manager...】，打开【Layer Stack Manager】（图层堆栈管理器）对话框，在对话框中可以设定电路板类型和电路板工作层面的相关参数，如图 3-82 所示。

（2）单击左下角的【Menu】图标，在【Example Layer Stacks】（电路板模板）下拉菜单中，选择【Two Layer（Plated）】选项，可将 PCB 设定为双面板模板，如图 3-83 所示。“Two Layer（Plated）”和“Two Layer（Non-Plated）”的区别是前者是孔壁粘锡的。

（3）其余参数采用系统默认值即可，单击【OK】按钮，关闭对话框，完成电路板类型设定工作。

本设计中采用的是双面板，比较简单，也可以不采用上述方法，而在以下设计中直接在工作层面中将相应层打开即可。

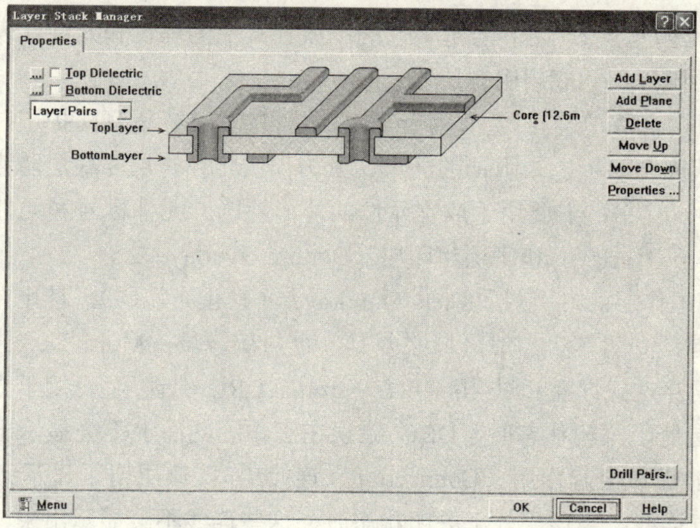

图 3-82　图层堆栈管理器对话框

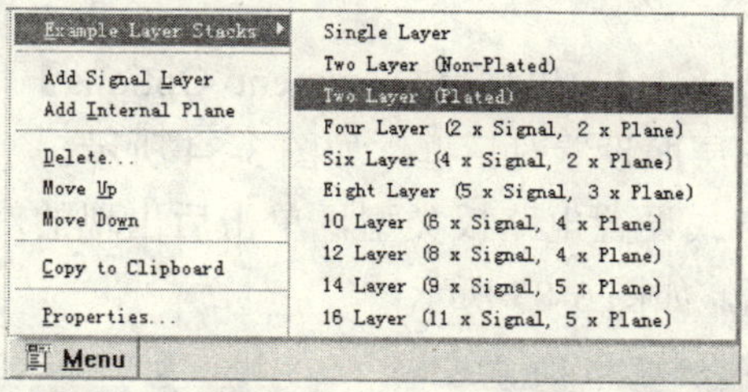

图 3-83　选择双面板模板

2）设置工作层面

（1）工作层面的类型。

印制电路板是由一些层状结构构成的，不同的电路板具有不同的工作层面。Protel 99 SE 中所提供的工作层大致可以分为 8 类：Signal Layer（信号层）、Internal Layer（内部电源/接地层）、Mechanical Layer（机械层）、Drill Layer（钻孔位置层）、Solder Mask（阻焊层）、Paste Mask（锡膏防护层）、Silkscreen（丝印层）和 Others（其他工作层面）。

Signal Layer（信号层）：主要用于放置与信号有关的电气元素，共有 32 个信号层。其中顶层（Top layer）和底层（Bottom layer）可以放置元件和铜膜导线，其余 30 个为中间信号层（Mid layer 1～30），只能布设铜膜导线，置于信号层上的元件焊盘和铜膜导线代表了电路板上的敷铜区。

Internal Layer（内部电源/接地层）：共有 16 个电源/接地层（Plane 1～16），主要用于布设电源线及地线，可以给内部电源/接地层命名一个网络名，在设计过程中 PCB 编辑器能自动将同一网络上的焊盘连接到该层上。

Mechanical Layer（机械层）：共有 16 个机械层（Mech 1～16），一般用于设置印制板的物理尺寸、数据标记、装配说明及其他机械信息。

Drill Layer（钻孔位置层）：钻孔层提供制造过程的钻孔信息，包括钻孔指示图（Drill Guide）和钻孔图（Drill Drawing）。

Solder Mask（阻焊层）：阻焊层是负性的，放置其上的焊盘和元件代表电路板上未敷铜的区域，分为顶层阻焊层和底层阻焊层。

Paste Mask（锡膏防护层）：主要用于 SMD 元件的安装，锡膏防护层是负性的，放置其上的焊盘和元件代表电路板上未敷铜的区域，分为顶层防锡膏层和底层防锡膏层。

Silkscreen（丝印层）：主要用于放置元件的外形轮廓、元件标号和元件注释等信息，包括顶层丝印层（Top Overlay）和底层丝印层（Bottom Overlay）2 种。

Others（其他工作层面）：包括 Keep Out Layer（禁止布线层），禁止布线层定义放置元件和布线区域范围，一般禁止布线区域必须是一个封闭区域；Multi Layer（多层），用于放置电路板上所有的穿透式焊盘和过孔；DRC Errors（DRC 错误层），用于显示违反设计规则检查的信息。该层处于关闭状态时，DRC 错误在工作区图面上不会显示出来，但是在线的设计规则检查功能仍然会起作用；Connection（连接层），该层用于显示元件、焊盘和过孔等对象之间的电气连线。当该层处于关闭状态时，这些连线不会显示出来，但系统仍会分析电路板内部的连接关系。

（2）工作层面的设置。

单击【Design】/【Option...】，出现【Document Options】（文件选项）对话框，单击【Layers】标签即可进入工作层面设置对话框，如图 3-84 所示。

如果前面是采用模板形式设置电路板类型，单击后出现的对话框，显示上有些不同，但是所指的层面是一个意思，如图 3-85 所示。

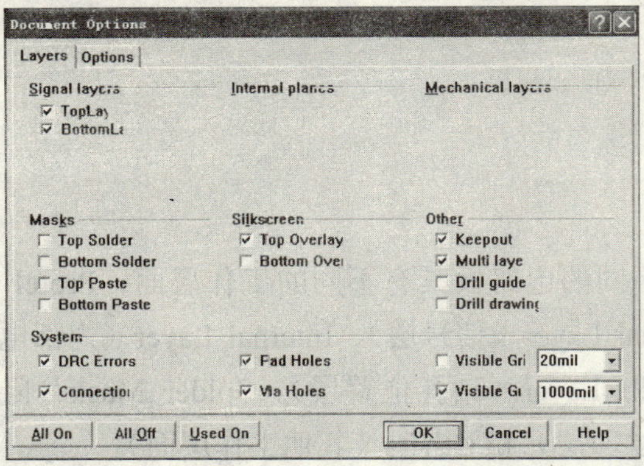

图 3-84　工作层面设置对话框

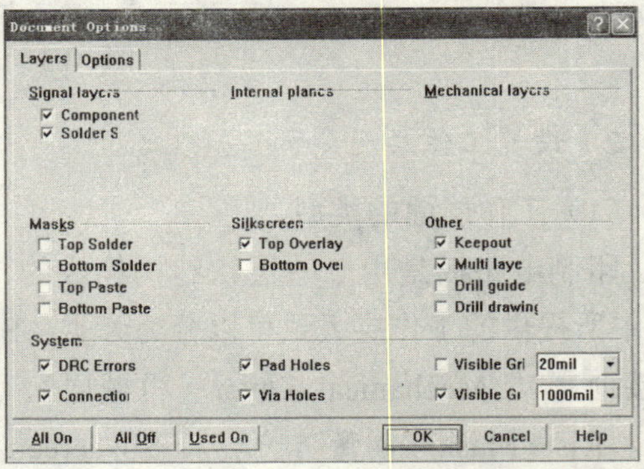

图 3-85　基于模板的 PCB 工作层面设置

选中工作层面选项前面的复选框，即可在工作窗口中显示该工作层面，反之，可以隐藏该工作层面。

注意：对于双面板，需要打开信号层中的顶层和底层，丝印层中的顶层和底层，禁止布线层、多层，还需打开可见栅格层中的某一层或全部打开以及连接层，对其他的工作层面使用默认值即可。Multilayer 层必须显示，否则过孔无法显示。

【Visible Grid 1】和【Visible Grid 2】是可视栅格 1 和可视栅格 2 的设置选项，可对其是否显示和栅格间距显示比例进行设置。一般【Visible Grid 1】一般显示不出来，到工作区放大时才可以显示出来；工作区一般显示的是【Visible Grid 2】，可对其进行设置。

本实例中的双面板上的【Layers】标签，设置为如图 3-86 所示。

单击【Options】标签，对栅格参数进行设置。其中可设置移动光标或元件移动距离，电气栅格、栅格显示方式和计量单位。

本实例中的双面板上的【Options】标签，设置为如图 3-87 所示。

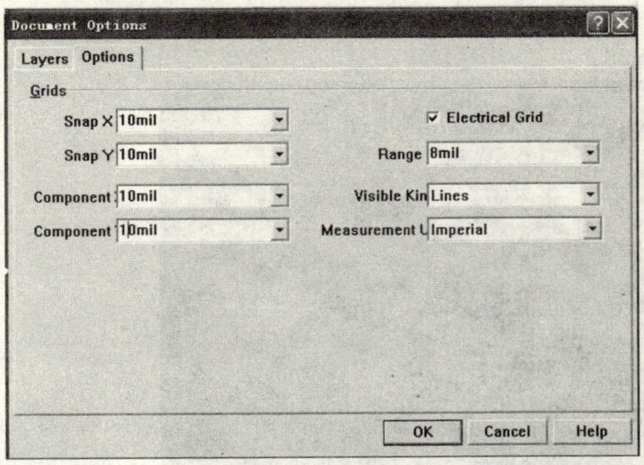

图 3-86　双面板上的【Layers】标签的设置

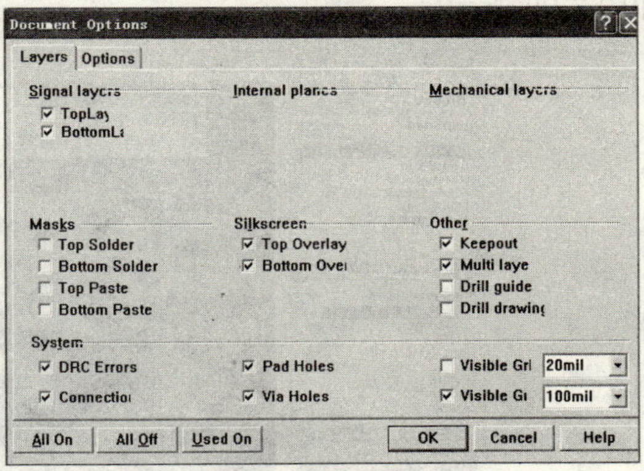

图 3-87　双面板上的【Options】标签的设置

（3）设置 PCB 工作参数。

单击【Tools】/【Preference】中的相应标签，进行 PCB 参数设置。选项中包括光标显示、工作层面颜色、显示 / 隐藏、信号完整性、特殊功能及默认设置，如图 3-88 所示。

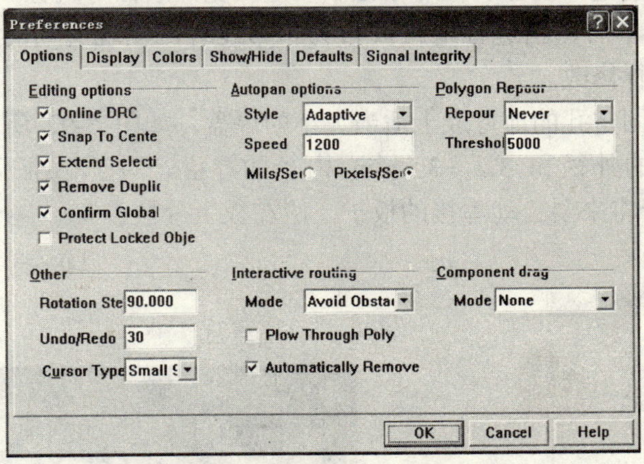

图 3-88　PCB 工作参数设置

4. 规划电路板

规划电路板就是根据电路的规模和实际要求，确定所要制作的 PCB 的具体物理尺寸和电气边界和放置固定孔。电路板规划的原则是在满足用户要求的前提下，尽量美观且便于后面的布局和布线工作。

原则上需要先在机械层中设置电路板的物理边界，再在禁止布线层中设置电路板的电气边界。一般电气边界要小于物理边界。实际上，在设计 PCB 时，常常不去设置物理边界，而只是设置电气边界，电路板的生产厂家会自动以电气边界作为电路板的实际大小。

（1）单击 PCB 编辑器工作区下面的【KeepOutLayer】工作层面切换标签，即可将当前的工作层面切换到禁止布线层，如图 3-89 所示。

图 3-89　切换到禁止布线层

（2）单击【Place】/【Interactive Routing】或单击放置工具栏中的“ ”图标，光标变为十字形状，在工作区中绘制出电路板的边界。注意边界的颜色为禁止布线层默认的紫色。如图 3-90 所示。

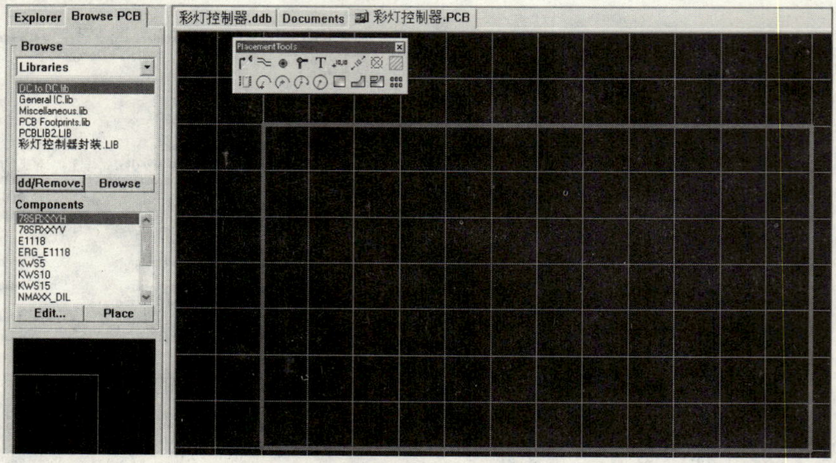

图 3-90　绘制电路板的边界

（3）双击绘制好的边界，在属性对话框中设定线宽，层面等属性，如图 3-91 所示。

电气边界绘制完毕后，当进行电路板布局和布线时，发现规划的边界不合理，可以再切换到禁止布线层进行修改。

（4）在需要放置固定孔的地方放上适当大小的焊盘，如图 3-92 所示。对于 3 mm 的螺钉可用 6.5～8 mm 的外径和 3.2～3.5 mm 内径的焊盘，对于标准板可从其他板或 PCB Wizard 中调入。对于将来要自动焊接的板子，应在板上分散放置 3 个参考点焊盘（外径为 1 mm，孔径为 0 mm）。

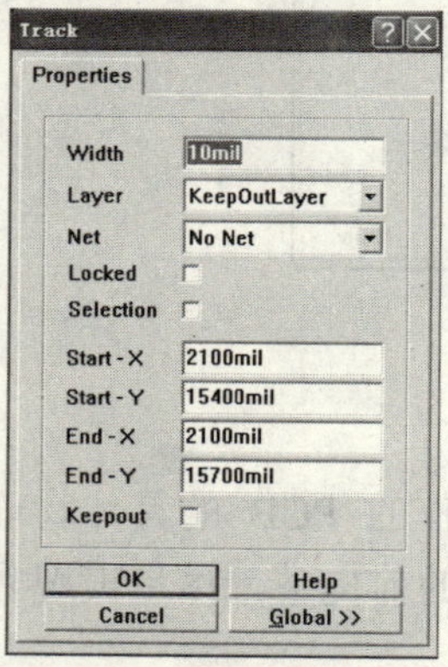

图 3-91　编辑边界的属性

图 3-92　添加了固定孔的电路板

5. 调入网络表

加载元器件封装库和规划好电路板后，即可将电路原理图设计时生成的网络表和元器件封装调入到 PCB 编辑器中。

调入网络表的方法有两种。第一种是使用同步器装入方法，第二种是采用网络表文件载入方法。

1）同步器载入方法

（1）必须首先在电路原理图所在的设计数据库中创建一个 PCB 文件，并装入含有电路原理图中所有元器件封装的封装库。

（2）在原理图编辑器中执行【Design】/【Update PCB…】，如图 3-93 所示。

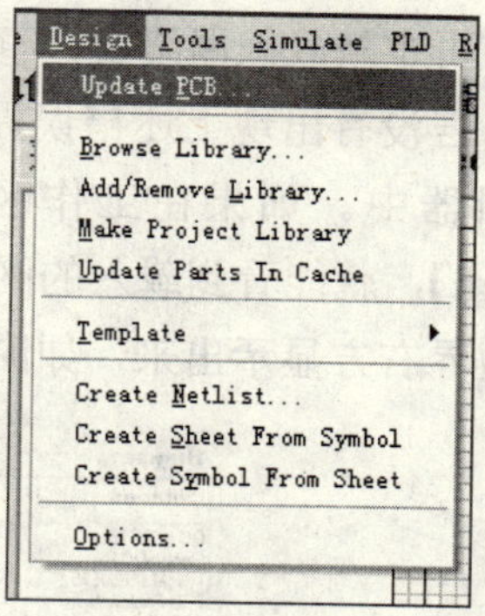

图 3-93　使用同步器更新 PCB 文件

如果该数据库中有两个或两个以上的 PCB 文件时，则执行上述操作后，会出现的“Synchronizer”（同步器选项）对话框，在其中单击选择所要执行的 PCB 目标文件后，如图 3-94 所示，单击【Apply】按钮，出现“Update PCB”（更新 PCB 电路板设计）对话框。如果该数据库中只有一个 PCB 文件，则会跳过如图 3-94 的对话框，直接进入如图 3-95 所示的对话框。

图 3-94　选择更新 PCB 文件的对话框

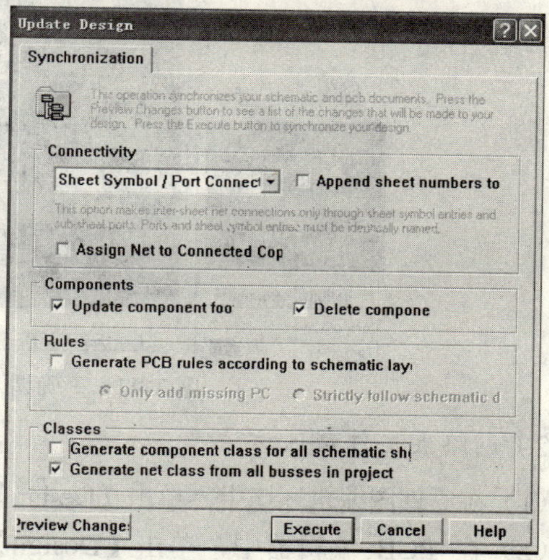

图 3-95　同步器设置

在图 3-95 所示对话框中，“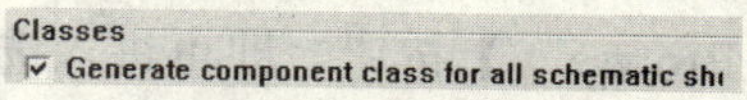”默认为选中状态，若选中后，则会使装入的元器件封装于一个块中，对后面的布局工作带来麻烦，需要将其取消选中，其他选项采用系统默认值即可。

单击左下角的【Preview Change】按钮，即可进入【Update Design】对话框的【Changes】选项卡，如图 3-96 所示。

该选项卡中，通过网络宏（macro）显示本次更新设计中所有的变动情况，“All macros validated”显示网络表完全成功加载。如果是第一次进入更新设计，那相应的宏操作是针对整个电路的。如果只是在原有电路原理图的基础上做了修改之后，再次载入网络表和封装，那这时的宏操作仅仅是针对原理图中添加、删除或修改的那部分设计而进行的。

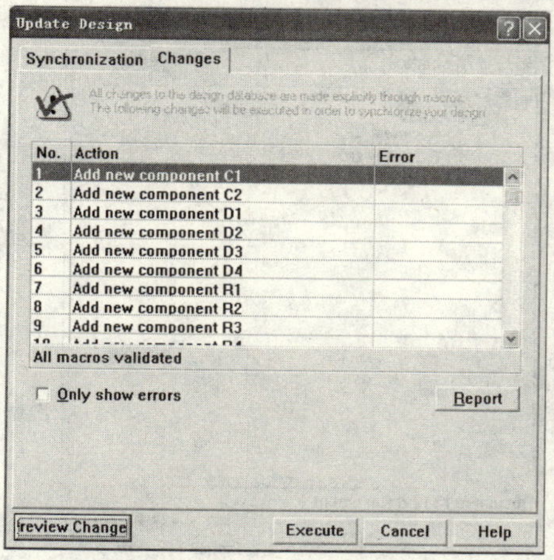

图 3-96　本次更新设计中所有的变动情况

若出现如图 3-96 所示的对话框中显示有错误，则应该根据错误提示，查找和修改错误后，再重新载入网络表，直至全部正确地加载进去。

若没有出现上述错误提示对话框，单击【Execute】按钮后，元器件封装就调入到 PCB 编辑器中。如果在工作区中看不到已经载入的元器件封装模型，单击【View】/【Fit Board】，就能看到载入的网络表（元器件间的连接关系）和元器件封装紧靠已经确定的电路板边界右方显示出来，如图 3-97 所示。

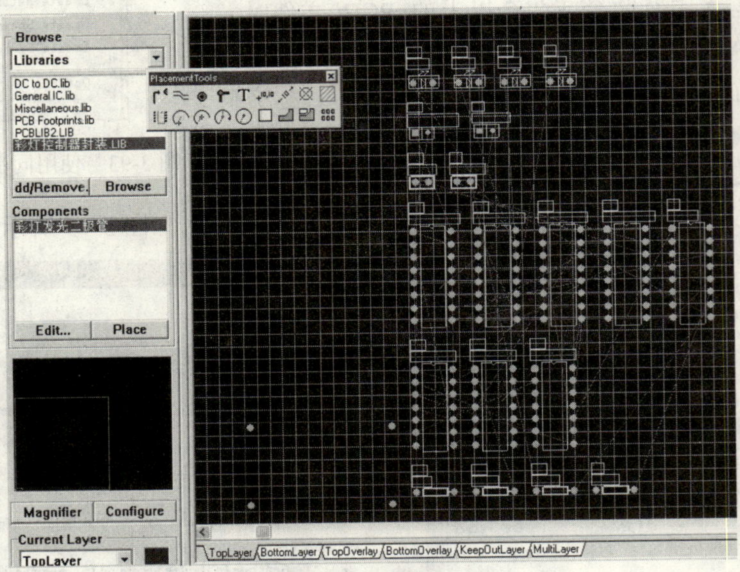

图 3-97　正确调入网络表后的 PCB 图

2）网络表文件载入方法

（1）在原理图编辑环境中，单击【Design】/【Creat Netlist…】，生成“.NET”网络表文件。

（2）在 PCB 编辑器中，单击【Design】/【Load Nets】，出现“Load/Forward Annotate Netlist”（装入网络表）对话框，如图 3-98 所示。

（3）单击对话框中的【Browse…】按钮，即可进入选择网络表文件的对话框，该对话框默认的文件为当前 PCB 所在设计数据库文件中所有的文本文件，如图 3-99 所示。

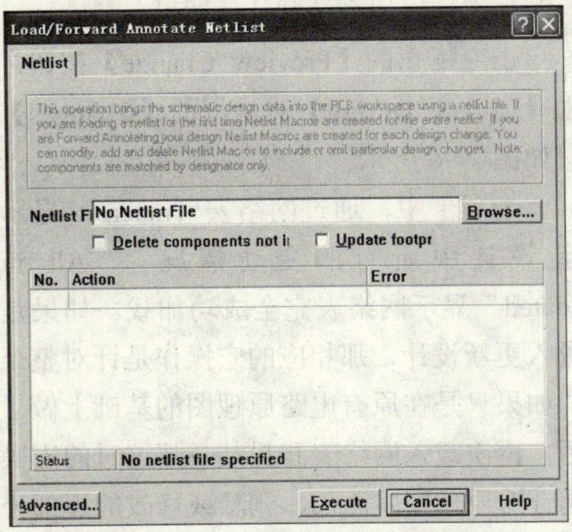

图 3-98　装入网络表对话框

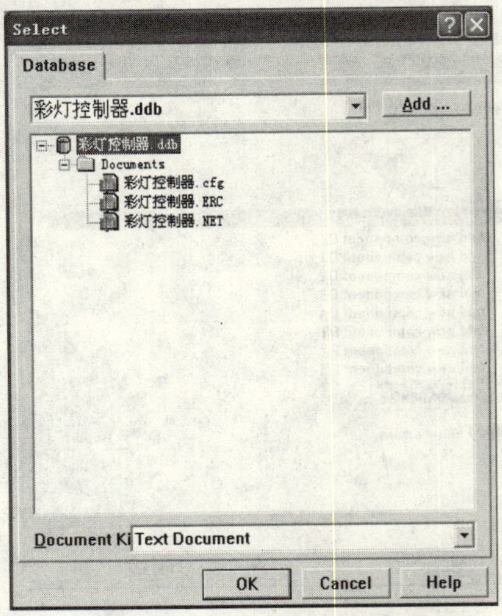

图 3-99　选择网络表文件的对话框

如果要选择其他设计数据库中或其他位置处的网络表文件，单击如图 3-99 所示对话框中的【Add…】按钮，进行添加。

（4）在如图 3-99 所示的对话框中，选择所需的“彩灯控制器.NET”网络表文件，然后单击【OK】按钮，即可回到如图 3-96 所示的对话框。当所有的网络宏正确生成后，单击【Execute】按钮即可装入网络表和文件。

6. 布局前准备工作中常见问题分析

（1）未将 PCB 制作时所需的全部封装文件都加载进去。

（2）未将该显示的工作层面显示出来。

（3）未在禁止布线层设置电路板的尺寸。

（4）网络表装入时的常见错误。

在装入网络表时，经常在如图 3-96 所示的对话框中出现错误提示，而导致网络表和元器件封装不能顺利载入，这时需要结合系统的提示信息对上述原因进行查找和修改，直到全部正确地完成网络表装入工作。

通常由以下几种原因导致网络表装载错误：

① 在电路原理图设计时没有为原理图符号添加元器件封装。

通常，出现的错误提示是“Footprint not found in Library”（元器件封装在封装库中没有找到）和“Component not found”（元器件没有找到）。因此，应当回到原理图编辑器中，为该元器件添加元器件封装。

② 没有加载 PCB 设计时所需的全部元器件封装库。

通常，错误提示的内容是很多元器件封装没有找到。提示信息和没有为元器件添加封装的错误提示一样，因此出现此类错误时，应当首先回到原理图编辑器中，确认是否没有为对应元器件添加封装。如果已经添加，那么有可能就是所需的元器件封装库没有完全加载。

③ PCB 编辑器中载入的封装库中没有原理图中定义的元器件封装。

提示信息和上述相同，如原理图中元器件封装本应设定为“RB-.2/.4”，但是错误输入为“RB.2/.4”，中间少了一个“-”符号，就会导致错误。

④ 原理图中定义的元器件封装与 PCB 编辑器中加载的封装库无对应关系。

原理图符号的引脚序号与元器件封装的焊盘序号没有严格对应，这种情况在 PCB 器件封装库的制作与管理中提到过，如“二极管”、“三极管”等。这时就需要进行修改，使两者完全对应。

⑤ 电路板设计中有序号相同的元器件。

如果在电路板设计时发现电路板上有元器件缺少，而且在装入网络表时系统没有报错，就应该对电路原理图进行检查，看是否在设计中出现序号相同的元器件。如果电路板上的元器件序号与即将载入的元器件序号相同，只需将电路板上序号重复的元器件删除或修改即可。

3.2.4　元器件布局

调入到 PCB 编辑器中的元器件封装杂乱地堆积在电路板边界右方，元器件之间通过一条条很细的飞线连接在一起，但是还没有完成元器件真正的电气连接。因此，需要对元器件的布局进行调整才能进行布线。元器件布局方法可以分为自动布局和手动布局两种，可以根据需要采用结合这两种方法的交互式布局方式对元器件进行布局。

1. 锁定电路板上的关键元器件

（1）根据电路设计要求，将关键元器件放置到合适的位置。

（2）双击关键元器件，打开“Component”（元器件封装属性设置）对话框。

（3）选中【Lock】（锁定）复选框，即可锁定当前的元器件，如图 3-100 所示。

如果需要移动已经锁定的关键元器件的位置，则系统将会打开【Confirm】（确认移动元器件）对话框，单击【Yes】按钮，即可移动元器件到指定的位置，如图 3-101 所示。

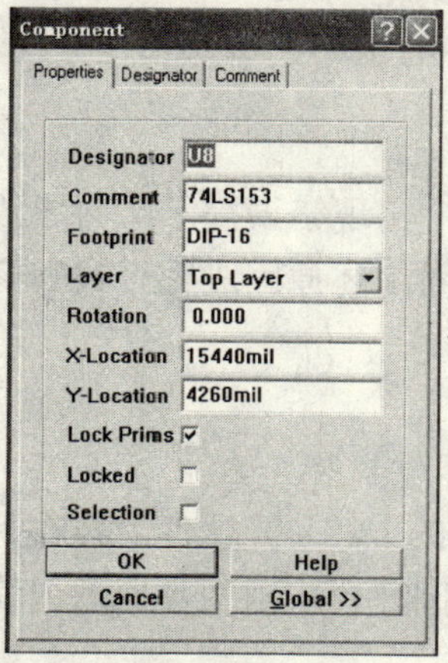

图 3-100　元器件封装锁定属性设置

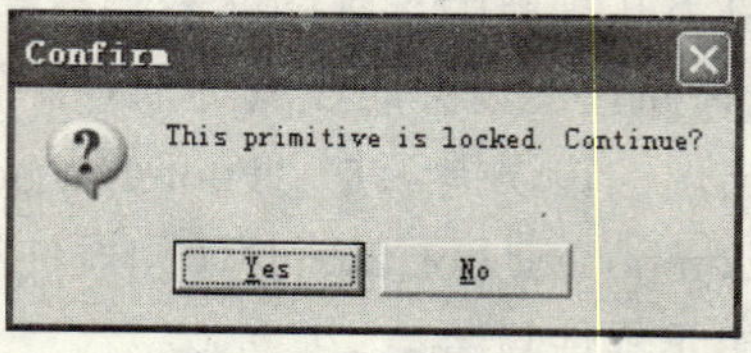

图 3-101　确认移动元器件对话框

2. 自动布局

Protel 99 SE 提供了元器件的自动布局的功能，可以先设定与元器件布局有关的设计原则，然后选中自动布局功能，系统就会按照原则自动对元器件进行布局。

1）设定元器件自动布局原则

（1）单击【Design】/【Rules…】，在弹出的【Design Rules】（设计规则设置）对话框中，单击【Placement】（元器件布局设置规则）标签，如图 3-102 所示。

在【Rule Classes】列表栏中有 5 个参数组可以进行设置。

“Component Clearance Constrain”为元器件安全间距设置。它用于设置在自动布局过程中元件之间的最小距离。

“Component Orientations Rule”为元器件方位设置。它用于设置元器件的放置方位。

“Nets to Ignore”为可以忽略的电气网络设置。它用于设置元器件自动布局时可以忽略的电气网络。

“Permitted Layers Rule”为允许放置元器件的工作层面。

“Room Definition”为定义块的设置。

一般情况下，只需对“元器件的安全间距”和“元器件的方位”进行设置即可。如果是单面板，还应对元器件的放置层面进行设置。因为元器件只能放置在信号层中的顶层和底层，只需指定这两个层的某一层（或全部）就可以了。

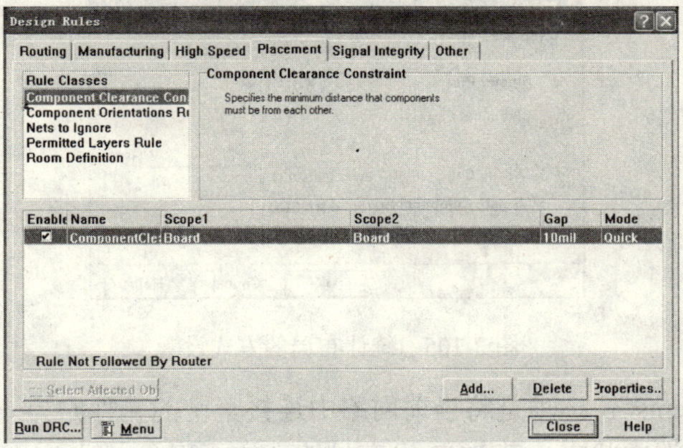

图 3-102　设计规则中设置元器件布局设置规则

（2）单击【Component Clearance Constrain】标签，选中后单击右下角【Properties】按钮，打开“Component Clearance”（元器件安全间距设置）对话框，如图 3-103 所示。在“Filter kind”中选择安全间距的设置对象；在“Gap”中设置图件之间的最小距离；在“Check Mode”中选择计算距离的方法。单击【OK】按钮完成设置。其余元器件自动布局设计规则与此大致相同，设置好规则后，就可以进行元器件的自动布局了。

2）元器件自动布局功能

（1）在 PCB 编辑器中单击【Tools】/【Auto Placement】/【Auto Placer…】，系统会打开【Auto Place】（元器件自动布局）对话框，如图 3-104 所示。

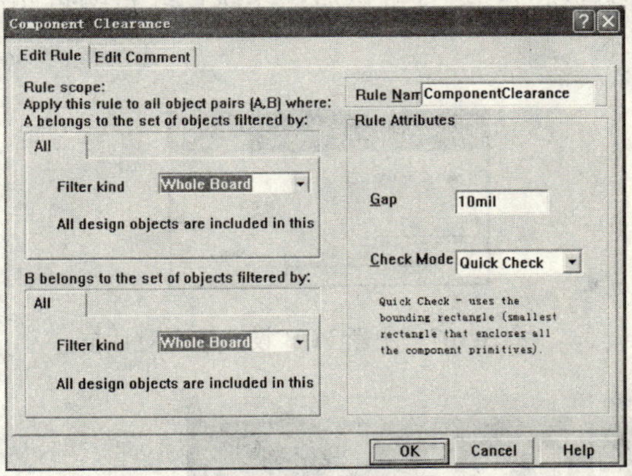

图 3-103　元器件安全间距设置对话框

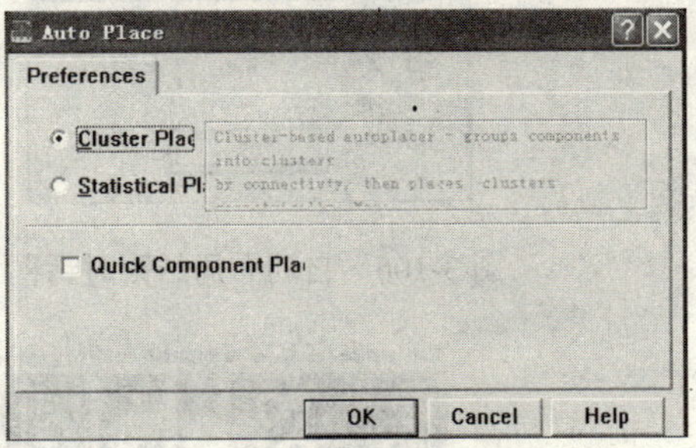

图 3-104　元器件自动布局对话框

其中，“Cluster Placer”（成组布局方式），这种自动布局方式将根据元器件连接关系将元件划分成组，然后按照几何关系放置元器件组。这种方法比较适合元器件较少的电路。“Statistical Placer”（统计布局方式），这种自动布局方式根据统计算法计算元器件，以使元器件之间的连线长度最短。这种方法比较适合元器件较多的电路。“Quick Component Placement”（快速元器件布局），该选项只有在选择成组布局方式时才有效。

这里采用统计布局的方式，其中各个选项的含义如下，如图 3-105 所示。

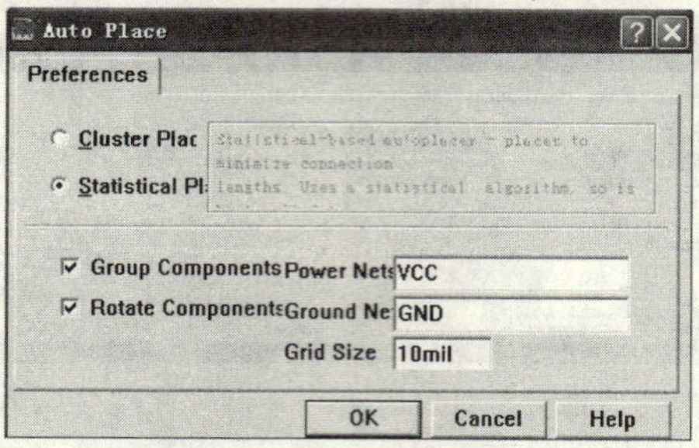

图 3-105　统计布局的方式设置

“Group Components”：选项是将当前网络中连接紧密的元件归为一组，自动布局时将作为整体考虑。默认为选中状态。若 PCB 没有足够大的面积，一般不用选中此选项。

“Route Components”：选项是根据当前网络连接与排列的需要使元件或元件组旋转方向。默认为选中状态。

“Power Nets”是电源网络名称。一般习惯将电源网络设定为“VCC”。

“Ground Nets”是接地网络名称。一般习惯将接地网络设定为“GND”。

“Grid Size”是设置元器件自动布局时格点的间距大小。如果格点的间距设置过大，则自动布局时有些元器件可能会被挤出电路板的边界。系统默认为“10 mil”。

（2）设置好“统计布局方式设置”对话框后，单击【OK】按钮，系统就会进入自动布局状态。自动布局结束后，会出现一个“自动布局结束”对话框，如图 3-106 所示。单击【OK】按钮后，系统会出现“更新 PCB 设计数据”对话框，如图 3-107 所示，单击【Yes】按钮（若单击【No】按钮，则退回到布局前的状态），进行确认后，系统已经自动将元器件都布局在 PCB 的电气边界内，如图 3-108 所示。

图 3-106　自动布局结束对话框

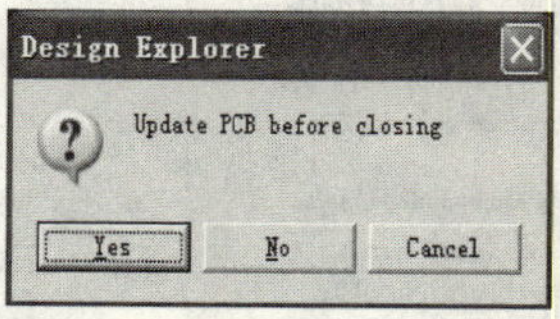

图 3-107　更新 PCB 设计数据对话框

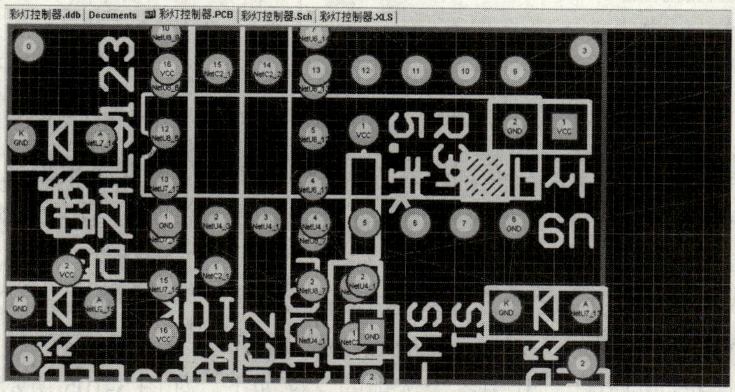

图 3-108　彩灯控制器自动布局后的电路图

即使是对同一个电路，每次执行完元器件自动布局后的结果也不相同，可以根据设计需要，从多次布局的结果中选择一个比较满意的布局结果。

3. 手动布局

从图 3-108 可以看出，自动布局虽然方便快捷，但是不太注意元器件排列美观及抗干扰等问题，所以经常还需要对元器件布局进行手工调整。手动调整元器件布局的操作主要包括元器件的移动和旋转等。

1）元器件的移动

单击选中元器件，此时光标变为“+”字形，只有该元器件上的飞线存在，其他元器件引脚的飞线均消失，表明该元器件处于被选中状态。将元器件拖动到合适的位置后，单击确定。

2）元器件的旋转

单击选中元件，按空格/X/Y 键，将元器件逆时针旋转 90° /左右对调 / 上下对调。注意：集成芯片的引脚问题，如 1 脚的位置，不能任意旋转，否则制作的电路板将报废。

3）排列元器件

在实际绘图中，元器件分类排列整齐与否，势必影响布线的布通率和电路板的大小。一般情况下，为了保证电路的美观，只要不影响电路性能，元器件分类要排列整齐。元器件的排列方向尽量统一。集成电路的缺口，只应该有两个方向，不是朝左就是朝右，其他元器件，也尽量朝一个方向排列。如有可能，元器件布局尽量做到对称。对称本身就是一种美感。

Protel 99 SE 具有对元器件自动排列的功能，利用这些功能，可以使元器件布局更加整齐有序。

在 PCB 编辑器中选择需要排列的元器件；单击【Tools】/【Interactive Placement】，打开排列元器件的子菜单，如图 3-109 所示，根据设计需要选择相应的排列功能，对齐排列后的彩灯控制器电路板如图 3-110 所示。

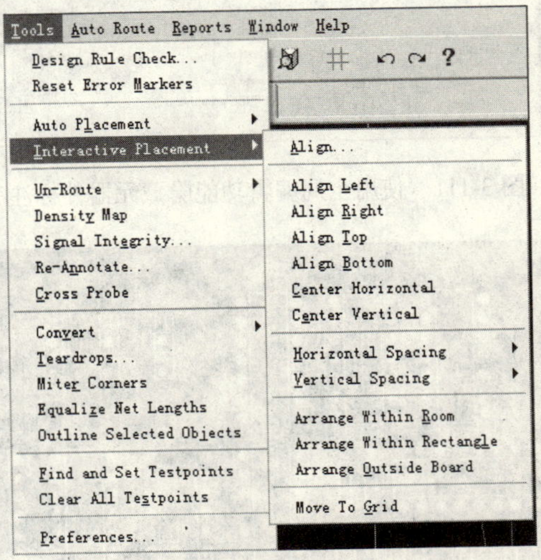

图 3-109　排列元器件功能

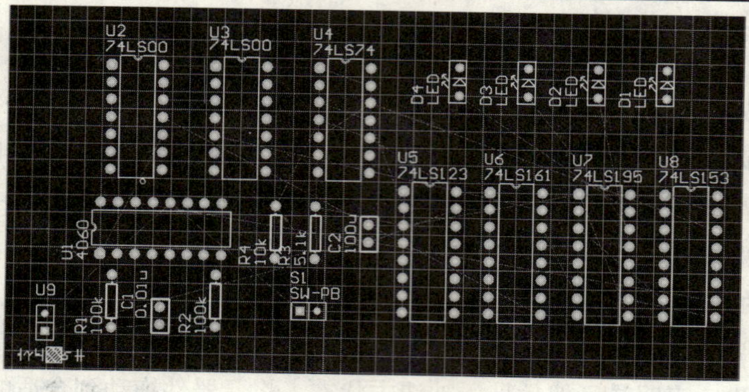

图 3-110　对齐排列后的彩灯控制器电路板

4）编辑元器件标注

双击需要编辑的元器件，可以在其属性对话框中编辑元器件的文字标注的内容、字体高度、字体宽度、字体类型、文字标注的放置角度和位置坐标。为了方便电路板上元器件的布局和保证电路板的美观等，可采用全局编辑（Global Editing）功能，单击对话框中的【Global】按钮，展开属性全局编辑对话框，并进行适当的设置，隐藏元器件标注，如图 3-111。因为在成品电路板上，通常只保留元器件编号，元器件类型一般是不需要的，如“74LS153”等。

对元器件布局完成后，可根据尺寸大小，回到“禁止布线层”调整电路板尺寸大小，进行尺寸标注，调整后的彩灯控制器电路板如图 3-112 所示。

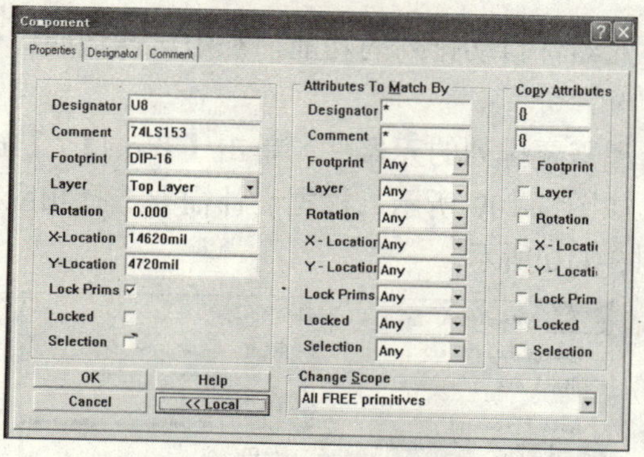

图 3-111　使用全局编辑功能隐藏元器件标注

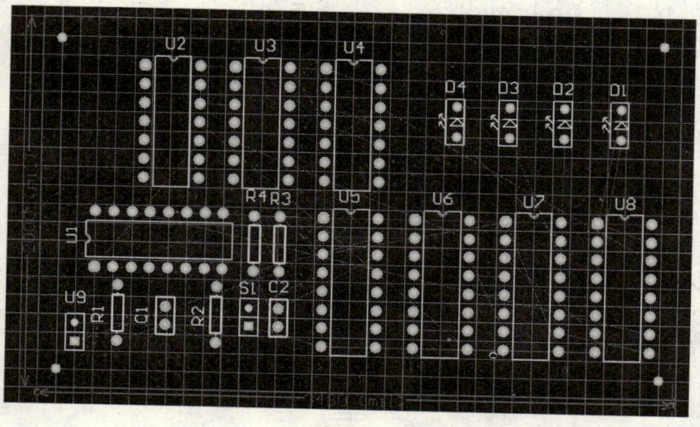

图 3-112　调整后的彩灯控制器电路板

5）PCB 编辑器中画面的一些管理操作

当需要将画面放大时，可单击主工具栏的“ ”按钮，或单击【View】/【Zoom in】，或按【Page Up】键；当需要将画面缩小时，可单击主工具栏的“ ”按钮，或单击【View】/【Zoom out】，或使用【Page Down】键；当需要对选定区域放大时，可单击【View】/【Area】或单击主工具栏的“ ”按钮；当需要显示整个电路板 / 整个图形文件时，可单击【View】/【Fit Board】显示整个电路板，可单击【View】/【Fit Document】或单击主工具栏的“ ”按钮，显示整个图形文件；当需要采用上次显示比例显示时，单击【View】/【Zoom Last】；

当需要将画面刷新时，可单击【View】/【Refresh】或使用【End】键。

4. 网络密度分析和 3D 效果

在元器件布局完成后，单击【Tools】/【Density Map】（网络密度分析），利用系统这一功能对电路板的布局进行分析，根据分析结果，进一步优化电路板的布局。单击【View】/【Refresh】或按【End】键，即可清除密度分析图。除此以外，还可以利用系统的 3D 功能，观察元器件布局的实物效果。单击【View】/【Board in 3D】，PCB 编辑器内的工作窗口将变为一个 3D 仿真图形，从而更好地查看电路板的全貌。图 3-113 和图 3-114 分别为“彩灯控制器电路板”的网络密度分析图和 3D 仿真效果图。

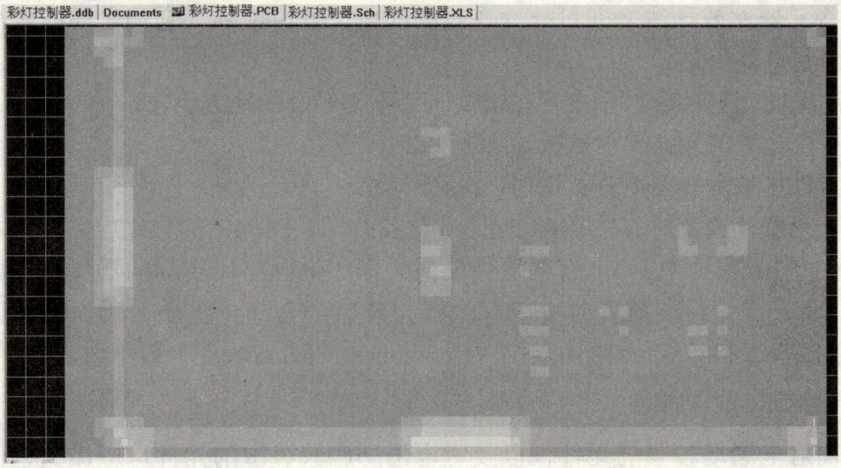

图 3-113　彩灯控制器电路板布局后的网络密度分析图

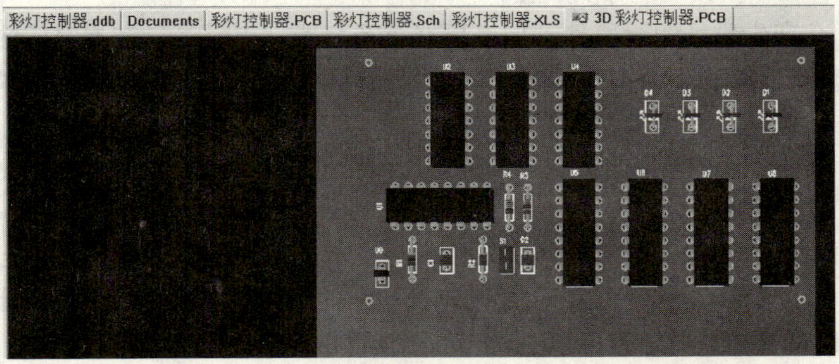

图 3-114　彩灯控制器电路板布局后的 3D 仿真效果分析图

5. 布局的原则和注意事项

PCB 布局的原则是美观大方、疏密得当，符合电气特性，利于布线，尽量分成模块。在可能的情况下将元器件摆放整齐，并尽量保证各主要元器件之间和模块之间的对称性。一般遵循以下几个原则：

1）按照信号走向的布局原则

（1）通常按照信号的流程逐个安排各个功能电路单元的位置，以每个功能电路的核心元件为中心，围绕它进行布局。

（2）元件的布局应便于信号流通，使信号尽可能保持一致的方向。多数情况下，信号的流向安排为从左到右或从上到下，与输入、输出端直接相连的元件应当放在靠近输入、输出接插件或连接器的地方。数字电路部分与模拟电路部分尽可能分开。

2）元件排列规则

（1）单面板，器件一律放置在顶层；双面板或多层板，器件一般放置在顶层，只有在器件过密时才能把一些高度有限并且发热量少的器件，如贴片电阻、贴片电容、贴片 IC 等放在底层。

（2）在保证电气性能的前提下，元件应放置在栅格上且相互平行或垂直排列，以求整齐、美观，一般情况下不允许元件重叠，元件排列要紧凑，输入和输出元件尽量远离。

（3）某些元器件或导线之间可能存在较高的电位差，应加大它们之间的距离，以免因放电、击穿引起意外短路。

（4）带高压的元器件应尽量布置在调试时手不易触及的地方。

（5）位于板边缘的元器件，离板边缘至少 2 个板厚。

（6）元器件在整个板面上分布均匀、疏密一致。

（7）由于元器件放置时有些是可以上下重叠的（如 DIP40 的集成电路插座下可放置一个直接焊的 DIP20 集成电路），有些器件的封装库边框画得比实际的器件尺寸要略大（如 0805），使得部分器件封装放置时可以有边框相碰甚至有部分重叠。所以，设计规则检查（DRC）里的 Report 和 On-line 这两项的“Component Clearance”一般不选。

3）防止电磁干扰

（1）对辐射电磁场较强的元件，以及对电磁感应较灵敏的元件，应加大它们相互之间的距离或加以屏蔽，元器件放置的方向应与相邻的印制导线交叉。

（2）元器件应尽量按功能分块放置。

（3）对于会产生磁场的元器件，如变压器、扬声器、电感等，布局时应注意减少磁力线对印制导线的切割，相邻元件的磁场方向应相互垂直，减少彼此间的耦合。

（4）在不太可能对多个电路功能块之间保证足够的电磁隔离度的情况下，必须考虑用金属屏蔽罩将能量屏蔽在一定的区域内。注意：金属屏蔽罩下方与线路板相接触处不能有走线，至少应用绝缘胶带等隔离。

（5）电源滤波用磁环、旁路电容等器件，每个集成电路的电源脚就近都应有一个旁路电容连到地，100 个脚以上的 IC 可以用几个，电路的工作频率在 10 MHz 以下时，一般使用 104（0.1 μF）的电容，10 MHz 以上，一般用 103 的电容。

4）抑制热干扰

（1）对于发热的元器件，应优先安排在利于散热的位置，必要时可以单独设置散热器或小风扇，以降低温度，减少对邻近元器件的影响。

（2）一些功耗大的集成块、大或中功率管、电阻等元器件，要布置在容易散热的地方，并与周围的电解电容、晶振、锗管等怕热元件隔开一定的距离。

（3）热敏元件应紧贴被测元件并远离高温区域，以免受到其他发热元件的影响，引起误动作。

（4）竖放的板子应把发热元件放置在板的最上面，双面放器件时底层不得放发热元件。

5）提高机械强度

（1）要注意整个 PCB 的重心平衡与稳定，重而大的元件尽量安置在印制板上靠近固定端的位置，并降低重心，以提高机械强度和耐振及耐冲击能力，以及减少印制板的负荷和变形。

（2）要在印制板上留出固定支架、定位螺孔和连接插座所用的位置。

（3）外部接插件、显示器件等的安放位置应整齐，特别是板上各种不同的接插件需要从机箱后部直接伸出时，更应从三维角度考虑器件的安放位置。板内部接插件放置上应考虑总装时机箱内线束的美观。需浸焊板子的较重元器件应尽量分散放置以防止浸焊时板子变形。

6）可调节元件的布局

对于电位器、可变电容器、可调电感线圈或微动开关等可调元件的布局应考虑整机的结构要求，若是机外调节，其位置要与调节旋钮在机箱面板上的位置相适应；若是机内调节，则应放置在印制板上能够方便调节的地方。

布局完成后应对 PCB 布局进行检查。一般包括如下几个方面：

（1）印制板的尺寸应与加工图纸尺寸相符，有定位标记，设置参考点；

（2）元器件应保证在二维、三维空间上无冲突；

（3）元器件布局应疏密有序，排列整齐；

（4）需经常更换的元器件应保证能方便地进行更换；

（5）热敏元件与发热元件之间应保持适当的距离，在需要散热的地方，应加装散热器，同时保证空气流动的畅通；

（6）可调元器件应保证能方便地进行调整；

（7）信号流程应保持顺畅且互线最短；

（8）尽可能保证过孔数量最少；

（9）禁止使用【Ctrl+X】或【Ctrl+Y】对元器件进行翻转；

（10）一块 PCB 上孔的内径尺寸不能超过 9 种。

（11）影响外观的元器件如 TO-220 封装的三端稳压器、贴片的电解电容等尽可能焊接在反面；不需要调节的电位器和可调电容等要尽可能焊接在反面，不能透过 PCB 焊接，并且要在产品规格书中特别说明；其他特别影响整体外观的的元器件如大的电解电容、继电器等应设法焊接在反面。

根据以上规则，检查元器件布局，图 3-112 的布局基本符合布局要求，可以进行元器件布线工作。

3.2.5　元器件布线

在元器件布局完成后，就可以在 PCB 上进行布线了。PCB 布线是整个印制电路板设计中最重要的一个环节，Protel 99 SE 提供自动布线和手动布线两种方式供选择。对于一般印制电路板设计，通常采用两种方式相结合的交互式布线方式，以使布线结果达到满意的效果。

1. 网络分类

在布线过程中，不同的网络可能采用不同的布线规则。例如，电源线和地线其铜膜线，只要电路板密度允许，尽可能用宽线，而一般的信号线只需很细的线就可以满足要求。如果不同设计要求的网络进行分类，针对不同的网络制定不同的设计规则，将会提高电路板的制作效率。

（1）单击【Design】/【Classes】，打开【Object Classes…】（网络分类）对话框，如图 3-115 所示。

其中包含 4 个标签，分别是“Net”网络分类；“Component”元器件分类；“From-to”点到点网络分类；“Pad”焊盘分类。各标签下显示的“All Nets”、“All Components”、“All From-tos”、“All Pads”是系统默认的分类，这些不能被编辑，也不能被删除。

（2）在本设计中，需要对电源部分和信号部分采用不同的布线规则，所以这里需要增加电源网络和信号网络两个分类。单击【Add】按钮，打开【Edit Net Classes】（网络分类编辑）对话框，如图 3-116 所示。

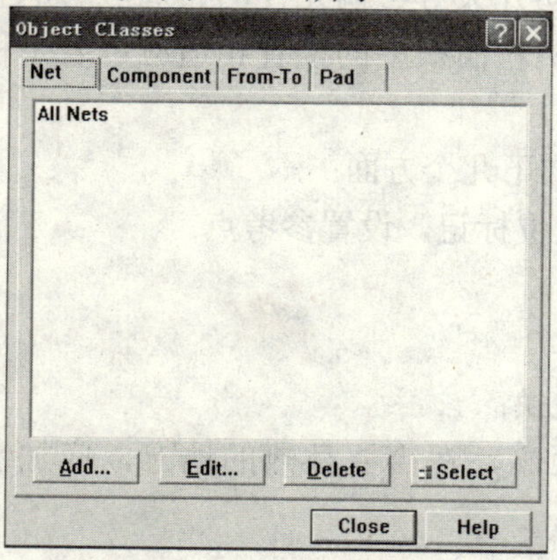

图 3-115　网络分类对话框

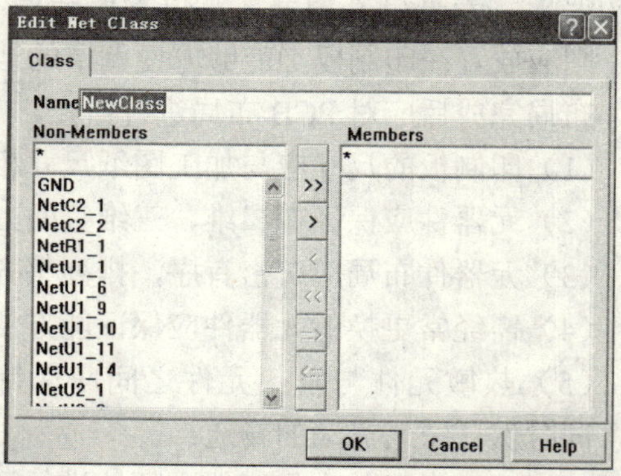

图 3-116　网络分类编辑对话框

（3）在网络分类编辑对话框中，将“Name”（网络分类名称）由“NewClass”改为“PowerClass”，再将“Non-Members”（过滤器）列表框中的“VCC”和“GND”通过两个列表框中间的移动按钮添加到右侧的“Members”（网络分类成员列表框）中，如图 3-117 所示。

（4）单击【OK】按钮，即可完成电源网络分类的建立。采用同样的方法把其余的网络划分为“SignalClass”信号网络分类，如图 3-118 所示。这时网络分类窗口中多了两个新增加的分类，如图 3-119 所示。

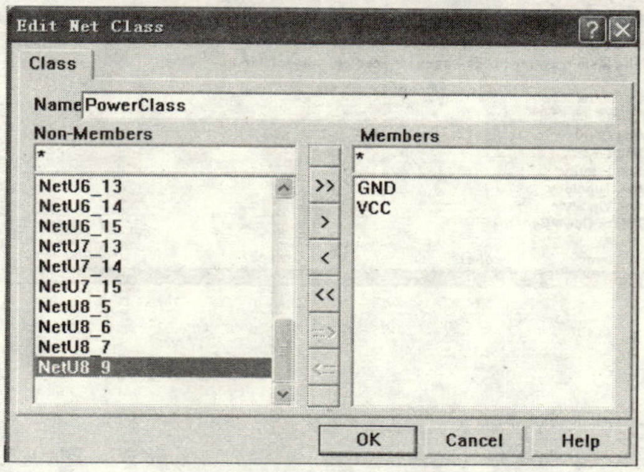

图 3-117　添加“PowerClass”网络分类对话框

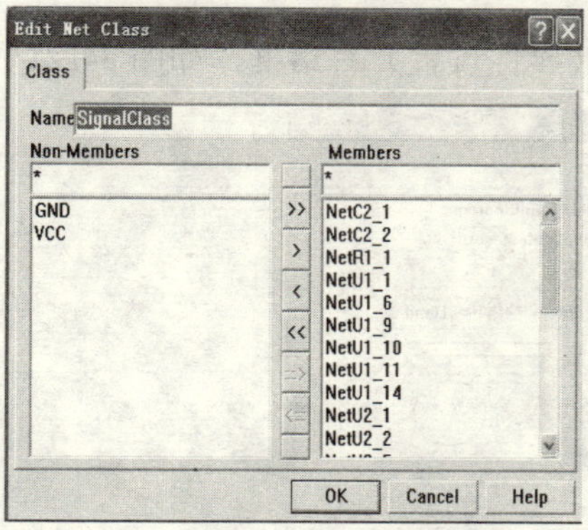

图 3-118　添加“SignalClass”网络分类对话框

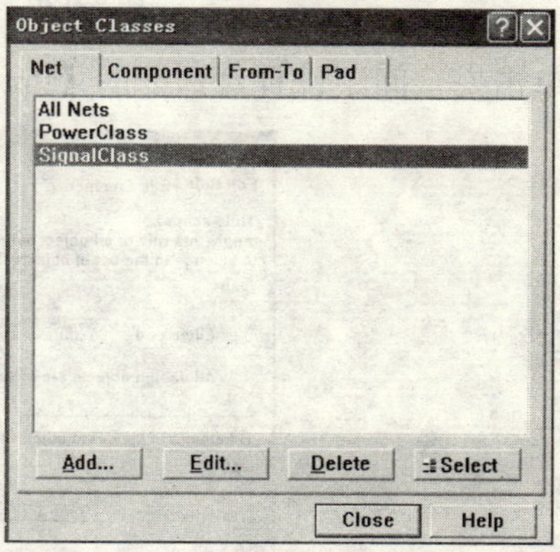

图 3-119　新增两个网络分类

2. 设置布线设计规则

布线规则是设置布线的各个规范，如布线层面、各网络线宽、过孔间距、布线的拓朴结构等部分规则。这个步骤不必每次都设置，按个人的习惯，设定一次就可以。由于布线结果直接影响电路板性能，所以进行布线时要综合考虑各种因素，设置布线设计规则，才能设计出高质量的 PCB 图。

单击【Design】/【Rule…】，打开“Design Rules”（设计规则）对话框。在“Routing”（布线规则）标签下，对电路板布线的各种参数进行设置，如图 3-120 所示。

由于可以设定的布线规则非常多，而且有些参数之间又互相有牵连。一般需要设置以下几点：

（1）“Clearance Constraint”（安全间距限制）：这项设计规则用来限制电路板上不同网络的走线焊盘过孔等之间必须保持的距离。如当正在放置的导线与其他导线之间的距离小于安全间距设置值时，系统将会提示错误，并且不能放置导线。一般板子可设为 0.254 mm，较空的板子可设为 0.3 mm，较密的贴片板子可设为 0.2～0.22 mm，极少数印板加工厂家的生产能力在 0.1～0.15 mm 之间，如果能征得他们同意就可以设成此值。0.1 mm 以下是绝对禁止的。在 Protel 99 SE 中单面板和双面板的设计，首选值为 10～12 mil，四层及以上的 PCB 首选值为 6～8 mil，最大安全间距一般没有限制。

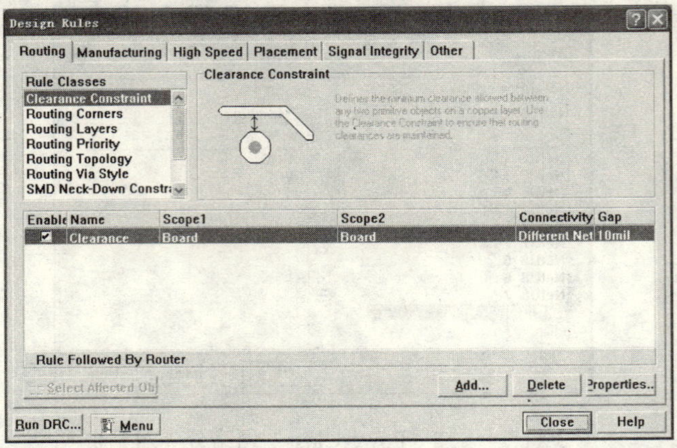

图 3-120　布线规则设置对话框

① 单击安全间距设置对话框的【Properties】(属性设置)对话框，如图 3-121 所示。

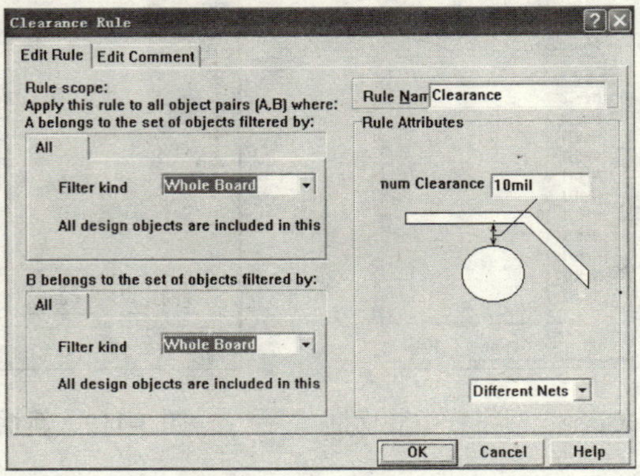

图 3-121　安全间距属性设置对话框

② 在“Rule scope“中设置安全间距和设计规则适用范围；“Rule name”中设置实际规则名称；“Minimum Clearance”中设置安全间距参数，本例中设置为 10 mil，其余采用默认值。单击【OK】按钮确认。

(2)“Routing Layers”(布线工作层面)：设置使用的走线层面和每层的走线方面。注意贴片的单面板只用顶层，直插型的单面板只用底层。双面板将顶层设置为水平方向，底层设置为垂直方向，一般情况下注意这两层的方向设置为互相垂直。但是多层板的电源层不是在这里设置的(可以在“Design-Layer Stack Manager”中，单击顶层或底层后，用“Add Plane”添加，用鼠标左键双击后设置，点中本层后用【Delete】删除)，机械层也不是在这里设置的(可以在“Design-Mechanical Layer”中选择所要用到的机械层，并选择是否可视和是否同时在单层显示模式下显示)。机械层 1 一般用于画板子的边框；机械层 3 一般用于画板子上的挡条等机械结构件；机械层 4 一般用于画标尺和注释等，具体可自己用“PCB Wizard”导出一个 PCAT 结构的板子看一下。

① 单击布线工作层面的“Properties”(属性设置)对话框，如图 3-122 所示。

② 在“Rule Scope”中设置布线范围；“Rule Attributes”设置布线层面和各个层面的布线方向。本例中采用的是双面板，在“Top Layer”和“Bottom Layer”两个层后面的下拉列表框中的布线方向分别设置为“Horizontal”和“Vertical”。单击【OK】按钮确认，如图 3-123 所示。

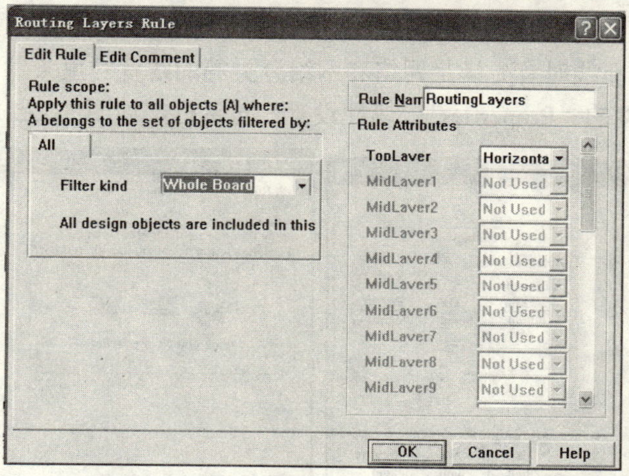

图 3-122　布线工作层面属性顶层布线设置对话框

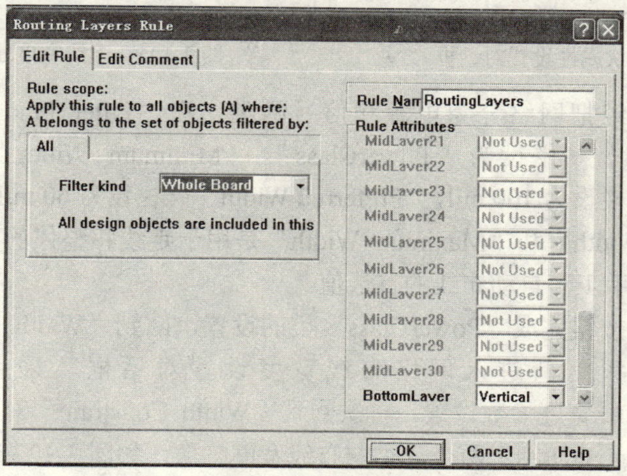

图 3-123　布线工作层面属性底层布线设置对话框

（3）“Routing Via Style”（过孔形状）：设置手工和自动布线时自动产生的过孔的内、外径，均分为最小、最大和首选值，其中首选值是最重要的，下同。单面板和双面板过孔外径应设置为 40～60 mil 之间；内径应设置为 20～30 mil。4 层及以上的 PCB 外径最小值为 20 mil，最大值为 40 mil，内径最小值为 10 mil，最大值为 20 mil。

① 单击过孔形状的“Properties”（属性设置）对话框，如图 3-124 所示。

② 可采用默认值，单击【OK】按钮确认。

（4）“Width Constraint”（走线线宽）：设置手工和自动布线时走线的宽度。单面板和双面板的布线宽度应设置在 10～30 mil 之间，特殊情况下最大值不应超过 60 mil，最小值不应低于 8 mil；4 层及以上 PCB 最小值不应低于 5 mil，其余设置参照双面板设置。另可以添加一些网络的线宽设置，如地线、+5V 电源线、时钟线、+12V 电源线、−12V 电源线、交流电源输入线、功率输出线等。地线、+5V 电源线、时钟线首选值一般为 60 mil（最大值不限，最小值为 8 mil，在能布通的情况下线尽量宽）宽度，各种电源线首选值一般为 40 mil（最大值不限，最小值为 8 mil，在能布通的情况下线尽量宽）宽度。按照 PCB 线宽和电流的关系（大约是每毫米线宽允许通过 500 mA 的电流）确定最大线宽。具体可参看有关资料。当线径首选值太大使得 SMD 焊盘在自动布线无法走通时，它会在进入到 SMD 焊盘处自动缩小成最小宽度和焊盘的宽度之间的一段走线，其中 Board 为对整个板的线宽约束，它的优先级最低，即布线时首先满足网络和网络分类等的线宽约束条件。

① 单击走线宽度的“Properties”（属性设置）对话框，如图 3-125 所示。

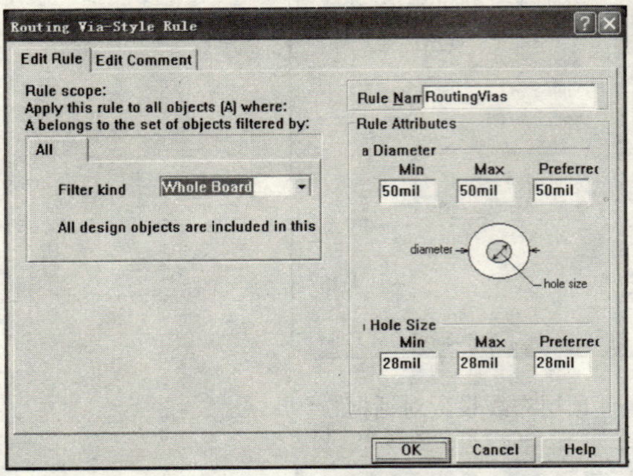

图 3-124　过孔形状属性设置对话框

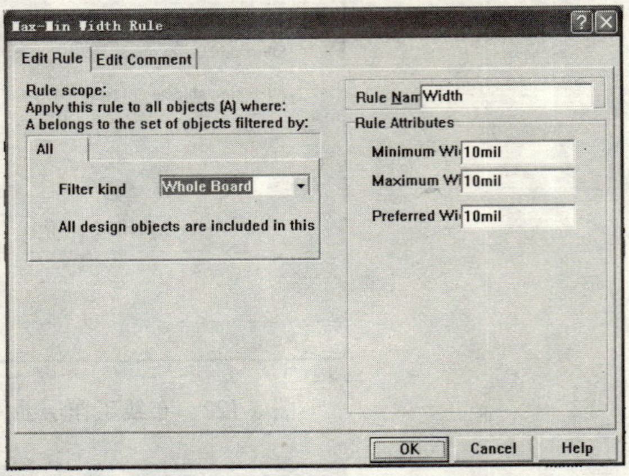

图 3-125　走线宽度属性设置对话框

② 在前面，已经把网络分为电源和信号两类。在“Filter kind”一栏中选择“Net Class”，“Net Class”一栏设为“PowerClass”，“Minimum Width”一栏设为 15 mil，“Maximun Width”一栏设为 100 mil，“Preferred Width”一栏设为 60 mil，如图 3-126 所示。这里的“Minimum Width”和“Maximun Width”是用于走线和整体的电气性能测试的，而“Preferred Width”是手工和自动布线的首选值。

③ 单击【OK】按钮完成“PowerClass”类的设置，回到“Width Constrain”对话框。再单击【Add】按钮重新进入网络布线宽度设置对话框，采用同样的方法完成“SignalClass”类的布线宽度参数设置。再次回到“Width Constrain”对话框，可见已经有了“PowerClass”和“SignalClass”两个分类的布线宽度参数，如图 3-127 所示。

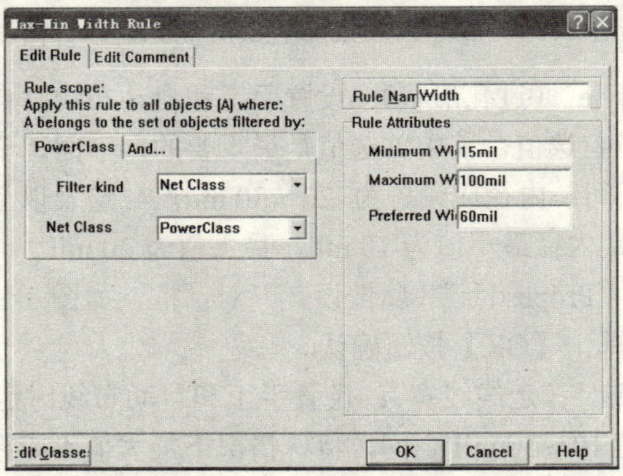

图 3-126　“PowerClass”网络分类走线宽度属性设置对话框

（5）Manufacturing 标签的“Polygon Connect Style”（覆铜连接形状）：设定覆铜连接连接的方式。

① 单击覆铜连接方式“Properties”（属性设置）对话框。

② “Rule Attribute”连接方式设置为“Connect”方式，“Conductor Width”导线宽度设置为 25 mil，“Connectors”连接数量设置为 4，“Angle”角度设置为 90°。设置好后的对话

框如图 3-128 所示。

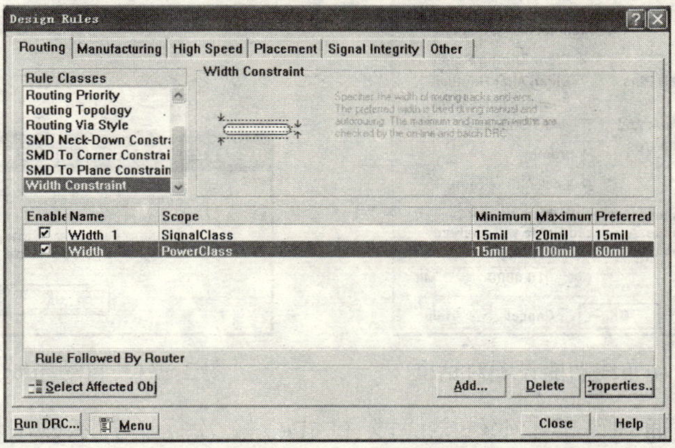

图 3-127　新增两个网络分类的各自走线宽度

（6）Manufacturing 标签的“Hole Size Constraint”（物理孔径的大小）：设定孔径尺寸。最小值设置为 20 mil，最大值没有限制，注意物理孔径一般是指定位孔和安装孔等。其余各项一般采用它的默认值。设置好后的对话框如图 3-129 所示。

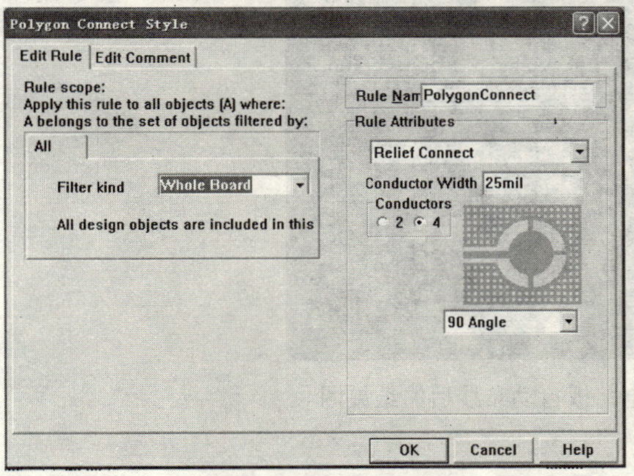

图 3-128　覆铜连接方式属性设置对话框

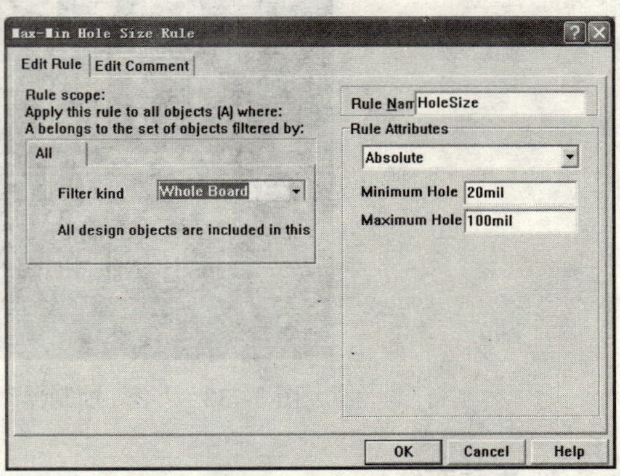

图 3-129　物理孔径的大小设置对话框

布线规则的其余各项一般可用它原来的默认值，而布线的拓朴结构、电源层的间距和连接形状匹配的网络长度等项可根据需要设置。布线规则的设置也是印刷电路版设计的关键之一，需要丰富的实践经验，可多制作，慢慢积累。

3. 自动布线

（1）布线规则设置完成后，单击【Auto Route】/【Setup】，对自动布线功能进行设置，如图 3-130 所示。

（2）选中除了“Add Testpoints”以外的所有项，特别是选中其中的“Lock All Pre-Route”选项，“Routing Grid”可选 10 mil 等。自动布线开始前 Protel 会给一个推荐值，可以不管它或改为其他的推荐值，此值越小越容易布通，但布线难度和所花的时间相应增加。

（3）单击【Auto Route】/【All】，开始自动布线。还可以选择指定网络布线、指定连接布线、指定元器件布线、指定区域布线。自动布线结束后，系统会弹出一个对话框如图 3-131 所示，提示自动布线的结果。“彩灯控制器”电路板自动布线后的结果如图 3-132 所示。注意，布线图中的红线和蓝色分别是电路板顶层和底层的布线。

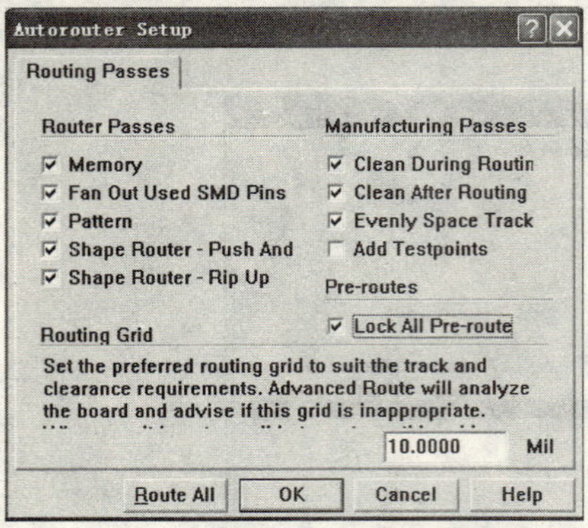

图 3-130　自动布线功能设置对话框

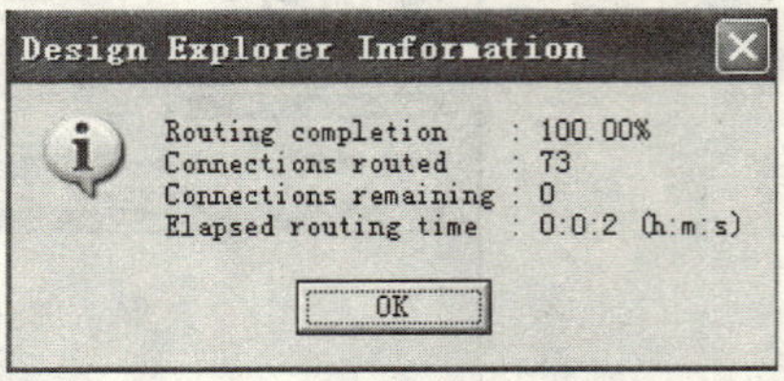

图 3-131　自动布线完成提示框

假如不能完全布通则可手工继续完成或 UNDO 一次（千万不要用撤消全部布线功能，它会删除所有的预布线和自由焊盘、过孔）后调整一下布局或布线规则，再重新布线。完成后做一次 DRC，有错则改正。布局和布线过程中，若发现原理图有错则应及时更新原理图和网络表，手工更改网络表（同第一步），并重装网络表后再布线。

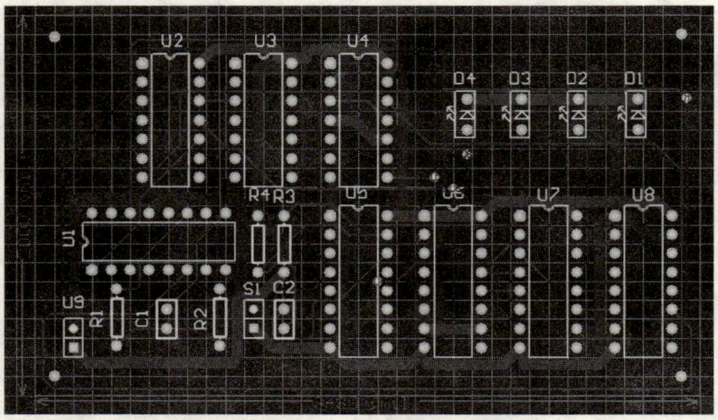

图 3-132　“彩灯控制器”电路板自动布线后的结果图

4. 手动布线

在实际的自动布线结束后，可能会看到有些走线拐弯太多或是拐直角等，这样可能产生干扰信号从而对电路造成不良影响，而且还会影响电路美观，因此需要对这些地方加以调整。

（1）拆除原有布线。单击【Tools】/【Un-Route】/【Connection】，光标变为十字形状。将光标移到所要拆除的导线上，单击确认，即可将布线拆除。

（2）手工布线。单击【Place】/【Track】或放置工具栏上的“ ”按钮，然后将被拆除导线的元件的引脚连接起来就可以了。注意，放置的线必须通过焊盘圆心，这是最基本的要求，可以将元器件焊盘放置在栅格的交叉点处或栅格的 1/2、1/4 处，方便布线连接。

可根据设计需要，Protel 99 SE 中提供了 6 种布线的转角方式，依次为 135° 转角、135° 加圆弧转角、90° 转角、90° 加小圆弧转角、任意转角、90° 加大圆弧转角。在实际绘图中，使用最多的转角方式是 135° 转角方式，因为 135° 转角方式的布线效率是最高的，90° 转角方式的布线效率最低，而且转角处的线做成电路板时容易做断。转换这些转角方式，在放置线的状态执行快捷键 Shift+空格键，依次转换这 6 种转角方式，在放置线的状态按空格键可以转换方向。

对于电路板上重要的网络，可使用上述方法进行预布线，预布线完成后，注意锁定保护，否则在自动布线时，这些预布线将会被调整，从而失去预布线的意义。

5. 后期的调整工作

在需加粗的地线、电源线、功率输出线等处进行加粗，某些绕得太多的线重布一下，消除部分不必要的过孔，再次用【View】/【3D】功能察看实际效果。手工调整中可选【Tools】/【Density Map】查看布线密度，红色为最密，黄色次之，绿色为较松，看完后可按键盘上的【End】键刷新屏幕。红色部分一般应将走线调整得松一些，直到变成黄色或绿色。切换到单层显示模式下（单击菜单命令【Tools】/【Preferences】，选中对话框中【Display】栏的【Single Layer Mode】）将每个布线层的线拉整齐和美观。手工调整时应经常做 DRC，因为有时有些线会断开而从它的断开处中间可能可以走上好几根线，快完成时可将每个布线层单独打印出来，以方便改线时参考，其间也要经常用 3D 显示和密度图功能查看。最后取消单层显示模式，存盘。如果器件需要重新标注可点击菜单命令【Tools】/【Re-Annotate】，并选择好方向后，单击【OK】按钮。回原理图中选【Tools】/【Back Annotate】，并选择好新生成的那个“*.WAS”文件后，单击【OK】按钮。原理图中有些标号应重新拖放以求美观，全部调完并 DRC 通过后，拖放所有丝印层的字符到合适位置。注意字符尽量不要放在元件下面或过孔焊盘上面。对于过大的字符可适当缩小，DrillDrawing 层可按需放上一些坐标（Place-Coordinate）和尺寸（Place-Dimension）。最后再放上印板名称、设计版本号、公司名称、文件首次加工日期、印板文件名、文件加工编号等信息。并可用第三方提供的程序来加上图形和中文注释等。以上可能会涉及以下操作。

1）手动调入元器件封装

如果在 PCB 设计时，需要添加元器件封装，可以采用手动调入的方式。

（1）将工作层面切换到元器件封装要放置的层面。如单击【TopLayer】层面标签，如图 3-133 所示。

图 3-133 切换到元器件封装要放置的层面

（2）放置元器件封装。在 PCB 编辑器的设计管理器中找到所需封装，单击元器件的封装名称，单击【Place】按钮放置到工作区的相应位置。如放置“Miscellaneous.lib”库中的“SIP-2”封装。

（3）编辑放置的元器件封装的标注及调整位置。

（4）设置元件焊盘网络。双击“SIP-2”的序号为“1”的焊盘，打开焊盘属性设置对话框。单击对话框中的【Advanced】标签，设置焊盘所在的网络。在【Net】后面的下拉菜单中选择与之相关的网络名称，如“VCC”，按照同样的方法编辑序号为“2”的焊盘，使之与“GND”网络建立关系，如图 3-134 所示。

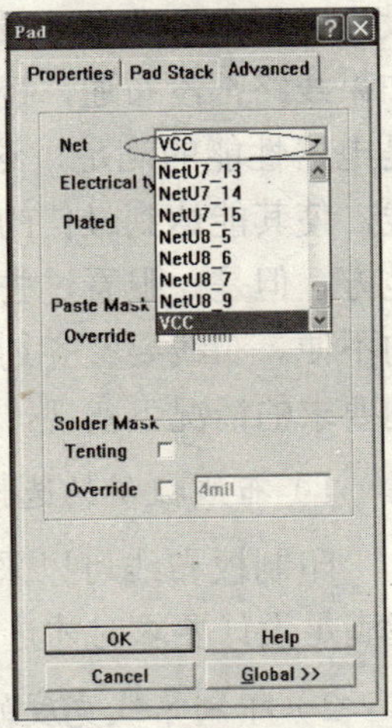

图 3-134 设置元件焊盘网络

（5）设置完毕后，可以看到两个焊盘已经与各自的网络通过飞线连接在一起。接下来就可以进行相应布线了。

2）调整布线宽度

（1）双击需要调整宽度的布线，打开“Track”（布线属性）对话框。

（2）在“Width”（宽度）设置栏中输入相应数值，单击【OK】按钮即可调整布线宽度，如图 3-135 所示。

（3）如需整体修改，单击【Global】（全局功能）按钮，进行全局化设置，那么只要符合设置条件的布线，都可以设置成相同的属性，如图 3-136 所示。

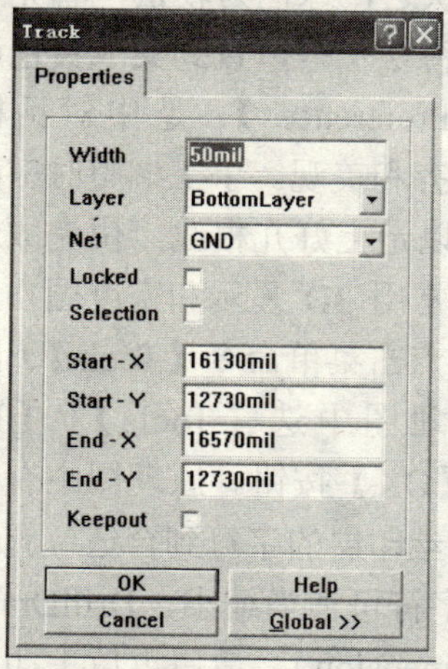

图 3-135　调整布线宽度对话框

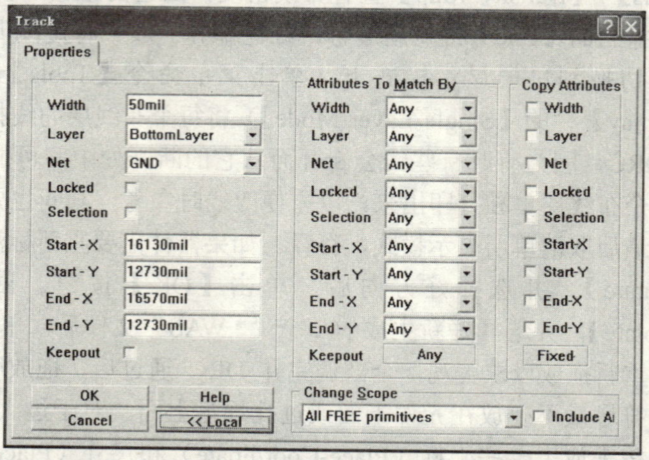

图 3-136　整体修改属性设置对话框

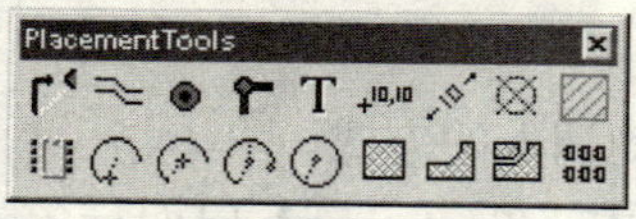

图 3-137　PCB 图件放置工具栏

3）放置 PCB 图件

为了使电路板的信息更加清楚，可放置一些 PCB 图件。

单击放置工具栏中的相应按钮，再进行简单属性设置，即可完成放置，如图 3-137 所示。

6. 布线时的原则和注意事项

布线是整个 PCB 设计中最重要的工序。这将直接影响着 PCB 的性能好坏。在 PCB 的设计过程中，布线一般有 3 种境界的划分：首先是布通，这是 PCB 设计时的最基本要求。如果线路都没布通，搞得到处是飞线，就一定是一块不合格的板子，可以说还没入门。其次是电器性能的满足，这是衡量一块印刷电路板是否合格的标准。在布通之后，认真调整布线，使其能达到最佳的电气性能。最后是美观，假如线布通了，也没有什么影响电气性能的地方，但是一眼看过去杂乱无章，加上五彩缤纷、花花绿绿，这样会给测试和维修带来极大的不便。布线要整齐划一，不能纵横交错毫无章法。这些都要在保证电气性能和满足其他个别要求的情况下实现，否则就是舍本逐末了。布线时主要按以下原则进行：

1）布线板层的选择

印制板布线可以采用单面、双面或多层，一般应首先选用单面，其次是双面，在仍不能满足设计要求时才选用多层板。

2）印制导线宽度的原则

① 印制导线的最小宽度主要由导线与绝缘基板间的粘附强度和流过它们的电流值决

定。一般选用导线宽度在 1.5 mm 左右即可满足要求，对于 IC，尤其是数字电路，通常选 0.2～0.3 mm 就足够了。只要密度允许，尽可能用宽线，尤其是电源和地线。

② 印制导线的线宽一般要小于与之相连焊盘的直径。

3）印制导线间距的原则

导线的最小间距主要由最坏情况下的线间绝缘电阻和击穿电压决定。导线越短、间距越大，绝缘电阻就越大，一般选用间距 1～1.5 mm 完全可以满足要求。对集成电路，尤其是数字电路，只要工艺允许可使间距很小。

4）信号线走线的原则

（1）输入 / 输出端的导线应尽量避免相邻平行，平行信号线间要尽量留有较大的间隔，最好加线间地线，起到屏蔽的作用。

（2）印制板两面的导线应互相垂直、斜交或弯曲走线，避免平行，减少寄生耦合。

（3）信号线高、低电平悬殊时，要加大导线的间距；在布线密度比较低时，可加粗导线，信号线的间距也可适当加大。

5）地线的布设

（1）一般将公共地线布置在印制板的边缘，便于印制板安装导轨和进行机械加工，而且还提高了绝缘性能。

（2）在印制电路板上应尽可能多地保留铜箔做地线，这样传输特性和屏蔽作用将得到改善，并且起到减少分布电容的作用。地线（公共线）不能设计成闭合回路，在高频电路中，应采用大面积接地方式。

（3）印制板上若装有大电流器件，如继电器、扬声器等，它们的地线最好要分开独立走，以减少地线上的噪声。

（4）模拟电路与数字电路的电源、地线应分开排布，这样可以减小模拟电路与数字电路之间的相互干扰。

6）模拟电路布线

模拟电路的布线要特别注意弱信号放大电路部分的布线，特别是电子管的栅极、半导体管的基极和高频回路，这是最易受干扰的地方。布线要尽量缩短线条的长度，所布的线要紧挨元器件，尽量不要与弱信号输入线平行布线。

7）数字电路布线

数字电路布线中，工作频率较低的只要将线连好即可，一般不会出现太大的问题。工作频率较高，特别是高到几百兆赫兹时，布线时要考虑分布参数的影响。

8）高频电路布线

（1）高频电路中，集成块应就近安装高频退耦电容，一方面保证电源线不受其他信号干扰，另一方面可将本地产生的干扰就地滤除，防止干扰通过各种途径（空间或电源线）传播。

（2）高频电路布线的引线最好采用直线，如果需要转折，采用 45° 折线或圆弧转折，这样可以减少高频信号对外的辐射和相互间的耦合。引脚间引线越短越好，引线层间过孔越少越好。

9）信号屏蔽

（1）印制板上的元件若要加屏蔽时，可以在元件外面套上一个屏蔽罩，在底板的另一面对应于元件的位置再罩上一个扁形屏蔽罩（或屏蔽金属板），将这两个屏蔽罩在电气上连接起来并接地，这样就构成了一个近似于完整的屏蔽盒。

（2）印制导线如果需要进行屏蔽，在要求不高时，可采用印制导线屏蔽。对于多层板，一般通过电源层和地线层的使用，既解决电源线和地线的布线问题，又可以对信号线进行屏蔽。

10）大面积铜箔的使用

印制导线在不影响电气性能的基础上，应尽量避免采用大面积铜箔。如果必须使用大面积铜箔，应局部开窗口，以防止长时间受热时，铜箔与基板间的粘合剂产生的挥发性气体无法排出，热量不易散发，以致产生铜箔膨胀和脱落现象。

11）印制导线的走向与形状

（1）印制导线的拐弯处一般应取圆弧形，直角和锐角在高频电路和布线密度高的情况下会影响电气性能。

（2）从两个焊盘间穿过的导线尽量均匀分布。

3.2.6　PCB 设计的后期工作

布局和布线这两个 PCB 制作过程中最重要的步骤完成后，PCB 后期还需有一些扫尾工作要完成。

1. 补泪滴

所谓泪滴，就是在印制导线与焊盘或过孔相连时，为增强连接的牢固性，在连接处加大印制导线宽度。采用泪滴后，印制导线在接近焊盘或过孔时，线宽逐渐放大，形状就像一个泪滴。添加泪滴时要求焊盘比线宽大，设置泪滴的步骤如下（以电路板中“VCC”网络为例）：

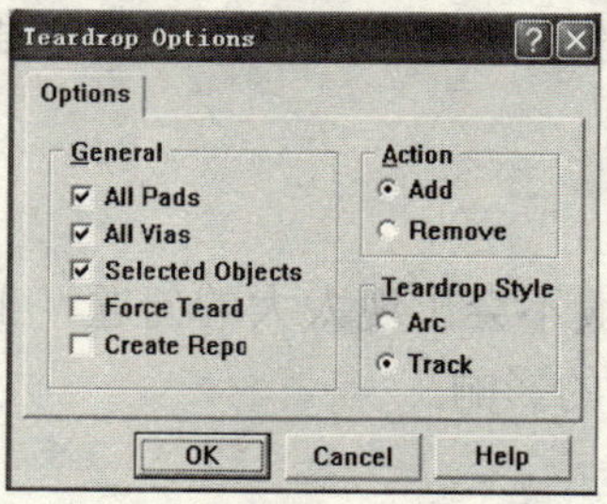

图 3-138　泪滴设置对话框

（1）选取要设置泪滴的焊盘或过孔，或选择网络或铜膜导线。这里可单击【Edit】/【Select】/【Net】，输入“VCC”网络名称，整个“VCC”网络呈反白选中状态。

（2）单击【Tools】/【Teardrops】，打开“Teardrop Options”（泪滴设置）对话框，如图 3-138 所示。

其中，“General”区：用于设置泪滴作用的范围，常用的有：“All Pads”（所有焊盘）、“All Vias”（所有过孔）、“Selected Objects Only”（仅设置选中的目标）、“Force Teardrops”（强制设置泪滴）、“Create Report”（产生报告文件）。“Action”区：用于选择“Add”（添加） 或“Remove”（删除泪滴）。“Teardrops Style”区：用于设置泪珠滴的式样，可选择“Arc”（圆弧）或“Track”（线型）。

图中选择添加线型泪珠滴，只添加选中网络的所有焊盘和过孔，并生成报告文件。

（3）在图 3-138 中只选中“Selected Objects Only”，参数设置完毕，单击【OK】按钮，系统自动在 VCC 网络上添加泪滴，如图 3-139 所示。

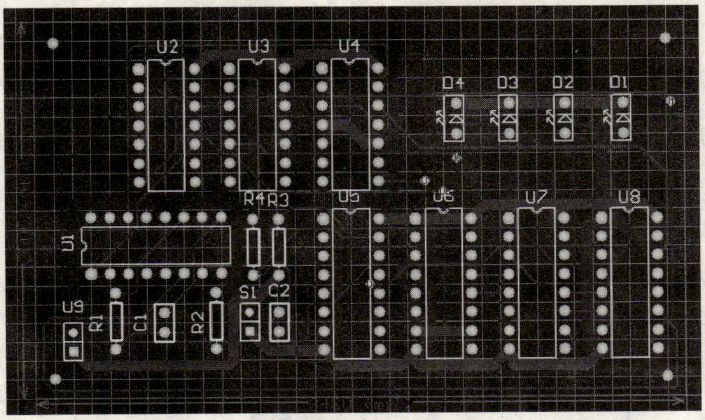

图 3-139　对“VCC”网络补泪滴后的电路板效果图

注意，补泪滴对于贴片和单面板一定要添加。

2. 覆铜

覆铜是在电路板的空白处覆设铜膜，在印制电路板的设计过程中，一般注意不要在板子上留有大块的空地，要尽可能地用覆铜将它们填满，作为电源和地线或其他一些网络的扩展。

（1）单击【Place】/【Polygon Plane…】，即可打开【Polygon Plane】（覆铜设置）对话框，如图 3-140 所示。

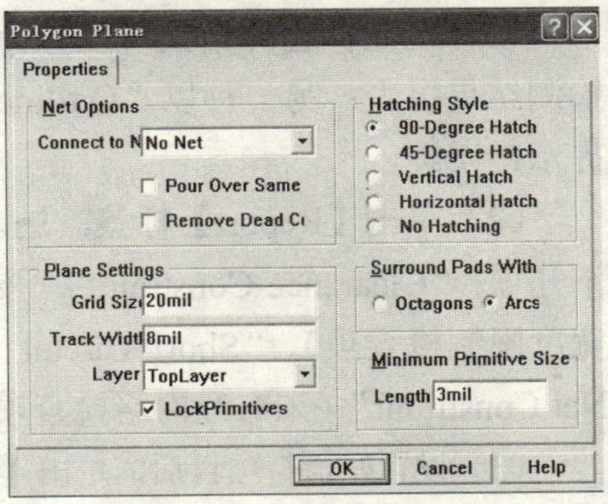

图 3-140　覆铜设置对话框

其中，

【Net Options】：用于设定铜膜与网络之间的关系；

【Plane Settings】：用于设定覆铜的栅格间距与所在板层；

【Hatching Style】：用于设定覆铜的类型；

【Surround Pads With】：用于确定铜膜与焊点之间的围绕方法；

【Minimum Primitive Size】：用于设定允许的最短覆铜线。

这里可以先将设计规则里的安全间距暂时改为 0.5～1 mm，并清除错误标记。在各布线层放置地线网络的覆铜，尽量用八角形而不是用圆弧来包裹焊盘（最终要转成 DOS 格式文件的话，一定要选择用八角形）。

（2）设置完成后，单击【OK】按钮关闭对话框，进入覆铜状态，接着按照一般走线程序进行覆铜，如果需要转角，单击左键，如果要改变转角模式，按【Shift+Space】快捷键，最后右击即可完成覆铜。

（3）相应地放置其余几个布线层的覆铜，观察某一层上较大面积没有覆铜的地方，在其他层有覆铜处放一个过孔，双击覆铜区域内任一点并选择一个覆铜后直接单击【OK】按钮，再单击【Yes】按钮，便可更新这个覆铜。几个覆铜反复几次直到每个覆铜层都较满为止，将设计规则里的安全间距改回原值。

如果需要删除覆铜，单击【Edit】/【Delete】，再单击所要删除的覆铜即可。

如果需要改变覆铜的形状，单击【Edit】/【Move】/【Polygon Vertices】，进入编辑覆铜形状的状态，进行相应修改。

3. PCB 设计规则检查（DRC）

在 PCB 制作过程中，需要经常进行 DRC 检查，以确保 PCB 电路板符合设计规则的要求。

（1）单击【Tools】/【Design Rule Check…】，打开“Design Rule Check”（设计规则检查）对话框，如图 3-141 所示。

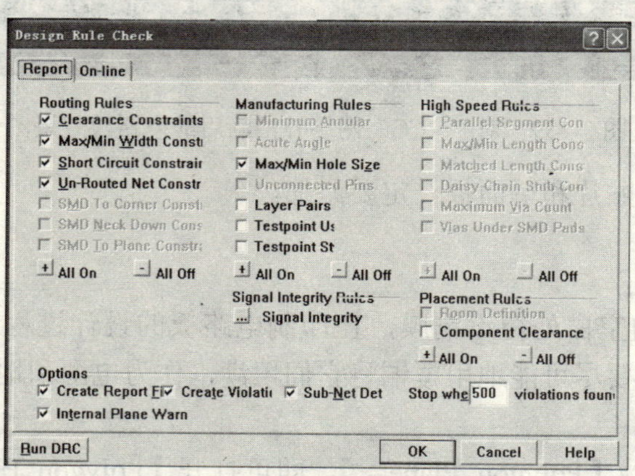

图 3-141　DRC 检查对话框

设计规定检查的结果可以分为两种：一种以“Report”（报表）的形式输出，可以产生检测结果报表；另一种以“On-line”（在线检查）的形式输出，会在电路板上以反绿的形式提示错误。

（2）单击【Report】标签，进入检查输出报表模式，然后设置检查项目。一般主要有以下几项：“Clearance Constraint”（安全间距限制检查项）、“Max/Min Width Constraint”（布线宽度限制检查项）、“Short Circuit Constraints”（短路设计规则限制检查项）和“Un-Routed Net Constraint”（未布线网络检查项），选中这 4 项后，其余选项可采用系统默认值。

（3）设置好检查项目后，单击【Run DRC】按钮，系统进入检查，然后生成一个检查报表文件，如图 3-142 所示。查看此文件，根据提示，修改电路板中的相应错误。全部正确后，保存。

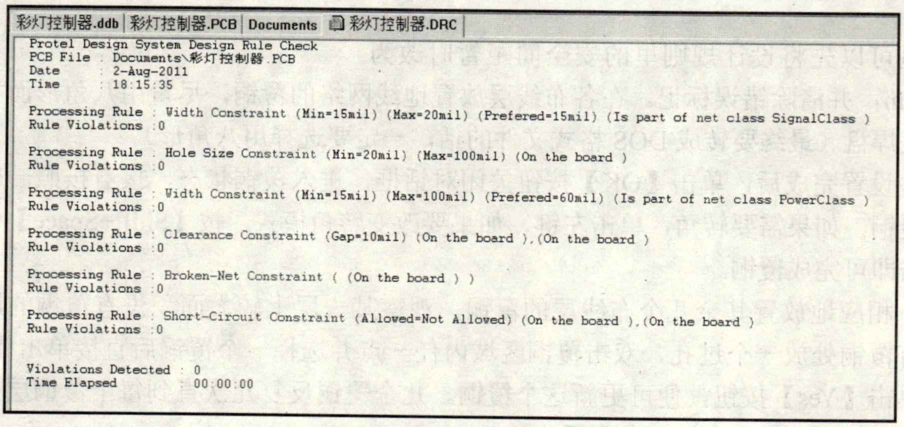

图 3-142　“彩灯控制器”电路板的 DRC 检查结果

注意，在进行“On-line”在线检查时，如果 PCB 制作时与设定的规则违背，元器件就会出现亮绿色，起到警示作用。要对其错误进行修改，可单击【Tools】/【Reset Error Markers】（清除错误标志），然后再进行修改。

印制电路板制作时的常见错误有以下几类：

1）焊盘错误

如果绘制的 PCB 图，有些焊盘太小，钻孔（包括过孔）尺寸就不可能太大，最严重的情况就是制作成 PCB 板，元件插不进钻孔，这样的错误，DRC 不可能检查。因此在自制元件的时候要仔细设置焊盘大小和钻孔尺寸。如果用 Protel 自带的元件，一定要重新设置焊盘大小。

2）元件封装错误

自制的元件或者 Protel 自带的元件，和实际元件的外型和引脚排列相差太大，导致制作成 PCB 后元件插不进相应的位置，这个错误 DRC 也无法检查。检查这个错误比较好的方法，是用打印机打印在纸上，用实际元件比对。也可以把打印好的 PCB 纸样放在泡沫上，直接插元件验证，虽然方法很土，实际却非常有效，在没有制作出 PCB 的情况下，至少可以检查出元件布局和元件封装的效果。

3）线宽错误

PCB 上的铜膜走线，大约有 1 mm（20 mil 左右）宽，可以承受 1A 的电流通过，这还要看敷铜板的铜膜厚度，太大的电流可以把 PCB 上的铜膜走线烧断，这些 DEC 不可能检查，只有手工定义。

4）安全间距错误

用网络进行布线，设计规则里又设置了安全间距，凡是安全间距低于最小安全间距的地方，就会出现绿色的报警状态，这方面的错误，DRC 可以检查，但是，不用 DEC 检查也已经很清楚了，所以，DRC 在检查安全间距方面意义不大。

5）网络连接错误

PCB 的网络，来自原理图元件的连接关系，用网络进行布线，可以保证原理图和 PCB 图的同步设计，也就是说，只要原理图的电气连接没有错误，PCB 元件的网络连接肯定没有错误，DRC 可以检查出 PCB 应该连接而没有连接的错误，但是，必须保证原理图是正确的，如果原理图有错误，PCB 的 DEC 不可能检查出错误。

4. PCB 图的打印输出

PCB 图的打印输出是 PCB 设计的基本环节。

（1）单击【File】/【Print】/【Print/Preview…】，系统会生成一个和设计文件相同名称的“.PPC”文件，可以查看打印输出效果。

（2）单击【File】/【Setup Printer】，进行打印的相关设置。

（3）单击【OK】按钮进行 PCB 图的打印输出。

5. PCB 图的报表生成

Protel 99 SE 中提供了很多种类型的报表文件，方便用户调用。

单击【Reports】/【Selected Information】，生成引脚信息报表；

单击【Reports】/【Board Information】，生成电路板信息报表；

单击【Reports】/【Design Hierarchy】，生成文件层次分析报表；

单击【Reports】/【Netlist Status】，生成网络分析报表；

单击【Reports】/【Signal Integrity】，生成信号分析报表。

到此，PCB 设计中的 PCB 板图已经设计完成了，最后整理和打印各种文档。如元器件清单、器件装配图（并应注上打印比例）、安装和接线说明等，将各种所需文档交给生产厂家，就可以生产所需的电路板了。

3.3 技能训练

1. 建立 ddb 设计数据库，建立 Sch 文件和 Sch 工作环境设置

（1）在 E：盘上以自己的学号建立一个文件夹；

（2）打开 Protel 99 SE，在上面所建立的文件夹中以自己的姓名为数据库名建立一个 ddb 设计数据库文件；

（3）打开上面所建立的 ddb 文件，在 Document 文件夹中建立一个名为“单片机显示控制电路.Sch”的原理图文件；

（4）设置图纸大小为 A4，水平放置；

（5）设置捕获栅格为 5 mil，可视栅格为 10 mil；

（6）设置字体为黑体、斜体、10 号字。

2. 建立 Sch 库文件，新元器件符号的编辑与保存

（1）在 ddb 库中再建立一个名为“IC.Lib”的原理图元器件库；

（2）在 IC.Lib 元器件库中建立一个新元器件，名称为“AT89C2051”；

（3）绘制新元器件如图 3-143 所示；

（4）将上面绘制完成的新元器件封装设置为“DIP20”；

（5）对绘制的最终结果进行保存。

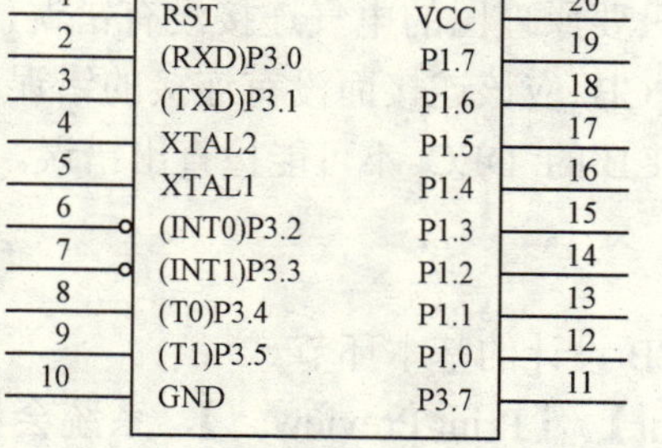

图 3-143　绘制的“AT89C2051”元器件符号图

3. 原理图绘制，原理图编辑

如图 3-144 所示绘制原理图，按图的要求设置好元器件名称及参数，设置好相应的网络标号，图中每个元器件的封装按如下要求设置：

（1）LED1、LED2 设置为 LED；

（2）所有的电阻设置为 AXIAL-0.4；
（3）所有的电解电容设置为 RB-.2/.4；
（4）电容设置为 RAD0.1；
（5）X1 设置为 RAD0.2；
（6）D1、D2 设置为 DIODE0.4；
（7）BG1、BG2 设置为 TO-92A；
（8）S1、S2 设置为 SIP2；
（9）J1、J2 设置为 JDQ1；
（10）集成电路的封装不变。

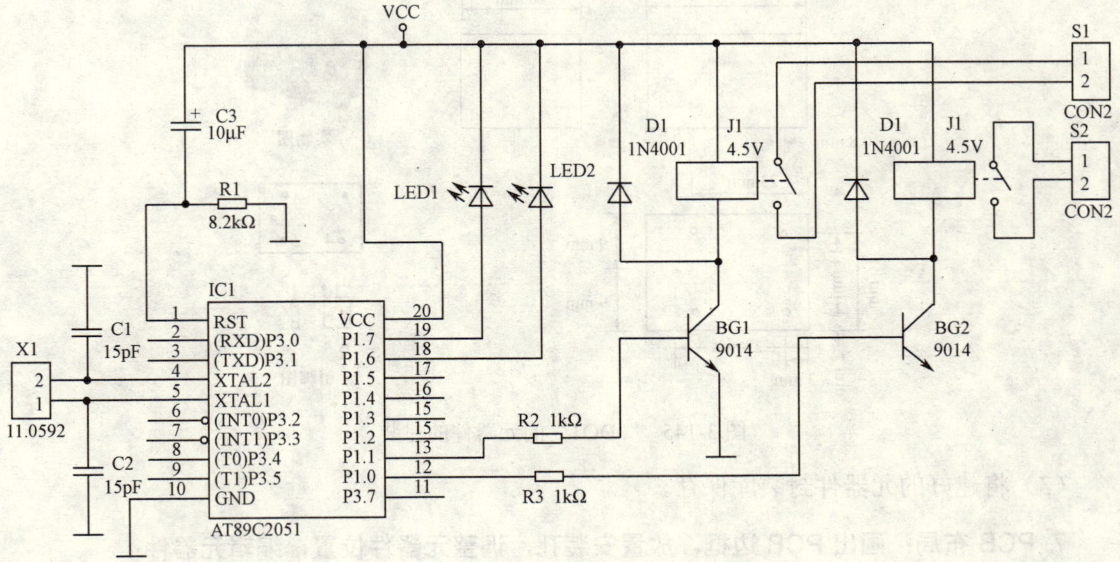

（注：图中的地网络命名为 GND）

图 3-144　所需绘制的原理图

4. 生成网络表

（1）对上题绘制的原理图进行电气规则检查无误后，生成网络表文件；
（2）对生成的网络表文件进行检查，看是否有缺漏的元器件名、参数及封装；
（3）检查无误后，保存文件。

5. 建立 PCB 文件，PCB 工作环境设置（提示：【Tools】/【Preference】中相应标签设置）

（1）在 Document 文件夹中建立一个名为“单片机显示控制电路.PCB”的印制板文件。
（2）工作层设置：设置单层板。
（3）选项设置：
① 设置当用户进行 PCB 设计时，自动进行设计规则检查；
② 设置当出现重叠图件时，自动删除重叠的图件；
③ 设置当出现回路时，系统会自动删除此回路；
（4）数值设置：
① 设置单位为公制（mm），可视栅格为 2 mm 和 10 mm；

② 设置水平、垂直移动栅格为 0.2 mm；

（5）显示设置：

① 设置栅格类型为线型，显示飞线和焊盘孔和过孔；

② 设置高亮度显示所选网络。

6. 建立 PCB 库文件，新封装的编辑与保存

（1）在 Document 文件夹中建立一个名为“元器件封装.LIB”的印制板封装文件；

（2）打开该库文件，在库文件中新建元器件名为“JDQ1”的元器件，按图 3-145 的尺寸建立一个新的封装；

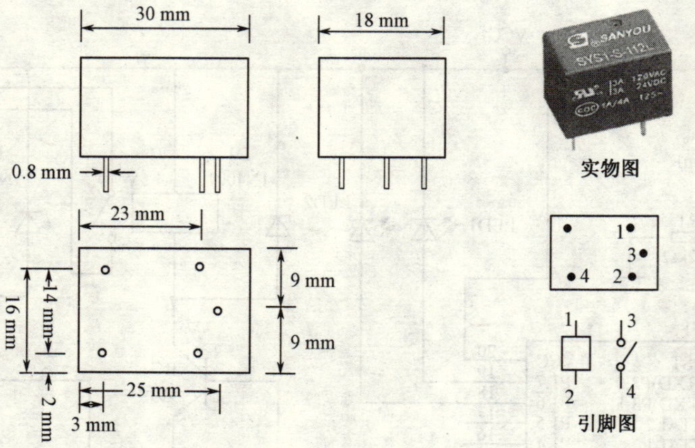

图 3-145 “JDQ1”的元器件的封装

（3）将建好的元器件封装库保存。

7. PCB 布局：画出 PCB 边框，放置安装孔，调整元器件位置，编辑元器件

（1）建立有一个如图 3-146 所示边框的电路板；

（2）在所建立的电路板的四角按如图所示位置放置 3 个安装孔，孔与边的距离相同；

（3）从网络表中导出所有元器件（在网络表导出无误的情况下）；

（4）按图 3-146 所示位置大致布局。

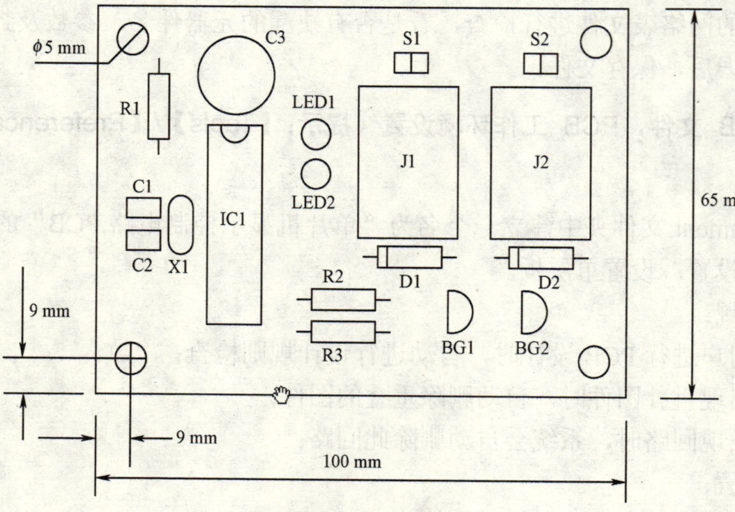

图 3-146 PCB 布局

8. 布线规则设置，布线及调整

（1）设置安全距离为 0.3 mm；
（2）设置为单层板（底层）布线；
（3）设置为 45°转角；
（4）设置 VCC 及 GND 的线宽为 1 mm，其余线宽为 0.5 mm；
（5）检查元器件的焊盘，如有直径小于 1 mm 的，改为 1.3 mm；
（6）使用自动布线；
（7）使用手工布线进行位置调整和线条美化。

9. 文件的导出与导入

在 Windows 的资源管理器中以自己的学号为名称的文件夹中，建立一个名为“输出文件”的文件夹，将 Protel 99 SE 中所完成的 PCB 文件“单片机显示控制电路.PCB”导入该文件夹中。

第 4 章　印制电路板的制作

电子产品是由各种电子元件和机械零件组合而成的。这些元件和零件相互间经济、快速、准确、可靠地连接起来，才能组成真正可靠的电子产品。在目前的电子产品中印制电路板的互连占据了主要地位。印制电路板不仅完成了电子元器件之间物理上的电气连接，还是电子产品中电子元器件的支撑体。

印制电路板也称印制线路板，通常简称为印制板或 PCB（Printed Circuit Board）。印制板是在绝缘基板上，有选择地加工和制造出导电图形的组装板，即按预定设计形成从点到点互连线路以及印制元件的印制板。具体讲就是：将电气连线图“印制”在覆铜板上，通过腐蚀液去掉线路外的铜箔，保留连线图形部分的铜箔作为导线和安装元件的连接。不断发展的印制技术使电子产品的设计和装配走向了标准化、规模化和自动化，同时又使电子产品具有体积减小，成本降低，坚固性、可靠性和稳定性提高，装配和维修简单等诸多优点。

4.1　印制电路板概述

4.1.1　印制电路板的类型和特点

印制电路板按布线层次可分为单面板、双面板和多层板；按绝缘基材的强度可分为刚性印制板、挠性印制板和刚柔性印制板，按用途可分为民用印制板、工业印制板和军用印制板。目前单面板和双面板的应用最为广泛。

1. 单面印制电路板

单面印制电路板是在绝缘基材（厚度为 0.2～5.0 mm）上一面覆有铜箔，另一面没有覆铜，通过印制和腐蚀的方法，在铜箔上形成具有导电图形的印制电路板，无覆铜的一面放置元器件。其特点是只能在单面布线，设计难度较大；成本低，只适用于比较简单的电路设计。

2. 双面印制电路板

双面印制电路板是在绝缘基材（厚度为 0.2～5.0 mm）的两面均覆有铜箔，形成两面都有导电图形的印制电路板。由于两面都可以布线，所以一般采用过孔或焊盘连接两面的导电图形，中间为绝缘层。其特点是布线密度比单面板更高，使用更为方便。适用于对电气性能要求较高的通信设备、电子计算机和仪器仪表等。

3. 多层印制电路板

多层印制电路板是在绝缘基材上制成 3 层或 3 层以上有导电图形的印制电路板。它由几层较薄的单面或双面印制电路板（每层厚度在 0.4 mm 以下）叠合压制而成。为了将夹在绝缘基板中间的印制导线引出，多层印制电路板上安装元件孔需经金属化处理。其特点是：

- 与集成电路配合使用，有利于整机体积的减小和重量的减轻。
- 接线短直，布线密度高，提高了板面的利用率；
- 可以增设屏蔽层，以减小电路的信号失真，提高整机的电气性能；
- 可以引入接地散热层，以减少局部过热，提高整机工作的稳定性。

4．刚性印制电路板

刚性印制电路板是用刚性基材制成的。刚性单面印制电路板是应用最广的一种，大量使用在不太复杂的电路中。

5．挠性印制电路板

挠性印制电路板是用柔性基材制成的，也称软性印制电路板或柔性印制电路板。基材是软的层状塑料或其他质软膜性材料，如聚脂或聚亚胺的绝缘材料，其厚度为 0.25～1 mm。它也有单层、双层及多层之分，被广泛用于计算机、笔记本电脑、照相机、摄像机、通信、仪表等电子设备上。其特点是：

- 重量轻、体积小、可靠性高；
- 具有挠性，能折叠、弯曲、卷绕，可达到立体布线，三维空间互连，从而提高装配密度和产品可靠性。

6．刚柔性印制电路板

利用柔性基材，并在不同区域与刚性基材结合制成的印制电路板。

4.1.2　印制电路板的材料

1．覆铜板的构成

覆铜板就是把一定厚度的铜箔通过粘合剂经过热压，贴附在一定厚度的绝缘基板上。基板不同，厚度不同，粘合剂不同，覆铜板的性能也不相同。覆铜板的基板是由高分子合成树脂和增强材料的绝缘层压板组成的。合成树脂决定了基板的物理性质、介电损耗、表面电阻率等；增强材料决定了基板的机械性能，如浸焊性、抗弯强度等。

铜箔是覆铜板的关键材料，必须有较高的导电率和良好的可焊性。铜箔质量直接影响到铜板的质量，要求铜箔不得有划痕、砂眼和皱折。其铜纯度不低于 99.8%，厚度均匀，误差不大于±5%。

2．常用覆铜板的种类

根据使用增强材料的不同，覆铜板可分为纸基、玻璃布基和复合材料 3 大类。

根据使用粘合剂的不同，覆铜板又可分为酚醛树脂型、环氧树脂型、三氯氰胺树脂型、聚酯型、聚酰亚胺型、聚四氟乙烯型和聚苯醚型等。

常用覆铜板的特性和主要用途如表 4-1 所列。

表 4-1　常用覆铜板的特性和主要用途

名　称	标称厚度 / mm	铜箔厚度 / μm	特　点	应　用
酚醛纸基覆铜板	1.0, 1.5, 2.0, 2.5, 3.0, 3.2, 6.4	50～70	价格低，阻燃强度低，易吸水，耐高温性能差	中低档民用产品如收音机、录音机等
环氧纸基覆铜板	同上	35～70	价格高于酚醛纸基板，机械强度、耐高温和潮湿性好	工作环境好的仪器、仪表及中档以上民用电器
环氧玻璃布覆铜板	0.2, 0.3, 0.5, 1.0, 1.5, 2.0, 3.0, 5.0, 6.4	35～50	价格较高，性能优于环氧酚醛纸基板，且基板透明	工业装备或计算机等高档电子产品
聚四氟乙烯覆铜板	0.25, 0.3, 0.5, 0.8, 1.0, 1.5, 2.0	35～50	价格高，介质损耗低，耐高温，耐腐蚀	微波、高频、电器、航空航天、导弹、雷达等
聚酰亚胺柔性覆铜板	0.2, 0.5, 0.8, 1.2, 1.6, 2.0	35	可挠性、重量轻	民用及工业电器、计算机、仪器仪表等

3. 覆铜板的非电技术标准

覆铜板的非电技术标准主要有以下几个方面。

- 抗剥强度：反映铜箔与基板之间的结合力。抗剥强度的大小取决于粘合剂和制造工艺。
- 翘曲度：就是单位长度上的翘曲（弓曲或扭曲）值，是衡量覆铜板相对于平面的平直度的指标。
- 抗弯强度：反映覆铜板能承受弯曲的能力，单位为 kg/cm^2。抗弯强度的大小取决于覆铜板的基板材料和厚度。
- 耐浸焊性：反映覆铜板在焊接时的抗剥能力。耐浸焊性的强弱取决于板材和粘合剂。

除上述几项指标之外，衡量覆铜板质量的非电技术指标还有表面平整度、光滑度、坑深、介电性能、表面电阻、耐氰化物等方面。

4.1.3　印制电路板的功能

印制电路板在电子产品中具有以下几个方面的功能：

- 提供电路元器件固定、装配的机械支撑；
- 实现电路元器件之间的布线和电气连接或电绝缘；
- 提供所要求的电气特性，如特性阻抗等；
- 方便电路元器件插装、检查、维修等；
- 实现电子产品生产加工的自动化。

4.1.4　印制电路板的参数及选择

印制电路板的选择主要取决于电子设备所要求的机械和电气性能。为选择最合适的印制电路板，可根据印制电路板的种类、级别、使用范围及性能，绝缘材料规格、性能及应用范围，各类铜箔的特性等资料查阅选择。

选择时应考虑的参数有：

- 结构类型；

- 最大持续电流；
- 最高电压；
- 频率范围；
- 印制电路板的固定方法；
- 硬件装配形式；
- 机械加工种类；
- 焊接方式。

直流和低频设备必须考虑的参数有：

- 抗弧电阻：具有阻止由于印制板导线间发生电弧而造成寄生通路的能力。
- 爬行表面电阻：具有阻止由于印制板表面的潮气或尘埃而造成有害通路的能力。在低电压小功率装置中，上述两个参数不予考虑。
- 绝缘电阻：衡量印制板相邻两导体间的总漏电阻，用兆欧表示。在低电压时不予考虑。
- 介电击穿电压：与导体间的间隙大小有关，在设计时予以考虑。

4.2　印制电路板的设计

印制电路板的设计，是设计人员将电原理图转换成印制电路板图的过程。印制电路板的设计方法通常有两种：一种是人工设计，另一种是计算机辅助设计（CAD）。以下主要对人工设计进行介绍。

4.2.1　印制电路板的设计目标

对于印制电路板的设计目标，通常考虑准确性、可靠性、工艺性和经济性等 4 个因素。

1．准确性

印制电路板设计最重要的要求就是准确性，即元器件和印制导线的连接关系必须符合电气原理图，避免“短路”和“断路”。

2．可靠性

连接正确的电路板不一定可靠性好。影响印制板可靠性的因素很多，主要包括基板材料、制版加工和装配连接工艺。

3．工艺性

在生产工艺上，印制电路板外形尺寸应尽量符合标准化系列，形状力求简单，少用异形孔、槽。在此基础上，还要考虑装配、调试、维修等因素，再决定印制板的结构。

同时，根据电路的复杂程度、元器件的数量和机内的空间大小，进而考虑元器件的安装、排列方式及焊盘、走线形式。通常有如下对应关系：

- 元件卧式安装—规则排列—圆形焊盘；
- 元件立式安装—不规则排列—岛型焊盘。

4．经济性

印制电路板价格的降低可能使工艺性和可靠性变差，从而使制造费用和维修费用上升，导致总体的经济性下降。因而，在满足其他设计要求的情况下，印制电路板的制作应尽可能地降低成本。

4.2.2　印制电路板的排版布局

1．整体布局

印制电路板设计的主要内容是排版设计。印制板排版布局的总体原则是：

- 按信号流走向的原则：把整个电路按功能划分成若干个单元电路，布局应便于信号流通，使信号流向尽可能保持一致。通常，信号流向被安排成从左到右或从上到下；各个单元电路应以核心器件为中心，围绕它进行布局。
- 防止相互干扰的原则：整个电路各级及元件间的相互干扰要避免，这些干扰包括电容耦合产生的电场干扰，电感耦合产生的磁场干扰，高频、低频电路之间产生的干扰，高、低压间的干扰，以及温度升高产生的热干扰等。
- 便于操作和安全的原则：对于电位器、可调电感线圈、可变电容器、微动开关等可调元件的布局应放在利于操作的位置。对于带高电压的元件应尽量布置在调试时手不易触及的地方。
- 增强机械强度的原则：对于体积大且重的元器件，需要另加支架或紧固件，不能直接焊在印制电路板上。

2．一般元器件的布局与安装

1）一般元器件的布局原则

在印制电路板的排版设计中，元器件布局是至关重要的，它决定了板面的整齐美观，导线的长短和数量，以及整机的可靠性能。布设元器件应该遵循如下几条原则：

- 板面布局要合理，分布均匀，周边应留有空间，以方便安装。位于印制电路板边上的元器件，距离印制板的边缘应该至少大于 2 mm。
- 一般元器件应该布设在印制板的一面，并且每个元器件的引出脚要单独占用一个焊盘。
- 元器件的布设不能上下交叉，如图 4-1 所示。相邻的两个元器件之间，要保持一定间距。间距不得过小，避免相互碰接。如果相邻元器件的电位差较高，则应当保持安全距离。

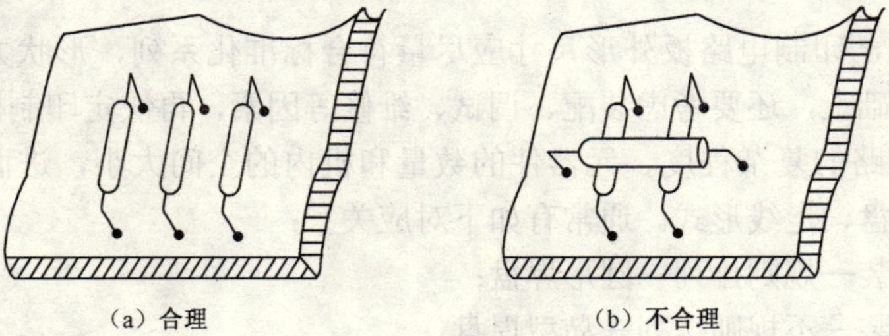

图 4-1　交叉元器件的布设

- 元器件的安装高度要尽量低，以提高其稳定性和抗振性。
- 根据印制板在整机中的安装位置及状态确定元器件的轴线方向，以提高元器件在电路板上的稳定性，如图 4-2 所示。

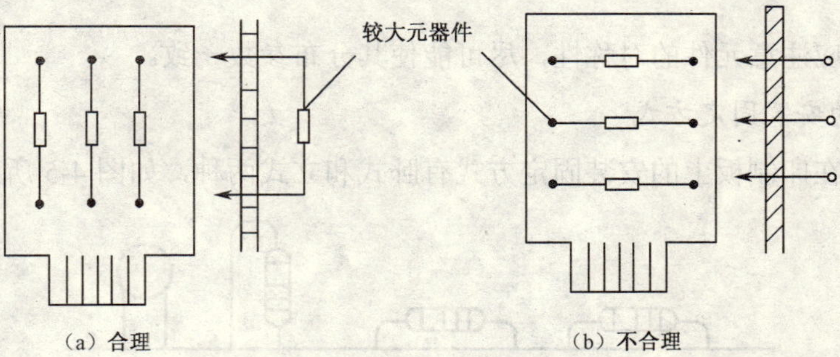

图 4-2　元器件的布设方向

- 元器件两端焊盘的跨距应稍大于元件体的轴向尺寸，引脚引线不要从根部弯折，一般要求引脚弯曲点至根部的距离不得小于 3 mm，也不能弯成直角，应弯成圆弧状（弯曲半径不得小于 2 mm），以免损坏元件，如图 4-3 所示。

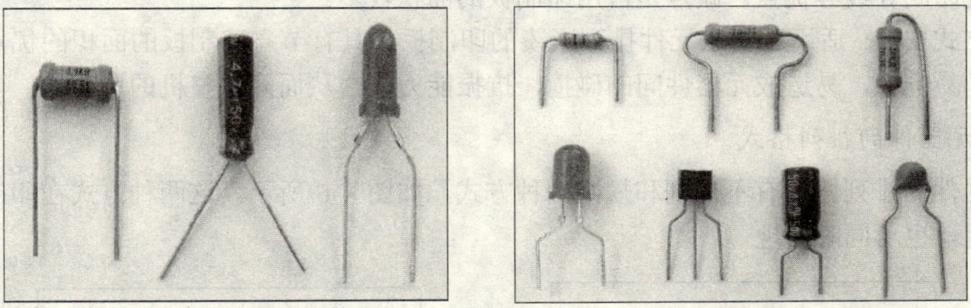

（a）错误　　（b）正确

图 4-3　元器件的装配图

制作时，元器件引脚的“弯脚”可借助于镊子（或尖嘴钳），方法是用镊子夹紧元器件引脚靠根部的部分，用手指去扳引脚，形成自然“拐”弯。图 4-4（a）是不正确的弯脚方法，即用镊子（或尖嘴钳）去把引脚“拐”弯。图 4-4（b）是正确的弯脚方法，即用镊子夹住引脚靠根部部分，起保护根部的作用，而用另一只手的手指把引脚扳（或压）弯。

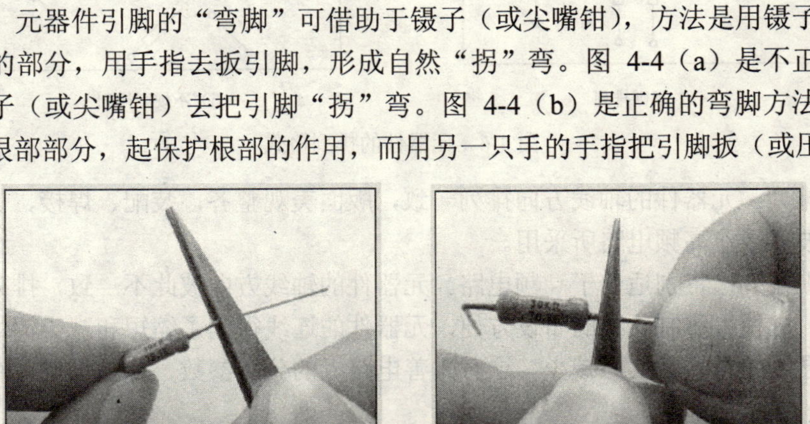

（a）不正确　　（b）正确

图 4-4　引脚的“弯脚”方法

在电路板上安装元器件时要注意安装顺序。一般应先安装低、矮、小体积卧式元器件，然后安装立式元器件和大体积元器件，最后安装易损坏的晶体管、集成电路和不易安装的特殊元器件等。这可归纳成“先低后高，先轻后重，先易后难，先一般后特殊”这样一句口诀。

- 对称电路应注意元件的对称性，尽可能使其分布参数一致。

2）元器件的安装固定方式

一般元器件在印制板上的安装固定方式有卧式和立式两种，如图 4-5 所示。

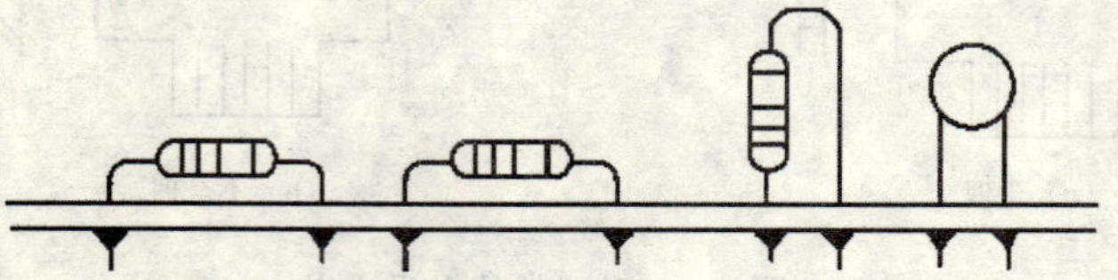

（a）卧式安装　　（b）立式安装

图 4-5　元器件的安装固定方式

- 卧式安装：具有机械稳定性好、版面排列整齐、抗振性好、安装维修方便以及利于布设印制导线等优点。缺点是占用印制板的面积较多。
- 立式安装：适用于要求元件排列紧凑的印制板。具有节省印制板的面积的优点，缺点是易倒伏，易造成元器件间的碰撞，抗振能力差，从而降低整机的可靠性。

3）元器件的排列格式

元器件的排列格式有不规则和规则两种方式，如图 4-6 所示。这两种方式在印制板上可单独使用，也可同时出现。

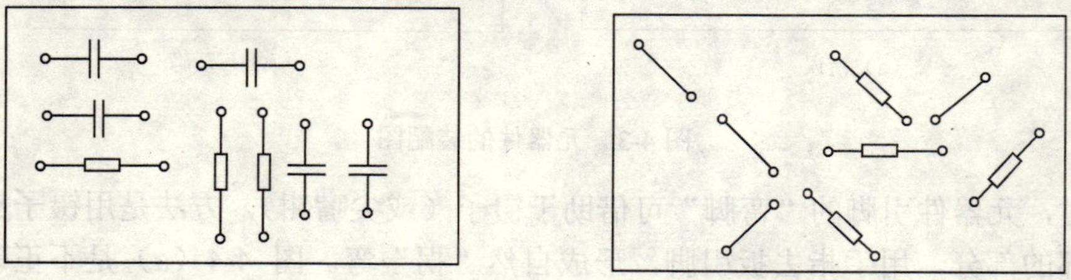

（a）规则排列　　（b）不规则排列

图 4-6　元器件的排列格式

- 规则排列：元器件的轴线方向排列一致，版面美观整齐，装配、焊接、调试、维修方便，被多数非高频电路所采用。
- 不规则排列：特别适合于高频电路。元器件的轴线方向彼此不一致，排列顺序也没有规律。这使得印制导线的布设方便，元器件的连线得到了缩短和减少，最终使得版面印制导线的总长度大为减少。这对改善电路板的分布参数、抑制干扰很有好处。

3．焊盘、导线和孔

元器件在印制板上的固定，是靠元器件引脚焊接在其上实现的。

1）焊盘

元器件通过板上的引线孔，用焊锡焊接固定在印制板上，引线孔及其周围的铜箔称为焊盘。焊盘的尺寸与引线孔、最小孔环宽度等因素有关。为保证焊盘与基板连接的可靠性，应尽量增大焊盘的尺寸，但同时还要考虑布线密度。

引线孔具有电气连接和机械固定的作用。引线孔钻在焊盘中心，孔径应该比所焊接的元器件引线的直径大 0.2～0.3 mm，才能方便地插装元器件。

盘的外径：在选用焊盘的外径时，应当考虑焊盘的抗剥强度。

单面板焊盘的外径一般应当比引线孔的直径大 1.5 mm 以上，即如果焊盘的外径为 D，引线孔的孔径为 d，应有：

$$D \geqslant (d+1.5)\ \text{mm}$$

对于双面板，焊盘的最小直径可以是：

$$D_{\min} \geqslant (d+1)\ \text{mm}$$

根据不同的要求选择不同形状的焊盘。常见的焊盘形状如图 4-7 所示。

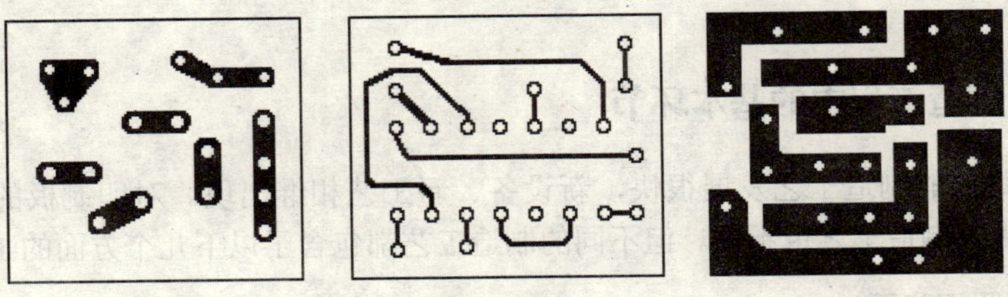

（a）岛形焊盘　（b）圆形焊盘　（c）方形焊盘

图 4-7　常见焊盘形状

2）导线

电路板上的印制导线具有一定的电阻，当电流通过时，要产生热量和一定的压降，因此选用合适的印制导线是很重要的。通常印制导线的宽度保留 1～2 mm，最窄处不应小于 0.5 mm。对流过大电流的印制导线可放宽到 2～3 mm。

在设计时，印制导线间距通常采用 1～1.5 mm。为了保证产品的可靠性，应该尽量使导线间距不小于 1 mm。

在设计单面板时，有时可能会遇到导线绕不过去而不得不交叉的情况，此时可以采用绝缘导线跨接交叉点避免导线交叉，但这种跨接线应该尽量少。

印制电路板布线是按照原理图要求将元器件和部件通过印制导线连接成电路，使印制导线“走通”是最基本的要求。一般优先选用和避免采用印制导线的形状，如图 4-8 所示，尽可能避免出现尖角或锐角拐弯。

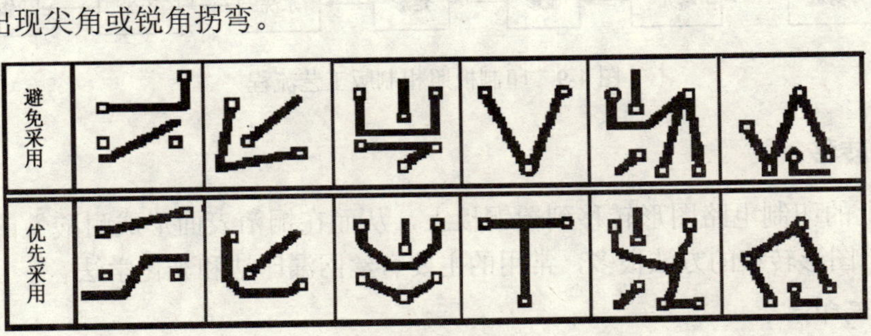

图 4-8　印制导线的形状

3）孔

电路板上除了上面提到的引线孔之外，还包括过孔、安装孔、定位孔等。

过孔也称连接孔，其作用仅为不同层间提供电气连接。过孔尺寸越小，则布线密度越高。一般电路过孔的直径为 0.6～0.8 mm，高密度板可以减小到 0.4 mm，甚至采用盲孔（过孔完全用金属填充）方式。

安装孔用于固定大型元器件或印制板，安装孔的大小根据安装的需要来选取，优先选取的系列为 2.2, 3.0, 3.5, 4.0, 4.5, 5.0, 6.0 等。

定位孔是印制板加工和检测定位孔用的。可以用安装孔来代替，也可以单设定位孔。一般采用的是 3 孔定位方式，孔径根据装配工艺来确定。

4.3 印制电路板的制造工艺

4.3.1 制造流程中的基本环节

印制电路板的制造工艺发展很快，新设备、新工艺相继出现。对印制板的类型和要求不同，所采用的制造工艺也不同。但不同的制造工艺都包含了以下几个方面的工艺流程。

1．绘制照相底图

利用计算机辅助设计系统和光学绘图机直接绘制出来，也称 CAD 光绘法。这种方法是在应用 CAD 软件排版布线后，用获得的数据文件来驱动光学绘图机，使感光胶片曝光，经过暗室操作制成原版底片。其底图胶片精度高、质量好，但所需设备昂贵、复杂，对技术人员要求高。

2．照相制版

用绘制好（激光打印机输出或手工绘制）的制板底图照相制版，得到生产使用的掩膜板，版面尺寸应与印制尺寸一致，相版胶片要求反差大，无砂眼。印制板照相制版过程如图 4-9 所示。照相底片的好坏主要决定于底图黑白反差的程度和尺寸的精确度。对于双面板的相版，应保持正、反面照相的两次焦距一致，保证两面图形尺寸完全吻合。相版干燥后需要修版，对其上面的砂眼进行修补，对不需要的搭接和黑斑用小刀刮掉。

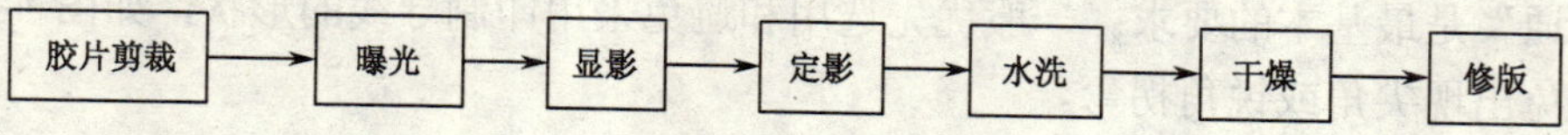

图 4-9　印制板照相制版工艺流程

3．图形转移

把相版上的印制电路图形转移到覆铜板上，从而在铜箔表面形成耐酸性的保护层，称为图形转移。图形转移的方法很多，常用的主要有丝网漏印法和光化学法。

1）丝网漏印法

丝网漏印简称丝印，多用于批量生产印制板。丝网漏印与油印机类似，即在覆铜板上印制电路图形。丝网漏印法是一种古老的工艺，具有操作简单，生产效率高，质量稳定及成本低等优点。不过，丝网漏印精度比光化学法差，而且要求制造者必须有熟练操作的能力。丝网材料有真丝绢、合成纤维绢和金属丝 3 种。漏印材料要求耐腐蚀，并具有一定的附着力。

手动丝网漏印的步骤为：

- 在丝网上附一层漆膜或胶膜，然后按技术要求将印制电路图形制成镂空的图形，经过贴膜（制模）、曝光、显影和去膜等工艺过程，可制成用于漏印的电路图形丝网；
- 将覆铜板在底座上定位，放下丝网，使丝网与覆铜板直接接触；
- 将油墨抗蚀材料倒在丝网上一端成为条形的一堆，然后用硬橡皮刮板放在油墨抗蚀剂的后面，沿丝网将印料刮压，即可在覆铜板上形成由油墨组成的图形；
- 漏印后，印版形成耐腐蚀的保护层，还必须彻底烘干，修版。

简易的丝网漏印装置如图 4-10 所示。

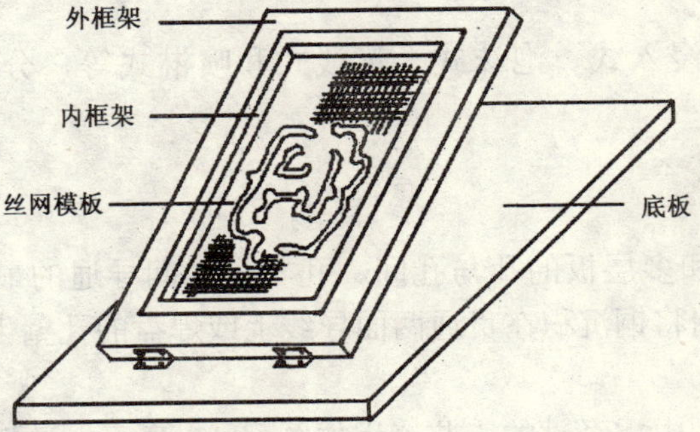

图 4-10　简易丝网漏印装置示意图

2）直接感光法（光化学法之一）

其工艺流程如图 4-11 所示。上胶是指在覆铜板表面均匀涂上的一层感光胶；曝光的目的是使光线透过的地方感光胶发生化学反应；显影的结果使未感光胶溶解、脱落，留下感光部分；固膜是为了使感光胶牢固地粘连在印制板上并烘干；修版是蚀刻前必须要做的工作，可以对毛刺、断线、砂眼等进行修补。

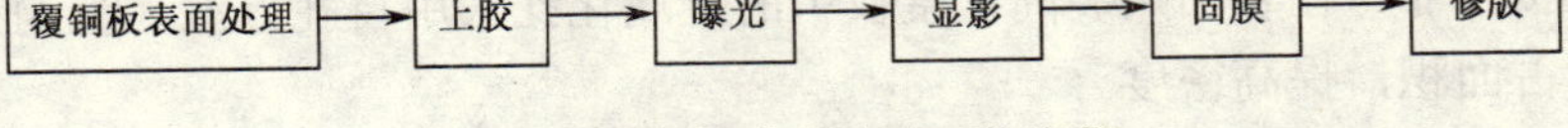

图 4-11　直接感光法的工艺流程

3）光敏干膜法（光化学法之二）

工艺过程与直接感光法相同，但它的感光材料不是液体感光胶，而是一种薄膜类物质。这种薄膜由聚酯薄膜、感光胶膜、聚乙烯薄膜 3 层材料组成，感光胶膜夹在中间。贴膜前，将聚乙烯保护膜揭掉，使感光胶膜贴于覆铜板上；曝光时，将相版按定位孔位置准确置于贴膜后的覆铜板上；曝光后，将聚酯薄膜揭掉后再将板浸入显影液中显影，其余过程与直接感光法类同。

4. 蚀刻

蚀刻也称腐蚀，是制造印制电路板的必不可少的重要工艺步骤。它利用化学方法腐蚀去除涂有抗蚀剂并经感光显影后的印制电路板上未感光部分（不需要）的铜箔，留下焊盘、印制导线及符号等。

对蚀刻液性能的要求如下：

- 对抗蚀剂无腐蚀性；
- 蚀刻速度均匀，溶液寿命长。

常用的蚀刻溶液有三氯化铁、酸性氯化铜、碱性氯化铜等。三氯化铁具有质量好，溶铜量大、价格低廉等特点，但由于三氯化铁很难再生、污染严重、废液处理麻烦而正在被淘汰。适用于丝网漏印油墨抗蚀剂或液体感光胶抗蚀层印制板的蚀刻；酸性氯化铜具有回收再生、污染小、操作简单等特点。主要用于单面板、孔掩蔽的双层板及多层板内层的蚀刻；碱性氯化铜具有成本低廉、蚀刻速度快、溶液 pH 值维护方便等特点。用于电镀锡铅合金的双层板和多层板的蚀刻。

选择蚀刻液和耐蚀剂除了要考虑蚀刻液与耐蚀剂的适应性外，还必须考虑导体图形密度、铜箔厚度和制造工艺。

蚀刻的方式主要有浸入式、泡沫式、泼浅式和喷淋式等，分别选用不同的蚀刻液腐蚀。

5. 金属化孔

金属化孔是双面板和多层板的孔与孔间、孔与导线间导通的最可靠的方法，是印制板质量好坏的关键，它采用将铜沉积在贯通两面导线上或焊盘的孔壁上，使原来非金属的孔壁金属化。

金属化孔的形成过程中需经过的工艺流程如图 4-12 所示。孔壁处理的目的是使孔壁上沉淀一层作为化学沉铜的结晶核心的催化剂金属；化学沉铜的目的是使印制板表面和孔壁产生一薄层附着力差的导电铜层；电镀铜使孔壁加厚并附着牢固。

图 4-12　金属化孔的工艺流程

金属化孔的质量对双面印制板至关重要，必须对其进行检查，要求金属层均匀、完整，与铜箔连接可靠。在表面贴装高密度板中的金属化孔采用盲孔方法（沉铜充满整个孔）来减少过孔所占面积，提高密度。

6. 金属涂敷

为了提高印制电路的导电性、可焊性、耐磨性、装饰性，延长印制板的使用寿命，提高电气可靠性，往往需要在印制板的铜箔上进行金属涂敷。常用的涂敷层的材料可有金、银、锡、铅锡合金等。涂敷的方法分电镀和化学镀两种。

电镀法使镀层致密、牢固、厚度均匀可控，但设备复杂，成本高，一般用于要求高的印制板和镀层，如插头部分镀金等；化学镀设备简单，操作方便，成本低，但镀层厚度有限，牢固性差，一般只适用于改善可焊性的表面涂敷。

目前大部分采用浸锡和镀铅锡合金的方法来改善可焊性，它具有可焊性好、抗腐蚀能力强，长时间放置不变色等优点。

7. 助焊与阻焊处理

印制板经表面金属涂敷后，根据不同的需要可进行助焊和阻焊处理。涂助焊剂可提高可焊性，防止镀层氧化；而在高密度铅锡合金板上，为使板面得到保护，确保焊接的准确性，可在板面上加阻焊剂，使焊盘裸露，其他部位均在阻焊层下。阻焊涂料分热固化型和光固化型两种，色泽为深绿或浅绿色。

印制板加工除上述 7 个基本环节外，还可根据实际情况添加其他加工工艺，比如在元件层印制文字标记、元件序号等。

4.3.2　工厂制作印制电路板

在印制电路板的生产过程中，虽然都需要上述各个环节，但不同印制板具有不同的工艺流程。下面介绍最常用的单、双面印制板的生产工艺流程。

1. 单面印制板的生产工艺流程

单面板的基本生产工艺流程如图 4-13 所示。

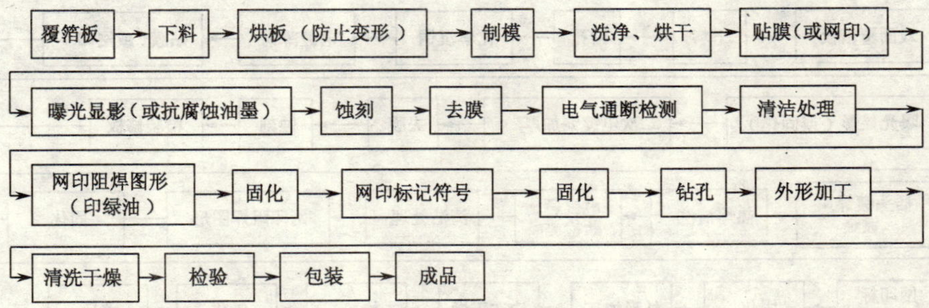

图 4-13　单面印制板的生产工艺流程

单面板工艺简单，质量高。但在进行焊接前还应该再度检查以保证生产质量，内容如下：

- 导线焊盘、字与符号是否清晰，无毛刺，是否有桥接或断路；
- 镀层是否牢固、光亮，是否喷涂助焊剂，阻焊层有无缺损；
- 焊盘孔是否按尺寸加工，有无漏打或打偏；
- 板面及板上各加工尺寸是否准确，特别是印制板插头部分；
- 板厚是否合乎要求，板面是否平直无翘曲等。

2. 双面印制板的生产工艺流程

双面板与单面板的主要区别在于增加了孔金属化工艺，即实现双面印制电路的电气连接。其制作工艺根据孔金属化的工艺方法可以分为两大类：先腐蚀后电镀和先电镀后腐蚀。下面介绍先腐蚀方法中的堵孔法和先电镀方法中的图形电镀法。

1）堵孔法

制造普通双面印制板可采用此法。其工艺流程如图 4-14 所示。

此工艺的工艺步骤较简单，其关键是堵孔和洗净堵孔的油墨。

在堵孔法工艺中如果不采用堵孔油墨堵孔和网印成像，而是使用一种特殊的掩蔽型干膜来掩盖孔，再曝光制成正像图形，这就是掩蔽孔工艺。它与堵孔法相比，不再存在洗净孔内油墨的难题，但对掩蔽干膜有较高的要求。

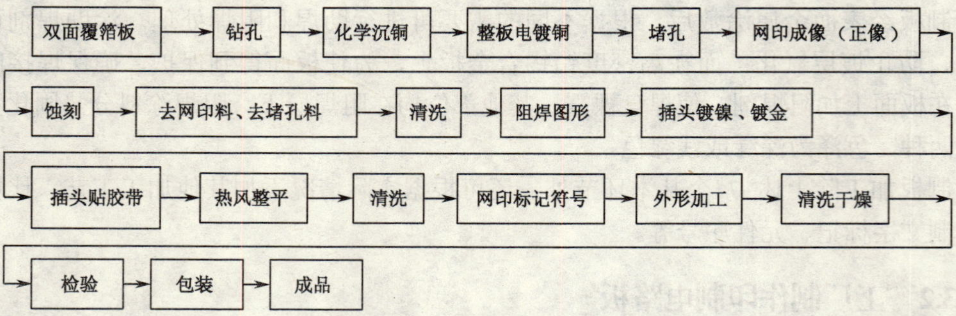

图 4-14　双面印制板的堵孔法工艺流程

2）图形电镀法

此制作工艺在生产高精度和高密度的双面板中更能显示其优越性。其工艺流程如图 4-15 所示。

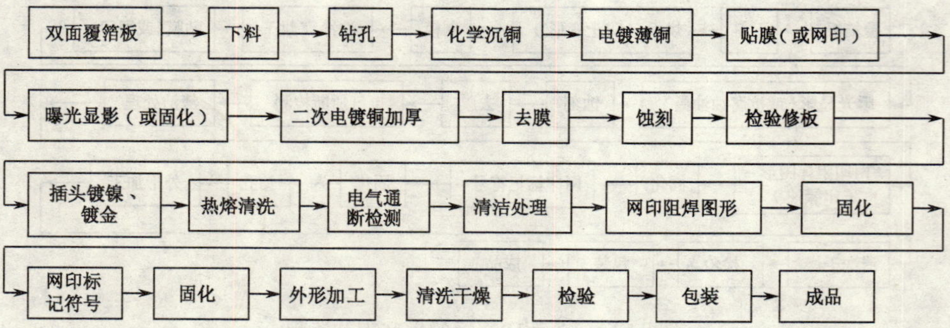

图 4-15　双面印制板的图形电镀法工艺流程

此工艺与堵孔法的区别是用光敏干膜代替感光液。目前大量使用集成电路的印制板大多采用这种工艺。

4.3.3　手工自制印制电路板

电子产品生产中的印制电路板通常要委托专业生产厂家制作，可是在科研、产品试制、业余制作、课程（毕业）设计、创新制作大赛等时，经常只需要手工制作印制电路板。如果依旧委托专业厂家制作，不仅周期长、费用高，而且不便随时修改。因此，在电子制作中，学会几种在非专业条件下手工自制印制电路板的简单方法是必要的。

在业余条件下只能实现单面和双面板印制板的制作。制作通常要经过图 4-16 中所示的几个环节。

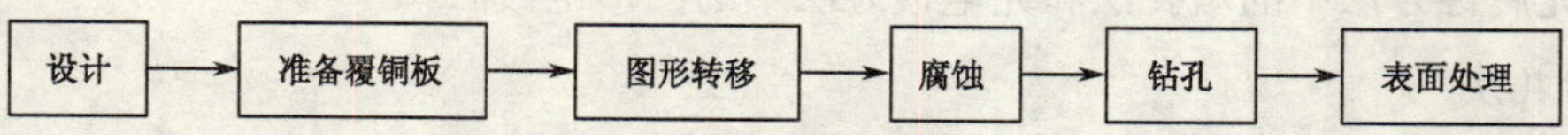

图 4-16　手工制作印制电路板的基本过程

1. 设计

把电路原理图设计成印制电路布线图，可在计算机上通过多种 PCB 设计软件实现。简单电路也可直接用手工布线完成。

2. 准备覆铜板

覆铜板可分为单面覆铜板和双面覆铜板。铜箔厚度尽量选择薄的覆铜板，这样腐蚀速度快、侧蚀少，适合高精度 PCB 的制作。根据实际制作需求，使用剪板机、剪刀、锯等工具剪裁覆铜板的外形尺寸和形状，然后用锉刀或细砂纸（或砂布）去除覆铜板四周板边上的毛刺，清除板面污垢。其过程如图 4-17 所示。

（a）画裁取线　　　　（b）锯下所用覆铜板　　　　（c）用细砂纸打磨

图 4-17　准备覆铜板示意图

3. 图形转移

将设计好的 PCB 布线图（包括焊盘与导线）转印（或描绘）到覆铜板上。经图形转移后，覆铜板上的线条必须清晰、无断线、无砂眼、无短接，且耐水洗、抗腐蚀。

方法 1：手工描绘法（漆图法）

- 将设计好的 PCB 图按 1:1 的比例画好，然后通过复写纸复制到覆铜板上。复印双面板时，为了保证两个面准确定位，基板与印制版图均应有 3 个以上孔距尽可能大的定位孔；
- 用耐水洗、抗腐蚀、稀稠适宜的材料涂描焊盘和印制导线，可选用油漆、酒精松香溶液、油性记号笔。描涂时焊盘要饱满，走线尽量光滑平直且有足够的宽度；
- 检查无断线、无短接、无漏线、无砂眼后，待油漆未干透时，用刀片和直尺对焊盘和连线进行修整或补涂，待下一步腐蚀。

方法 2：贴图法

- 根据设计导线宽度，把具有抗蚀能力的不干胶纸或胶带裁成合适宽度贴在覆铜板上，覆盖焊盘与印制导线，裸露不需要的铜箔；
- 或者，将整张不干胶纸（或胶带）覆盖整块覆铜板，然后剥去并裸露出焊盘和线条以外的部分；
- 检查无误，特别是确保不干胶纸（或胶带）边缘处按压粘牢，待下一步腐蚀。

方法 3：热转印法

此方法适用于计算机设计的电路板，制作精度高、速度快、成本低、操作方法简单，不受板面尺寸和复杂程度的限制，简单易行，是业余条件下手工制作印制板效果最好的方法。工作流程如图 4-18 所示。其步骤如下：

- 用激光打印机将设计好的图形（注意一定是镜面图即经翻转后的印制电路图）打印在热转印纸上，或用激光复印机复印在热转印纸上（对比度调高些）；
- 将打印好的转印纸正面粘贴于抛光清洁过的覆铜板上，并用胶带固定，防止转印时错位；
- 等待制版机温度达到 150℃时，小心将覆铜板推入制版机，经过加温、加压 3 分钟后移出。无转印设备，也可以采用家用电熨斗尝试。如果制作双面板，也要注意两面定位孔的设置；
- 取出转印好的覆铜板，待自然冷却后，慢慢揭掉转印纸，PCB 图形即印到了覆铜板的表面；
- 用油性记号笔修补断线、砂眼，检查无缺陷后，待下一步腐蚀。

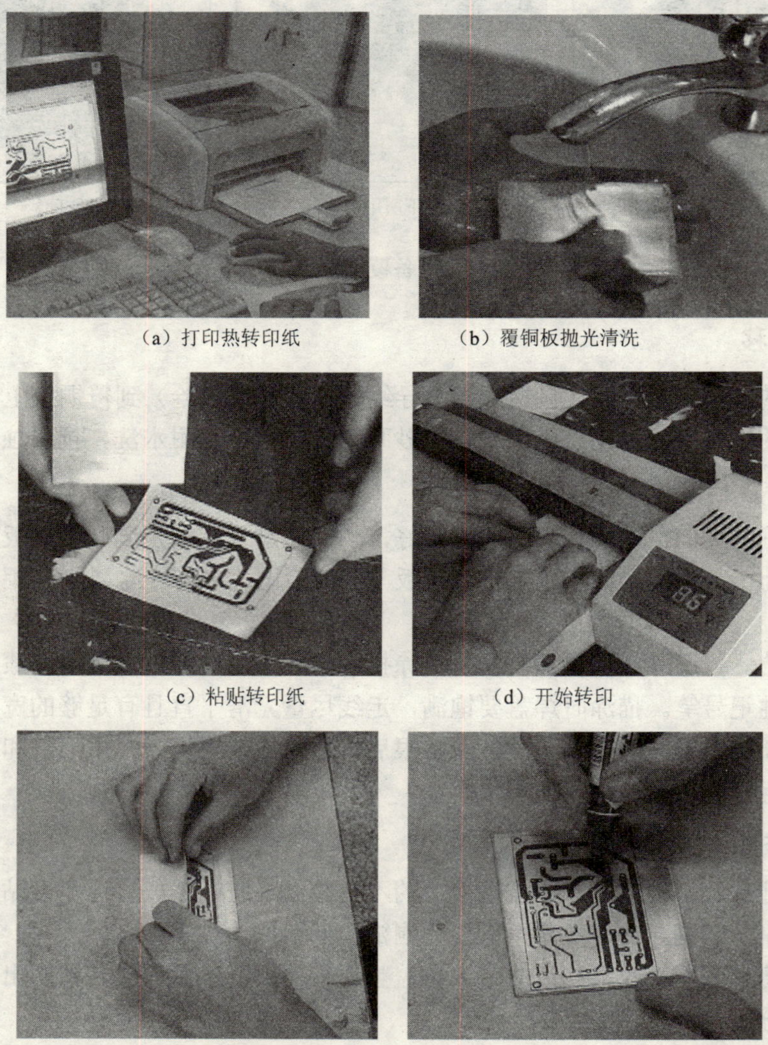

（a）打印热转印纸　（b）覆铜板抛光清洗

（c）粘贴转印纸　（d）开始转印

（e）揭去转印纸　（f）修补断线漏线

图 4-18　热转印法的工作流程

方法 4：刀刻法

对于一些电路比较简单、线条较少的印制电路板，也可以用刀刻法来制作。此方法不需要腐蚀环节，直接雕刻铜箔制成印制板。刀刻法留下的图形容易产生分布电容，不适合高频电路的印制板制作。这种方法虽然简单快捷，但易损伤绝缘基板，适合应急情况下制作。

- 所用工具：刻刀、钢板尺和尖嘴钳。
- 刻制流程：画除箔线、刻透除箔线、剥掉除箔条。如图 4-19 所示。
- 可用刻刀铲除残留的铜箔。对于刀口存在的毛刺和铜箔上的氧化物等，可用细砂纸（或砂布）打磨至光亮。

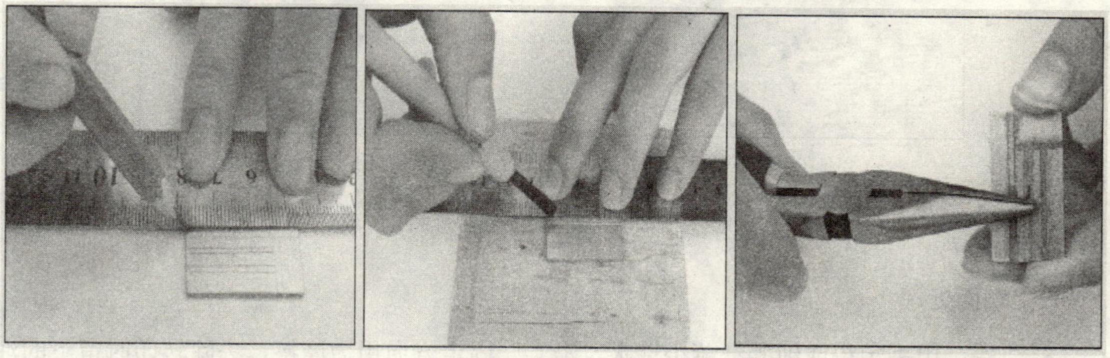

（a）画除箔线　（b）刻透除箔线　（c）剥掉除箔条

图 4-19　刀刻法的工作流程

4. 腐蚀

腐蚀的目的是保留覆铜板上的焊盘与印制导线，去除不要的多余部分铜箔。需要注意的是腐蚀液都有腐蚀性，对皮肤有伤害，操作时需带胶皮手套。其步骤如下：

- 腐蚀液可自配，腐蚀液温度应在 40～50℃之间，腐蚀时间一般为 5～10 min；
- 配好的溶液放入塑料盒中，将覆铜板全部浸入腐蚀液。冬季，腐蚀液可适当加温，但温度不能过高；
- 用长毛软刷（如排笔）或废旧的毛笔往返均匀轻刷，及时清除化学反应物，这样可加快腐蚀速度。
- 待不需要的铜箔完全消除后，及时取出，清洗并擦干。

5. 钻孔

对印制电路板钻孔的目的是为了插装焊接元器件。在业余条件下，也可以将元器件直接焊在有铜箔的一面，省去钻孔的麻烦，能直观地对照着印制电路板接线图焊接元器件，不易出错，这对于简单的电路尤为适用。但是大多数制作印制电路板还是要求钻出元器件安装孔。孔径要根据元器件引脚的直径来确定，通常孔径为元器件引脚直径加 0.3 mm 左右为宜。

- 钻孔前，先用锥子在需要钻孔的铜箔上扎出凹痕，这样钻孔时钻头才不易滑动。也可用尖头冲子（或铁钉）在焊点处冲小坑。
- 钻孔时，如图 4-20 所示，手持电钻的钻头对准铜箔上的凹痕，保持钻头与电路板垂直，并适当施加压力，钻头进给速度不要太快，以免焊盘出现毛刺。
- 孔径：装插一般小型元器件接脚的孔径应为 0.8～1 mm，稍大元器件接脚和电线的孔径应为 1.2～1.5 mm，装固定螺丝的孔径通常是 3 mm，应根据元器件引脚的实际粗细等选择合适的钻头。如果没有合适的钻头，可先钻一个小孔，再用斜口小刀把它适当扩大；对于个别更大的孔，可用尖头小钢锉或圆锉进一步加工。

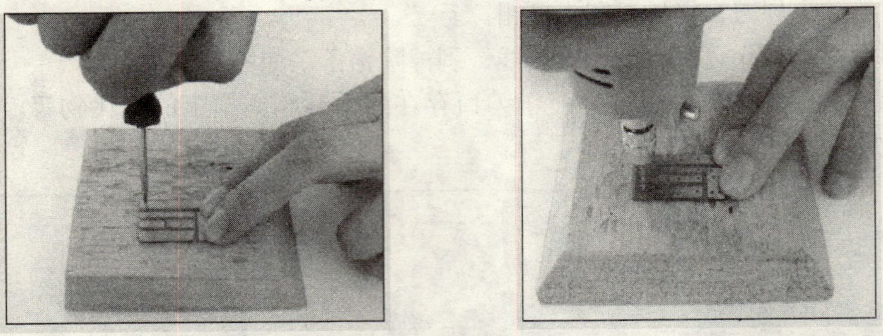

（a）用锥子在铜箔上扎孔　　（b）用手动电钻在铜箔上钻孔

图 4-20　钻孔的流程示意图

6. 表面处理

- 清洗：用去污粉或细砂纸蘸少许水，沿某一固定方向用力摩擦，去除转印时留下的油漆，或打印机的碳粉，或氧化膜，直至印制线条和焊盘光洁明亮，如图 4-21（a）所示。擦拭后用清水冲洗，清除孔径内的杂质，然后晾干。
- 涂助焊剂：清洗后，必须马上用小刷子把自制的松香酒精溶液（俗称松香水）均匀刷涂在铜箔面上，作为助焊剂。助焊剂可防止板面氧化，提高可焊性。如图 4-21（b）所示。
- 松香酒精溶液的配制方法：在一个密封性良好的玻璃小瓶里盛上多半瓶 95%的酒精，然后按 3:1 的比例放进压成粉末状的松香，并用小螺丝刀（或小木棍）搅拌，待松香完全溶解在酒精中即成。松香和酒精的比例可以根据实际情况灵活配置。松香加得少，漫流性要好些；松香加得多，助焊效果要强些。此溶液涂在铜箔上，酒精会很快蒸发，而松香形成一层薄膜，具有抗氧化、助焊接双重功能。松香酒精溶液存放久了，由于酒精的挥发，溶液会变稠，可以再加些酒精稀释。

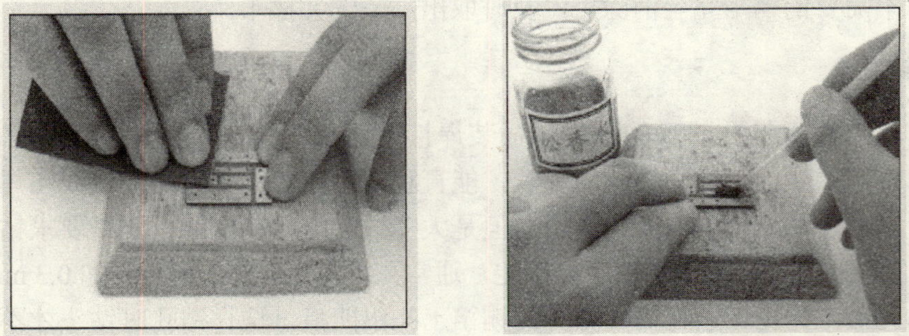

（a）打磨铜箔表面的污物和氧化物　　（b）涂刷一层松香酒精溶液

图 4-21　表面处理示意图

在双面印制电路板的制作过程中，“过孔”需要金属化，即把不导电的孔变为导电孔。而孔金属化工艺复杂，对药液的成分、浓度、温度、酸碱度及孔壁的光洁度等都有严格要求，所以在业余制作中很难保证金属化孔的质量以至于会影响整机调试。为保证双面电路板制作的可靠与成功，不提倡采用金属化孔的工艺，而是用最原始的方法实现 100%可靠的解决方案，即用细导线（或多股线中的一根）穿过焊盘孔，上下用焊锡连接即可。此方法可靠性高，为制作成功提供了保障。双面板制作中所需要的各个环节与单面板完全一致，按上述单面板的制作流程即可实现。

4.4　印制电路板的质量检验

印制板作为基本的重要电子部件，制成后必须经过必要的检验，确保其质量后才能进入装配工序。尤其是在批量生产中，对印制板进行检验，是产品质量和后续插装焊接工序顺利进展的重要保证。印制板的质量检验主要包括以下内容。

1. 外观目测检验

外观目测检验可借助于直尺、卡尺、放大镜等简单的工具来进行。在要求不高的情况下，可对印制板的质量进行把关。检验的项目主要有：

- 印制板外形尺寸、边缘尺寸及厚度是否符合要求，特别是与插座导轨配合的尺寸；
- 印制板面平整，无明显翘曲；
- 印制板表面是否光滑、平整，是否有凹凸点或划伤的痕迹；
- 印制板上的字符标记是否被腐蚀掉，或因腐蚀不够造成字迹、符号不清；
- 检查焊盘孔和其他孔的位置及孔径，有无漏打或打偏，四周铜箔是否被钻破；
- 镀层质量：镀层平整光亮，无凸起缺损；
- 涂层质量：阻焊剂均匀牢固，位置准确，助焊剂均匀；
- 导线图形的完整性可用照相底片覆盖在印制板上，测试导线宽度、外形是否符合要求，有无短路和断路、毛刺等。

2. 电气性能检验

1）连通性检验

可使用万用表对导电图形的连通性能进行检验，重点是双面板的金属化孔和多层板的连通性能。

2）绝缘性检验

在一定的温度和湿度下，按照印制板标准，检测同一层不同导线之间或不同层导线之间的绝缘电阻，以确认印制板的绝缘性能。

电路板的绝缘电阻是印制板绝缘部件对外加直流电压所呈现出的一种电阻。选择两根或多根间距紧密、电气上绝缘的导线，先测量它们之间的绝缘电阻；再加速湿热一个周期后，置于室内条件下恢复1小时，再测量它们之间的绝缘电阻。

3. 工艺性能检验

1）可焊性检验

用于检测在印制板上焊接元器件时，焊料对印制图形的润湿能力，一般用润湿、半润湿和不润湿来表示。

2）镀层附着力检验

可采用通用的胶带试验法，将质量好的透明胶带粘到要测试的镀层上，按压均匀使气泡全部排出，快速掀起胶带一端，镀层无脱落即为合格。

此外，还有铜箔抗剥强度、镀层成分、金属化孔抗拉强度等多种指标，根据印制板的要求选择相应的检测内容。

4.5 技 能 训 练

1. 光敏电阻式光控电子开关电路印制电路板制作

图 4-22 是光敏电阻式光控电子开关电路原理图。这是一种简单的光控电子开关，通过制作该电路，可以了解光敏电阻器的特性和晶体三极管的开关特性。

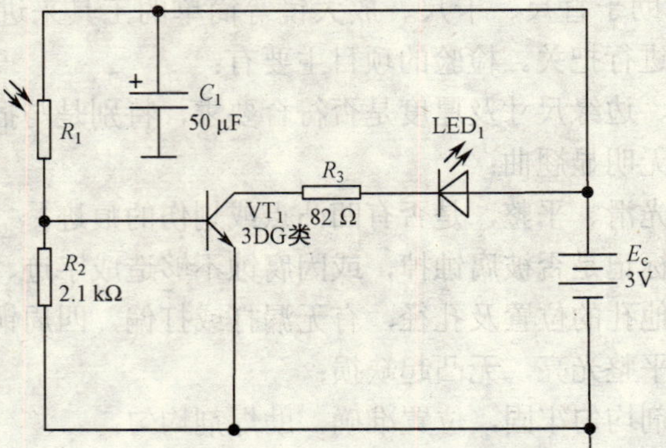

图 4-22　光敏电阻式光控电子开关电路原理图

（1）按照图 4-22 电路制作印制电路板图（PCB 布线图）

（2）练习使用漆图法的基本方法制作印制电路板。

- 准备卡片：先用复印机将图 4-22 相应的印制电路板图复印到一张白纸上，然后用挂历纸截取适当大小的卡片；
- 制版：将复写纸夹放在复印好的印制电路板图白纸和卡片之间，用较硬的铅笔在复印好的印制电路板图中描出各个焊盘与印制线；
- 刻版：用刻刀将卡片的原有焊盘及走线的地方镂空即可得到有用的版图；
- 为铜箔板制版：在制好的版图上均匀涂抹一层凡士林，然后小心地贴在准备好的覆铜板上，注意不要让凡士林粘到焊盘及走线的位置上，最后用快干漆（如油漆等涂料）喷涂 2～3 遍；
- 腐蚀：待油漆干透后，揭下底板图，把覆铜板上的凡士林擦除，投入相关腐蚀液中腐蚀并适当搅拌，以加快腐蚀速度；
- 冲洗：当腐蚀完毕后，取出印制电路板用水冲洗干净，晾干后用刻刀及细砂纸稍作修整；
- 钻孔：用小电钻在焊盘上打孔，然后用细砂纸打磨掉焊盘上的油漆（最好用去漆液进行去漆处理，可保护覆铜板），以便焊接；
- 涂阻焊剂和助焊剂：在制作好的印制电路板覆铜面上涂助焊剂，在没有连线和焊盘之处涂上阻焊剂。

2．延时电子门铃电路印制电路板的制作

普通的电子门铃是司空见惯的，图 4-23 是一种采用分立元器件构成的延时电子门铃电路。

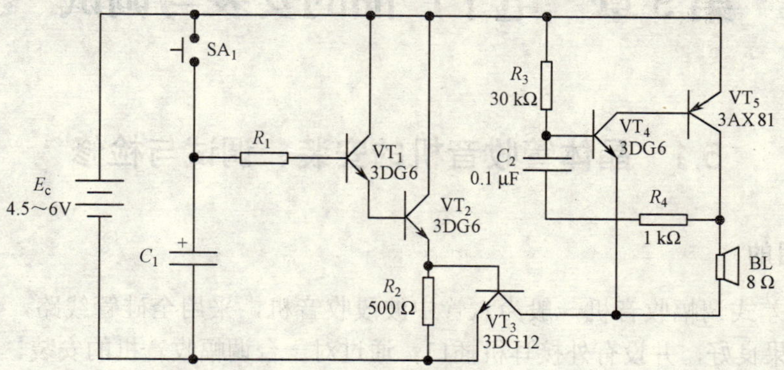

图 4-23　采用分立元器件构成的延时电子门铃电路原理图

（1）按照图 4-23 电路制作印制电路板图（PCB 布线图）

（2）练习使用刀刻法的基本方法制作印制电路板。

- 先把印制电路板图打印在贴纸上；
- 将贴纸背面的塑料纸撕下，把图样平整地粘在覆铜板上；
- 用刻刀将电路图以外的铜箔部分刻除；
- 用细砂纸将刀口存在的毛刺打磨平。

3．彩灯控制器印制电路板的制作

在本书第 6 章中将介绍彩灯控制器的设计过程及其电路原理图（如图 6-13 所示）；在第 3 章中，介绍了彩灯控制器印制电路板图的设计过程，印制电路板图如图 3-139 所示。请按照本章介绍的方法制作该印制电路板以供后面的电子技术课程设计使用。

第 5 章　电子产品的安装与调试

5.1　晶体管收音机的安装、调试与检修

1. 实训目的

标准超外差式调幅收音机一般为六管中波段收音机，采用全硅管线路，具有机内磁性天线，收音效果良好，并设有外接耳机插口。通过对一台调幅收音机的安装、焊接和调试，使学生了解电子产品的装配过程，掌握电子元器件的识别方法和质量检验标准，了解整机的装配工艺，培养学生的实践技能。

2. 实训要求

（1）能分析收音机的电路图。

（2）对照收音机原理图能看懂印制电路板图和接线图。

（3）认真按照工艺要求进行产品的安装和焊接。

（4）按照技术指标测试各种元器件的主要参数。

（5）独立完成一台 AM 收音机的安装、调试。

3. AM 收音机的工作原理

AM 收音机主要由输入电路、混频电路、中放电路、检波电路、前置低频放大器、功率放大电路和喇叭或耳机组成。

输入电路，即选择电路，或称调谐电路把空中许多无线电广播电台发出的信号选择其中一个，送给混频电路。混频将输入信号的频率变为中频，但其幅值变化规律不变。无论输入的高频信号的频率如何，混频后的频率是固定的，我国规定为 465 kHz。中频放大器将中频调幅信号放大到检波器所要求的大小。由检波器将中频调幅信号所携带的音频信号取下来，送给前置低频放大器。前置低频放大器将检测出来的音频信号进行电压放大。再由功率放大器将音频信号放大，放大到其功率能够推动扬声器或耳机的水平。由扬声器或耳机将音频电信号转变为声音。AM 收音机的工作原理方框图如图 5-1 所示，其电原理图如图 5-2 所示。

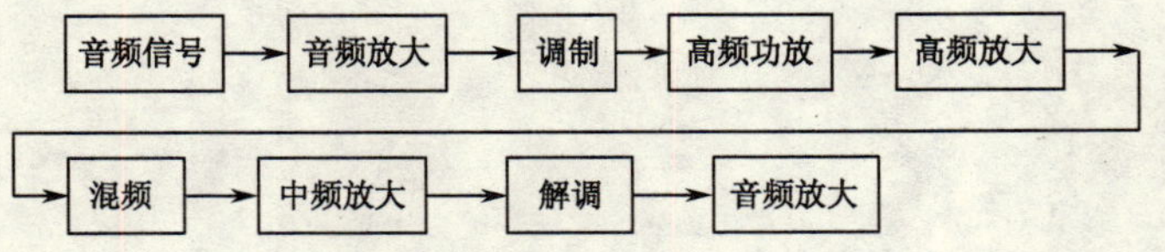

图 5-1　AM 收音机的工作原理方框图

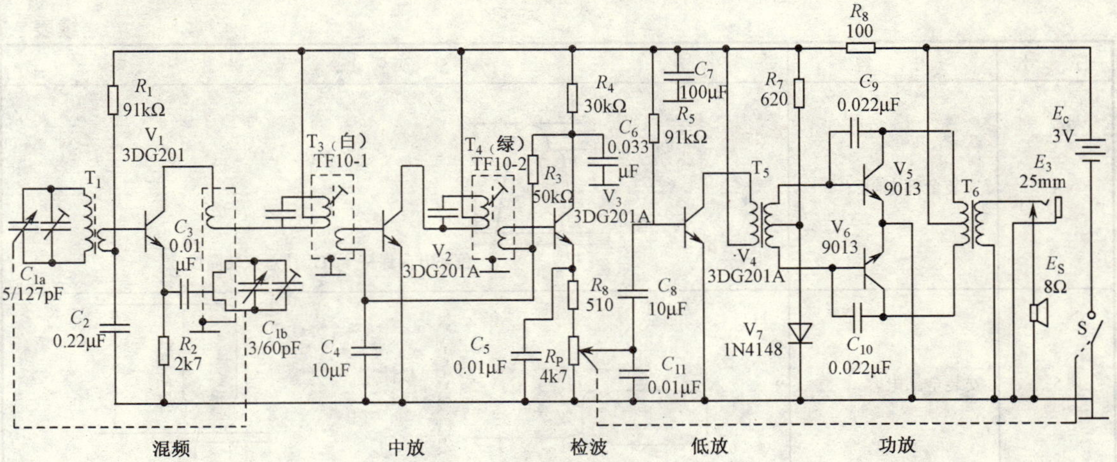

图 5-2　AM 收音机的电原理图

4. AM 收音机的性能指标

（1）频率范围：525～1605 kHz。

（2）输出功率：输出功率越大，收音机发出的声音越响，其取值范围为 50～150 mW，50 mW（不失真），150 mW（最大）。

（3）灵敏度：用于表示收音机接收微弱信号的能力。显然这个输入信号越小，收音机的灵敏度就越高。

（4）扬声器：ϕ57 mm，8 Ω。

（5）电源：3 V（两节五号电池）。

（6）音质清晰、宏亮、噪声低。

5. 实训步骤

元器件的安装质量及顺序直接影响整机的质量与成功率，合理的安装需要思考和经验。表 5-1 中所示的安装顺序及要点是经过实践检验，被证明是较好的一种安装方法。

注意：安装时，所有元器件的高度不得高于中周的高度。

表 5-1　元器件的安装顺序及要点

序　号	内　容	注 意 要 点
1	安装 T_2、T_3、T_4	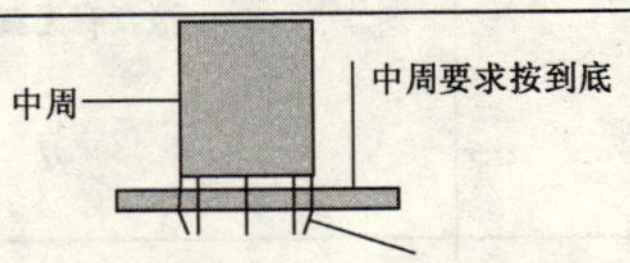
2	安装 T_5、T_6	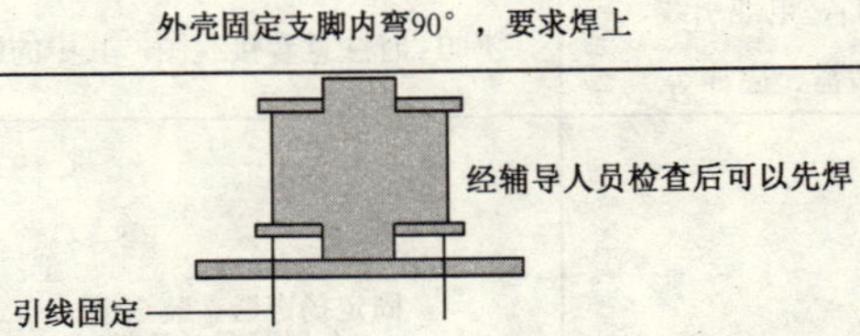
3	安装 V_1～V_6	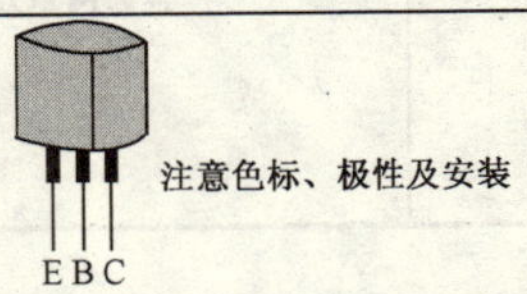

续表

序　号	内　　容	注 意 要 点
4	安装全部电阻	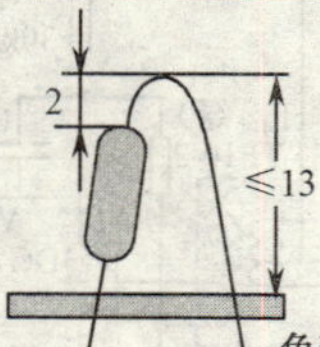 色环方向保持一致，注意安装高度
5	安装全部电容	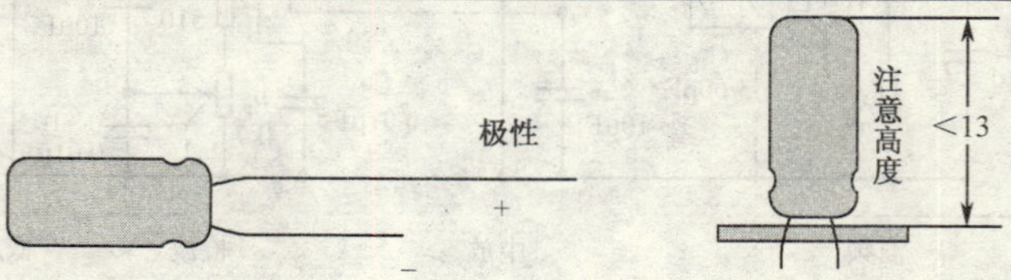
6	安装双联电容、电位器及磁棒架	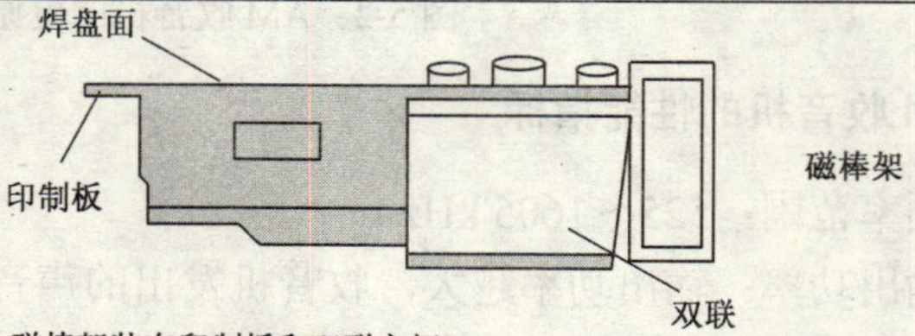 磁棒架装在印制板和双联之间
7	焊前检查	检查已安装的元器件位置，特别注意 VT（三极管）的引脚，经辅导人员检查后才可进行下列工作
8	焊接已插上的元器件	焊接时注意锡量适中 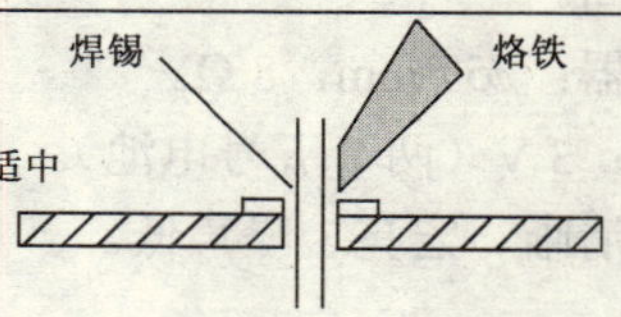
9	修整引脚	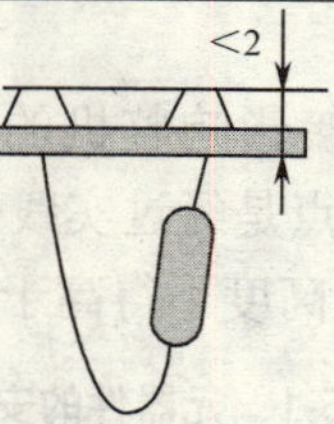 剪断引脚多余部分，注意不可留得太长、也不可留得太短
10	检查焊点	检查有无漏焊点、虚焊点和短接点 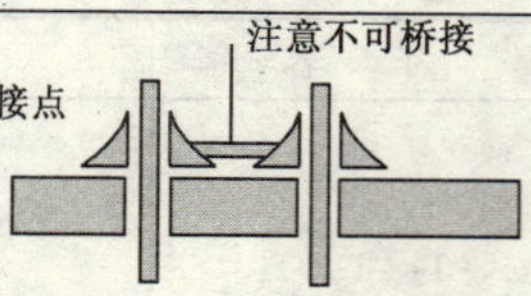
11	焊 T_1、电池引线，装拨盘、磁棒等	焊 T_1 时注意看接线图，其中的线圈 L_2 应靠近双联电容一边，并按图连线
12	其他	固定扬声器、装透镜、金属网罩及拎带 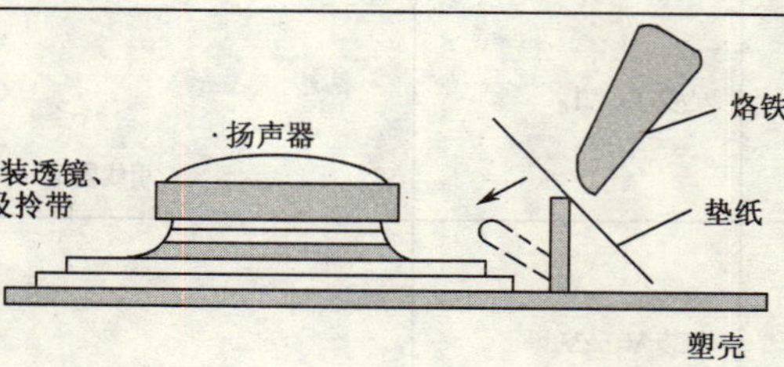

6. 调试

AM 收音机的检测调试步骤示意图如图 5-3 所示。

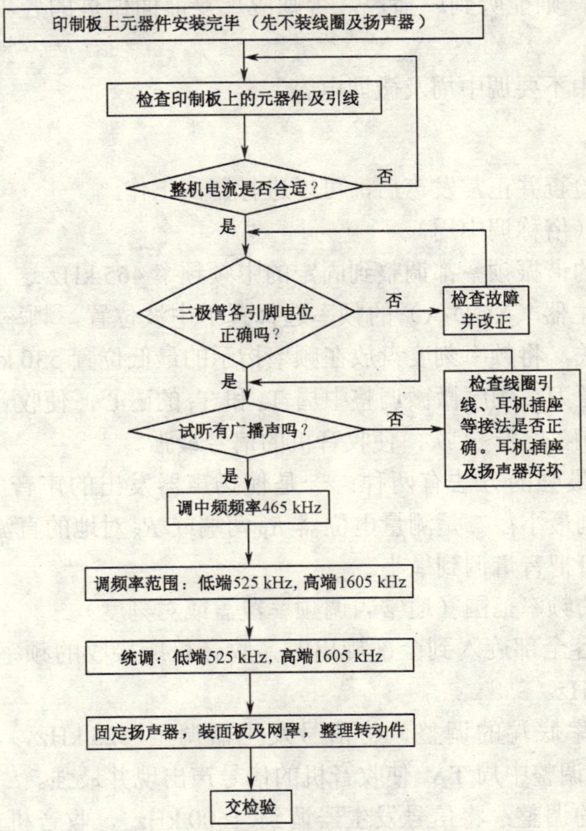

图 5-3　AM 收音机的调试流程图

1）通电前的检测工作

- 通过自检和互检，使焊接质量达到要求，特别注意各电阻的阻值是否与图纸相同，各三极管和二极管是否有极性焊错、位置装错等情况。
- 接入电源前，必须检查电源有无输出电压（3 V）和引出线的正负极是否正确。

2）通电后的初步检测

将收音机接入电源，要注意电源的正、负极性，将频率盘拔到 530 kHz 附近的无台区，在收音机开关不打开的情况下，首先测量整机静态工作的总电流“I_0”。然后将收音机开关打开，分别测量三极管 V_1～V_6 的 E、B、C 3 个电极对地的电压值（即静态工作点），将测量结果填到实习报告中。表 5-2 给出了各三极管的 3 个电极对地电压的参考值。

注意：该项检测工作非常重要，在收音机开始正式调试前，该项工作必须要做。

表 5-2　各三极管的 3 个电极对地电压的参考值

工作电压：E_c=3 V				整机工作电流：I_0=10 mA		
三极管	V_1	V_2	V_3	V_4	V_5	V_6
E	1	0	0.056	0	0	0
B	1.54	0.63	0.63	0.65	0.62	0.62
C	2.4	2.4	1.65	1.85	2.8	2.8

3）试听

如果元器件质量完好，安装也正确，初测结果正常，即可进行试听。将收音机接通电源，慢慢转动调谐盘，则能听到广播声，否则应重复前面做过的各项检查，找出故障并改正。

注意：在此过程中不要调中周及微调电容。

4）收音机的调试

收音机经过通电检查并正常发声后，可以进行调试工作。

（1）调中频频率（俗称调中周）

目的：将各中周的谐振频率都调整到固定的中频频率 465 kHz 这一点上。

方法：将信号发生器（XGD-A）的频率选择置于中波位置，频率指针放在 465 kHz 位置上。打开收音机开关，将频率刻度盘放在频率指示的最低位置 530 kHz 附近，将收音机靠近信号发生器。用螺丝刀按顺序微微调整中周 T_4 和 T_3 的磁心，使收音机收到的信号最强。这样反复调 T_4 和 T_3 的磁心 2～3 次，使收音机的信号最强。

确认收音机信号最强的方法有两种：一是使扬声器发出的声音（1 kHz）达到最响为止，此时可把音量调到最小；二是测量电位器 R_P 两端或 R_8 对地的直流电压，使电压表的指示值最大为止，此时可把音量调到最小。

（2）调整收音机的频率范围（通常叫调频率覆盖或对刻度）

目的：使双联电容全部旋入到全部旋出时，收音机所接收的频率范围恰好是整个中波波段，即 525～1605 kHz。

方法：先进行频率底端的调整，将信号发生器调至 525 kHz，收音机的刻度盘调至 530 kHz 位置上，此时调整中周 T_2，使收音机的信号声出现并最强。

再进行高端频率的调整：将信号发生器调到 1600 kHz，收音机刻度盘调到 1600 kHz 位置上，调双联上的微调电容器 C_{1b} 使信号声出现并最强。将上述步骤反复调整 2～3 次，使收音机接收的信号最强。

（3）统调（调收音机的灵敏度和跟踪调整）

目的：使本机的振荡频率始终比输入回路的谐振频率高出一个固定的中频频率 465 kHz。

方法：

- 低端调整：将信号发生器调至 600 kHz，收音机刻度盘调至 600 kHz，调整线圈 T_1 在磁棒上的位置，使接收的信号最强，一般线圈的位置应靠近磁棒的右端。
- 高端调整：将信号发生器调至 1500 kHz，收音机刻度盘调至 1500 kHz，调双联电容器 C_1a，使收音机在高端接收的信号最强。在高、低端要反复调 2～3 次，调完后即可用蜡将线圈固定在磁棒上。

7．常见故障检修

1）维修基本方法

- 信号注入法：收音机是一个信号捕捉、处理、放大的系统，通过注入信号可以判定故障位置。用万用表 R×10 挡，红表笔接电池负极（地），黑表笔触碰放大器输入端（一般为三极管基极），此时扬声器可听到“咯咯”声。然后用螺丝刀金属部分去碰放大器输入端，从扬声器听反应。此法简单易行，但相应信号微弱，不经三极管放大则听不到声音。

- 电位测量法：用万用表测各级放大管的工作电压，可具体判定造成故障的元器件。
- 测量整机总静态电流法：将万用表拨至 250 mA 直流电流挡，两表笔跨接于电源开关的两端，可测量整机的总电流，此时开关应置于断开位置。本机的正常总电流约为（10±2）mA。

2）故障位置的判断方法

判断故障在低放之前还是低放之中（包括功放）的方法：

- 接通电源开关，将音量电位器开至最大，喇叭中没有任何响声，可以判定低放部分肯定有故障。
- 判断低放之前的电路工作是否正常。将音量减小，万用表拨至直流电压挡。挡位选择 0.5 V，两表笔并接在音量电位器非中心端的两端处，一边从低端到高端拨动调谐盘，一边观察电表指针，若发现指针摆动，且在正常播出时指针摆动次数约在数十次左右，即判定低放之前电路工作是正常的。若无摆动，则说明低放之前的电路也有故障，先解决低放中的问题，然后再解决低放之前的问题。

3）完全无声故障的检修方法

将音量电位器开至最大，用万用表直流电压 10 V 挡，黑表笔接地，红表笔分别接触电位器的中心端和非接地端（相当于输入干扰信号），可能出现 3 种情况：

- 碰非接地端，喇叭中无“咯咯”声，碰中心端时喇叭有声。这是由于电位器内部接触不良，可更换或修理以排除故障。
- 碰非接地端和中心端均无声，这时万用表调 R×10 挡，两表笔并接碰触喇叭引线，碰触时喇叭若有“咯咯”声，说明喇叭完好。然后将万用表拔至电阻挡，点触 T_6 次级两端，喇叭中如无“咯咯”声，说明耳机插孔接触不良，或者喇叭的导线已断；若有“咯咯”声，则把表笔接到 T_6 初级两组线圈两端，这时若无“咯咯”声，就是 T_6 初级有断线。
- 将 T_6 初级中心抽头处断开，测量集电极电流。若电流正常，说明 V_5 和 V_6 的工作正常，T_5 次级无断线。若电流为 0，则可能是 R_7 断路或阻值变大；V_7 短路；T_5 次级断线；V_5 和 V_6 损坏（同时损坏情况较小）。若电流比正常情况大，则可能是 R_7 阻值变小，V_7 损坏；V_5 和 V_6 初、次级有短路；C_9 或 C_{10} 有漏电或短路。
- 测量 V_4 的直流工作状态，若无集电极电压，则 T_5 初级断线；若无基极电压，则 R_5 开路；C_8 和 C_{11} 同时短路较少，C_8 短路而电位器刚好处于最小音量处时，会造成基极对地短路。若红表笔触碰电位器中心端无声，触碰 V4 基极有声，说明 C_8 开路或失效。
- 用干扰法触碰电位器的中心端和非接地端，喇叭中均有声，则说明低放工作正常。

4）无台故障的检修

无台故障是指将音量开大，喇叭中有轻微的“沙沙”声，但调谐时收不到电台。

- 测量 V_3 的集电极电压，若无，则 R_4 开路或 C_6 短路；若电压不正常，检查 T_4 是否良好。测量 V_3 的基极电压，若无，则可能 R_3 开路（这时 V_2 基极也无电压），或 T_4 次级断线，或 C_4 短路。注意：此时 V_3 工作在近似截止的工作状态，所以它的发射极电压很小，集电极电流也很小。

- 测量 V_2 的集电极电压：无电压，是 T_4 初级断线；电压正常而干扰信号的注入在喇叭中不能引起声音，是 T_4 初级线圈或次级线圈有短路，或槽路电容（200 pF）短路。
- 测量 V_2 的基极电压：无电压，是 T_3 次级断线或脱焊；电压正常，但干扰信号的注入不能在喇叭中引起响声，是 V_2 损坏。电压正常，喇叭有声。
- 测量 V_1 的集电极电压：无电压，是 T_2 次级线圈、初级线圈有断线；电压正常，喇叭中无“咯咯”声，为 T_3 初级线圈或次级线圈有短路，或槽路电容短路。如果中周内部线圈有短路故障，由于其匝数较少，所以较难测出，可采用替代法加以证实。
- 测量 V_1 的基极电压：无电压，可能是 R_1 或 T_1 次级开路，或 C_2 短路；电压高于正常值，是 V_1 发射结开路；电压正常，但无声，是 V_1 损坏。
- 到此时如果仍收听不到电台，可进行下面的检查：

将万用表拨至直流电压 10 V 挡，两表笔分别接于 R_2 的两端。用镊子将 T_2 的初级短路一下，看表针指示是否减小（一般减小 0.2～0.3V）。若电压不减小，说明本机振荡没有起振，振荡耦合电容 C_3 失效或开路，C_2 短路（V_1 发射极无电压），T_2 初级线圈内部短路或断路，双连质量不好。若电压减小很少，说明本机振荡太弱，或 T_2 受潮，或印制板受潮，或双连漏电，或微调电容不好，或 V_1 质量不好。若电压减小正常，可断定故障在输入回路。检查双连对地有无短路，电容质量如何，磁棒线圈 T_1 初级是否断线。到此时收音机应能收听到电台播音，可以进行整机调试。

5.2　数字万用表的安装、调试与检修

1．实训目的

DT830B 数字万用表是一种 LCD 数字显示的多功能、多量程的 3 位半便携式电工仪表，可以测量直流电流（DCA）、交直流电压（ACV）、电阻值和晶体管共射极直流放大系数 h_{FE} 和二极管等。通过对 DT830B 数字万用表的安装、焊接、调试，使学生了解 DT830B 数字万用表装配的全过程，掌握元器件的识别和测试及整机装配和调试工艺，培养学生的动手能力和实践技能。

2．实训要求

（1）能看懂数字万用表的原理框图、电路原理图及装配图。

（2）熟悉数字万用表的装配工艺流程。

（3）掌握数字万用表调试的基本方法，学会排除焊接和装配过程中出现的故障。

（4）根据数字万用表的技术指标测试数字万用表的主要参数。

（5）独立完成一台数字万用表的安装、调试。

3．数字万用表原理

DT830B 数字万用表以集成电路 ICL7106 为核心，具有电路简洁、读数直观、精度高、输入电阻大、功能齐全、体积小巧、外观精致，便于携带等优点。其电路原理图如图 5-4 所示。集成电路 ICL7106 的详细资料可查阅相关资料。有关 3 位半数字万用表的工作原理，请参见童诗白教授所编写的《模拟电子技术基础》（第 2 版）（高等教育出版社，P716～737）。

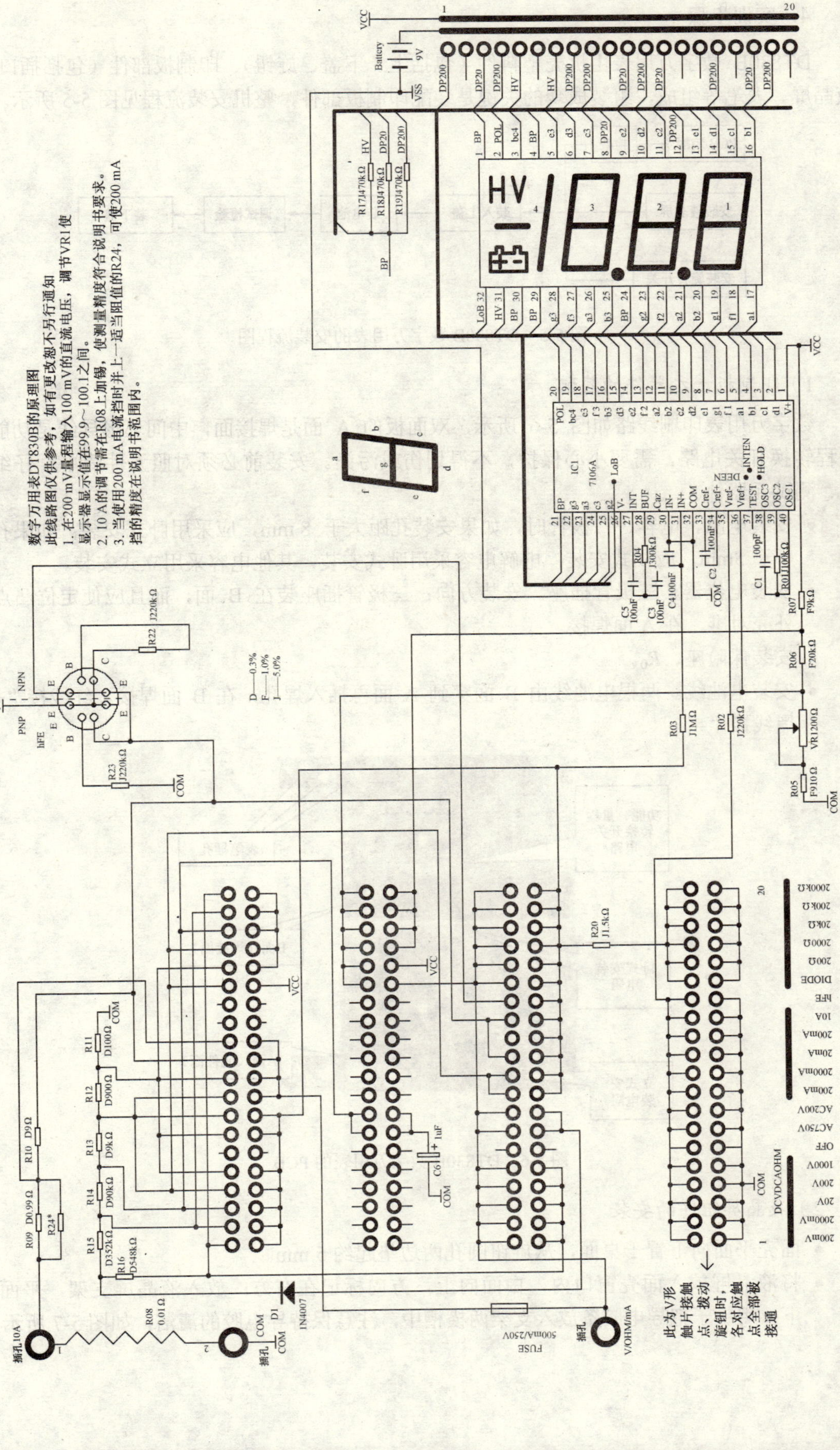

图 5-4　DT830B 数字万用表的原理图

4．实训步骤

DT830B 数字万用表由机壳塑料件（包括上／下盖、旋钮）、印制板部件（包括插口）、液晶屏、表笔等组成，组装成功的关键是装配印制板部件，整机安装流程见图 5-5 所示。

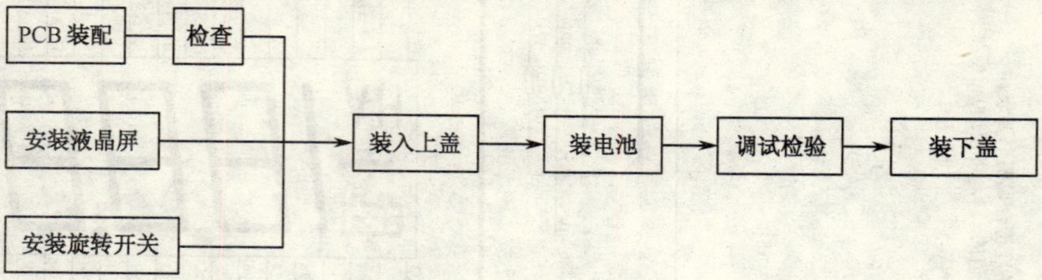

图 5-5　DT830B 数字万用表的安装流程图

1）印制板上元器件的装配

数字万用表印刷线路如图 5-6 所示，双面板的 A 面是焊接面，中间环形导线是功能、量程转换开关电路，需要小心保护，不得划伤或污染。安装前必须对照元件清单，仔细清理、测试元器件。

- 安装电阻、电容、二极管时，如果安装孔距大于 8 mm，应采用卧式安装；如果孔距小于 5mm，应立式安装；电解电容采用卧式安装，其他电容采用立式安装。
- 安装电位器、三极管插座。安装方向：三极管插座装在 B 面，而且应使定位凸点与外壳对准，在 A 面焊接。
- 安装保险座、R_0。
- 安装电池线。两根电池线由 B 面穿到 A 面再插入焊孔，在 B 面焊接。红线接“+”黑线接“−”。

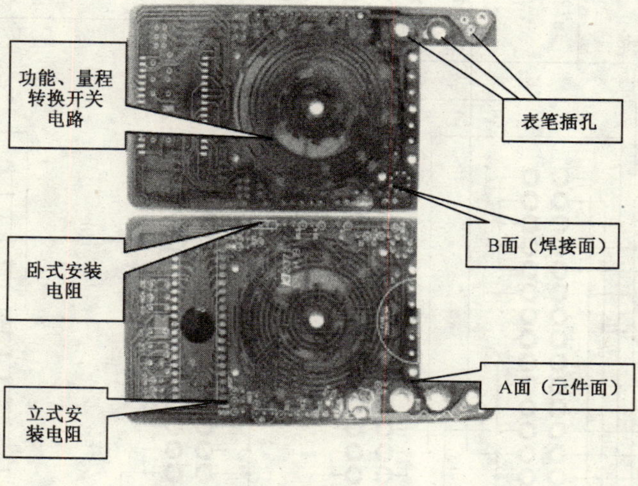

图 5-6　DT830B 数字万用表的 PCB

2）液晶屏组件的安装

- 面壳平面向下置于桌面，从旋钮圆孔两边垫起约 5 mm。
- 将液晶屏放入面壳窗口内，白面向上，方向标记在右方；放入液晶屏支架，平面向下；用镊子把导电胶条放入支架两横槽中，注意保持导电胶的清洁，如图 5-7 所示。

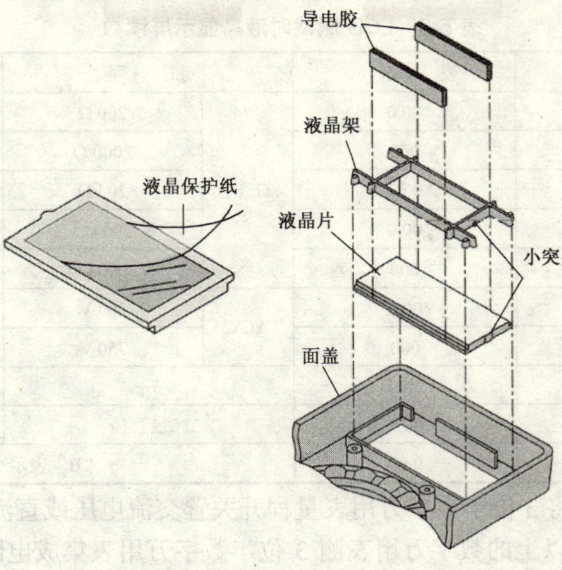

图 5-7　液晶片、斑马条框架和斑马条的安装

3）转换开关的安装

- 将 V 型簧片装到旋钮上，共 6 个。簧片易变形，用力要轻。
- 装完簧片把旋钮翻面，将两个小弹簧蘸少许凡士林放入旋钮两圆孔，再把两个小钢珠放在表壳合适的位置上。
- 将装好弹簧的旋钮按正确方向放入表壳（参见图 5-8）。

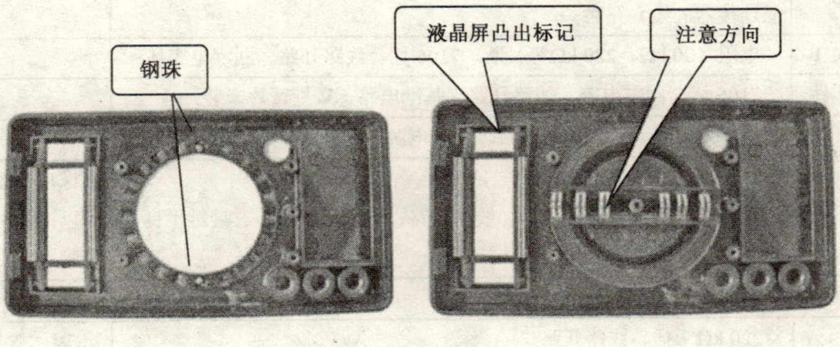

图 5-8　弹簧、旋纽等的安装

4）固定印制板

- 印制板对准位置装入表壳（注意：安装螺钉之后再装保险管），并用 3 个螺钉固定。
- 装上保险管和电池，转动旋钮，液晶屏应正常显示。

5．调试

数字万用表的功能和性能指标由集成电路和选择外围元器件得到保证，只要安装无误，仅作简单调整即可达到设计指标。

- LCD 测试：将 3 位半数字万用表量程转换开关旋钮绕着盘旋转，可以得到表 5-3 读数。“–”符号会出现或不停地闪。

表 5-3　LCD 测试时液晶显示屏读数

量　程		表头指示	量　程		表头指示
DCV	200 mV	00.0	Ω 档	200 Ω	1BB.B
	2000 mV	000		2000 Ω	1BBB
	20 V	0.00		20 kΩ	1B.BB
	200 V	00.0		200 kΩ	1BB.B
	1000 V	000		2000 kΩ	1BBB
DCA	200 uA	00.0	ACV	200 V	00.0
	2000 uA	000		750 V	000
	20 mA	0.00	h_{FE}		000
	200 mA	00.0	二极管挡		1BBB
	10 A	0.00	“B”表示空白		

- 基准电压调试：将 3 位半数字万用表量程开关置交流电压或直流电压任一挡，两表棒开路。用 4 位半以上的数字万用表测 3 位半数字万用表集成电路 35、36 脚之间电压 U_{REF}，调电位器 R_{P1}，使 U_{REF}=97.4 mV 左右。

6. 常见故障检修

DT830B 万用表常见故障及解决方法如表 5-4 所示。

表 5-4　DT830B 万用表常见故障及解决方法

故障现象	解决方法	备　注
缺笔画、笔画不正常	重新组装、7106 坏、液晶坏、笔画线（7106 第 2 脚至第 25 脚与液晶连接器的线）开路	
所有挡位均出 1 或负 1	电阻（20 kΩ、220 kΩ等）断、7106 坏、线路开路、回零电容坏	
所有挡不回零或回零跳	7106 坏、回零电容、线路开路、基准电路、V 型簧片未装	
不开机	电源线焊反、V 型簧片未装、正负电源短路	
200 mV 不输入	积分电容坏、滤波电容坏、线路开路、V 型簧片未装、接触不良	用橡皮擦擦拭线路板的金属圈可以消除由于线路脏而引起的接触不良
200 mA 不输入	熔断器断、线路开路、接触不良	
三极管不输入	220 kΩ未插、线路开路	
二极管不输入	电阻未插（1.5 kΩ)、7106 坏、V 型簧片未装好、接触不良	
200 Ω不输入	接触不良、电阻插错、线路开路、积分电容虚焊	
200 Ω低	积分电容坏、电阻插错、线路有阻抗	
100 kΩ不输入	线路开路、电阻错、电阻未插、接触不良	
二极管低	积分电容插错、电阻插错	
直流高压挡起差	电阻阻值偏（100 Ω、352 kΩ、548 kΩ)、短路、线路板脏	
交流高压超差	电解电容坏、352 kΩ和 548 kΩ插反、IN4007 坏	
交流负且超差	二极管插反、二极管二脚间短路	
交流高压不输入	二极管未插、电解电容正端对地短路、线路开路	
交流电压跳	滤波电容坏、滤波电容未插	
200 μA 不输入	熔断器未装或断、电阻开路	
200 mA 不输入	熔断器断、0.99 Ω断、接触不良	
10 A 不输入	接触不良、钪铜丝脱焊	

下篇 电子技术课程设计

第6章　电子技术课程设计基础

电子技术课程设计是电子技术课程的实践性教学环节，是对学生学习电子技术的综合性训练，这种训练是通过学生独立进行某一课题的设计、安装和调试来完成的。然而，要完成一个课题将涉及到许多方面的知识，既涉及到许多理论知识（设计原理与方法），还涉及到许多实际知识与技能（安装、调试与测量技术）。本章将把电子技术课程设计所涉及到的主要基础知识作一全面的介绍，以帮助学生解决入门之难。

6.1　课程设计的目的与要求

电子技术课程设计实际上是利用所学过的基本理论知识和一定实验技能来设计小型电子系统的。学生在这一过程中要根据每个课程设计所给定的总体要求，独立设计、安装和调试电路，通过这种综合训练，要求学生达到以下目的和要求。

（1）学完数字电子技术基础、模拟电子技术基础和电子技术实验后，能够综合运用课程中所学到的理论知识独立提出设计方案并加以论证和确定。

（2）能够根据需要选择参考书，查阅手册、图表和文献资料，通过独立思考、深入钻研有关问题，培养独立分析问题、解决问题的能力。

（3）通过对设计方案的分析比较，单元电路的设计、元件选择、安装调试等环节，初步掌握简单实用电路的分析方法和工程设计方法。

（4）掌握常用仪表的正确使用方法，学会简单电路的实验调试和整机指标测试方法，提高动手能力。

（5）了解与课程有关的电子电路以及元器件工程技术规范，能按课程设计任务书的技术要求，编写设计说明，能正确反映设计和实验成果，能正确绘制电路图。

（6）学会撰写课程设计总结报告。

（7）培养严谨的工作作风和科学态度，使学生逐步建立正确的生产观点、经济观点和全局观点。

6.2　电子电路的设计方法与步骤

所谓电子电路设计是指通过拟定性能指标、电路的预设计、安装调试和修改设计等环节来设计一个符合性能指标要求的电子电路，该电路工作稳定可靠、成本低、功耗低、所采用的元器件的品种少、体积少且货源充足、便于生产测试和维修。

电子电路设计的一般步骤如图6-1所示。由于电子电路种类很多，方法千差万别，设计方法和步骤也会因不同情况而异。例如，选择总体方案、设计单元电路、选择元件、计算参数等环节，有时需要交叉进行，甚至会出现反复。

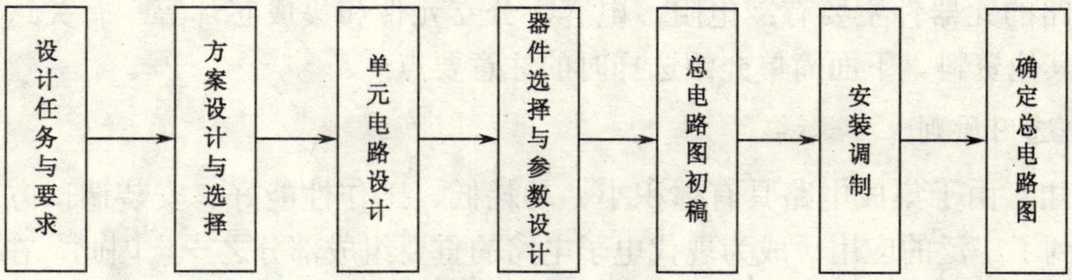

图 6-1　电子电路设计的一般方法与步骤示意图

6.2.1　电子电路的方案设计

电子电路的方案设计是指按照系统总的要求，把电路划分成若干个功能块，从而得到系统方框图。每个方框图即是一个单元电路，按照系统性能指标要求，规划出各单元电路所要完成的任务，确定输出与输入的关系，决定单元电路的结构。该方案可以有多个，需要通过实际的调查研究，查阅有关资料或集体讨论等方式，着重从方案能否满足要求、结构是否简单、实现是否经济可行等方面，对几个方案进行比较论证，择优选取。

6.2.2　单元电路的设计、参数计算和元器件选择

根据系统指标和功能框图，明确任务，进行各单元电路的设计、参数计算和元器件选择。

1. 单元电路的设计

单元电路的设计是最繁重的一步，首先要根据设计要求和已选定总体方案，明确对各单元电路的要求，拟定出单元电路的性能指标，与前后级之间的关系，分析电路的组成形式。具体设计时，可以模仿成熟的先进的电路，也可以结合部分单元的电路实验、计算机仿真实验或进行创新和改进，但都必须保证性能要求。

2. 参数计算

为保证单元电路达到功能指标要求，需要用电子技术知识对参数进行计算，例如，放大电路中各电阻值、放大倍数，振荡器中各电阻、电容、振荡频率等参数的计算。只有很好地理解电路的工作原理，正确运用计算公式，计算的参数才能满足设计。

3. 元器件的选择

从某种意义上讲，电子电路的设计就是选择最合适的元器件，并把它们最好地组合起来。因此在设计过程中，经常遇到选择元器件的问题，不仅在设计单元电路和总体电路及计算参数时要考虑选择哪些元器件合适，而且在提出方案、分析和比较方案的优缺点时，有时也需要考虑用哪些元器件以及它们的性能价格比如何等。

怎样选择元器件呢，只要能清楚“需要什么”和“有什么”，问题就好解决了。“需要什么”是指根据具体问题和方案，需要哪些元器件，每个元器件应具有哪些功能和性能指标；“有什么”是指哪些元器件实验室有，哪些在市场上能买到，性能如何、价格如何、体积多大等。由于电子元件种类繁多，新产品不断出现，这就需要经常关注元器件的信息和新动向，多查资料。

电子电路的元器件主要有：电阻、电容、分立元件和集成芯片等。有关这方面的详细内容请参阅其他资料。下面简单介绍选择时的注意要点：

1）器件选用原则

众所周知，由于集成电路具有体积小、功耗低、工作性能好、安装调试方便等一系列的优点而得到了广泛的应用，成为现代电子电路的重要组成部分之一。因此，在电子电路设计中，优先选用集成电路已成为人们所认可的一致看法。例如，在模拟电子电路中，有大量的模拟信号需要进行处理，如交／直流放大、线性检波、振荡、有源滤波、运算等。而品种繁多，功能齐全的各类模拟集成电路为这些应用电路提供了极大的方便与灵活性。相比之下，若改用分立元件来实现这些功能电路，当然要逊色许多。

但是也不能保证采用集成电路就一定比用分立元件好。例如有些功能相当简单的电路，只要用一只三极管或二极管就能解决问题，就不必选用集成电路了。如数字电路中的缓冲、倒相、驱动等应用场合就是如此。另外有些特殊应用情况（如高电压、大电流输出），采用分立元件往往比用集成电路更切合实际。

2）模拟集成电路的选择

常用的模拟集成电路主要有运算放大器、电压比较器、模拟乘法器、集成稳压块、锁相环、函数发生器等。设计中选择模拟集成电路的方法一般是先粗后细：先根据总体设计方案考虑选用什么类型的集成电路，如运算放大器有通用型、低漂移型、高阻型、高速型等，然后再进一步考虑它的性能指标与主要参数，如运算放大器的差模和共模输入电压范围、输出失调参数、开环差模电压增益、共模抑制比、开环带宽、转换速率等。这些参数值是选择集成运算放大器的主要参考依据。最后应综合考虑价格等其他因素而决定选用什么型号的器件。

3）数字集成电路的选择

目前，已经成熟的数字集成电路主要有3种：TTL电路（晶体管-晶体管结构），CMOS电路（互补金属氧化物-半导体结构）和 ECL 逻辑（发射极耦合结构）。在选择数字集成电路时，必须了解这些数字集成电路的种类和特点。

① TTL 电路。

这是以双极型三极管为开关元件，属于双极型数字 IC。其典型产品为 54/74 系列数字集成电路，其中 54 系列为军品，74 系列为民品。TTL 类型的发展过程是，其一，沿着 74→74H→74S→74AS 向高速化发展；其二，沿着 74→74LS→74ALS 向低功耗高速度方向发展。TTL 类型的主要特点有：

- 不同系列的产品相互兼容，选择余地大。
- 参数稳定，使用可靠。
- 工作速度和功耗均介于 ECL 型与 CMOS 型之间，具有较宽的工作速度范围。
- 采用+5 V 电源供电。

② ECL 电路。

ECL 和 TTL 一样也是双极型数字 IC。其系列产品主要有 ECL-10K 与 ECL-100K 两种。ECL 电路的品种不多，产品限于中小规模集成电路。其主要特点是：

- 工作速度快。ECL 门电路的传输延迟时间可缩短至 1 ns 以内，是现代数字 IC 中工作速度最快的一种。适用工作频率范围为 100～1000 MHz。

- 输出内阻低，带负载能力很强。
- 功耗大，输出电平稳定性较差，噪声容限比较低，抗干扰能力较差。

③ CMOS 类型。

CMOS 数字 IC 是用 MOSFET 做开关元件，属单极型数字 IC。其系列产品主要有 4000 系列和高速系列。高速 CMOS 电路主要有 CC54HC/CC74HC 和 CC54HCT/CC74HCT 2 个子系列。CMOS 集成电路的特点主要是：

- 功耗低：CMOS 电路功耗极小，在电源电压 V_{DD}=5 V 时，其功耗小于 2.5～5 μW。
- 电源电压范围广：CMOS4000 系列电源电压为 3～18 V，HCMOS 电路为 2～6 V。
- 噪声容限大：其噪声容限最大可达电源电压的 45%，最小不低于电源电压的 30%，
- 而且随电源电压的提高而增大。
- 输入阻抗高：其输入阻抗可达 1010～1012 Ω。
- 扇出系数大：在手册中给出的各类 CMOS 门电路的扇出系数均大于 20。

由于各类数字 IC 都各具特点，都在发展，也都存在着应用的局限性。在各种应用场合中，应该综合考虑各类数字集成电路的性能，以求得最佳的应用和选择。

4）常用元器件和分立元件的选择

在选用电阻、电容和变压器等常用器件以及二极管、晶体管等半导体分立器件时，要根据其用途分别选择不同种类的器件，有不同的注意事项。例如选择晶体管时，首先注意管子是 NPN 型还是 PNP 型，是高频管还是低频管，是大功率管还是小功率管，并注意管子的参数 P_{CM}、I_{CM}、$V_{(BR)CEO}$、I_{CEO}、I_{CM}、β、f_T 等是否满足电路设计指标的要求，高频工作时要求 $f_T=(5\sim10)f_0$。

6.2.3　单元电路之间的级联

单元电路之间经级联后才能构成总体电路，在级联时，有些问题必须仔细考虑，如两个电路的电气特性匹配、信号耦合方式、时序配合，以及相互干扰等问题。

1．电气特性匹配

电气特性主要是指阻抗、线性范围、负载能力、高低电平等。阻抗匹配和线性范围主要是针对模拟电路；高低电平匹配主要是针对数字电路；负载能力匹配则数字电路和模拟电路都存在。

两级电路级联时，实际上后级就是前级的负载，必然存在着前级的负载能力问题。负载能力问题实质上是前级提供的电流应能大于后级所需的电流，如果不够则应增加驱动单元电路。

2．常用的联接方式

常用的联接方式有直接耦合、阻容耦合、变压器耦合、光电耦合和接口电路耦合。

1）阻容耦合

阻容耦合的联接方框图如图 6-2 所示。其特点如下：

- 由于电容器隔直流而通交流，所以各级直流工作点相互独立，前级交流能完整地传送到后级。

- 阻容耦合放大电路的低频特性差，不能放大变化缓慢的信号。这是因为耦合电容对这类信号呈现出很大的容抗，信号的一部分甚至全部几乎衰减在耦合电容上。

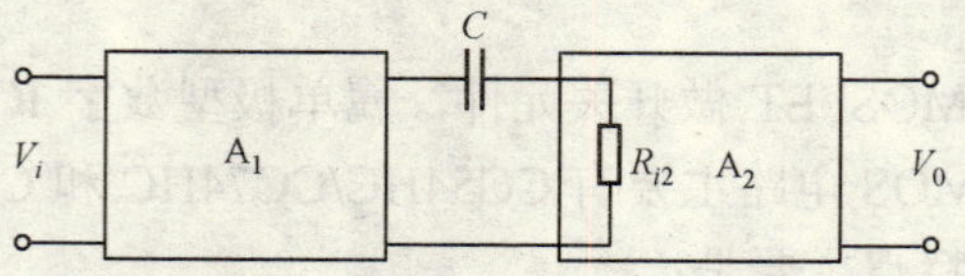

图 6-2 阻容耦合方框图

2）直接耦合

直接耦合是把前级的输出端直接或通过恒压器件接到下级输入端。其特点为：

- 两级直接相连，除将前级输出的交流信号送到后级外，也会将前级输出的直流信号送到后级。
- 会导致零点漂移，即前级工作点随温度的变化会向后级传递并逐级放大，使得输出端产生很大的漂移电压。
- 要考虑前后级的电位匹配，这是因为由于前后级之间的直流连通，使各级工作点互相影响，不能独立。因此，必须考虑各级间直流电平的配置问题，以使每一级都有合适的工作点。

图 6-3 给出了几种电平配置的实例。

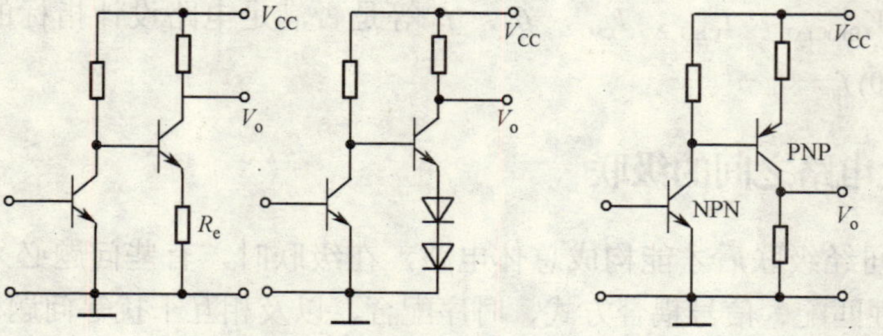

（a）垫高后级的基极单位　　（b）NPN、PNP管级联

图 6-3 直接耦合方框图

3）光电耦合

如图 6-4 所示，光电耦合是以光信号为媒介来实现电信号的耦合和传递的。实现光电耦合的基本器件是光电耦合器，其基本原理为：输入端加电信号，发光器件由电→光，受光器件由光→电，输出电信号，实现了从电到光、光再到电的传输。其特点为：

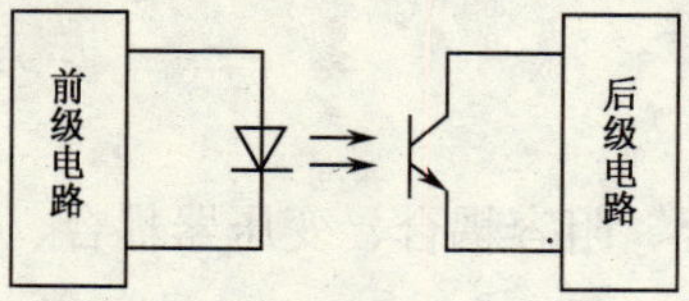

图 6-4 光电耦合方框图

- 光是传输的媒介，从而使输入和输出两端实现电气上的绝缘和隔离，输出端对输入端无反馈作用。

- 由于光传输的单向性，所以信号从光源单向传输到光接收器时不会出现反馈现象，其输出信号也不会影响输入端。
- 响应速度快，光电耦合器的时间常数通常在微秒甚至毫微秒级。
- 抗干扰能力强、工作稳定可靠。

光电隔离放大器的前、后级之间不能有任何电的连接。即使是“地线”也不能连接在一起，前、后级也不能共用电源，否则就失去了隔离的意义。一般前级放大器可以采用电池供电，或采用 DC/DC 变换器供电。

4）变压器耦合

将放大电路前级的输出端通过变压器接到后级的输入端或负载电阻上，称为变压器耦合。变压器耦合的特点为：

- 由于变压器是靠磁路耦合的，所以它的各级放大电路的静态工作点相互独立。
- 电路效率较高，功耗较小，静态功耗近似为零。
- 可以实现阻抗变换，因而在分立元件功率放大电路中得到广泛应用。
- 变压器有损耗，且体积大、笨重，频带窄，不适用于制作集成电路。

6.2.4　总体电路图的画法

在完成单元电路的设计、参数计算、元器件选择之后，下一步应该画出总体电路图。当画出总体电路图以后，还要注意仔细地进行一次全面的审图，因为在设计过程中有些问题难免出错或者考虑不周，加之总体电路图又是进行组装、调试的依据，所以审图可以减少元器件的损坏现象。

如何才能画好总体电路图呢？一般要注意以下几点。

1）注意信号的流向

通常从输入端或信号源画起，由左至右或由上至下按信号流向依次画出各单元电路。

2）布局合理

尽量把总体电路图画在一张图纸上，布局要合理，排列要均匀。如果电路复杂，需要绘制几张图时，应把主电路画在同一张图纸上，把独立的或次要的电路画在另外的图纸上，同时要标明连线的来龙去脉。

3）连线要清楚

连线要清楚并且通常都画成水平线或垂直线，一般不画斜线。按新的画图规则，四端连接的交叉线，应在连接处用黑圆点表示，否则表示相互跨过，不连接；三端相连处可不画黑圆点。还应当注意元件的合理布局，使连线尽量短，少拐弯。有的连线可用符号表示，例如地线常用“⊥”表示，电源一般只要标出为参考点的正、负电压的数值就可以了。

4）不要把电路图画成接线图

电路图中的集成电路芯片，通常用方框表示。在方框中标出它的型号，在方框的边线两侧标出每根连线的功能名称和引脚号，如图 6-5（a）所示。注意不要把电路图画成接线图，如图 6-5（b）所示，因为这种画法不能体现电路的原理关系。

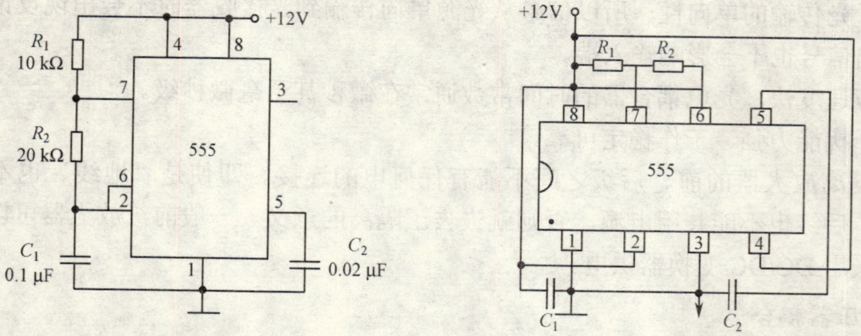

图 6-5　集成电路芯片的画法举例

6.3　电子电路的安装与调试

电子电路设计完毕以后，便可以进行电路的安装、调试了。这一过程是对理论设计的检验、修改和完善。

6.3.1　电子电路的安装

电子电路的安装方式通常有 2 种：插接方式和焊接方式。插接方式是在面包板上进行的，电路元器件和连线均接插在面包板的孔中；焊接方式是在印制板上进行的，电路元器件焊接在印刷板上，电路连线则为特制的印制线。由于使用焊接方式器件的可重复利用率低。下面介绍在面包板上用插接方式安装电路的方法。

1. 合理布局

电路板结构布局没有固定的模式，不同的人所进行的布局设计有不同的结果，但有如下原则以供参考：

- 首先布置主电路的集成块和晶体管的位置。安排的原则是，按主电路信号流向的顺序布置各级集成块和晶体管。集成块之间的间距（即空余面积）应视其周围元器件的多少而定。
- 安排其他电路元器件（电阻、电容、二极管等）的位置。其原则是，按级就近布置。换句话说，各级元器件围绕各级的集成块或晶体管布置。如果有发热量较大的元器件，则应注意它与集成块或晶体管之间的间距应足够大。
- 电路板的布局还应注意美观和检修方便。因此，集成块的安置方式应尽量一致，不要横的横、竖的竖，电阻、电容等元器件也应如此。

2. 插置元器件

- 插入集成电路时，要认清方向，切勿倒插。
- 插置分立元件时应使标志朝上或朝向易于观察的方向，以便于查找和更换。对于有极性的元件，如电解电容、二极管等，安装时一定要特别注意。

- 拔下集成电路时，应使用专用 U 型夹或小螺丝刀，不要用手去拔，以免损坏引脚。

3. 布线技巧

实践证明，实验故障绝大部分是由布线错误产生的。导线整齐而清晰的排列，接点良好而可靠的接触完全有可能使设计正确的电路一次调试成功。

- 布线时应首先设置电源线和地线，再处理固定不变的输入端（如空头、清零端、预置端等）最后按信号流向依次是控制线和输出线。
- 接线要整齐、美观、可靠。以便于查找故障和更换器件，布线时，导线要贴近板的表面，在器件周围走线，尽量不要覆盖不用的插孔。
- 为了便于查线，可根据连线的不同作用选择不同颜色的导线。如正电源采用红色导线、负电源采用蓝色导线、地线采用黑色导线、信号线采用黄色导线等。
- 布线要按信号的流向有序连接，连线要做到横平竖直，不允许跨接在集成电路上，一般从集成电路周围通过时，尽量做到横平竖直。
- 选择导线粗细要适中（根据载流大小选择），避免导线与面包板插孔之间接触不良。

6.3.2　电路的调试

一个实验电路，即使完全按所设计的电路参数进行安装，往往也难以立即实现预期的电路功能。因此，必须要经过实验测试和调整，以便发现和纠正设计和组装中的不足，最后达到预定的设计要求。所以，掌握电子线路的调试技术，对从事电子技术方面的科技人员来讲尤为重要。

下面介绍如何进行实验调试及有关知识。

1. 调试前的直观检查

在实验电路安装完毕后，不要急于通电测试，应首先做好以下调试前的检查工作。

1）检查连线情况

常见的实验电路，尽管通常连线数量不是很多，也难免发生连线错误。经常碰到的有错接（即连线的一端正确，而另一端误接）、少接（指安装时漏接的线）及多接（指在电路上完全是多余的线）等连线错误。检查连线一般可直接对照电路安装图进行，但若电路中布线较多，则应以元器件（如运放、三极管）为中心，依次检查其引脚的有关连线，这样不仅可以查出错接或少接的线，而且也容易发现多余的连线。

为确保连线的可靠，在查线的同时，可用万用表电阻挡对接线作连通检查，直接在器件引脚处测量，这样可同时查出断线（连线断路或连线一端松脱等）。

2）检查元器件

检查元器件的规格型号是否与电路中标出的一致，检查元器件的引脚和极性是否接错，以及元器件引脚间是否有短路等问题。重点检查二极管、三极管、集成运放、电解电容等器件。

3）检查电源

在通电前，必须检查电源电压的大小、极性是否正确，还用万用表检查电源输入端与地之间是否存在短路，若有则进行检查，排除故障。另外注意，超过安全电压（36 V）的导线、开关、电源线及接插件不要裸露在人体可接触的地方。

完成了以上各项检查并确认无误后，方可通电调试。

2．调试方法

电子线路的调试包括调整和测试两个方面。所谓调试，是以达到电路设计指标为目的而进行的一系列的测量—分析—调整—再测量的反复进行过程。为了能使调试顺利进行，在设计电路图上最好标明有关测试点的电位值，以及相应的波形图。

调试方法通常采用先分调后联调；先静态后动态的调试方法。按照上述调试原则，具体调试步骤如下：

1）通电观察

先将直流稳压电源调至要求值，然后再接入电路。此时观察电路有无异常现象，包括有无冒烟、是否有异常气味、手摸元器件是否发烫，以及电源是否被短路等。如果出现异常，应立即切断电源，待排除故障后才能再次通电。

经过通电观察，确认电路已经进行测量后，方可转入正常调试。

电子电路的一个重要特点是交、直流并存，而且直流又是电路正常工作的基础。因此，无论是分调还是联调，都应遵循先调静态、后调动态的原则。

2）静态调试

所谓静态调试，是指在没有外加信号（只加固定的电平信号）的条件下所进行的直流测试和调整过程。如测试模拟电路的静态工作点，数字电路的各输入、输出电平及逻辑关系等，将测得数据与设计值比较，若超出指标范围，应分析原因，并进行处理。这样，通过静态调试可以及时发现已经损坏的元器件或其他故障。

3）动态调试

动态调试是在静态调试的基础上进行的。在电路的输入端接入幅度和频率合适的信号源电压，然后采用信号跟踪法，即用示波器和毫伏表沿着信号的传递方向，逐级检查有关各点的波形和信号电压的大小，从中发现问题，并予以调整。

在动态测试过程中，示波器的信号输入方式最好置于“DC”挡，这样可通过直接耦合方式，同时观察被测信号的交、直流成分。

另外，在动态调试过程中，往往根据测试波形，可对电路工作点再做适当的调整，以使各级电路都能更好地发挥其功能。

在完成了静态和动态调试后，即可检查整机电路的各项指标是否满足设计要求。如有必要，可再进一步对电路参数提出合理的修正。

4）整机联调

分块调试完成后，接好各功能块之间的接口电路，就可进行总体电路的统调。统调主要是对总电路的性能指标进行测试和调整。若不符合设计要求，应仔细分析原因，找出相应的单元进行调整。

对有把握不需调试的电路或不太适合分块调试的电路，可直接进行总体电路的统调。

3. 调试时的注意事项

调试结果是否正确，很大程度上受测量正确与否和测量精度的影响，必须减小测量误差，提高测量精度。因此，需要注意以下几点：

（1）实验仪器与实验电路共地。

在实验调试中，所有测试仪器的接地端应与实验电路的接地端连接在一起，否则引入的干扰不仅会使实验电路的工作状态发生变化，而且将使测量结果出现误差。

（2）测量仪器的输入阻抗必须远大于被测电路两端的等效输入阻抗。

所用测量仪器的输入阻抗必须远大于被测电路两端的等效输入阻抗，否则，测量仪器等效阻抗的并联效应，即分流作用，将影响电路原工作状态，以致造成测量误差。

（3）测量仪器的带宽必须大于被测电路的带宽。

在进行电路调试时，测量仪器的带宽必须大于被测电路的带宽，否则，测试结果就不能正确反映被测电路的真实情况。

（4）测试点的正确选择。

在测量过程中，能否正确选择测试点，将直接影响到测量误差，甚至影响实验结论的正确性。

（5）用间接测量法简化测量操作。

测试时，对于电流的测量常采用间接测量法，即通过测出该支路电阻的端电压，然后经过换算即可求得电流值。这样做的好处是操作方便，同时可避免因反复拆装线路而导致电路故障。

6.4 常见故障和检查排除方法

在电子电路的设计、安装与调试过程中，不可避免地会出现各种各样的故障现象，因此检查和排除故障是电气工程人员必备的实验技能。一般来说，故障诊断过程是：从故障现象出发，通过反复测试，做出分析判断，逐步找出故障原因。

6.4.1 常见故障

1. 测试设备引起的故障

可能有的测试设备本身就有故障，功能不灵或测试探棒损坏，使之无法测试；还有可能是操作者对仪器使用不正确而引起故障，如示波器按钮挡级选择不对，结果造成波形异常，甚至无波形。

2. 电路中元器件本身原因引起的故障

如电阻、电容、晶体管及集成器件等特性不良或损坏。这种原因引起的故障现象经常是电路有输入而无输出或输出异常。

3. 人为因素引起的故障

如操作者错接或漏接连线、元器件参数选错、三极管型号搞错、二极管或电解电容极性接反等，都有可能导致电路不能正常工作。

4．电路接触不良引起的故障

如焊点虚焊、插接点接触不牢、电位器滑动端接触不良、接地不良、引线断线等。这种原因引起的故障一般是间歇式或瞬时出现，或者突然停止工作。

5．各种干扰引起的故障

所谓干扰是指外界因素对电路有用信号产生的扰动。干扰源种类很多，常见的有以下几种：

1）接地处理不当引入的干扰

如接地线的电阻太大时，电路各部分电流流过接地线会产生一个干扰信号，以致影响电路的正常工作。减小该干扰的有效措施是降低接地线电阻，一般采用比较粗的铜线。

“共地”是抑制噪声和干扰的重要手段。所谓“共地”是将电路中所有接地的元器件都接在电源的地电位参考点上。在正极性单电源供电电路中，电源的负极是电位参考点；在负极性单电源供电电路中，电源的正极是电位参考点；而在正负双电源供电电路中，以两个电源的正负极串接点为电位参考点。

2）直流电源因滤波不佳而引入的干扰

各种电子设备一般都是由 50 Hz 交流电压经过整流、滤波及稳压得到直流电压源。因此，直流电压源含有 50 Hz 或 100 Hz 的纹波电压，如果纹波电压幅度过大，必然会给电路引入干扰。这种干扰是有规律性的，要减小这种干扰，必须采用纹波电压幅值小的稳压电源或引入滤波网络。

3）感应干扰

干扰源通过分布电容耦合到电路，形成电场耦合干扰。干扰源通过电感耦合到电路，形成磁场耦合干扰。这些干扰均属于感应干扰，它将导致电子电路产生寄生振荡。

排除和避免这类干扰的方法：一是采取屏蔽措施，屏蔽壳要接地；二是引入补偿网络，抑制由干扰引起的寄生振荡。具体做法是在电路的适当位置接入阻容网络或单一电容网络，实际参数大小可通过实验调试来确定。

6.4.2　检查排除故障的基本方法

电路调试时出现故障是很正常的现象，这时不要慌张，应冷静分析原因，找出故障点，并尽快排除故障。

常用的检查排除故障的方法有如下几种。

1．直接观察法

直接观察法是指用目视、手摸等方法，直接找出故障点，确定已损坏的元器件。

2．参数测试法

参数测试法是借助于仪器发现问题，并通过理论分析找出故障原因。总的思路是通过有限的观察、测量和分析，尽快将故障范围缩小到某一功能单元，使故障原因的分析、查找变得更容易些。

3. 信号跟踪法

在被调电路的输入端接入适当幅度与频率的信号（如 f=1 kHz 的正弦波信号），利用示波器，并按信号的流向，从前级到后级逐级观察电压波形及幅值的变化情况，先确定故障在哪一级，然后即可有的放矢地作进一步检查。这种方法对各种电路普遍适用，在动态调试中应用更为广泛。

4. 对比法

怀疑某一电路存在问题时，可将此电路的参数和工作状态与相同的正常电路进行对比，从中分析故障原因，判断故障点。

5. 补偿法

当存在寄生振荡时，可用适当容量的电容器，在电路各个合适部位通过电容对地短路。如果电容接到某点，寄生振荡消失，表明振荡就产生在此点附近或前级电路中。值得注意的是，补偿电容要选得适当，不宜过大，通常只要能较好地消除有害信号即可。

6. 替代法

替代法是用功能正常的电路模块、单元电路或元器件，替代怀疑有故障的功能相同的电路模块、单元电路或元器件，以确定原有的怀疑是否正确。替代法对检查使用插座的集成电路构成的系统很方便。如果怀疑电路故障是由某集成电路引起的，可换一个完好的同型号器件，如果故障消失，说明之前的分析是正确的，同时也排除了故障。

7. 短路法

短路法是采取临时短接一部分电路来寻找故障的方法。短路法对检查断路性故障最有效。但要注意的是，在使用此法时，应考虑到短路对电路的影响，例如，对于稳压电路就不能采用短路法。

8. 断路法

断路法用于检查短路故障最有效。这也是一种逐步缩小故障范围的方法。例如，某稳压电源因接入一个带有故障的电路，使输出电流过大，此时，可采取依次断开故障电路某一支路的办法来检查故障。如果断开该支路后，电流恢复正常，则说明故障就发生在此支路。

在实际调试中，检查和排除故障的方法有各种各样，上面仅列举了几种常用的方法。这些方法的使用可根据设备条件、故障情况灵活掌握，对于简单的故障或许用一种方法即可查找出故障点，但对于较复杂的故障，则需采用多种方法，并互相补充、互相配合，最后才能找出故障点。

在一般情况下，寻找故障的常规做法是：首先采用直接观察法，排除明显的故障。然后用万用表或示波器检查静态工作点。最后可用信号跟踪法对电路做动态检查。

应当指出，对于反馈环路的故障诊断是比较困难的，因为只要闭环回路中有一个元器件或功能块出故障，则往往整个回路中处处都呈现故障现象。此时首先应打开反馈回路，使电路开环，然后再接入一个适当的输入信号，并利用信号跟踪法逐一寻找发生故障的元器件或功能块。

6.5 课程设计总结报告

课程设计总结报告是在完成设计、安装、调试后，对学生归纳技术文档、撰写科学论文和科研总结报告能力的训练。通过撰写课程设计总结报告，不仅可以把设计、安装、调试及技术参考等内容进行全面总结，而且还可以把实践内容提升到理论高度。总结报告通常包括如下内容：

（1）统一的封面（含电子技术课程设计课题名称、专业、班级、姓名、学号、指导教师等）。

（2）设计任务和技术要求（由指导教师在选题时提供给学生）。

（3）内容摘要、关键词。

（4）目录。

（5）课程设计总结报告正文，正文可按章节来撰写，应包含以下内容：

- 系统总体设计方案（包括系统原理框图、方案的论证与比较等内容）；
- 系统分析与设计（包括各模块或单元电路的设计、工作原理阐述、参数计算、元器件选择、完整的系统电路图等内容）；
- 系统调试与参数测量（包括使用仪器仪表、故障排除、电路调试的方法和技巧、测试的参数和波形、测量误差分析等）；
- 总结（包括本课题核心内容及使用价值、设计电路的特点和方案的优缺点、改进方向和意见）；
- 系统所需的元器件清单；
- 按统一格式列出主要参考文献。

（6）指导教师成绩评定表。

6.6 数字电路设计实例：彩灯控制器

6.6.1 设计任务与要求

（1）控制器有4组输出，每组驱动4只LED；

（2）16只LED组成彩灯图案，图案的状态变换有3种；

（3）图案的状态变换能实现定时自动切换；

（4）图案的状态变换速度有快、慢两种；

（5）控制器具有清零的功能。

6.6.2 设计思路

彩灯图案变换一般有旋转、移位和闪动等 3 种形式。每种图案的状态变换常以环形和扭环形计数器的技术循环状态来实现，而环形和扭环形计数器一般由移位寄存器经适当的反馈连线构成。通过改变移位脉冲的时钟频率即可变换每种图案状态的速度。再用规则的顺序脉冲去控制图案状态变换的保持时间，就能实现不同图案变换的自动切换。

6.6.3　彩灯控制器的组成方框图

按照设计思路，可得到如图 6-6 所示彩灯控制器的组成方框图。

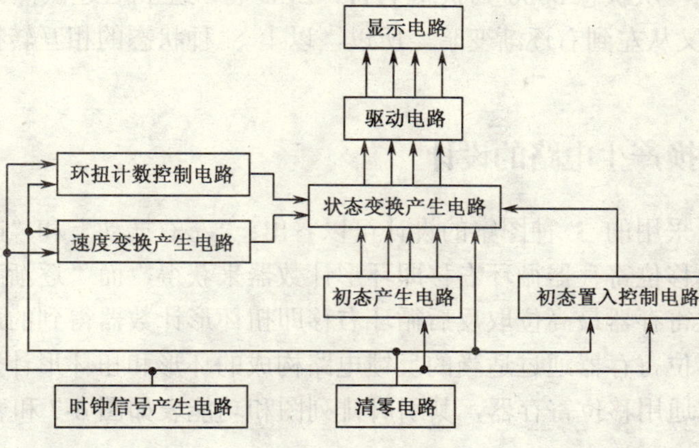

图 6-6　彩灯控制器的组成方框图

6.6.4　彩灯图案及图案变换的设计

可根据使用场所的不同来设计不同的彩灯图案。

本题目中的 16 只 LED 构成 4×4 的显示点阵。其中，每一列的 4 只 LED 分别接至驱动电路的 4 个输出端，每一行的 4 只 LED 则接至驱动电路的一个输出端。

本题目的图案变换拟采用以下 3 种形式。

1．左右摆动

这种图案的状态变换有两种状态构成，它们之间的关系如下：

$$0101 \rightleftharpoons 1010$$

由两种状态及其相互关系可以看出，每种状态中不相邻的两位轮流在高、低电平之间转换，而高电平时 LED 亮，低电平时暗。所以这两种状态之间的相互转化就形成了“左右摆动”的图案。

2．暗点移动

这种图案的状态变换有 4 种状态构成。4 种状态及其相互之间的转换过程如下：

$$1110 \rightarrow 0111 \rightarrow 1011 \rightarrow 1101 \ (\rightarrow 1110)$$

由于每种状态中都有一位低电平（暗点），而且低电平逐位循环右移，所以这 4 种状态之间的转化就形成了“暗点（暗带）移动”的图案。

3．逐渐亮再逐渐暗

这种图案的状态变换共有 8 种状态构成。8 种状态及其相互之间的转换过程如下：

0000 → 1000 → 1100 → 1110
↑　　　　　　　　　　　↓
0001 ← 0011 ← 0111 ← 1111

在这 8 种状态中，从状态 0000 到状态 1111，LED 将从左到右逐次点亮；而从状态 1111 到状态 0000，LED 又从左到右逐渐变暗。所以，以上 8 种状态的相互转换就形成了“逐渐亮再逐渐暗”的图案。

6.6.5　状态变换产生电路的设计

从彩灯控制器所采用的 3 种图案的设计可以看出：“左右摆动”和“暗点移动”这两种图案的各种状态可由移位寄存器循环右移即环形计数器来获得，而“逐渐亮再逐渐暗”的各种状态则是通过移位寄存器最高位取反后循环右移即扭环形计数器得到的。由此可见，状态变换产生电路可由移位寄存器通过适当的反馈电路构成的环形和扭环形计数器来充当。

74LS195 是 4 位通用移位寄存器，其引脚排列图和功能表如图 6-7 和表 6-1 所示。

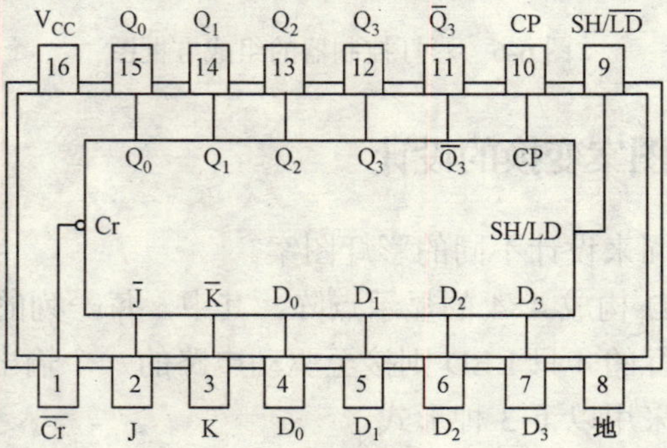

图 6-7　74LS195 引脚排列图

表 6-1　74LS195 功能表

输入									输出				
$\overline{Cr}$	CP	SH/$\overline{LD}$	D_0	D_1	D_2	D_3	J	$\overline{K}$	Q_0	Q_1	Q_2	Q_3	$\overline{Q}_3$
L	L	×	×	×	×	×	×	×	L	L	L	L	H
H	↑	L	d_0	d_1	d_2	d_3	×	×	d_0	d_1	d_2	d_3	$\overline{d}_3$
H	L	H	×	×	×	×	×	×	Q^{0n}	Q^{1n}	Q^{2n}	Q^{3n}	$\overline{Q}^{3n}$
H	↑	H	×	×	×	×	L	H	Q^{0n}	Q^{0n}	Q^{1n}	Q^{2n}	$\overline{Q}^{2n}$
H	↑	H	×	×	×	×	L	L	0	Q^{0n}	Q^{1n}	Q^{2n}	$\overline{Q}^{2n}$
H	↑	H	×	×	×	×	H	H	1	Q^{0n}	Q^{1n}	Q^{2n}	$\overline{Q}^{2n}$
H	↑	H	×	×	×	×	H	L	$\overline{Q}^{0n}$	Q^{0n}	Q^{1n}	Q^{2n}	$\overline{Q}^{2n}$

74LS195 有 4 种功能：清零、置数、保持和移位。

74LS195 的置数为同步置数。在移位的 4 种情况中，当输入端 J 和 $\overline{K}$ 均为高电平或均为低电平时，74LS195 的低 3 位依次右移，而最低位 Q_0 的状态将与 J 和 $\overline{K}$ 的状态相同。由此可知，如果将最高位 Q_3 接至 J 和 $\overline{K}$ 输入端，就会构成循环右移的环形计数器，如果将 Q_3 接至 J 和 $\overline{K}$，则会构成循环右移的扭环形计数器。

按一定的规律改变 74LS195 时钟输入端 CP 的频率，就可相应改变图案状态变换的速度。

当移位 / 置数端 SH/LD 为低电平且时钟输入端 CP 有上升沿到来的情况下，3 种图案的初态将从数据输入端 D0～D3 置入 74LS195 中。

综上分析，把输出端 Q_3 或 Q_3 反馈至 J 和 $\overline{K}$ 输入端，3 种图案的初态接至数据输入端 D0～D3，再改变时钟输入端 CP 的频率，就可以用 74LS195 构成状态变换产生电路。

6.6.6　初态产生电路的设计

彩灯控制器的自动切换功能实际上就是要求 3 种图案的初态能连续地、按照一定的规律（一定的时间间隔）送至状态变换产生电路。那么，3 种图案的初态从哪里来？又如何产生呢？

从理论上说，3 种图案的初态可以从相应图案的各种状态中任选其一。但从电子系统设计的角度，却要求图案初态的产生电路在实现相同功能的前提下应尽可能简单。

观察每种图案的所有状态，不难发现在“暗点移动”图案的各种状态中有 1110，“逐渐亮再逐渐暗”图案的状态中有 1111。如果“左右摆动”的初态能由 1101 得到，那么 1101、1110、1111 这 3 种状态就可以构成一个三进制计数器，其计数循环为：

1101 ⟶ 1110 ⟶ 1111（循环返回 1101）

该三进制计数器输出的 3 种状态经过适当的组合逻辑变换就可以获得 3 种图案的初态及其相应的循环：

0101 ⟶ 1110 ⟶ 1111（循环返回 0101）

所以，1101、1110、1111 所对应的三进制计数器是初态产生电路的关键部分。

1101、1110、1111 是十六进制计数器 16 个状态中的最后 3 个状态，而 74LS161 恰是 4 位二进制计数器（可构成十六进制计数器），利用 74LS161 和适当的门电路即可构成包括 1101、1110、1111 这 3 种状态的 3 进制计数器。74LS161 的功能表如表 6-2 所示。

表 6-2　74LS161 功能表

输入									输出				功能
R_D	CLK	LD	EP	ET	D_3	D_2	D_1	D_0	O_3	Q_2	Q_1	Q_0	
0	×	×	×	×	×	×	×	×	0	0	0	0	清零
1	↑	0	×	×	d_3	d_2	d_1	d_0	d_3	d_2	d_1	d_0	置数
1	↑	1	0	×	×	×	×		Q_3	Q_2	Q_1	Q_0	保持
1	↑	1	×	0	×	×	×	×	Q_3	Q_2	Q_1	Q_0	
1	↑	1	1	1	×	×	×	×	状态码加 1				计数

另外，上述三进制计数器要从 1101 开始计数，所以该三进制计数器必须有置数的功能，而且既要能通过 74LS161 的进位位实现自动置数，又要能够通过清零电路实现手动置数。

综上分析，可得 74LS161 构成的三进制计数器如图 6-8 所示。

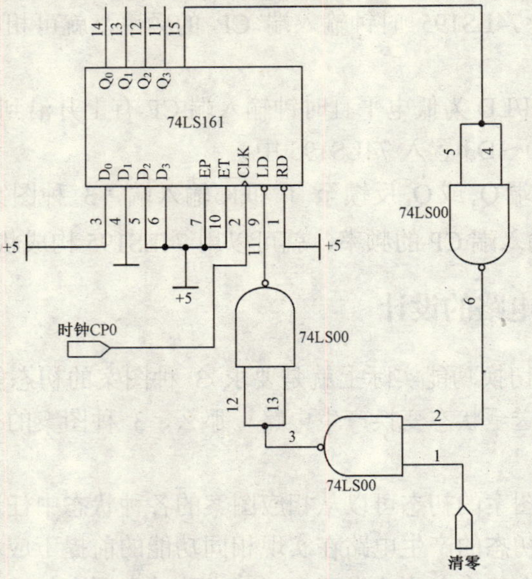

图 6-8　初态产生电路

图 6-8 所示的电路能够产生 1101、1110 和 1111 这 3 种状态。而为得到 3 种图案的初态 0101、1110 和 1111，在将 74LS161 数据送至 74LS195 的数据输入端时，应该把 74LS161 的 Q_0 与 74LS195 的 D_3 相连，Q_1 与 D_2 和 D_0 相连，Q_2 与 D_1 相连。

6.6.7　初态置入控制电路的设计

在彩灯控制器中，要想实现图案的自动切换，需按照一定的规律（一定的时间间隔）把初态产生电路的输出即 3 种图案的初态送至状态变换产生电路。而要把 3 种图案的初态送至状态变换产生电路，则需与初态同步产生一个置数脉冲送至状态变换产生电路的置数端，并在移位脉冲的控制下才能实现。

这个置数脉冲可由单稳态触发电路来实现，实现单稳态触发的途径很多，这里采用由单稳态触发器 74LS123 来构成。74LS123 的功能表及其所构成的单稳态触发电路如表 6-3 和图 6-9 所示。

表 6-3　74LS123 功能表

输入			输出	
R_D	A	B	Q	$\overline{Q}$
L	×	×	L	H
×	H	×	L	H
×	×	L	L	H
H	L	↑	⊓	⊔
H	↓	H	⊓	⊔
↑	L	H	⊓	⊔

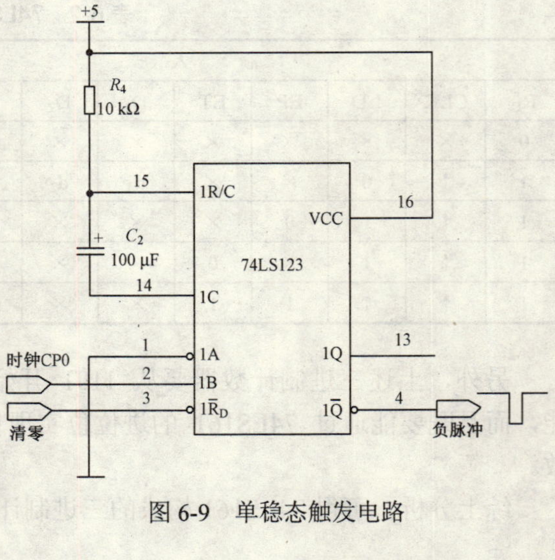

图 6-9　单稳态触发电路

图 6-9 中电阻、电容参数应根据负脉冲的宽度 $t_W=0.7RC$ 来进行选择。但需要注意的是，脉冲宽度要选择适中。太宽初态停留时间过长，太窄则会因为置数脉冲期间没有移位脉冲而无法置数，从而导致 3 种图案无法正常显示。

6.6.8　环扭计数控制电路和速度变换产生电路的设计

在彩灯控制器的 3 种图案中，“左右摆动”和“暗点移动”图案的状态变换是由环形计数器产生的，因此，需要将 74LS195 的Q_3端与 J 和$\overline{K}$输入端相连才能得到。而“逐渐亮再逐渐暗”的状态变换则由扭环形计数器产生，此时应把 74LS195 的$\overline{Q}_3$端与 J 和$\overline{K}$输入端相连。J 和$\overline{K}$与Q_3或$\overline{Q}_3$之间的连接可以通过数据选择器来实现。由于只有 3 种图案，且“左右摆动”和“暗点移动”这两种图案都是Q_3与 J 和$\overline{K}$相连。所以 J 和$\overline{K}$与Q_3或$\overline{Q}_3$之间的连接可采用 4 选 1 数据选择器来实现。

在这里，数据选择器的输入数据是Q_3和$\overline{Q}_3$，输出数据是 J 和$\overline{K}$，数据选择的功能可以由 2 位的三进制计数器来实现。由此就构成了环 / 扭计数控制电路。

对于速度变换产生电路，其情况和环扭计数控制电路相似，所不同的是 74LS195 的时钟输入端 CP 选择的是不同频率的时钟脉冲，因此速度变换产生电路也可由 4 选 1 数据选择器来实现。

综上分析，环扭计数控制电路和速度变换产生电路可由两个 4 选 1 数据选择器（双 4 选一数据选择器）和一个 2 位三进制计数器来实现。这里，双 4 选 1 数据选择器可采用 74LS153，两位三进制计数器则可由 2 个 D 触发器和适当门电路构成（可参考计数器的设计方法来进行设计）。7LS153 的功能表如表 6-4 所示。

表 6-4　74LS153 功能表

E	B	A	1Y	2Y	E	B	A	1Y	2Y
1	×	×	0	0	0	1	0	$1I_2$	$2I_2$
0	0	0	$1I_0$	$2I_0$	0	1	1	$1I_3$	$2I_3$
0	0	1	$1I_1$	$2I_1$					

环扭计数控制电路和速度变换产生电路如图 6-10 所示。

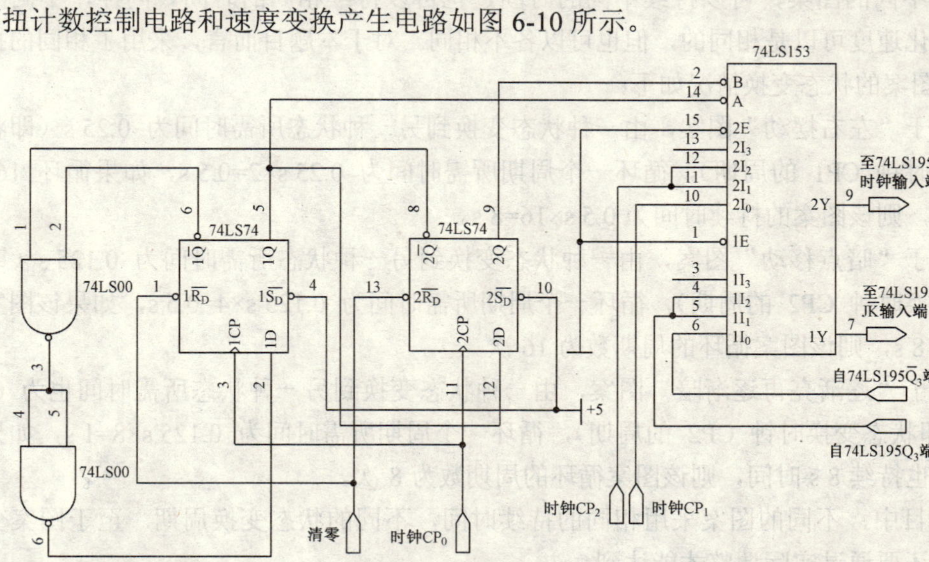

图 6-10　环扭计数控制电路和速度变换产生电路

6.6.9　时钟信号产生电路的设计

该电路的主要功能是产生不同频率的时钟信号，用于对整个彩灯控制器的同步控制和图案状态变换的速度控制。也就是说，该电路产生的时钟信号有两个去向，频率最低的时钟信号去控制初态产生电路、初态置入控制电路以及环扭计数控制电路和速度变换产生电路中的两位三进制计数器，该时钟信号决定了图案状态变换的持续时间。其他频率的时钟信号则用于图案状态变换速度的控制。

由于彩灯控制器中要用到多个频率的时钟信号，同时考虑电路的复杂程度，在此可以采用 14 位二进制串行计数器 / 分频器 CD4060 来实现。CD4060 的引脚图和由其构成的时钟信号产生电路如图 6-11 和图 6-12 所示。

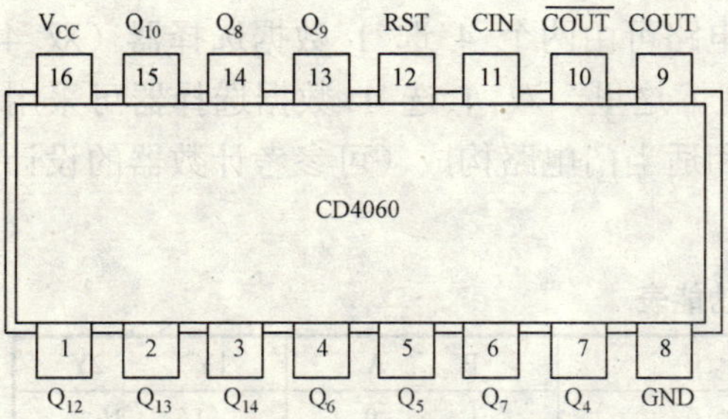

图 6-11　CD4060 引脚图

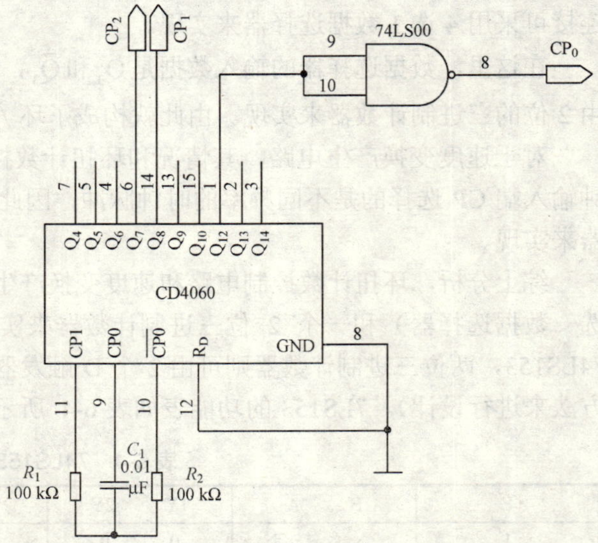

图 6-12　时钟信号产生电路

对于不同的图案，可以持续不同的时间，也可以持续相同的时间。同样，不同的图案状态的变化速度可以是相同的，但也可以各不相同。对于本题目而言，采用了相同的持续时间。3 种图案的状态变换情况如下：

- 对于“左右摆动”图案，由一种状态变换到另一种状态所需时间为 0.25 s（即状态变换时钟 CP1 的周期），循环一个周期所需时间为 0.25 s×2=0.5 s，如果循环 16 个周期，则该图案的持续时间为 0.5 s×16=8 s。
- 对于“暗点移动”图案，由一种状态变换到另一种状态所需时间为 0.125 s（即状态变换时钟 CP2 的周期），循环一个周期所需时间为 0.125 s×4=0.5 s，如果该图案也持续 8 s，则该图案循环的周期数为 16 次。
- 对于“逐渐亮再逐渐暗”图案，由一种状态变换到另一种状态所需时间也为 0.125 s（即状态变换时钟 CP2 的周期），循环一个周期所需时间为 0.125 s×8=1 s，如果该图案也持续 8 s 时间，则该图案循环的周期数为 8 次。

本题目中，不同的图案采用相同的持续时间，不同的状态变换周期。至于图案变换的最佳效果还要通过实际调整才能达到。

6.6.10　驱动电路的设计

驱动电路应根据每一组驱动彩灯的总电流来进行选取。实验中可选用一般的门电路或 OC 门电路，实用电路中，如果驱动多只白炽灯，则需选用双向可控硅作为驱动电路。

设计彩灯控制器时因每组只需 4 个 LED，总电流较小，所以选用 4-2 输入与门 74LS08 作为驱动电路即可。

6.6.11　清零电路的设计

清零电路的功能主要是针对 2 个三进制计数器、单稳态触发电路和状态变换产生电路进行复位清零，而且对这几部分电路的清零必须同时进行，以保证 3 种图案能够正确切换。经过清零过程，可以使 74LS195 构成电路能够产生“逐渐亮再逐渐暗”图案的状态变换。另外，清零电路还作用于 74LS161 构成的初态产生电路，目的是在清零过程中，利用 CP_0 的上升沿来把 1101 置入其中。

本题目中的清零电路的构成很简单，用一个接地按键和一个限流电阻即可实现清零复位的功能。

6.6.12　彩灯控制器的逻辑原理图

综上分析，可得彩灯控制器的整个逻辑原理图，如图 6-13 所示。

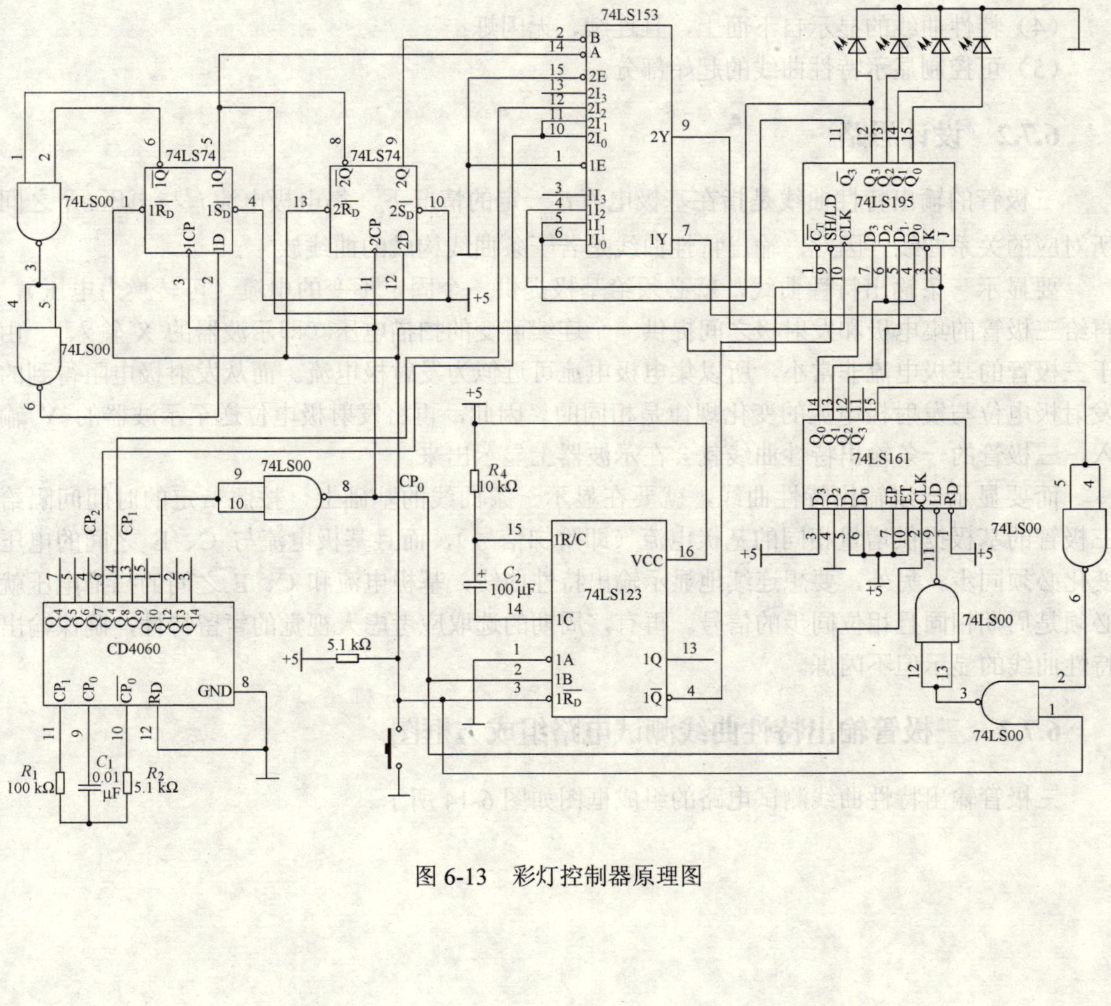

图 6-13　彩灯控制器原理图

6.6.13　安装与调试

（1）安装并调试时钟信号产生电路；
（2）安装并调试初态产生电路；
（3）安装并调试初态置入控制电路；
（4）安装并调试环扭计数控制电路和速度变换产生电路；
（5）安装并调试状态变换产生电路；
（6）安装并调试驱动显示电路和清零电路；
（7）整机调试，记录最佳变换时的变换速度和每种图案变换的保持时间。

6.7　模拟电路设计举例：三极管输出特性曲线测试电路

6.7.1　设计任务与要求

（1）三极管输出特性曲线可用示波器显示；
（2）可显示 8 条特性曲线；
（3）相邻特性曲线的间隔相同；
（4）特性曲线的显示自下而上，且连续、无闪烁；
（5）可控制显示特性曲线的起始部分。

6.7.2　设计思路

三极管的输出特性曲线是指在基极电流 i_B 一定的情况下，集电极电流 i_C 与电压 u_{CE} 之间所对应的关系曲线。因此，输出特性曲线是若干条曲线构成的曲线族。

要显示一条输出特性曲线，就必须给基极提供一个固定不变的电流（可转换为电压），再给三极管的集电极和发射极之间提供一个连续可变的扫描电压（即示波器的 X 输入）。由于三极管的基极电流非常小，所以集电极电流可近似为发射极电流。而从发射极电阻得到的发射极电位与发射极电流的变化规律是相同的。因此，再将发射极电位送至示波器的 Y 输入，三极管的一条输出特性曲线就会在示波器上显示出来。

而要显示一组输出特性曲线，就要在显示一条曲线的基础上，按照一定的时间间隔给三极管的基极提供增量相同的基极电流（即阶梯信号），而且基极电流与 C、E 之间的电压变化必须同步。另外，要想连续地显示输出特性曲线，基极电流和 C、E 之间的扫描电压就必须是周期相同且相位同步的信号。再有，周期的选取应考虑人视觉的暂留特性，确保输出特性曲线的显示但不闪烁。

6.7.3　三极管输出特性曲线测试电路组成方框图

三极管输出特性曲线测试电路的组成框图如图 6-14 所示。

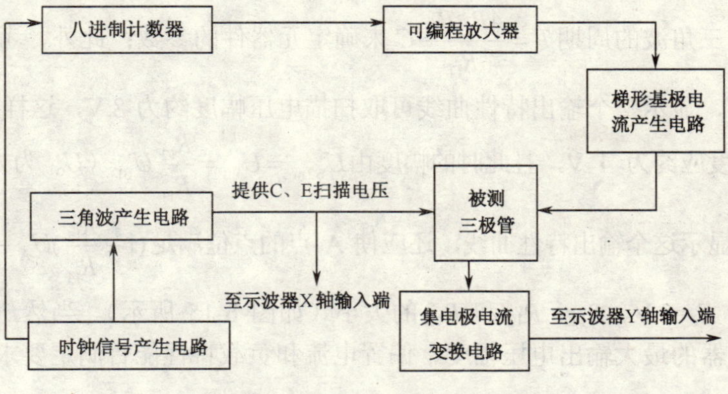

图 6-14　三极管输出特性曲线测试电路组成框图

6.7.4　三角波产生电路的设计

运算放大器构成的三角波产生电路在输出三角波的同时，也可以得到与之完全同步的方波，方波即可作为时钟信号。因此，可以将两部分电路合二为一。

对于起扫描作用的三角波而言，其起始的扫描电压应从零开始，才能显示完整的输出特性曲线，这需要给三角波垫加一个直流电位，并通过对这个直流电位来控制输出特性曲线的显示。但如果叠加的直流电位为正，则加在三极管 c、e 之间的最低扫描电压会高于零，那么示波器上所显示的输出特性曲线就缺少起始部分。因此，为显示起始部分，可调低所叠加的直流电位，使三极管 c、e 之间的最低扫描电压为零。

三角波产生电路可由 LM324 运算放大器构成。采用±12 V 双电源供电。具体的电路如图 6-15 所示。

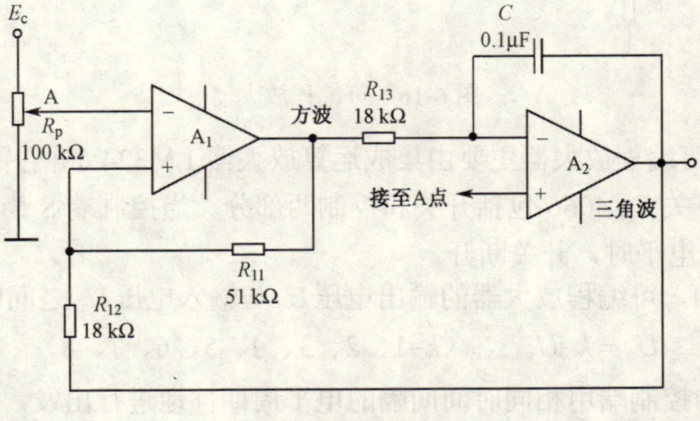

图 6-15　三角波产生电路

在图 6-15 中，A_1 输出的是方波，A_2 输出的是三角波，电位器滑动端 A 提供了三角波的直流电位。为显示输出特性曲线的起始部分，可调低 A 点的直流电位。随着 A 点直流电位的下降，使 A_1 输出高电平时，电容的充电电流较大；而 A_1 输出低电平时，电容的放电电流较小。所以，A_2 输出的波形将由三角波变成锯齿波。

电路中的元器件参数可在 A 点电位为零的情况下确定。在确定三角波的周期时，应考虑在示波器上能同时显示 8 条输出特性曲线且不能出现闪烁的情况。这就要求 $8T$（T 为三角波的周期）应小于人眼的视觉暂留时间 0.05～0.2 s，这里可取 $T\approx2.5$ ms。然后再根据 A

点电位为零时，三角波的周期$T=\dfrac{4R_{12}R_{13}}{R_{11}}C$来确定元器件的参数；此外，考虑到通用三极管的测试的安全性，显示整个输出特性曲线可取扫描电压幅度约为 8 V，这样在 A 点电位为零时，三角波的幅度应约为 4 V，且此时的幅度由$U_{\mathrm{o2m}}=U_{\mathrm{th}}=\dfrac{R_{12}}{R_{11}}U_{\mathrm{o1}}$（$U_{\mathrm{o1}}$为方波的幅度）来确定；再有，要想显示这个输出特性曲线，还应使 A 点的点位满足$(1+\dfrac{R_{12}}{R_{11}})U_{\mathrm{A}}-\dfrac{R_{12}}{R_{11}}U_{\mathrm{o1}}\geqslant 0\ \mathrm{V}$。由此可确定电源 E_c=5 V、R_{11}、R_{12}和 R_{13}的大小（如图 6-15 所示）。当然，参数的确定还必须考虑运算放大器的最大输出电压幅度、偏置电流和负载特性能否满足要求。

6.7.5 可编程放大器的设计

为了显示 8 条输出特性曲线，就应该给基极提供 8 个间隔相同的电压，而这种电压可以通过可编程放大器得到。可编程放大器的关键就是用模拟开关来控制放大器的增益，在输入电压不变的情况下，增益的变化可以引起输出电压的变化，进而得到基极所需要的梯形波。

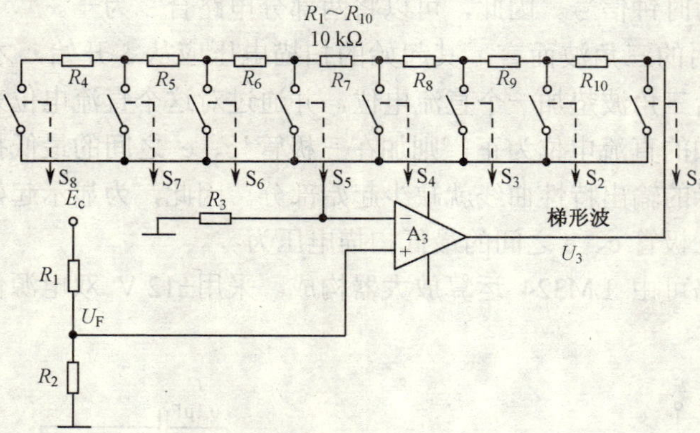

图 6-16　可编程放大器

图 6-16 所示的可编程放大器主要由集成运算放大器 LM324 和两片 CC4066 双向模拟开关构成。双向模拟开关 CC4066 包括开关和控制两部分。当控制端 S 为高电平时，其所控制的开关导通；S 为低电平时，开关断开。

由上述情况可知，可编程放大器的输出电压U_3与输入电压U_{F}之间的关系为：

$$U_3=k\cdot U_{\mathrm{F}}\qquad (k=1、2、3、4、5、6、7、8)$$

如果 CC4066 的控制端用相同时间间隔的电平周期性地进行出发，那么，可编程放大器输出电压的波形就是如图 6-17 所示的梯形波。

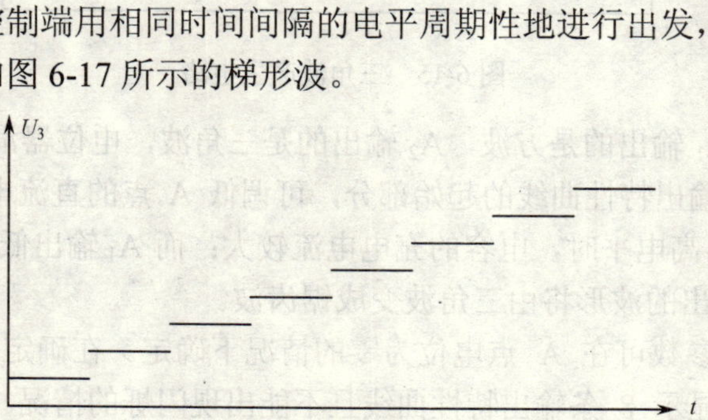

图 6-17　可编程放大器输出电压波形图

6.7.6　八进制时序计数器的设计

在可编程放大器中，2 片 CC4066 的 8 个控制端需要相同时间间隔的高电平周期性地进行触发，因此，就需要设计一个能逐位产生高电平的八进制时序计数器。其输出的波形如图 6-18 所示。

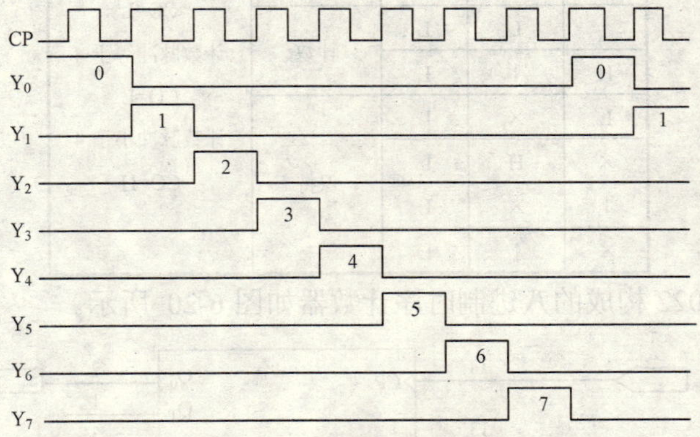

图 6-18　八进制时序计数器输出波形图

能实现这种功能的电路，可用如下两种方案：

第 1 种方案　可用 3 个 D 触发器再加上适当的门电路构成 3 位二进制计数器（八进制计数器）。然后再将八进制计数器的输出通过 3-8 译码器，不过，3-8 译码器的输出与图 6-18 所示刚好相反，因此，需要在 3-8 译码器的输出端再加上八个反相器即可。

第 2 种方案　直接利用 MSIC（CC4022）即可构成 8 进制时序计数器，实现图 6-18 的功能。

本题目中采用的是第 2 种方案，以减少元器件或芯片的数量，降低系统的复杂程度，提高系统的稳定性和可靠性。

CC4022 是 4 位 Johnson 计数器，具有 8 位译码输出，CP、CR、INH 为输入端。时钟输入端的施密特触发器具有脉冲整形功能，对输入时钟脉冲上升和下降时间无限制，INH 为低电平时，计数器在时钟上升沿计数，反之计数功能无效。CR 为高电平时，计数器清零。Johnson 计数器提供了快速操作，2 输入译码选通和无毛刺译码输出，防锁选通，保证了正确的计数顺序。译码输出一般为低电平，只有在对应时钟周期内保持高电平。其逻辑符号如图 6-19（a）所示。CC4022 提供了 16 引线多层陶瓷双列直插（D）、熔封陶瓷双列直插（J）、塑料双列直插（P）和陶瓷片状载体（C）4 种封装形式。引线排列如图 6-19（b）所示。

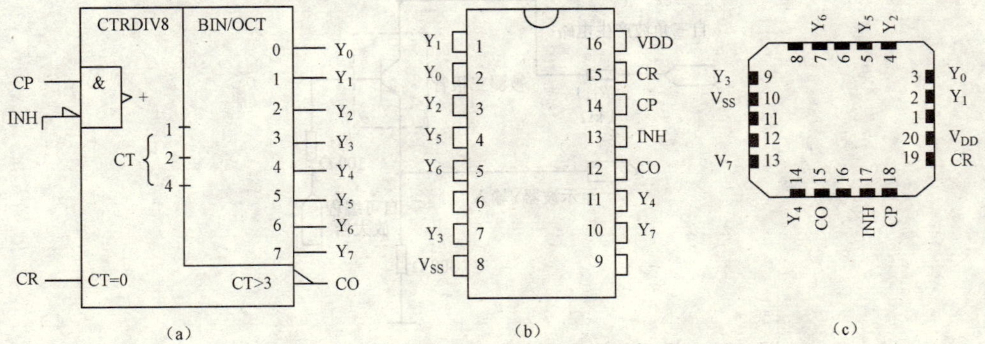

图 6-19　CC4022 逻辑符号和引脚排列图

CC4022 的功能表如表 6-5 所示。

表 6-5　CC4022 功能表

输入			输出	CO 状态
CP	INH	CR	Y_0～Y_7	
×	×	H	Y_0	计数脉冲大于 4
↑	L	L	计数	CO=L
H	↓	L	计数	计数脉冲等于 4
L	×	L	保持	CO=L
×	H	L	保持	计数脉冲小于 4
↓	×	L	保持	CO=H
×	↑	L	保持	

综上所述，CC4022 构成的八进制时序计数器如图 6-20 所示。

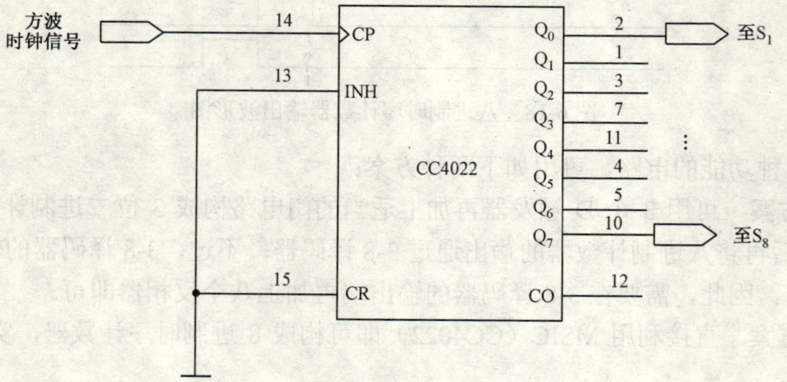

图 6-20　CC4022 构成的八进制时序计数器

6.7.7　梯形基极电流产生电路和集电极电流变换电路的设计

梯形基极电流产生电路的构成很简单，通过基极电阻和发射极电阻就可以将可编程放大器的输出电压转换成基极电流。集电极电流变换电路也是通过发射极电阻就将集电极电流（发射极电流近似为集电极电流）变换成发射极电位，而发射极的点位与集电极的电流变化规律是一致的，仅差一个系数（发射极电阻）。电路如图 6-21 所示。

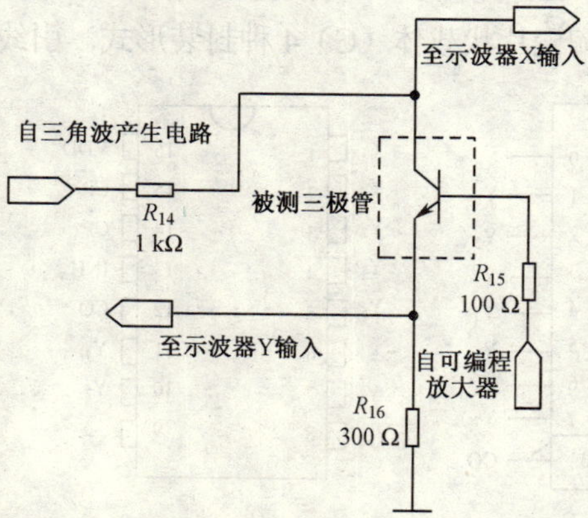

图 6-21　梯形基极电流产生电路和集电极电流变换电路

6.7.8　三极管输出特性曲线测试电路原理图

将上述几个电路整合在一起，就得到三极管输出特性曲线测试电路的完整原理图，如图 6.22 所示。

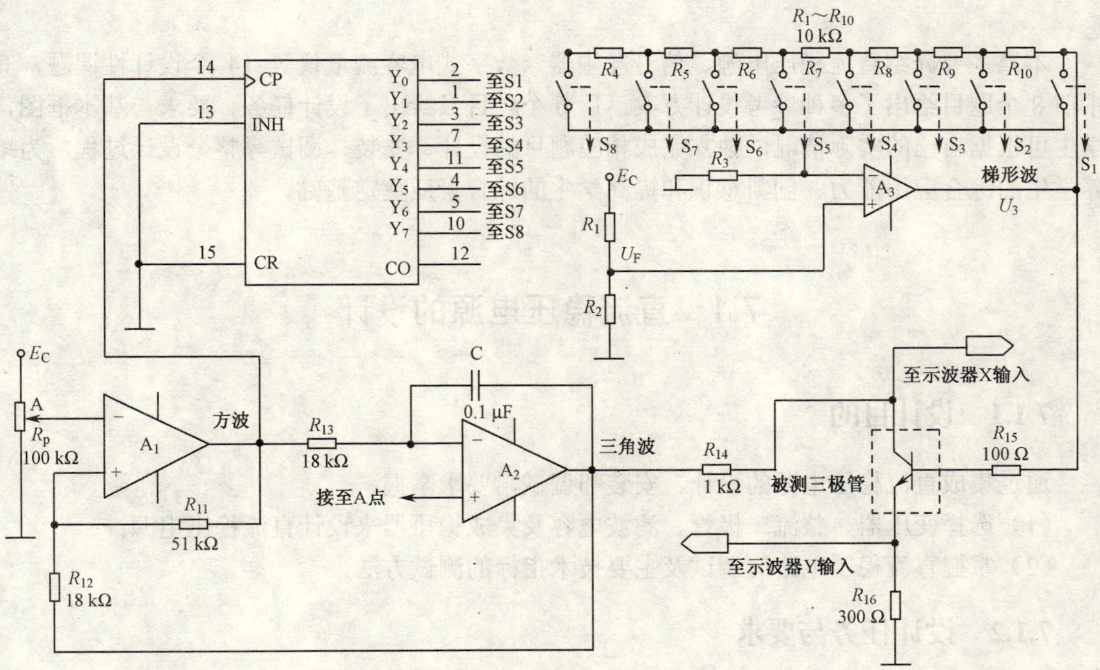

图 6.22　三极管输出特性曲线测试电路原理图

6.7.9　安装与调试

(1) 组装方波、三角波产生电路。

将 RP 调到中间位置，用示波器观测 A_1 输出的方波和 A_2 输出的三角波，并记录其参数。

(2) 组装八进制时序计数器产生顺序脉冲。

用示波器观测 Y_0～Y_7 的输出波形，并画出波形图。

(3) 连接 CC4066 双向模拟开关及 A_3 电路。

用示波器观测 A_3 输出的梯形波，并画出波形图。

(4) 将梯形波引入到被测三极管的基极。

把三角波作为三极管 C、E 之间的扫描电压。用示波器观测三极管的特性曲线，调节 RP，观测器波形的变化，并画出其波形图。

第7章 电子技术课程设计

本章主要介绍直流稳压电源、信号发生器、数字式电容测量仪等 14 个设计性课题，其中前 8 个题目给出了多种参考设计方案，后 6 个题目只给出了设计任务、要求与基本框图，学生可根据自己的实际情况，独立完成相应题目的设计、安装、调试等整个设计过程，为培养学生的综合应用能力、创新意识和提高学生的综合素质奠定基础。

7.1 直流稳压电源的设计

7.1.1 设计目的

通过集成直流稳压电源的设计、安装和调试，要求掌握：

（1）选择变压器、整流二极管、滤波电容及集成稳压器来设计直流稳压电源；

（2）掌握直流稳压电路的调试及主要技术指标的测试方法。

7.1.2 设计任务与要求

1. 直流稳压电源的主要技术指标

- 输出电压：$U_o = +3 \sim +12$ V连续可调
- 输出电流：$I_{o\max} = 0.8$ A
- 纹波电压的有效值：$\Delta U_o \leqslant 5$ mV
- 稳压系数：$S_V \leqslant 3\times10^{-3}$
- 电压调整率：$K_u \leqslant 3\%$
- 电流调整率：$K_i \leqslant 1\%$

2. 设计要求

- 电源变压器只作理论设计；
- 合理选择集成稳压器及扩流二极管；
- 完成全电路理论设计、安装调试、绘制电路图，自制印刷板；
- 撰写设计报告、调试总结报告及使用说明书。

7.1.3 设计指导

直流稳压电源一般由电源变压器、整流电路、滤波电路和稳压电路所组成，基本框图及整流稳压过程如图 7-1 所示。

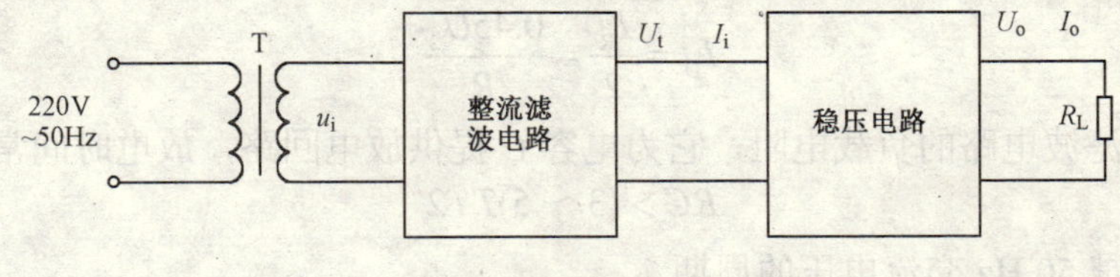

图 7-1　直流稳压电源基本组成框图

稳压电源的设计，是根据稳压电源的输出电压 U_o、输出电流 I_o、输出纹波电压 ΔU_o 等性能指标要求，正确地确定出变压器、集成稳压器、整流二极管和滤波电路中所用元器件的性能参数，然后合理地选择这些器件。

首先根据稳压电源的输出电压 U_o、最大输出电流 $I_{o\,max}$，确定稳压器的型号及电路形式；然后再根据稳压器的输入电压 U_i，确定电源变压器副边电压 u_2 的有效值 U_2，根据稳压电源的最大输出电流 $I_{o\,max}$，确定流过电源变压器副边的电流 I_2 和电源变压器副边的功率 P_2；之后根据 P_2，从表 7-1 中查出变压器的效率 η，从而确定电源变压器原边的功率 P_1，这样就可依据所确定的参数，选择电源变压器。

最后再确定整流二极管的正向平均电流 I_D，整流二极管的最大反向电压 U_{RM} 和滤波电容的电容值及耐压值，根据所确定的参数，选择整流二极管和滤波电容。

表 7-1　小型变压器的效率

副边功率 P_2	<10 VA	(10～30) VA	(30～80) VA	(80～200) VA
效率 η	0.6	0.7	0.8	0.85

7.1.4　单元电路设计

1. 电源变压器

电源变压器的作用是将来自电网的 220 V 交流电压 u_1 变换为整流电路所需要的交流电压 u_2，变压器副边与原边的功率比称为效率 η。

$$\eta = \frac{P_2}{P_1} \tag{7-1}$$

式中，η 为变压器的效率，P_2 为电源变压器副边的功率，P_1 为电源变压器原边的功率。

因此，当算出了副边功率 P_2 后，就可以根据上式算出原边功率 P_1 了。

2. 整流和滤波电路

整流电路的作用是将交流电压 u_2 变换成脉动的直流电压。滤波电路一般由电容组成，其作用是把脉动直流电压中的大部分纹波加以滤除，以得到较平滑的直流电压 U_i。常用的整流滤波电路有全波整流滤波、桥式整流滤波等。这里采用 4 个二极管组成桥式整流电路，U_i 与交流电压 u_2 的有效值 U_2 的关系为：

$$U_i = (1.1～1.2)U_2 \tag{7-2}$$

在整流电路中，每只二极管所承受的最大反向电压为：

$$U_{RM} = \sqrt{2}U_2 \tag{7-3}$$

流过每只二极管的平均电流为：

$$I_D = \frac{I_R}{2} = \frac{0.45U_2}{R} \tag{7-4}$$

式中，R 为整流滤波电路的负载电阻，它为电容 C 提供放电回路，放电时间常数 RC 应满足

$$RC > (3 \sim 5)T/2 \tag{7-5}$$

式中，T=20 ms 是 50 Hz 交流电压的周期。

3．稳压电路

由于输入电压 u_1 发生波动，负载和温度发生变化时，滤波电路输出的直流电压 U_i 也会随着变化。因此，为了维持输出电压 U_i 稳定不变，还需加一级稳压电路。稳压电路的作用是当外界因素（电网电压、负载、环境温度）发生变化时，能使输出直流电压不受影响而维持稳定的输出。稳压电路一般采用集成稳压器和一些外围元件组成。采用集成稳压器设计的稳压电源具有性能稳定、结构简单等优点。

集成稳压器的类型很多，在小功率稳压电源中，普遍使用的是三端稳压器。按输出电压类型可分为固定式和可调式（均属电压串联型），此外又可分为正电压输出和负电压输出两种类型。

1）固定式电压输出稳压器

常见的有 CW78××（LW78××）系列三端固定式正电压输出集成稳压器，CW79××（LW79××）系列三端固定式负电压输出集成稳压器。三端是指稳压电路只有输入、输出和接地三个端子。型号中最后两位数字表示输出电压的稳定值，有 5 V、6 V、9 V、15 V、18 V 和 24 V。稳压器使用时，要求输入电压 U_i 与输出电压 U_o 的电压差 $U_i - U_o \geqslant 2$ V，稳压器的静态电流 I_o=8 mA。当 U_o=5～18 V 时，U_i 的最大值 $U_{i\,max}$=35 V；当 U_o=18～24 V 时，U_i 的最大值 $U_{i\,max}$=40 V。

2）可调式三端集成稳压器

可调式三端集成稳压器是指输出电压可以连续调节的稳压器，有输出正电压的 CW317（LM317）系列三端稳压器，有输出负电压的 CW337（LM337）系列三端稳压器。在可调式三端集成稳压器中，稳压器的三个端是指输入端、输出端和调节端。稳压器输出电压的可调范围为 U_o=1.2～37 V，最大输出电流 $I_{o\,max}$=1.5 A。输入电压与输出电压差的允许范围为 $U_i - U_o$=3～40 V。

4．设计过程

1）选择集成稳压器

集成稳压器选用 LM317，其输出电压范围为：1.25～37 V 可调，最简单的电路外接元件只需一个固定电阻和一只电位器。其芯片内有过渡、过热和安全工作区保护，最大输出电流为 1.5 A。其典型电路如图 7-2 所示，其中电阻 R_1 与电位器 R_2 组成输出电压调节器，输出电压 U_o 的表达式为：U_o=1.25（1+R_2/R_1）。式中 R_1 一般取 120～240 Ω，R_2 为精密电位器。电容 C_1 可以进一步消除纹波，电容 C_1 和 C_o 还可起到相位补偿的作用，以防止自激振荡。电容 C_2 与 R_2 并联组成滤波电路，电位器 R_2 两端的纹波电压通过电容 C_2 旁路掉，以减小输出电压中的纹波。二极管 D_5 的作用是防止输出端与地短路时，因电容 C_2 上的电压过大而损坏稳压器。

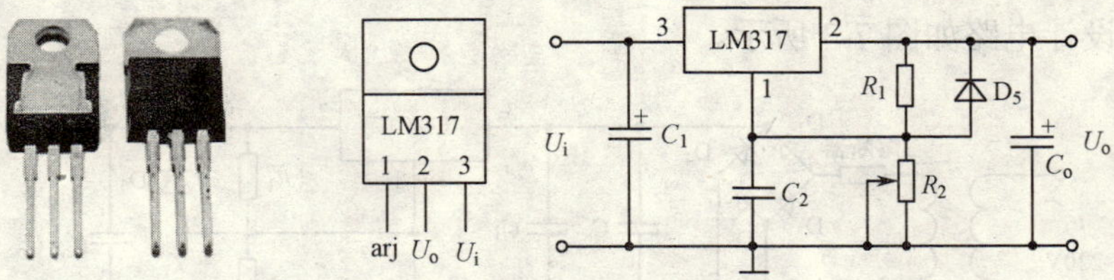

图 7-2　LM317 及其应用电路

图 7-2 中 C_1=0.1 μF，C_2=10 μF，R_1=120 Ω，R_2=2 kΩ，D_5用 1N4001。

2）选择变压器

由于 LM317 的输入电压与输出电压差的最小值$(U_i-U_o)_{min}=3\ V$，输入电压与输出电压差的最大值$(U_i-U_o)_{max}=40\ V$。因此，LM317 的输入电压范围为：

$$U_{o\,max}+(U_i-U_o)_{min}\leqslant U_i\leqslant U_{o\,min}+(U_i-U_o)_{max} \tag{7-6}$$

即

$$12\ V+3\ V\leqslant U_i\leqslant 3\ V+40\ V \tag{7-7}$$

$$15\ V\leqslant U_i\leqslant 43\ V \tag{7-8}$$

故有

$$U_2\geqslant U_{i\,min}/1.1=15\ V/1.1=14\ V \tag{7-9}$$

取$U_2=15\ V$，变压器的副边 $I_2>I_{o\,max}$=0.8 A，取 I_2=1 A，因此，变压器副边的输出功率为：

$$P_2\geqslant I_2U_2=15\ W \tag{7-10}$$

由于变压器的效率为 η=0.7，所以变压器原边输出功率为：

$$P_1\geqslant P_2/\eta=21.4\ W \tag{7-11}$$

为留有余量，选用功率为 25 W 的变压器。

3）选择整流二极管和滤波电容

由于$U_{RM}>\sqrt{2}U_2=\sqrt{2}\times 15=22\ V$，$I_{o\,max}$=0.8 A，而 1N4001 的反向击穿电压$U_{RM}\geqslant 50\ V$，额定工作电流 I_D=1 A>$I_{o\,max}$，故整流二极管选用 1N4001。

根据 U_o=12 V，U_i=15 V，ΔU_o=5 mV，$S_V\leqslant 3\times 10^{-3}$，由公式

$$S_V=\left.\frac{\Delta U_o/U_o}{\Delta U_i/U_i}\right|_{T=\text{常数}}^{I_o=\text{常数}} \tag{7-12}$$

可求得

$$\Delta U_i=\frac{\Delta U_oU_i}{U_oS_V}=\frac{0.005\times 15}{12\times 3\times 10^{-3}}=2.1\ V \tag{7-13}$$

所以，滤波电容为：

$$C=\frac{I_Ct}{\Delta U_i}=\frac{I_{o\,max}\cdot\dfrac{T}{2}}{\Delta U_i}=\frac{0.8\times\dfrac{0.02}{2}}{2.1}=0.003810\ F=3810\ \mu F \tag{7-14}$$

式中，T=20 ms 为 50 Hz 交流电压的周期。

由于电容的耐压要大于 17 V，故滤波电容 C 取容量为 4700 μF，耐压为 25 V 的电解电容。

最后的总设计电路如图 7-3 所示。

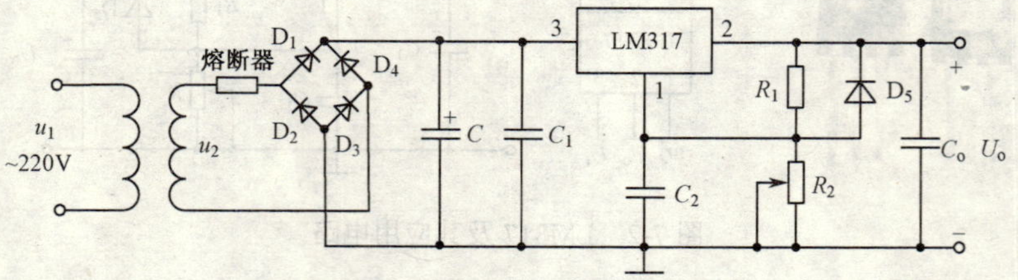

图 7-3　直流稳压电路总电路图

7.1.5 安装与调试

1．电路的安装

用万用表测量整流二极管的正反向电阻，正确判断出二极管的极性后，先在变压器的副边接上额定电流为 1 A 的保险丝，然后安装整流滤波电路。安装时要注意，二极管和电解电容的极性不能接反。经检查无误后，才将电源变压器与整流滤波电路连接，通电后，用示波器或万用表检查整流后输出电压的极性，若 U_i 的极性为负，则说明整流电路没有接正确，此时若接入稳压电路，就会损坏集成稳压器。因此，确定 U_i 的极性为正后，断开电源，将整流滤波电路与稳压电路连接起来，然后接通电源，调节 R_2 的值，若测出电压满足设定指标，说明稳压电路中各级电路都能正常工作，此时就可以进行各项指标的测试了。

2．稳压电源的性能指标及测试方法

稳压电源的技术指标分为两种：一种是特性指标，包括允许输入电压、输出电压、输出电流及输出电压调节范围等；另一种是质量指标，用来衡量输出直流电压的稳定程度，包括稳压系数（或电压调整率）、输出电阻（或电流调整率）、纹波电压（纹波系数）及温度系数。测试电路如图 7-4 所示。

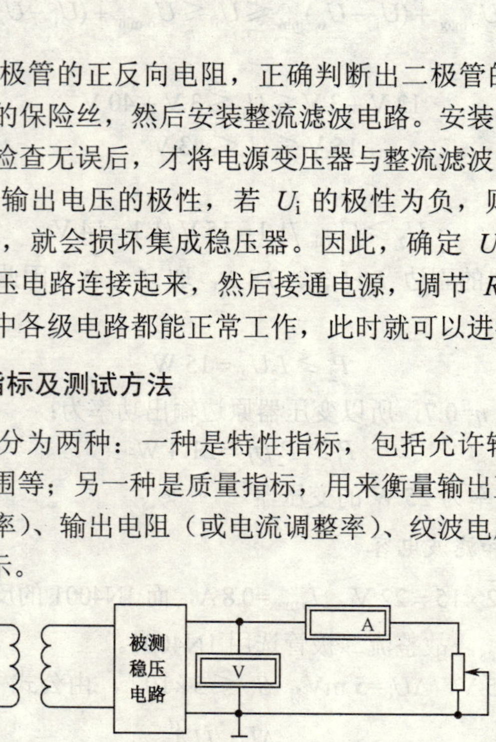

图 7-4　稳压电源性能指标测试电路

1）输出电压与最大输出电流的测试

一般情况下，稳压器正常工作时，其输出电流 I_o 要小于最大输出电流 $I_{o\max}$，取 I_o=0.5 A，算出

$$R_L = U_o / I_o = 12/0.5 = 24\ \Omega \tag{7-15}$$

$$P_L = U_o I_o = 12 \times 0.5 = 6\ \text{W} \tag{7-16}$$

故取阻值为 24 Ω，额定功率为 6 W 的电位器。

测试时，先调节 R_L 为最大值 24 Ω，测量输出电压 U_o，然后慢慢减小 R_L，直到 U_o 的值下降 5%，此时流过 R_L 的电流就是最大输出电流 $I_{o\max}$。

2）纹波电压的测试

测量叠加在输出电压上的交流电压分量。用示波器观测其峰峰值，一般为毫伏量级。也可用交流毫伏表测量其有效值，但因纹波不是正弦波，所以有一定的误差。

3）稳压系数的测试

在负载电流、环境温度不变的情况下，输入电压的相对变化引起输出电压的相对变化，即

$$S_V = \frac{\Delta U_o / U_o}{\Delta U_i / U_i} \tag{7-17}$$

4）电压调整率的测试

输入电压相对变化为±10%时的输出电压相对变化量，稳压系数和电压调整率均说明输入电压变化对输出电压的影响，因此，只需测试其中之一即可。

5）输出电阻及电流调整率的测试

输出电阻与放大器的输出电阻相同，其值为当输入电压不变时，输出电压变化量与输出电流变化量之比的绝对值。如测得 $R_L=0$ 时输出电压和输出电流为 U_{o1}、I_{o1}，测得 $R_L=24\ \Omega$时输出电压和输出电流为 U_{o2}、I_{o2}，则输出电阻为：

$$R_V = \frac{U_{o1} - U_{o2}}{I_{o1} - I_{o2}} \tag{7-18}$$

电流调整率为输出电流从 0 变到最大值时所产生的输出电压相对变化值。输出电阻和电流调整率均说明负载电流变化对输出电压的影响，因此，也只需测试其中之一即可。

7.2　函数信号发生器的设计

7.2.1　设计目的

（1）掌握方波、三角波、正弦波函数发生器的设计方法与调试方法。

（2）学会安装与调试由多级单元电路组成的电子电路，熟悉使用集成函数发生器。

7.2.2　设计任务与要求

（1）设计一个能产生方波、三角波、正弦波的函数信号发生器，要求如下：

- 输出波形频率范围为 20 Hz～20 kHz 且连续可调；
- 正弦波幅值为 0～5 V 之间可调，失真度小于 2%；
- 方波幅值为 0～12 V 之间可调，占空比：1%～99%；
- 三角波峰值为 0～5 V 之间可调，输出线性优于 1%。

（2）设计要求。

- 根据技术指标要求及实验条件自选方案原理电路图，分析工作原理，计算元件参数；
- 对设计电路进行仿真验证，列出所用元器件清单；
- 安装调试所设计的电路，使之达到设计要求；
- 记录实验结果；

- 撰写设计报告、调试总结报告及使用说明书。

7.2.3　设计指导

根据设计任务的要求，对信号产生部分一般可采用多种实现方案：如模拟电路的实现方案、数字电路的实现方案、模数结合的实现方案等。

1．数字电路的实现方案

这种方案的基本思想为：事先在存储器里存储好函数信号波形，再用 D/A 转换器进行逐点恢复。这种方案的波形精度主要取决于函数信号波形的存储点数、D/A 转换器的转换速度，以及整个电路的时序处理等。其信号频率的高低，是通过改变 D/A 转换器输入数字量的速率来实现的。这种方案在信号频率较低时，具有较好的波形质量。随着信号频率的提高，需要提高数字量输入的速率，或减少波形点数。波形点数的减少，将直接影响函数信号波形的质量，而数字量输入速率的提高也是有限的。因此，该方案比较适合低频信号，而较难产生高频（如 1 MHz 以上）信号。

2．模数结合的实现方案

模数结合的实现方案，一般是用模拟电路产生函数信号波形，而用数字方式改变信号的频率和幅度。如采用 D/A 转换器与压控电路改变信号的频率，用数控放大器或数控衰减器改变信号的幅度等，是一种常见的电路方式。

3．模拟电路的实现方案

模拟电路的实现方案是指全部采用模拟电路的方式，以实现信号产生电路的所有功能。本设计推荐采用全模拟电路的实现方案。对于信号产生电路的模拟电路实现方案，也有几种电路方式可供选择。

方案 1

首先用正弦波振荡器产生正弦波信号，然后利用过零比较器将正弦波变换成方波，再由积分电路将方波变成三角波，电路框图如图 7-5 所示。这种电路结构简单，并具有良好的正弦波和方波信号。但要通过积分器电路产生同步的三角波信号，存在较大的难度。原因是积分电路的积分时间常数通常是不变的，而随着方波信号频率的改变，积分电路输出的三角波幅度将同时改变。若要保持三角波输出幅度不变，则必须同时改变积分时间常数的大小，要实现这种同时改变电路参数的要求，实际上是非常困难的。

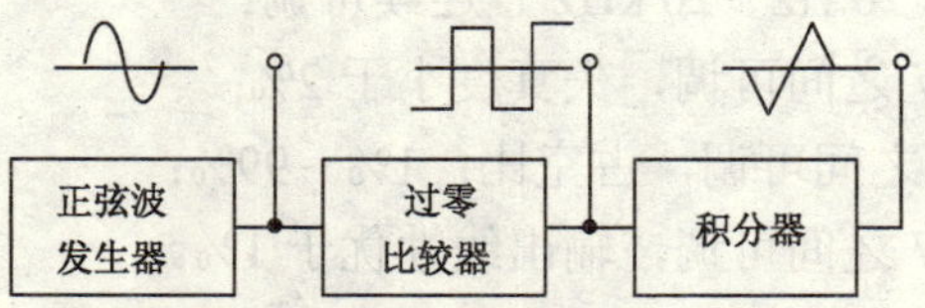

图 7-5　模拟电路实现方案 1

方案 2

首先由方波-三角波发生器产生方波和三角波信号，然后再将三角波信号转换成正弦波，电路框图如图 7-6 所示。这种电路在一定的频率范围内，具有良好的三角波和方波信号。而正弦波信号的波形质量，与差分放大电路的形式有关。

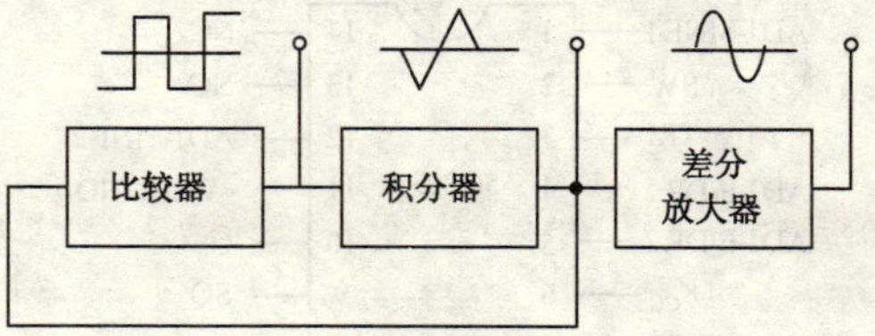

图 7-6　模拟电路实现方案 2

方案 3

可利用集成函数发生器 5G8038 进行函数信号发生器设计。

5G8038 由一个恒流充放电振荡电路和一个正弦波变换器组成，恒流充放电振荡电路产生方波和三角波，三角波经正弦波变换器输出正弦波。其内部原理电路框图及引脚图排列如图 7-7 和图 7-8 所示。

在图 7-7 中，电压比较器 C_1、C_2 的门限电压分别为 $2V_R/3$ 和 $V_R/3$（其中 $V_R=V_{CC}+V_{EE}$），电流源 I_1 和 I_2 的大小可通过外接电阻调节，且 I_2 必须大于 I_1。当触发器的 Q 端输出为低电平时，它控制开关 S 使电流源 I_2 断开。而电流源 I_1 则向外接电容 C 充电，使电容两端电压 v_C 随时间线性上升，当 v_C 上升到 $v_C=2V_R/3$ 时，比较器 C_1 输出发生跳变，使触发器输出 Q 端由低电平变为高电平，控制开关 S 闭合，使电流源 I_2 接通。由于 $I_2>I_1$，因此电容 C 放电，v_C 随时间线性下降。当 v_C 下降到 $v_C\leqslant V_R/3$ 时，比较器 C_2 输出发生跳变，使触发器输出端 Q 又由高电平变为低电平，I_2 再次断开，I_1 再次向 C 充电，v_C 又随时间线性上升。如此周而复始，产生振荡。若 $I_2=2I_1$，v_C 上升时间与下降时间相等，就产生三角波输出到脚 3。而触发器输出的方波，经缓冲器输出到脚 9。三角波经正弦波变换器变成正弦波后由脚 2 输出。当 $I_1<I_2<2I_1$ 时，v_C 的上升时间与下降时间不相等，引脚 3 输出锯齿波。因此，8038 能输出方波、三角波、正弦波和锯齿波 4 种不同的波形。

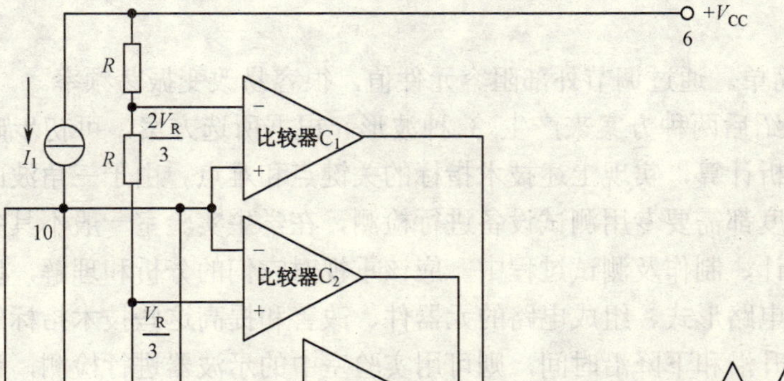

图 7-7　5G8038 内部原理电路框图

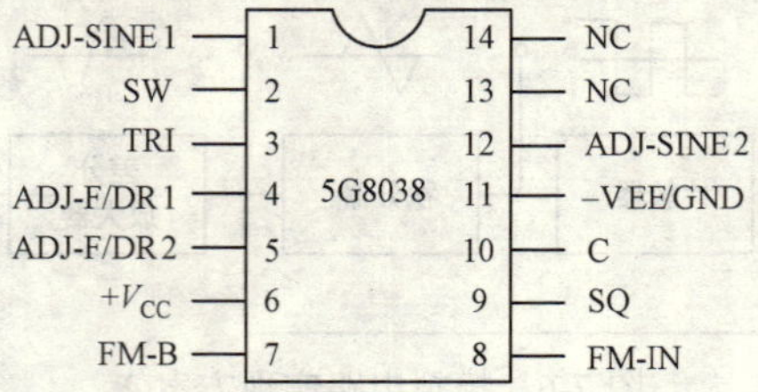

图 7-8　5G8038 引脚图

图 7-8 中各引脚的功能如下：

1——正弦波线性调节	6——正电源	11——负电源或接地
2——正弦波输出	7——调频偏置电压	12——正弦波线性调节
3——三角波输出	8——调频控制输入端	13——空脚
4——恒流源调节	9——方波输出（集电极开路输出）	14——空脚
5——恒流源调节	10——外接电容	

8038 具有以下主要性能特点：

① 电源电压范围宽。采用单电源供电时，$+V_{CC}$ 的电压范围是+10～+30 V；采用双电源供电时，$+V_{CC}$～–VEE 的电压可在±5～±15 V 范围内选取。电源电流约为 15 mA。

② 振荡频率范围宽，频率稳定性好。频率范围为 0.001 Hz～300 kHz，频率温漂 50×10^{-6}/°C。

③ 输出波形的失真小。正弦波失真度<5%，经仔细调整后还可降至 0.5%以下。三角波的失真度为 0.1%。

④ 矩形波占空比调节范围可达 1%～99%，可获得窄脉冲、方波、宽脉冲输出。

⑤ 输出特性，正弦波幅度约为 $V_{CC}/5$，输出阻抗为 1 kΩ。矩形波输出为集电极输出，其幅度近似于 V_{CC}。三角波幅度为 $V_{CC}/3$，输出阻抗为 200 Ω。调频输入范围是 10 kHz，线性度为 0.1%。

⑥ 外围电路简单。通过调节外部阻容元件值，很容易改变振荡频率。

本设计主要介绍后两种方案来产生 3 种波形。根据所选方案，可初步确定各组成电路的结构，再通过分析计算，实现上述技术指标的关键点和难点。由于三角波的线性度、正弦波信号的谐波失真度都需要专用测试设备进行检测，在学生实验室一般不具备这样的条件。因此，在实验的设计、制作及测试过程中，应该重视对它们的分析和理解，以便了解影响这些技术指标参数的电路形式、组成电路的元器件、改善和提高这些技术指标的方法和措施。对于方波信号的上升沿和下降沿时间，则可用实验室中的示波器进行检测，该项技术指标也是本实验的一项重要和关键的参数。

7.2.4　电路设计

1. 采用运算放大器和分立元件的方案

根据前面所述，本方案主要由两部分电路构成，即由运算放大器构成的方波-三角波产生电路和由三极管差分放大器构成的三角波-正弦波变换电路。

1）方波-三角波产生电路

由运放构成的方波-三角波产生电路如图 7-9 所示。电路的工作原理如下：若 a 点断开，运放 A_1 与 R_1、R_2、R_3 及 R_{p1} 组成电压比较器，C_1 为加速电容，可加速比较器的翻转。运放的反相端可接基准电压，调节基准电压可改变方波-三角波的幅值变化范围，此图中基准电压为零；比较器的输出 U_{o1} 为方波，其高、低电平分别取决于运放 A_1 的正、负电源值（设 $V_{CC}=-V_{EE}$）。由图中可知，比较器的门限电压为：

$$U_{T+}=\frac{-R_2}{R_3+R_{p1}}(-V_{EE})=\frac{R_2}{R_3+R_{p1}}V_{CC} \tag{7-19}$$

$$U_{T-}=\frac{-R_2}{R_3+R_{p1}}V_{CC} \tag{7-20}$$

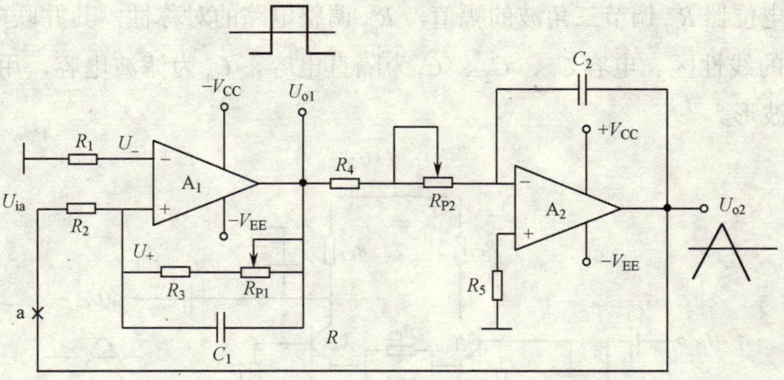

图 7-9　方波-三角波产生电路

a 点断开后，运放 A_2 与 R_4、R_{p2}、C_2 及 R_5 组成反相积分器，当其输入信号 U_{o1} 为方波时，积分器的输出是一个上升速率与下降速率相等的三角波，其波形关系如图 7-10 所示。

当 a 点闭合时，比较器与积分器首尾相连，形成闭环电路，则可自动产生方波-三角波。三角波的幅值为：

$$U_{o2m}=\frac{R_2}{R_3+R_{p1}}V_{CC} \tag{7-21}$$

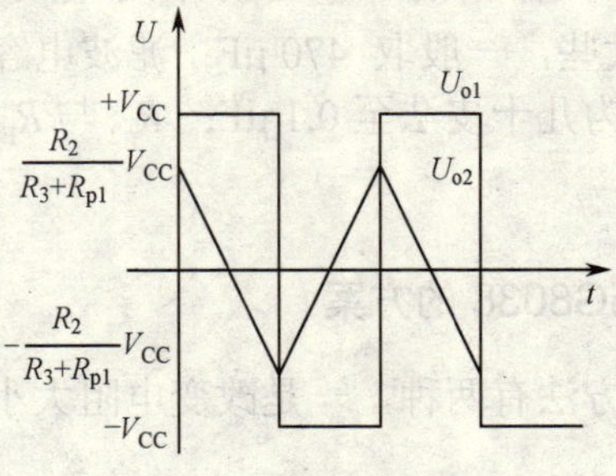

图 7-10　方波-三角波波形关系

方波-三角波的频率为：

$$f=\frac{R_3+R_{p1}}{4R_2(R_4+R_{p2})C_2} \tag{7-22}$$

由式 7-21 和式 7-22 可知：

① 电位器 R_{p2} 在调整方波-三角波的输出频率时，不会影响输出波形的幅度。若要求输

出频率范围较宽，可用C_2改变频率的范围，R_{p2}实现频率的微调。

② 方波的输出幅度取决于电源电压，三角波的输出幅度应不超过电源电压，电位器R_{p1}可实现幅度微调，但会影响方波三角波的频率。

2）三角波-正弦波变换电路

三角波-正弦波的变换电路形式有多种，在此，我们选用三极管差分放大器作为变换电路，如图 7-11 所示。变换所得正弦波的质量与电路参数有关，一般要求：

① 差分放大器的传输特性曲线越对称越好，线性区越窄越好。

② 三角波的幅值应正好使三极管接近饱和区或截止区。

电路中，电位器R_{p1}调节三角波的幅值，R_{p2}调整电路的对称性，其并联电阻R_{E2}用来减小差分放大器的线性区。电容C_1、C_2、C_3为隔直电容，C_4为滤波电容，用以滤除谐波分量，改善输出波形。

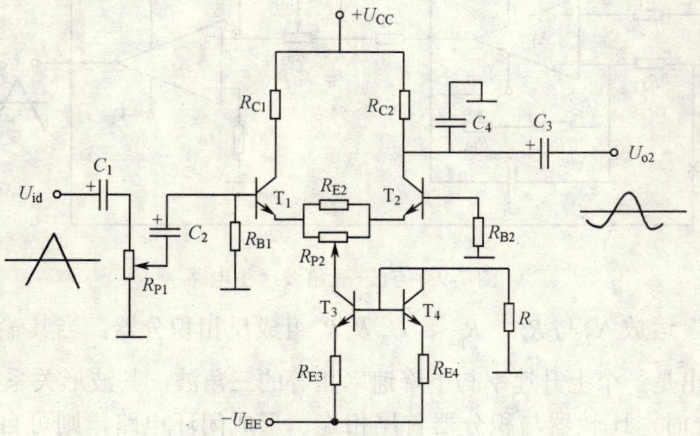

图 7-11　三角波-正弦波变换电路

确定元件型号和参数时，应根据技术指标要求和电路结构特点加以考虑。运放A_1、A_2可采用双运放μA747，差分放大器中的三极管可采用集成差分对管 BG319 或双三极管 S3DG6 等。隔直电容应取得大些，一般取 470 μF；滤波电容视输出波形而定，若高次谐波成分较多，则可取小些，一般为几十皮法至 0.1 μF；R_{p2}与R_{E2}并联，各取 100 Ω，以减小差分放大器的线性区。

2. 采用集成函数发生器 5G8038 的方案

调节 5G8038 输出频率的方法有两种，一是改变电阻大小，另一种是调节控制电压的大小。

1）通过改变电阻改变输出频率

由图 7-7 可见，引脚 8 为调频电压控制输入端，引脚 7 输出调频偏置电压，其值是（$V_{CC}+V_{EE}/5$），它可作为引脚 8 的输入电压，即将引脚 8 与 7 短接。此外，该器件的方波输出端为集电极开路形式，一般需要在正电源与 9 脚之间外接一电阻，其值常选用 10 kΩ左右，如图 7-12 所示。在引脚 9、3 和 2 的输出分别为方波、三角波和正弦波。调节R_1、R_2可使正弦波的失真达到较理想的程度。该电路的振荡频率为：

$$f=\frac{0.6}{R_1C(1+\frac{R_2}{2R_1-R_2})} \tag{7-23}$$

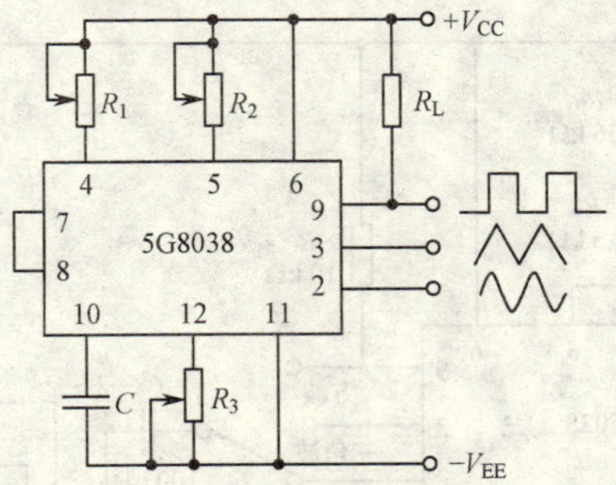

图 7-12　信号发生器电路方案一

当 $R_1=R_2=R$ 时，9 脚输出方波，3 脚输出三角波，2 脚输出正弦波。这时输出频率为：

$$f=\frac{0.3}{RC} \tag{7-24}$$

为了保证流过 4 脚和 5 脚的电流相等，产生良好的正弦波和三角波，一般将 4、5 脚短路，然后经过一只公用电阻 R 接到正电源 V_{CC} 上，此时振荡频率为：

$$f=\frac{0.15}{RC} \tag{7-25}$$

由上式可见，改变电阻 R 的大小，即可调节函数发生器的频率。

2）通过改变控制电压改变输出频率

如图 7-13 所示，当 R_{P1} 滑动端在中间位置，断开引脚 8 与 7 之间的连线，若在 $+V_{CC}$ 与 $-V_{EE}$ 之间接一个电位器，使其活动端与 8 脚相连，改变正电源 $+V_{CC}$ 与引脚 8 之间的控制电压（即调频电压），则振荡频率随之变化，因此该电路是一个频率可调的函数发生器。如果控制电压按一定规律变化，则可构成扫频式函数发生器。

在图 7-13 中，电位器 R_{P1} 的作用是调节流入 4 脚和 5 脚的电流相等，从而保证输出方波的占空比精确为 50%；二极管 D 的作用是使 8 脚的电位达到最高时，仍保证 R_1、R_2 上有几百毫伏的压降，从而维持电路正常工作；电位器 R_{P2} 是用来调振荡频率的；电位器 R_{P3} 的作用是调整正弦波的失真度。

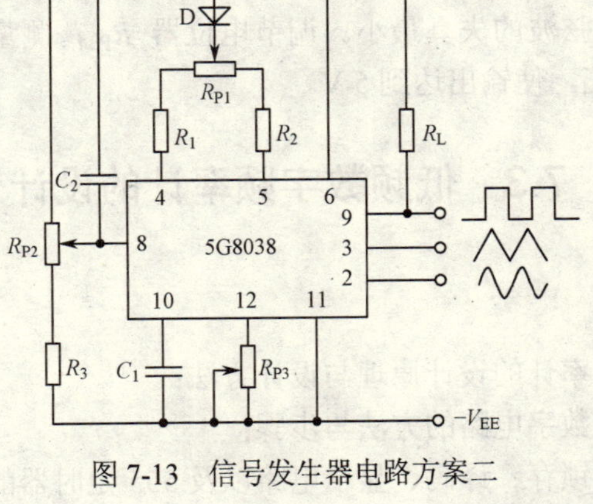

图 7-13　信号发生器电路方案二

3）总电路图

根据上述分析，读者可以设计出信号发生器的总电路图。下面给出采用方案一设计的电路，供读者参考，如图 7-14 所示。

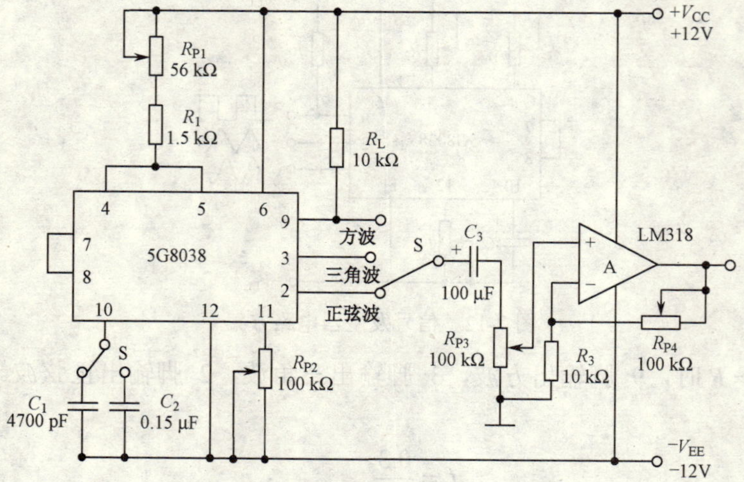

图 7-14　总电路图

与图 7-12 相比，图 7-14 中增加了电位器 R_{P2} 和由集成运放 LM318 组成的放大器。R_{P2} 是用来减小正弦波失真度的，而由 LM318 组成的放大器的作用是通过调节 R_{P3}、R_{P4} 调整三角波、正弦波的幅度，

7.2.5　安装与调试

按上述两种方案之一安装信号发生器电路，保证正、负电源的连接正确，注意电容器的极性。

（1）在装调方波-三角波发生器时，应先将两个电位器 R_{P1}、R_{P2} 调到设定值，然后再安装，否则电路可能不会起振；当 U_{o1} 输出方波时，U_{o2} 输出为三角波，微调 R_{P1}，使三角波的输出幅度达到设计要求，调节 R_{P2} 则输出频率在一定范围内连续可变。

（2）装调三角波-正弦波变换电路时，可先给差分放大器输入一个取自信号发生器的差模输入信号，调节 R_{P4}，使电路对称，再将积分器的输出接至差分放大器的输入，调节 R_{P3} 使输出波形接近正弦波；调节电容 C_4 的大小可改善波形质量。

（3）若采用图 7-11 的方案，应首先调节电位器 R_{P1}，检查输出信号的频率变化；然后调节电位器 R_{P2}，使输出正弦波的失真最小。调节电位器 R_{P3}，测量正弦波输出值，若测量值小于 5 V，调节电位器 R_{P4}，使输出达到 5 V。

7.3　低频数字频率计的设计

7.3.1　设计目的

（1）掌握低频数字频率计的设计原理与设计方法；

（2）学会安装与调试数字电路的方法与步骤；

（3）熟练掌握计数、锁存、译码、显示电路以及 555 定时器的基本应用。

7.3.2　设计任务与要求

（1）设计一个简易数字频率计电路，要求：

- 测量信号范围：方波、正弦波，幅度：0.5～5 V，频率：1～9999 Hz；
- 最大读数：9999 Hz，用 4 个数码管显示。闸门信号的采样时间为 1 s、0.1 s、0.01 s、0.001 s 4 个挡位，用一个开关切换量程；
- 频率测量响应时间不大于 12 s；
- 电路具有启、停控制，用于启动和停止频率的连续显示，停止时对计数器清零。

（2）设计要求：

- 用中、小规模的集成电路设计数字频率计电路，画出单元电路图，整机逻辑框图和逻辑电路图。
- 完成全电路理论设计、仿真以及安装和调试、绘制电路图，自制印刷板。
- 撰写设计报告、调试总结报告及使用说明书。

7.3.3　设计指导

频率计是直接用十进制来显示被测信号频率的一种测量装置。它可以测量正弦波、方波和三角波的频率。利用施密特触发器将输入信号整形为方波，并利用计数器测量 1 s 内脉冲的个数，并利用锁存器锁存，稳定显示在数码管上。

常用的频率测量方法有以下 4 种。

1．测频法

测频法的基本思想是，对频率为 f 的周期信号，用一个标准闸门信号（闸门宽度为 T_G）对被测信号的重复周期数进行计数，当计数结果为 N 时，其信号频率为：

$$f = \frac{N}{T_G} \tag{7-26}$$

如图 7-15 所示。

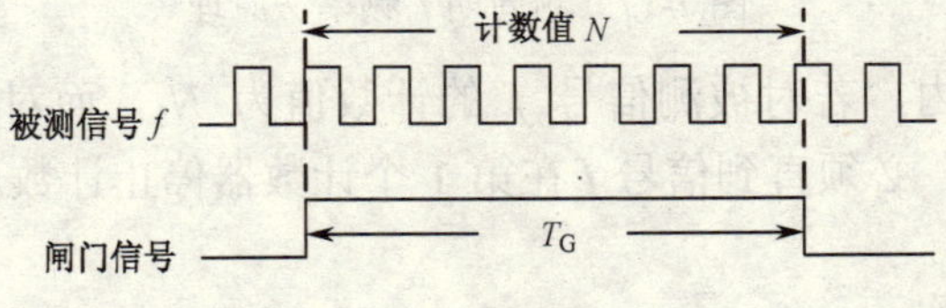

图 7-15　测频法原理

测频法的测量误差与信号频率有关，信号频率越高，误差越小；信号频率越低，测量误差越大。因此，测频法适合于对高频信号的测量，频率越高，测量精度也越高。

2．测周法

首先把被测信号进行二分频，获得一个高电平时间或低电平时间都是一个信号周期的方波信号，然后用一个已知周期 T_S 的高频方波信号作为计数脉冲，在一个信号周期的时间内对 f_S 信号进行计数，如图 7-16 所示。

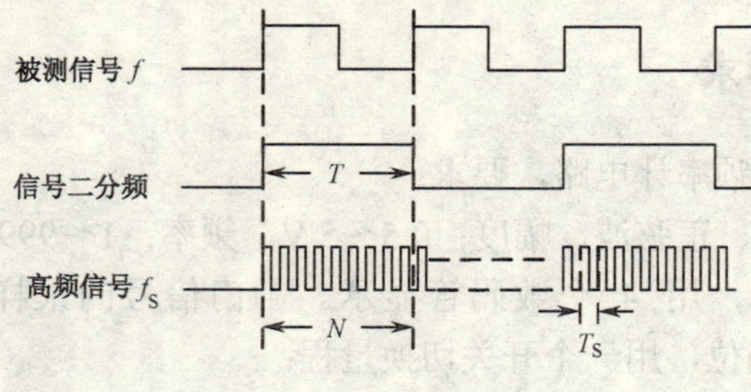

图 7-16　测周法原理

若在 T 时间内的计数值为 N，则有

$$T = N \cdot T_S \tag{7-27}$$

即

$$f = \frac{1}{T} = \frac{1}{N \cdot T_S} = \frac{f_S}{N} \tag{7-28}$$

测周法测量的误差与信号频率成正比，而与高频标准计数信号的频率成反比。当 f_S 为常数时，被测信号频率越低，误差越小，测量精度也就越高。

由于测周法所获得的信号周期数据，还需要求倒数运算才能得到信号频率，而二进制数据的求倒数运算用中小规模数字集成电路却较难实现，因此，测周法不适合本实验要求。

3．测周期 / 频率法

测周期 / 频率测量是采用两个计数器，分别对被测信号 f 和高频标准计数信号 f_S 进行计数，其测量原理如图 7-17 所示。

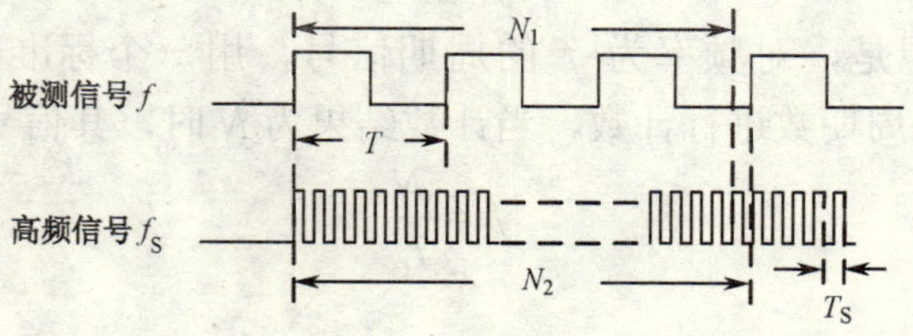

图 7-17　测周期 / 频率法原理

在确定的检测时间内，若对被测信号 f 的计数值为 N_1，而对高频信号 f_S 的计数值为 N_2。但对信号 f_S 的计数，必须直到信号 f 在第 1 个计数器停止计数后的一个完整的 f 信号周期。所测的信号频率为：

$$f = \frac{1}{T} = \frac{N_1}{N_2 \cdot T_S} = \frac{N_1 \cdot f_S}{N_2} \tag{7-29}$$

由式（7-29）可以看出，测周期 / 频率法需要进行除法运算才能得到信号频率，这用中小规模数字集成电路却较难实现，因此，该方法不适合本实验要求。

4．F/V 与 A/D 法

这种频率测量方法是先通过 F/V 变换，把频率信号转换成电压信号；然后再通过 A/D 转换把模拟电压信号转换成数字信号，再对数字信号进行计数，从而得到所测信号的频率。

根据性能与技术指标的要求，首先需要确定能满足这些指标的频率测量方法。由上述频率测量原理与方法的讨论，本实验采用测频法。

由于测频法的测量误差与信号频率成反比，信号频率越低，测量误差越大，信号频率越高，其误差越小。用测频法所获得的测量数据，在闸门时间为 1 s 时，不需要进行任何换算，计数器所计数据就是信号频率。另外，在信号频率较低时，如 1～100 Hz，可以通过增大闸门时间来提高测量精度。

7.3.4 电路设计

用测频法构成的数字频率计的原理框图如图 7-18 所示。

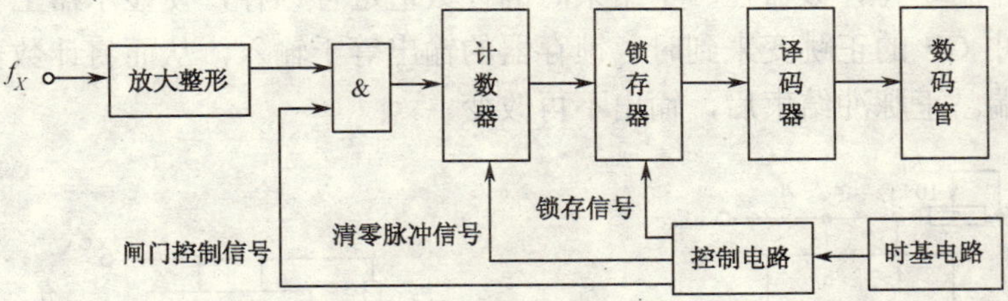

图 7-18　数字频率计的原理框图

1．放大整形电路

由二极管及电阻构成的幅度扩展电路和由 555 构成的施密特触发电路构成整形电路，如图 7-19 所示。

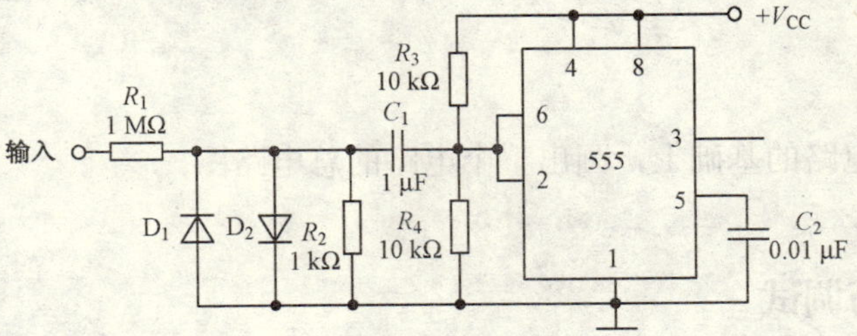

图 7-19　信号整形电路

二极管 D_1、D_2 及电阻 R_1、R_2 构成信号幅度扩展电路，当输入信号较小时，限幅器的二极管均截止，不起作用。用 555 构成的施密特触发器的作用是将输入的周期性信号，如正弦波、三角波或其他呈周期性变化的波形变换成脉冲波形，其周期不变。

2．时基电路

时基电路的作用是控制计数器的输入脉冲，标准时间信号（1 s 正脉冲）到来时，闸门开通，被测信号通过闸门进入计数器计数，标准脉冲结束时，闸门关闭，计数器无脉冲输入。时基电路可以由 555 定时器构成的多谐振荡器实现，如图 7-20 所示。

产生的方波信号高电平时间长度为 1 s，低电平时间长度为 0.25 s。利用式 $t_1=0.7(R_1+R_2)C$；$t_2=0.7R_2C$ 计算参数，器件的参数如图 7-20 所示。

3．控制电路

控制电路可以由 555 构成的单稳态电路来构成，如图 7-21 所示。

逻辑控制电路利用标准时间信号结束后产生的负跳变来产生锁存信号，同时锁存信号经反相又产生清零信号，锁存信号的脉冲宽度由单稳态电路本身的时间常数决定。

4. 计数、锁存、译码、显示电路

计数电路用 4 个同步十进制加法计数器构成，可以选择同步十进制加法计数器 74LS160、同步十进制可逆计数器 74LS190 或 74LS192、双 BCD 码计数器 CD4518 等集成电路来实现。译码器可采用共阴极显示译码器 74LS48 或共阳极显示译码器 74LS47，具体根据数码管的型号来确定。锁存器则可选用 8D 锁存器 74LS373 或 74LS273。

锁存器的作用是将计数器在 1 s 结束时的计数值进行锁存，使显示器上获得稳定的测量值。当时钟脉冲 CP 的正跳变来到时，锁存器的输出等于输入，从而将计数器的输出值送到锁存器的输出端。正脉冲结束后，输出不再改变。

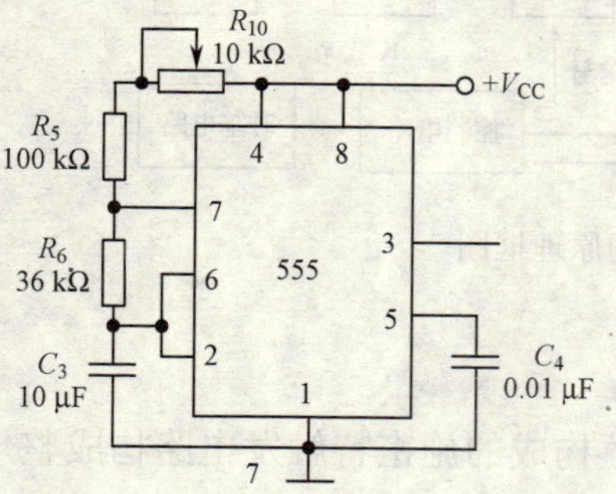

图 7-20　时基电路

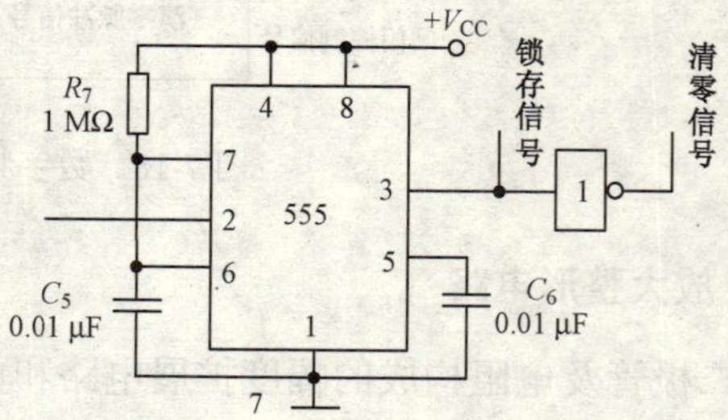

图 7-21　控制电路

5. 总电路图

在上述子模块电路的基础上，画出整个电路的总电路图。

7.3.5　安装与调试

1. 安装电路

在安装前，要根据所选器件和数量，按各单元电路信号的流向，连线数量，合理安排布局。每安装完一个单元电路后进行测试，检验单元电路功能是否正常。本设计首先安装脉冲整形电路，检查无误后安装标准时基电路（555 构成的多谐振荡器）及控制电路（555 构成的单稳态电路），并用示波器观察输出。标准时基电路应输出高电平持续时间为 1 s，低电平持续时间为 0.25 s 的脉冲波。安装调试计数、锁存、译码、显示电路，安装完毕，仔细检查电路无误后，接通电源，输入一个脉冲信号观察计数是否正常。将各单元电路相互连接，并与电路图仔细核对，修改错误，整理布线。

2. 电路调试

总体电路安装完毕后，进行动态调试。接通电源，电路无发热等不良现象。接入一个标准正弦信号，观察结果是否正常，若不正常，则根据现象查找故障。

7.4　数显式脉搏测试仪

7.4.1　设计目的

（1）掌握数显式脉搏测试仪设计、安装与调试方法；

（2）了解脉搏传感器的分类及应用；

（3）掌握对微弱信号的放大、滤波。

7.4.2　设计任务与要求

脉搏是常见的生理现象，是心脏和血管状态等重要生理信息的外在反映；因此，脉搏测量不仅为血压测量、血流测量及其他生理检测提供了生理参考信息，而且脉搏波本身也能给出许多有诊断价值的信息。因此研究数显式脉搏测试仪，有着非常重要的现实意义。试设计一个用来测量心脏跳动次数的电子仪器，即数显式脉搏测试仪，具体要求如下：

（1）实现在 30～60 s 的时间内测量人体的脉搏跳动数目，并且显示其数值。正常人脉搏数为 60～80 次/min，婴儿为 90～100 次/min，老人为 100～150 次/min。

（2）测试误差小于或等于 2 次/min。

7.4.3　设计指导

通过分析任务与要求，数显式脉搏测试仪总的功能是指用十进制数来显示人体在 1 min 时间内脉搏跳动的次数，所以，其设计可分为两部分：一部分为用传感器将脉搏的跳动转换为电压信号，并加以放大、滤波和整形转换为数字信号；另一部分是在短时间内（30 s 或 60 s）测出每分钟的脉搏数，并加以数字显示。

满足上述设计思路的具体方案很多，现提出下面两种方案：

方案 1

测量脉搏跳动固定次数所需的时间，然后换算为每分钟的脉搏数。

方案 2

在单位时间内对脉搏跳动次数进行计数，并用数字显示其计数值，从而直接得到每分钟的脉搏数。

这两种方案比较起来，第 1 种方案的测量误差比较小，但实现起来电路要复杂些。第 2 种比较直观，所需要的电路结构更简单些；为了使脉搏测试仪轻巧而便宜，通常采用第 2 种方案。其组成框图如图 7-22 所示。主要由脉搏传感器、放大电路、滤波、整形电路、定时电路、计数、译码、显示电路等组成。

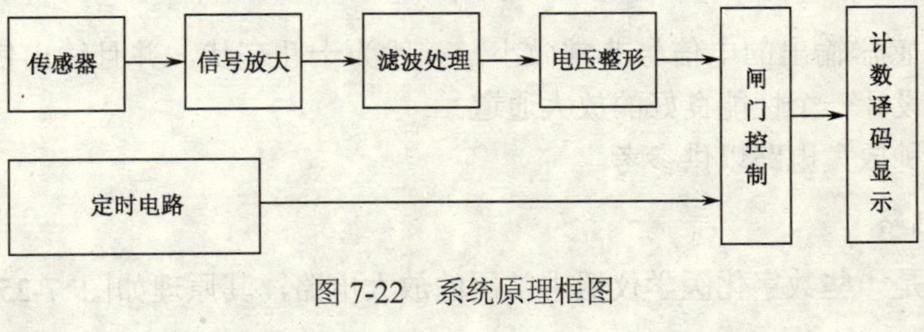

图 7-22　系统原理框图

7.4.4　电路设计

在整个系统的设计之中，脉搏传感器的选择与使用，信号的放大、滤波、整形电路的设计是关键，也是我们介绍的重点，因为定时、闸门控制及计数译码显示的功能完全可以通过 CPLD、单片机及中小规模集成电路等多种方式来实现。

1. 脉搏传感器的选择

脉搏传感器的作用是将脉搏信号转换为相应的电脉冲信号。脉搏传感器是脉象检测系统中重要的组成部分，其性能的好坏直接影响到后置电路的处理和结果的显示，下面介绍几类典型的脉搏传感器。

1）光电类

光电类脉搏传感器是利用脉搏跳动时血管内血液透光率的变化原理而制成的传感器，如图 7-23 是光电类脉搏传感器的示意图，它由红外发光二极管和红外光敏三极管构成。发光二极管发出的红外光照射到血管上，部分光经血管透射被光敏三极管接收并转换成电信号。

光电式脉搏传感器由于采用不同的光敏元件有着多种实现方法，其中光敏元件主要有光敏电阻、光敏二极管、光敏三极管等。

2）压阻类

压阻类脉搏传感器的工作原理如图 7-24 所示。脉动时血管通过体表向传感器施加脉动压力，传感器压敏元件把压力转变为压阻器阻值的变化，再通过桥路转变为电信号。

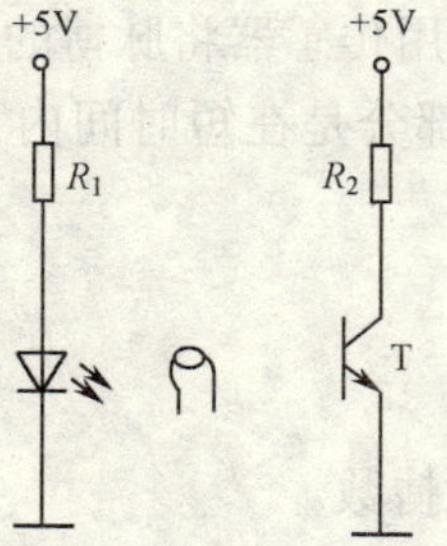

图 7-23　光电类脉搏传感器示意图

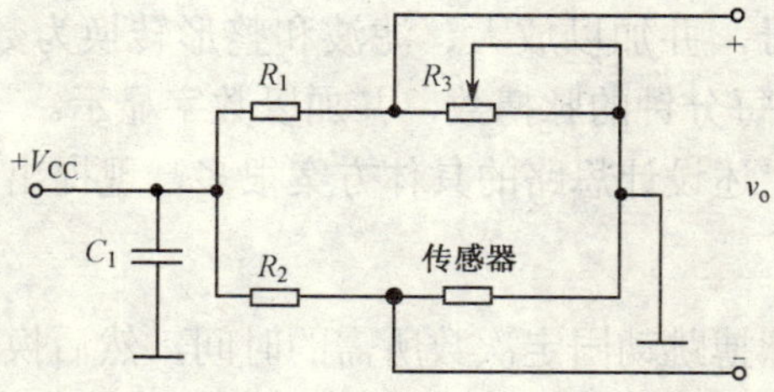

图 7-24　压阻类脉搏传感器的工作原理

3）压电类

压电类传感器的工作原理是利用敏感元件（如压电晶体片、压电薄膜等）直接把压力变为电信号。如压电陶瓷片 HTD、PVDF 压电薄膜传感器等。

另外，一些简单的脉搏测试仪器中，也可使用高灵敏度驻极体话筒来拾取脉搏信号。

2. 放大电路的设计

由于脉搏传感器输出的电信号非常微小，一般为十几毫伏，并且输出信号阻抗高，杂波多，所以必须设计一个性能良好的放大通道。

下面介绍几种放大电路以供参考。

1）三运放电路

三运放电路是一些数字化医学仪器中常用的放大电路，其原理如图 7-25 所示。放大器由两级组成，两个对称的同相放大器构成第一级，第二级为差动放大器——减法器，所以该电路的特点是输入阻抗高（可达 10^9 Ω以上），输出阻抗低，共模抑制比高（在 100 dB 以上）。

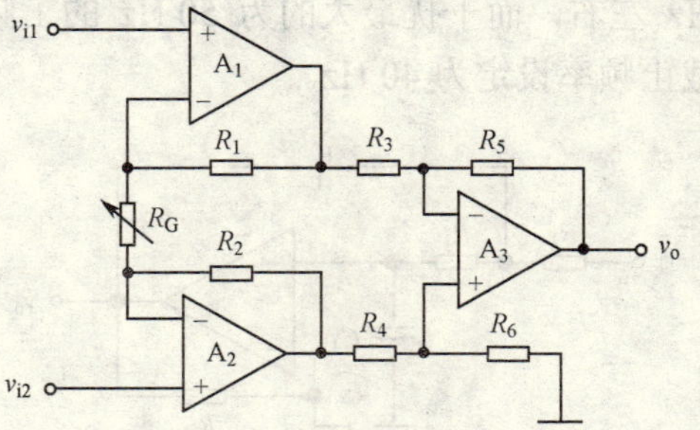

图 7-25　三运放电路原理图

如果设 $R_1=R_2$；$R_3=R_4$；$R_5=R_6$，则总差模增益

$$A_V=-((1+2R_1/R_G)R_5)/R_3 \tag{7-30}$$

而总共模增益

$$A_C\approx 0 \tag{7-31}$$

由于每个人的脉搏强弱不同，检测信号的大小也不一样，所以在本设计中可通过调整 R_G 改变其增益。

2）仪用放大器

一些仪用放大器其内部的核心就是三运放电路，如 AD620，只是图 7-24 电路中的电阻 R_G 外接，其余电阻 $R_1=R_2=R_3=R_4=R_5=R_6=R$ 均被封装在电路内部。

由 AD620 组成的典型放大电路如图 7-26 所示，其输出与输入的关系为：

$$v_o=\left(1+\frac{2R}{R_G}\right)\cdot v_i \tag{7-32}$$

因为 R 固定，所以

$$A_V=\frac{49.4\text{k}\Omega}{R_G}+1 \tag{7-33}$$

3）采用同相放大电路

针对脉搏传感器阻抗高的特点，可采用传统的同相放大电路，如图 7-27 所示。

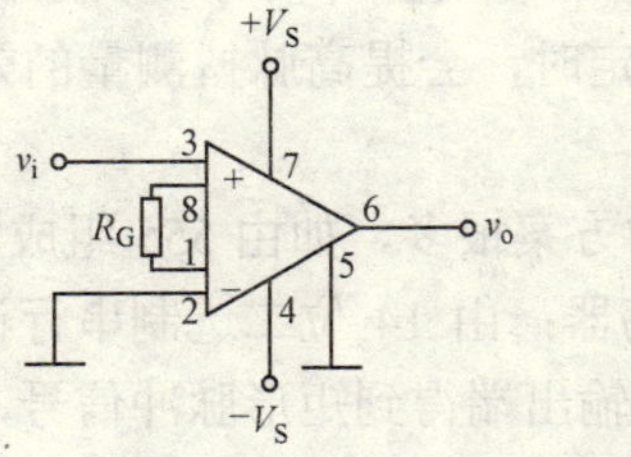

图 7-26　AD620 组成的典型放大电路

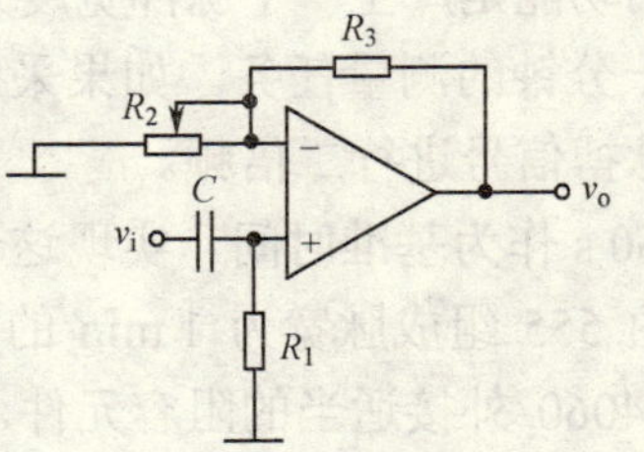

图 7-27　同相放大电路

3. 滤波电路的设计

滤波电路的作用是把脉搏信号中的高频干扰信号去掉，同时把脉搏信号加以放大，由

于脉搏信号频率较低，所以可采用双 T 滤波器或低通滤波器，而二阶压控有源低通滤波电路也是脉搏信号处理过程中的一个典型电路，如图 7-28 所示。

在二阶压控有源低通滤波电路的设计中，上限截止频率的设定是一个重要参数，由于脉搏信号的主峰频率在 1 Hz 左右，而干扰最大的为 50 Hz 的工频干扰信号，所以为了最大程度地滤除干扰，其上限截止频率设定为 40 Hz。

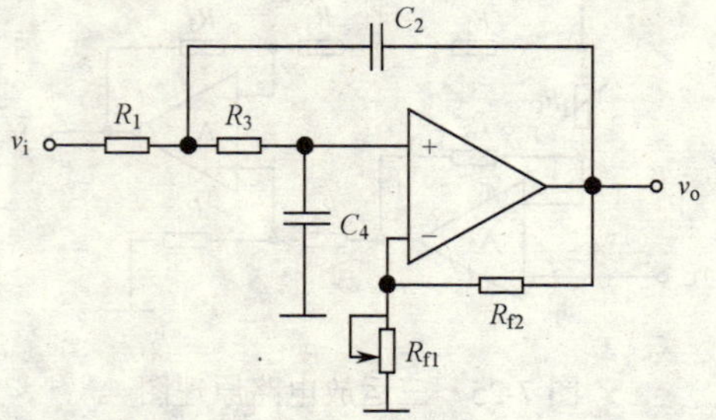

图 7-28　二阶压控有源低通滤波电路

4. 整形电路

经过放大滤波后的脉搏信号仍是不规则的脉冲信号，且有低频干扰，还不满足计数器的要求，必须采用整形电路。这里选用了滞回电压比较器，如图 7-29 所示，其目的是为了提高抗干扰能力。集成运放可采用 LM311、LM339 等精密电压比较器。由于 LM311 属于集电极开路输出，使用时输出端应加 2 kΩ的上拉电阻。

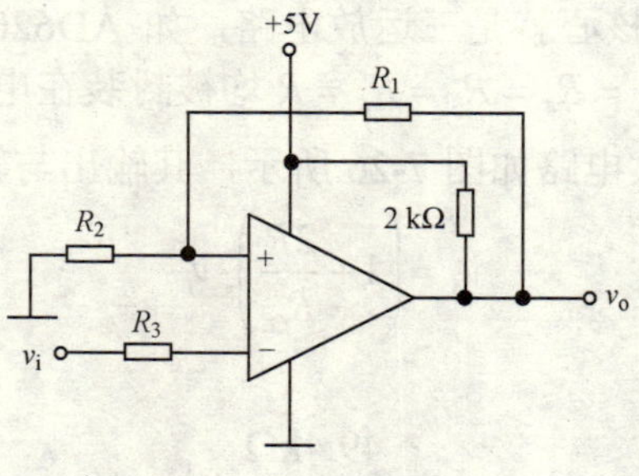

图 7-29　由 LM311 组成的整形电路

5. 定时电路

定时电路的功能是产生一个脉冲宽度为 60 s 或 30 s 的脉冲信号，以控制在 60 s 或 30 s 的时间内完成一分钟的测量任务。如果采用 30 s 定时，会提高脉搏测量的效率，但必须将放大整形后的脉搏信号进行二倍频。

这里采用 60 s 作为基准时间。实现这一功能的方案很多，如由 555 组成脉宽为 1 min 的单稳态电路；由 555 组成脉宽为 1 min 的多谐振荡器；由 14 位二进制串行计数器 / 分频器 CD4060 或 HC4060 外接适当的阻容元件，通过其输出端得到矩形脉冲信号，然后分频得到基准信号；通过有源晶振直接产生矩形脉冲，然后分频。有源晶振一般有 4 个引脚，其中一对引脚是电源，另一对就是振荡信号，其信号的精度、稳定性都比较高。但为了通过此次设计让同学们了解石英晶体振荡电路及分频器等知识，基准时间产生电路采用了由秒脉冲发生器、六十分频器构成的设计方案。

1）秒脉冲发生器

为了保证基准时间的准确，采用了石英晶体振荡电路，电路如图 7-30 所示。石英晶体的主频为 32.768 kHz，反相器采用 CMOS 器件，R_{14} 可在 5～30 MΩ范围内选择，R_{15} 可在 10～500 kΩ范围内选择，振荡频率基本等于石英晶体的谐振频率，改变 C_6 的大小对振荡频率有微调的作用。这里选用 R_{14} 为 10 MΩ，R_{16} 为 470 kΩ，C_5 为 15 pF，C_6 为 3～56 pF，反相器利用了 CC4060 中的反相器，如图 7-31 所示。通过 CC4060 14 位二进制计数器对 32.768 kHz 进行 14 次二分频，产生一个频率为 2 Hz 的脉冲信号，然后用双 D 触发器 CC4013 进行二分频得到周期为 1 s 的脉冲信号。

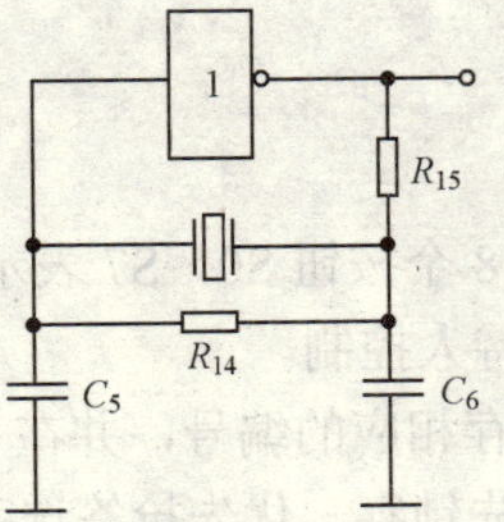

图 7-30　石英晶体振荡器

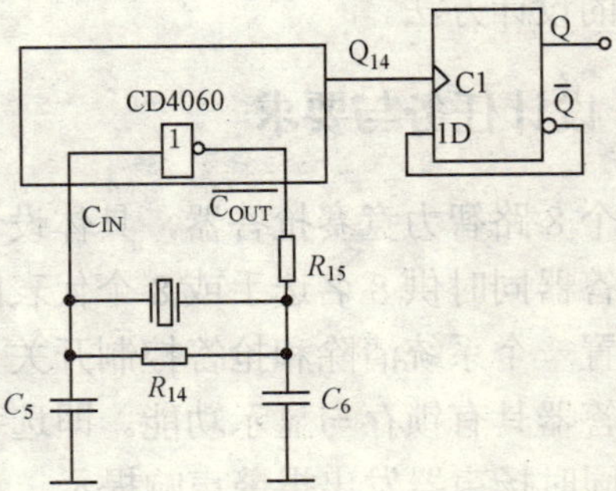

图 7-31　秒脉冲发生器

2）六十分频器

六十分频器实际可由普通的计数器，如 74LS161、74LS192 等来完成分频关系。

6．控制电路

控制电路的作用主要是控制脉搏信号放大、整形后进入计数器的时间，另外还应具有为各部分电路清零等功能。请自行设计。

7．计数、译码、显示电路

该电路的功能是读出脉搏数，以十进制数形式用数码管显示出来，具体设计过程可自行设计。

7.4.5　安装与调试

1．脉搏采集及放大电路的调试和测试

选择合适的脉搏传感器，安装好电路后，用示波器观察放大后的脉搏信号，并记录下最大值和最小值。

2．滤波、整形电路的调试和测试

因为系统中的数字电路部分，只能接收 TTL 电平，而如何准确地将脉搏信号转换为 TTL 电平，这部分电路起着至关重要的作用。

7.5 多路竞赛抢答器

7.5.1 设计目的

（1）熟悉多路竞赛抢答器的工作原理和简单数字系统的设计方法。

（2）了解简单数字系统的安装、调试和简单故障排除方法。

（3）掌握优先编码电路、锁存电路、定时电路、报警电路、时序控制电路、译码电路及显示电路的设计方法。

7.5.2 设计任务与要求

设计一个 8 路智力竞赛抢答器，具体设计要求如下：

（1）抢答器同时供 8 名选手或 8 个代表队比赛，分别用 8 个按钮 S0～S7 表示。

（2）设置一个系统清除和抢答控制开关 S，该开关由主持人控制。

（3）抢答器具有锁存与显示功能。即选手按动按钮，锁存相应的编号，并在 LED 数码管上显示，同时扬声器发出报警声响提示。选手抢答实行优先锁存，优先抢答选手的编号一直保持到主持人将系统清除为止。

（4）抢答器具有定时抢答功能，且一次抢答的时间由主持人设定（如 30 s）。当主持人启动“开始”键后，定时器进行减计时，同时扬声器发出短暂的声响，声响持续的时间 0.5 s 左右。

（5）参赛选手在设定的时间内进行抢答，抢答有效，定时器停止工作，显示器上显示选手的编号和抢答的时间，并保持到主持人将系统清除为止。

（6）如果定时时间已到，无人抢答，本次抢答无效，系统报警并禁止抢答，定时显示器上显示 00。

7.5.3 设计指导

多路竞赛抢答器是竞赛问答中一种常用的必备装置，根据系统功能及技术要求，要完成以上逻辑功能的数字逻辑控制系统，至少应包括以下几个部分：抢答判别部分、显示部分、时序控制部分、定时电路和报警部分、主持人控制部分。各部分功能如下：

（1）抢答判别部分：立即分辨出抢答者的编号，并进行锁存，然后由译码显示电路显示编号。

（2）显示部分：一方面要显示优先抢答者的编号，另一方面要进行计时显示。

（3）定时部分：由主持人设定，并进行倒计时。当选手将问题回答完毕，主持人操作控制开关，使系统回复到禁止工作状态，以便进行下一轮抢答。

（4）报警部分：使扬声器发出短暂声响，提醒主持人注意。

（5）时序控制部分：要对输入编码电路进行封锁，避免其他选手再次进行抢答；要控制报警电路，控制扬声器何时发出声响以及响多长时间；控制电路要使定时器停止工作，时间显示器上显示剩余的抢答时间，并保持到主持人将系统清零为止。

（6）主持人控制部分：控制系统的复位和开始。

综上分析，多路竞赛抢答器的总体框图如图 7-32 所示。

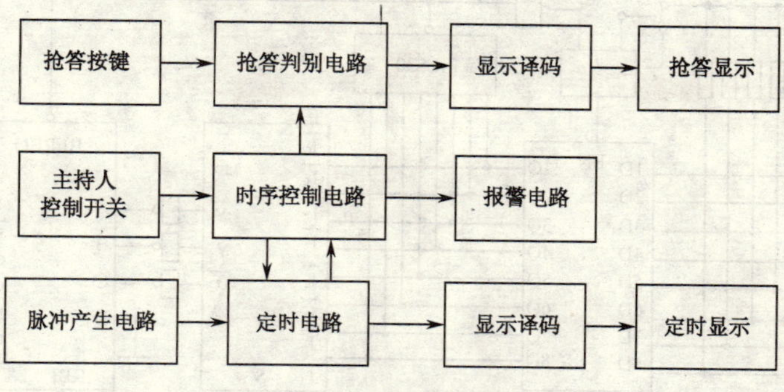

图 7-32　多路竞赛抢答器的总体框图

7.5.4　电路设计

1. 抢答判别和显示电路

在利用 TTL 或 CMOS 集成电路设计多路竞赛抢答器的过程中，如何实现电路的抢答判别功能，即如何实现准确、公正、直观地判断出第一抢答者是整个设计的核心。目前，常见的设计方案主要有以下几种：

1）由基本逻辑门设计

利用门电路的门控功能来设计多路智力竞赛抢答器，优点为结构简单，易于实现，但一般适用于 4 路以下抢答，若 5 路以上则电路过于复杂。

2）用锁存器设计

利用锁存器设计，也有两种方案可供选择。

方案 1：先将第一抢答者的信号进行编码，然后将编码锁存，禁止其他抢答者再次抢答。其典型电路如图 7-33 所示，电路选用优先编码器 74LS148 和 RS 锁存器 74LS279 来完成。

方案 2：先锁存后编码，然后译码显示。其典型电路如图 7-34 所示，选用优先编码器 74LS148 和 8D 锁存器 74LS373 来完成。

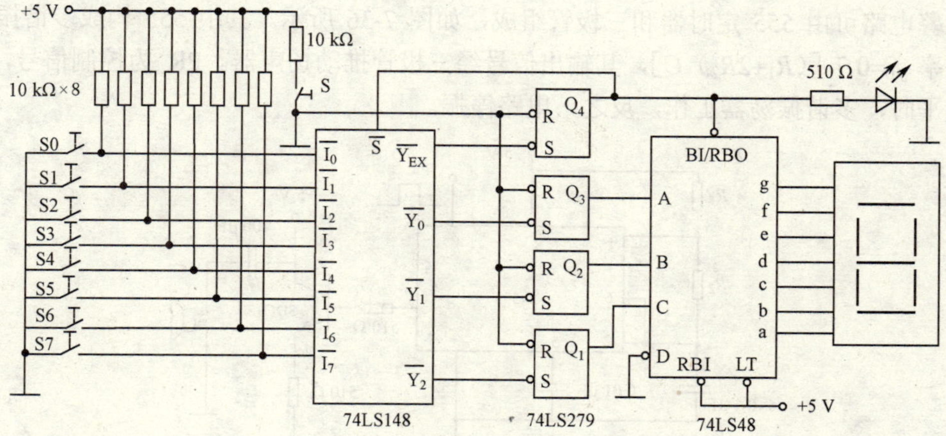

图 7-33　抢答判别和显示电路 I

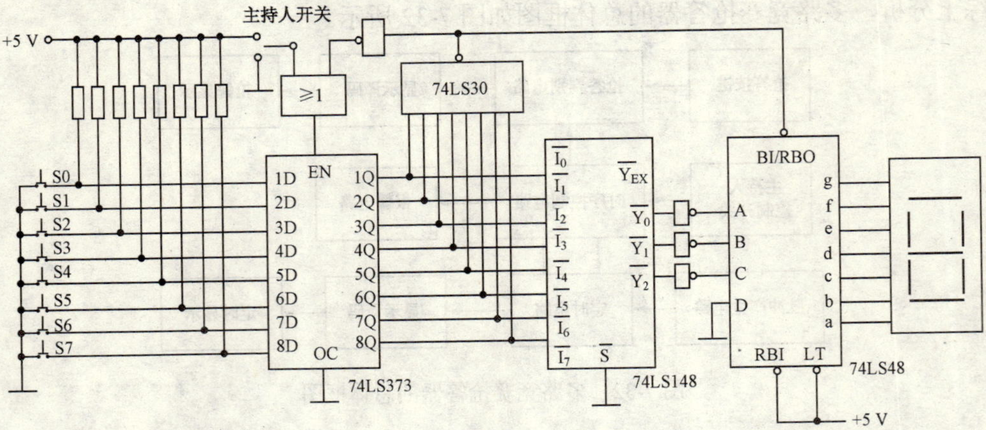

图 7-34　抢答判别和显示电路Ⅱ

2. 定时电路

由节目主持人根据抢答题的难易程度，设定一次抢答的时间，通过预置时间电路对计数器进行预置，计数器的时钟脉冲由秒脉冲电路提供。可预置时间的电路选用十进制同步加减计数器 74LS192 进行设计，参考电路如图 7-35 所示。

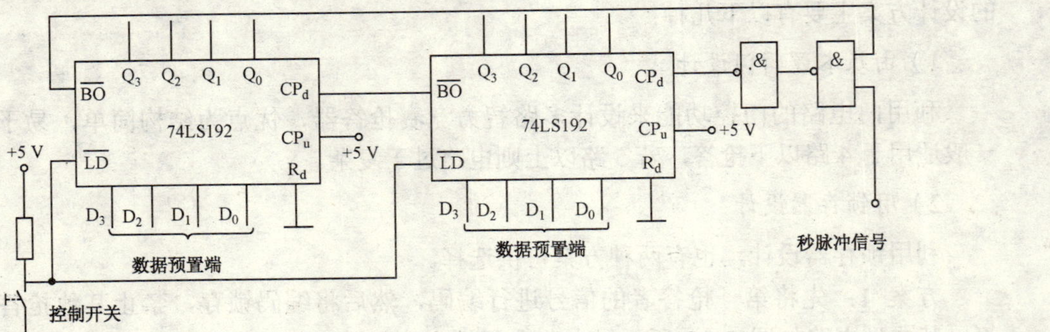

图 7-35　定时电路

3. 报警电路

报警电路可由 555 定时器和三极管组成，如图 7-36 所示。其中 555 构成多谐振荡器，振荡频率 f_0=0.7［(R_1+2R_2) C］，其输出信号经三极管推动扬声器。PR 为控制信号，当 PR 为高电平时，多谐振荡器工作，反之，电路停振。

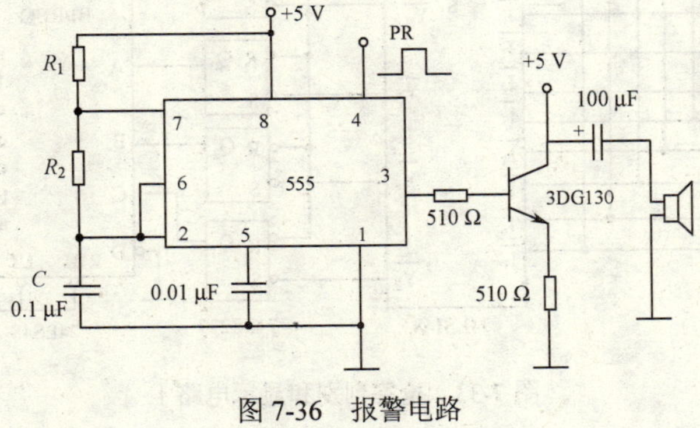

图 7-36　报警电路

4．时序控制电路

时序控制电路是抢答器设计的关键，它要完成以下 3 项功能：

（1）主持人将控制开关拨到“开始”位置时，扬声器发声，抢答电路和定时电路进入正常抢答工作状态。

（2）当参赛选手按动抢答键时，扬声器发声，抢答电路和定时电路停止工作。

（3）当设定的抢答时间到，无人抢答时，扬声器发声，同时抢答电路和定时电路停止工作。

根据上面的功能要求以及对系统中各个模块的设计，请同学们自行完成时序控制电路及总电路图。

7.5.5　安装与调试

（1）依据自行设计的电路原理图，按照信号流向分级安装，逐级级联。

（2）调试抢答判别及显示电路，检查控制开关是否正常工作，按键按下应显示对应的数码，再按下其他键时，数码管显示的数值不变。

（3）观察定时电路的定时时间是否准确，检查预置电路预置、显示是否正确。

（4）检查报警电路是否正常工作。

7.6　数字式电容测量仪

7.6.1　设计目的

（1）掌握数字式电容测量仪的工作原理；

（2）掌握数字式电容测量仪的设计、组装及调试方法；

（3）熟悉相应的中大规模集成电路的使用方法。

7.6.2　设计任务与要求

设计、安装并调试一个数字式电容测量仪电路，要求如下：

（1）能测量 10～990 μF 范围内的电容量。

（2）用两只 LED 数码管构成数字显示器。数码管用来显示后两位，均用十进制数表示，即数字显示器可显示出的最大数字和最小数字分别为 99 和 0。

（3）数字显示器所显示的数字 N 与被测电容量 C_x 的函数关系是 $N=C_x/(10\ \mu F)$

（4）在正常工作条件下，测量电路接上 C_x 后数字显示器便可自动显示出数字，即不需要测试者进行清零、启动之类的操作，便可正常显示。响应时间 T_x 不超过 2 s，即接上 C_x 后，在 2 s 之内，显示器所显示的数字 N 符合上述函数关系，其误差的绝对值在给定器件的前提下尽量小。

（5）若被测电容超过 990 μF，则数码管呈全暗状态，发光二极管呈亮状态，表示超量程。

（6）测量电路应有被测电容器的两个插孔，并标上符号“+”和“–”。“+”端电位瞬时值不低于“–”端电位的瞬时值，而且它们之间的开路电压瞬时值最大不超过 5.5 V。

7.6.3 设计指导

数字式电容测量仪的作用是以十进制数码的方式来显示被测电容的值，从而判断电容器质量的优劣及电容参数。由给出的设计指标，它的设计要点可分为两部分：一部分是LED 显示；另一部分就是要将 C_x 值进行转换，使数码显示与 C_x 符合 $N=C_x/(10\ \mu F)$的函数关系。

能满足上述设计功能可以实施的方案很多，下面提出 3 种参考方案。

1．测脉宽法

测脉宽法的原理框图如图 7-37 所示，利用单稳或电容充放电规律等，将电容容量变换成与其成正比的脉冲宽度，即 T_x 与 C_x 成正比。只要把此脉冲宽度 T_x 和标准脉冲信号相与，便可得到与 T_x 成正比的计数脉冲 f_x，如果时钟脉冲的频率等参数合适，便可实现题中所要求的函数关系。

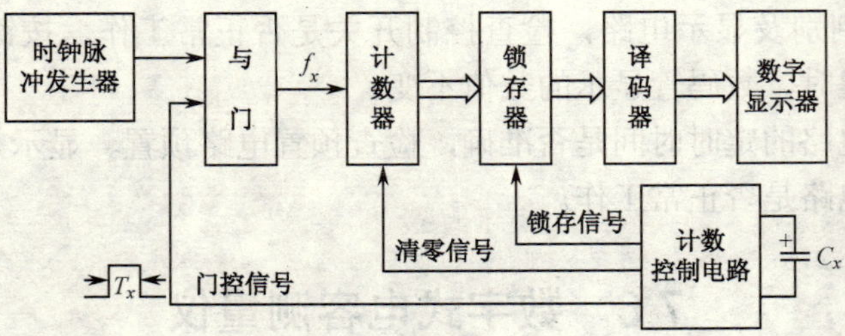

图 7-37　测脉宽法的原理框图

2．测频法

测频法的基本工作原理是将图 7-37 中的门控信号作为标准门控信号，将待测电容作为时钟脉冲发生器的一部分，在一定条件下，发生器的输出频率与电容值是线性关系，只要标准门控信号参数合适，只要测出时钟脉冲发生器的频率就可测出电容值。

3．测压法

测压法的原理框图是把电容量通过电路转换成电压量，然后把电压量经模数转换器转换成数字量显示。典型测压法设计方案如图 7-38 所示。

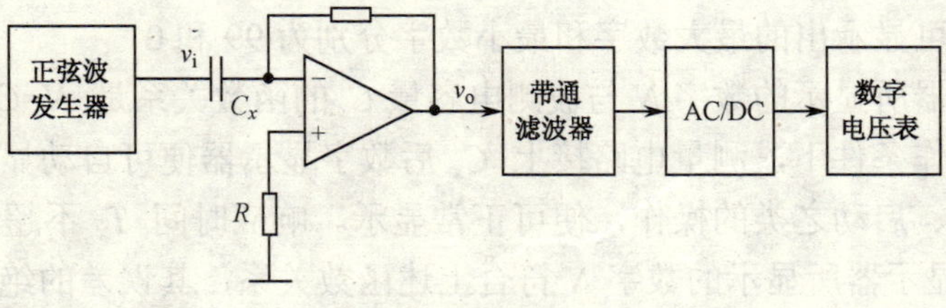

图 7-38　测压法的原理框图

图 7-38 中核心部分是有源 RC 反相微分电路，C_x 为被测电容，R_f 为反馈电阻，当一固定频率的交流信号激励微分电路时，C_x 上呈现的阻抗为：

$$X_C = \frac{1}{2\pi f C_x} \tag{7-34}$$

运算放大器的增益：

$$A_V = \frac{v_o}{v_i} = -2\pi f C_x R_f \tag{7-35}$$

即被测电容 C_x 与输出电压 v_o 成正比。这个与 C_x 成正比的交流电压 v_o 经二阶带通滤波器滤波，滤除固定频率以外的杂波后，再经 AC/DC 后得到与 C_x 成正比的直流输出电压 U，从而实现了电容到电压的转变。

7.6.4　电路设计

在上述 3 种方案中，第 3 种方案测量精度高，测量范围较大，但电路的设计相对较为复杂。而前两种方案可由 555 集成定时器构成的单稳态触发器、多谐振荡器等电路为核心来设计，线路非常简单。现对其设计过程作简单介绍。

1．门控信号的产生

单稳态触发器输出电压的脉宽为

$$t_W = RC\ln 3 \approx 1.1RC \tag{7-36}$$

这种电路产生的脉宽可以从几微秒到数分钟，当 R 固定时，t_W 正比于电容 C，C 越大，则 t_W 越大，t_W 越大，则 t_W 时间内通过与门的时钟脉冲数也就越多，则计数控制电路实现了 T_x 与 C_x 成正比。所以，门控信号可由 555 构成的单稳电路或集成单稳电路 74LS121、74LS123 等实现。

2．时钟脉冲发生器

时钟脉冲发生器的作用是产生计数用的时钟脉冲 CP，因此，CP 的振荡周期 T_{CP} 要比较稳定，而且，T_{CP} 与 T_x 之间应符合任务与要求中的关系式：

$$T_{CP}=T_x/N \tag{7-37}$$

设计时钟脉冲发生器常用的方法为由 555 构成多谐振荡器、石英晶体振荡器以及由运算放大器构成的方波发生器等，但 555 定时器构成多谐振荡器所产生的误差可达 5%，而石英晶体振荡器产生的频率都较高，并且频率不太好调节，由运算放大器构成的方波发生器振荡频率较为稳定。所以，可用一只运算放大器来构成时钟脉冲发生器，其电路如图 7-39 所示。

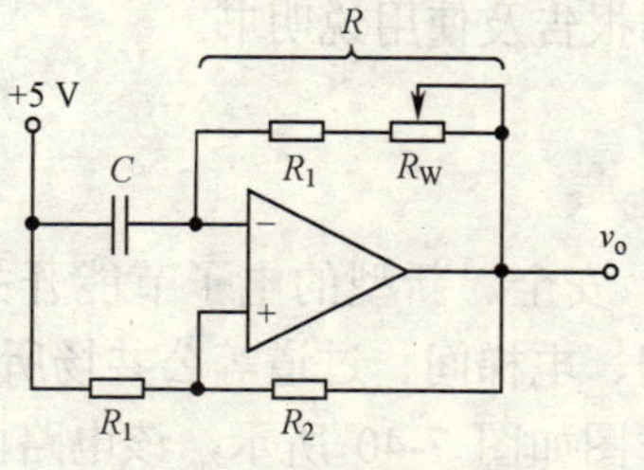

图 7-39　时钟脉冲发生器

时钟脉冲发生器的周期为

$$T_{CP} \approx 2RC\ln(1 + 2R_1 / R_2) \tag{7-38}$$

为了提高时钟脉冲发生器的精度，在器件选择上要选用高稳定度的器件，如 EE 系列的精密金属膜电阻、CB 型电容器等。

系统中其他部分电路的设计不再赘述。

7.6.5　安装与调试

1．脉搏采集及放大电路的调试和测试

选择合适的脉搏传感器，安装好电路后，用示波器观察放大后的脉搏信号，并记录下最大值和最小值。

2．滤波、整形电路的调试和测试

因为系统中的数字电路部分只能接收 TTL 电平，而如何准确地将脉搏信号转换为 TTL 电平，这部分电路起着至关重要的作用。

7.7　触摸延时开关的设计

7.7.1　设计目的

通过触摸延时开关的设计、安装和调试，要求掌握：

（1）直流稳压电源的设计与调试；

（2）利用 555 构成单稳态触发器进行延时的方法。

7.7.2　设计任务与要求

本课题要求设计一个触摸延时开关，其功能是当人用手触摸开关时，照明灯点亮，并持续一段时间后自动熄灭。

（1）具体技术指标如下：

- 开关的延时时间为 1 min 左右。
- 用两种方法实现，并自行设计供电电源。

（2）设计要求：

- 完成全电路理论设计、安装调试、绘制电路图，自制印制板电路。
- 撰写设计报告、调试总结报告及使用说明书。

7.7.3　设计指导

触摸延时开关是一种简单、安全、新型的电子节能开关，可广泛应用于多层住宅和办公楼室外的走廊、门厅、楼梯间、电梯间、过道等公共场所，也可以在家庭安装。

触摸延时开关电路的总体框图如图 7-40 所示，该电路由 4 部分组成，即输入电路，延时电路，执行电路、电源。具体工作过程是人体的触摸输入信号经输入电路输出至延时电路，驱动延时电路工作，并输出控制信号去控制执行电路点亮灯；经过一段时间后，延时电路输出相反的控制信号去控制执行电路熄灭灯。电路实现的功能是当人用手触摸开关时，照明灯点亮，并持续一段时间后自动熄灭。

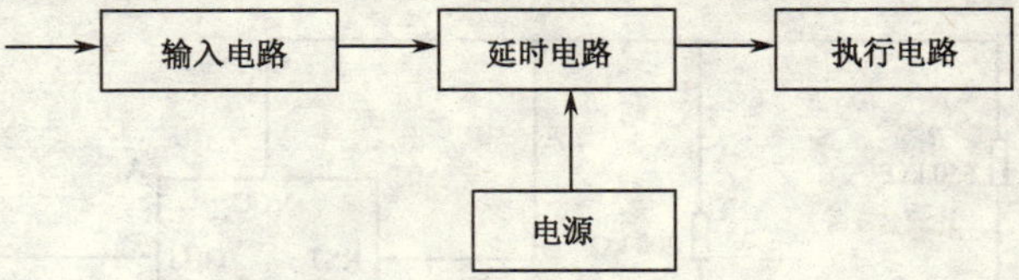

图 7-40　触摸延时开关电路的总体框图

触摸延时开关电路具备以下功能：

- 能采集人体的触摸输入信号；
- 根据输入信号控制延时电路产生约 1 min 的延时脉冲；
- 执行电路根据延时脉冲控制灯的亮灭；
- 电路能为自身提供电源。

其中电源电路可由变压器降压后经整流、滤波、稳压得到，延时电路可采用 NE555 定时器构成单稳态电路实现，执行电路可采用三极管驱动继电器实现。

7.7.4　单元电路设计

1．电源电路

电源电路由变压器降压后经整流、滤波、稳压得到，电路如图 7-41 所示。

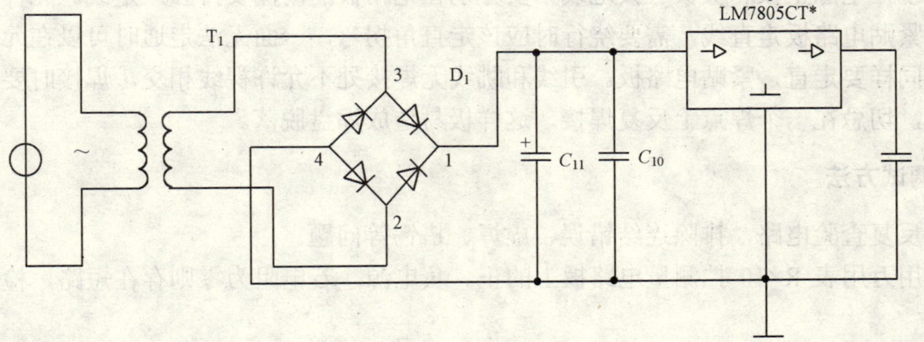

图 7-41　电源电路

2．延时电路

触摸延时开关电路是由 NE555 组成的单稳态电路，如图 7-42 所示。平时由于触摸端无感应电压，电容 C_1 通过 NE555 第 7 脚放电完毕，第 3 脚输出为低电平，继电器释放，电灯不亮。当需要开灯时，用手触摸一下触摸端，触发信号电压由 C_2 加至 555 的触发端，使 NE555 的输出由低变成高电平，继电器吸合，电灯点亮。同时，555 第 7 脚内部截止，电源通过 R_1 给 C_1 充电，这就是定时的开始。当电容 C_1 上电压上升至电源电压的 2/3 时，555 第 7 脚导通使 C_1 放电，使第 3 脚输出由高电平变加到低电平，继电器释放，电灯熄灭。定时长短由 R_1、C_1 决定：

$$T = 1.1R_1C_1 \tag{7-39}$$

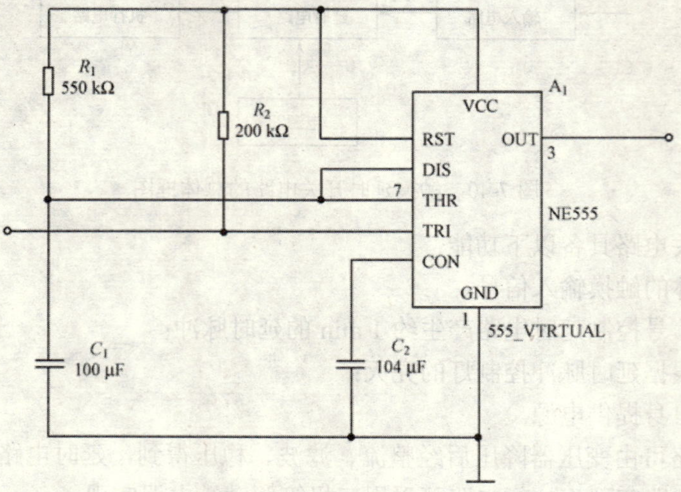

图 7-42　延时电路

7.7.5　安装与调试

1．安装方法

电路的安装应本着按电路基本走向布局的原则安排元器件，每个单元电路的元件和布线相对集中，电源正极和负极（接地线）要分别在电路板的两侧安排独立走线。元件之间的引线应该紧贴电路板走直线，需要绕行时应该走直角拐弯，一面无法走通时可以在元件面跳线，跳线同样要走直，紧贴电路板。引线和跳线无焊接处不允许裸线相交。焊接时要求动作迅速准确，切忌在一个焊点上反复焊接，这样极易造成焊盘脱落。

2．调试方法

（1）反复查验电路，排除连结错误、虚焊、搭锡等问题。

（2）用万用表 R×10 挡测量电路板上的正、负电源，若电阻为零则存在短路，检查并排除故障。

（3）用万用表测量各集成块插座的正电源引脚与电路板上的正电源引线、负电源引脚与电路板上的地线是否连接良好。

（4）不插集成块的情况下通电，测量集成块插座的正负电源处电压是否符合要求。

（5）使用万用表、示波器、信号发生器、毫伏表等仪器，从电路的输出端向输入端分别对各单元电路逐级调试，实现功能并符合设计指标。

（6）测试有关数据，记录实验结果。

7.8　逻辑信号电平测试器的设计

7.8.1　设计目的

在检测数字集成电路组成的设备时，经常需要用万用表和示波器对电路中故障部位的高 / 低电平进行测量，以便分析故障原因。使用这些仪器能较准确地测出被测点信号电平的高低和被测信号周期，但使用者必须一方面用眼睛看着万用表的表盘或示波器的屏幕，另一方面还要寻找测试点，因此使用起来很不方便。

逻辑信号电平测试器采用声音和光闪频率来表示被测信号的逻辑状态，高电平和低电平分别用不同声调的声音表示，同时用不同的 LED 光闪频率表示。使用者不需分神去看万用表的表盘或示波器的荧光屏。

7.8.2　设计任务与要求

设计一个逻辑信号电平测试器，要求：

（1）能测试出低电平<0.8 V，高电平>3.5 V 的逻辑电平；

（2）逻辑信号电平测试器与测试目标的连接，由测试探针和接地探针两个电极实现连接；

（3）当测出被测信号是高电平时，用 2 kHz 的音响表示，同时 LED 以 10 Hz 闪烁；

（4）当测出被测信号是低电平时，用 400 kHz 的音响表示，同时 LED 以 2 Hz 闪烁；

（5）当测出被测信号为 0.8～3.5 V 时，不发出音响表示，同时 LED 不闪烁。

7.8.3　设计指导

图 7-43 为逻辑信号电平测试器的总体框图，该系统由 4 部分组成：输入电路、逻辑状态判别电路、音响信号产生电路、闪烁信号产生电路。电路实现逻辑信号电平测试功能，即能测试出低电平<0.8 V、高电平>3.5 V 的逻辑电平，并能用声光表示。

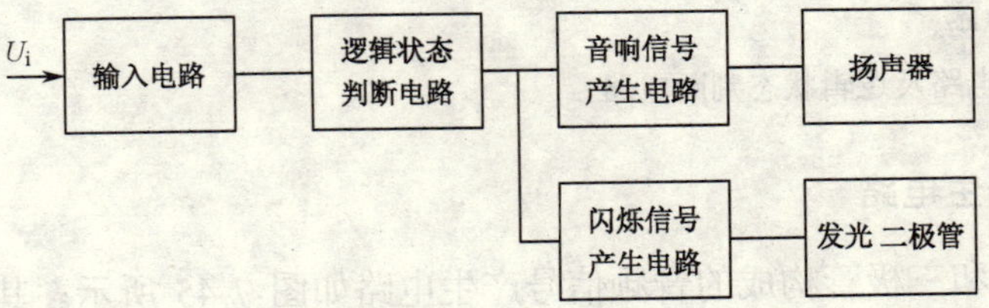

图 7-43　逻辑信号电平测试器的总体框图

电路的输入信号 U_i 由输入电路输出后，输送至逻辑状态判断电路。在逻辑状态判断电路中，通过比较器的比较测试，将产生高电平和低电平 2 个信号，分别输入音响信号产生电路和闪烁信号产生电路中，分别产生不同频率的音频信号与闪烁光信号，通过声光的不同来区分高 / 低电平的状态。

逻辑状态判断电路是本设计的关键，要实现以下 3 项功能：

- 能对 0～5 V 的电信号进行逻辑判别；
- 根据高 / 低电平的不同产生 2 kHz 与 400 Hz 的音频信号，并驱动扬声器发声；
- 根据高 / 低电平的不同产生 10 Hz 与 2 Hz 的闪烁信号，并驱动 LED 发光。

逻辑状态判断电路可采用比较器实现；音频信号产生可采用 NE555 定时器构成多谐振荡器实现，并采用三极管驱动扬声器发音；闪烁信号可采用音频信号通过 200 分频器后点亮 LED。

7.8.4 单元电路设计

1. 输入电路及逻辑状态判断电路

电路如图 7-44 所示，U_i 为输入的被测信号，输入电阻由 R_1、R_2 组成，其作用是保证当输入悬空时输入端既不是高电平也不是低电平。A_1、A_2 为两个运算放大器，分别与它们的外围电路组成两个电压比较器，对输入信号的逻辑电平进行检测识别。A_1 的反相端为高电平阈值电位参考端，其电压值由 R_3 和 R_4 两电阻分压后获得，为 3.5 V。同理，A_2 的同相端为低电平阈值电位参考端，其电压值由 R_5 和 R_6 两电阻分压后获得，为 0.8 V。当比较器同相输入端电压大于反相输入端时，比较器输出为高电平，反之输出为低电平。根据输入被测信号 U_i 的电压大小不同，电路的输出情况如表 7-2 所示。

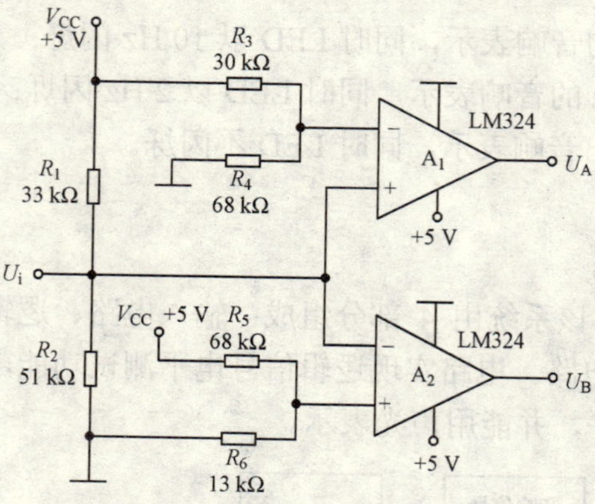

图 7-44　输入电路及逻辑状态判断电路

表 7-2　逻辑状态判断真值表

输入 U_i	输出 U_A	输出 U_B
$U_i < 0.8$ V	0	5 V
$0.8\text{ V} < U_i < 3.5$ V	0	0
$U_i > 3.5$ V	5 V	0

2. 音频信号产生电路

由 555 定时器和三极管构成的音频信号产生电路如图 7-45 所示。其中 555 定时器构成多谐振荡器，振荡频率为：

$$f_o = \frac{1}{(R_1 + 2R_2)C_1 \ln 2} \approx \frac{1.43}{(R_1 + 2R_2)C_1} \qquad (7\text{-}40)$$

其输出信号经三极管推动扬声器。PR 为控制信号，由逻辑状态判断电路的输出得到。当 PR 为高电平时，多谐振荡器工作；反之，电路停振。

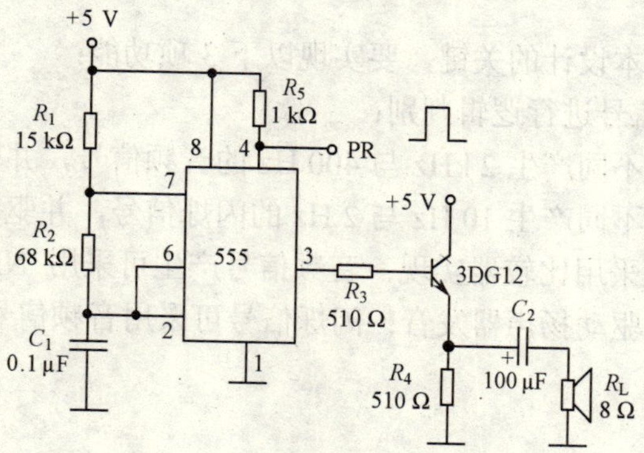

图 7-45　音响信号产生电路

由于需要两种频率的音频信号，所以可用两片 555 定时器产生，并用四选一数据选择器选择输出。

（1）当输入电压小于 0.8 V 时，U_B 为高电平，U_A 为低电平，扬声器发出频率为 400 Hz 的声响，400 Hz 经 200 分频后得到 2 Hz 的信号点亮 LED。

（2）当输入电压大于 3.5 V 时，U_A 为高电平，U_B 为低电平，扬声器发出频率为 2 kHz 的声响，2 kHz 经 200 分频后得到 10 Hz 信号点亮 LED。

（3）当输入电压大于 0.8 V、小于 3.5 V 时，U_A、U_B 均为低电平，扬声器不发声，LED 不闪烁。

3. 200 分频电路

400 Hz 或 2 kHz 信号经开关选择电路后，通过一个固定 200 分频的分频器，就可以得到相应的 2 Hz 与 10 Hz 的闪烁信号，200 分频的分频器可采用中规模的计数器来实现，请读者自行设计电路。

7.8.5　安装与调试

（1）分别调试各部分电路的功能，确定各器件的参数；

（2）完成全部电路的设计、仿真与安装调试、绘制电路图，自制 PCB 板；

（3）撰写设计报告、调试总结报告及使用说明书。

7.9　设计题目选编

7.9.1　多路防盗报警器

1. 设计任务与要求

设计制作一台防盗报警器，适用于仓库、住宅、机关办公楼等地的防盗报警。具体要求如下：

（1）防盗路数可根据需要任意扩展；

（2）值班室可监视多处安全情况，一旦出现偷盗，用指示灯显示报警地点，并发出音响；

（3）设置不间断电源，当电网停电时，备用直流电源自动转换供电。

2. 参考电路框图

防盗报警器的参考电路框图如图 7-46 所示。

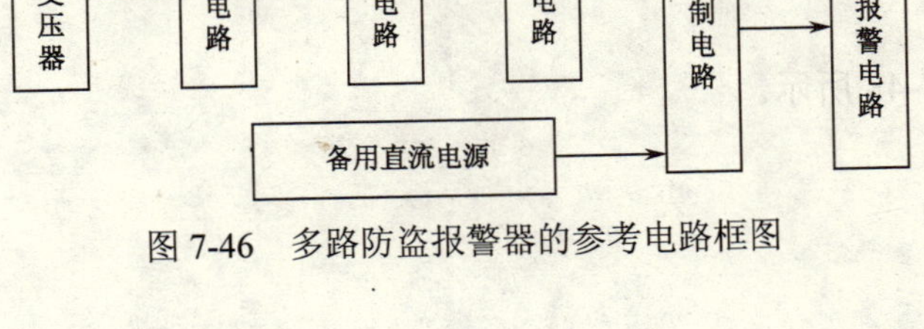

图 7-46　多路防盗报警器的参考电路框图

7.9.2 数字电压表

1. 设计任务与要求

数字电压表是一种直接用数字显示的电压测量仪表。本题要求用中小规模集成芯片设计并制作一个$3\frac{1}{2}$位的数字电压表。所谓$3\frac{1}{2}$位是能测量显示出十进制数 0000～1999，即个位、十位、百位的范围为 0～9，而千位为 0 和 1 两种状态，称为半位。具体要求如下：

（1）用 MC14433 为 A/D 转换器设计制作一个数字电压表，用三位半表头或 4 位七段数码管显示测量结果。

（2）基本测量范围为 0～2 V（DC）；

（3）用 1.99 V 和 1.99 mV 的模拟电压作输入，校准电压表的读数；

（4）最大显示为 1999；

（5）转换速度为 4 次/s。

2. 原理框图

参考原理框图如图 7-47 所示。

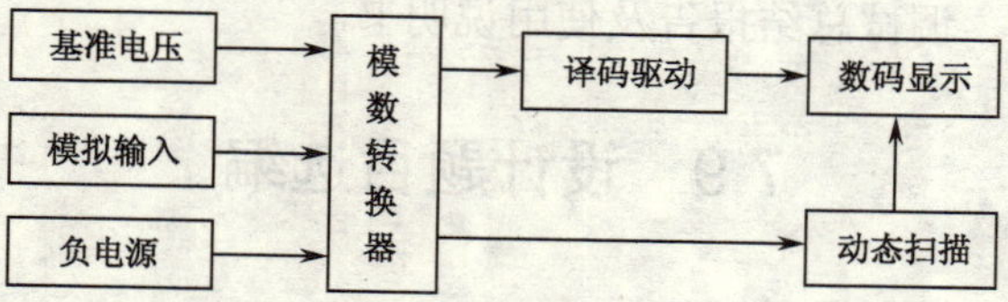

图 7-47 数字电压表参考原理框图

7.9.3 数控直流电流源

1. 设计任务与要求

用中小规模集成电路设计并制作具有一定电流调节范围和数控显示功能的数控直流电流源。具体要求如下：

（1）输出电流范围：200～2000 mA；

（2）具有“+”、“−”步进调整功能，步进≤10 mA；

（3）改变负载电阻，输出电压在 10 V 以内变化时，要求输出电流变化的绝对值≤输出电流值的 1%+10 mA；

（4）纹波电流≤2mA。

2. 参考框图

参考框图如图 7-48 所示。

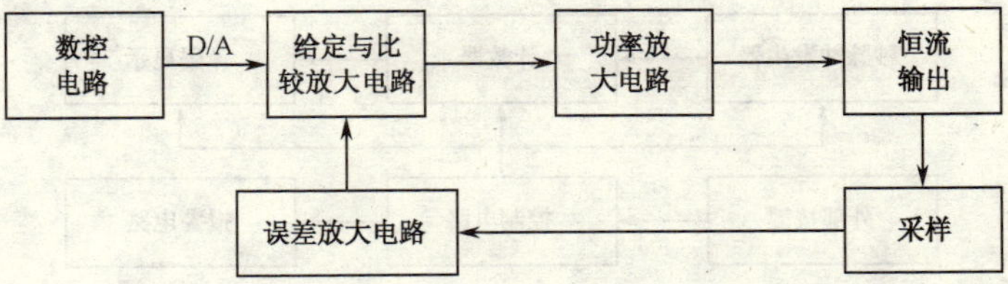

图 7-48　电流源电路参考框图

7.9.4　数字温度计

1．任务与要求

设计和制作一个数字温度计。具体要求如下：

- 测温范围：−50～150℃
- 测量精度为±1℃；
- 利用七段数码管显示温度。

2．参考框图

参考框图如图 7-49 所示。

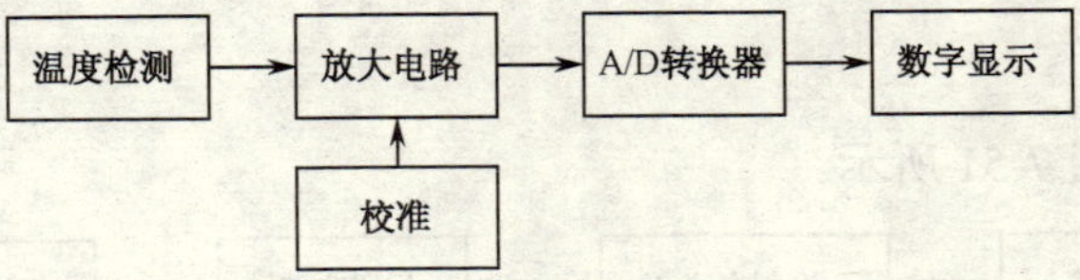

图 7-49　数字温度计参考框图

7.9.5　篮球竞赛 30 s 计时器

1．任务与要求

用中小规模集成芯片设计并制作篮球竞赛 30 s 计时器，具体要求如下：

（1）具有显示 30 s 计时功能；

（2）设置外部操作开关，控制计数器的直接清零、启动和停止功能；

（3）在直接清零时，要求数码显示器灭灯；

（4）计时器为 30 s 递减计时，计时间隔为 1 s；

（5）计时器递减计时到零时，数码显示器不能灭灯，同时发出光电报警信号；

（6）暂停和连续计数功能，当暂停后需要连续计数时，计数器继续累计计数。

2．原理框图

参考原理框图如图 7-50 所示。

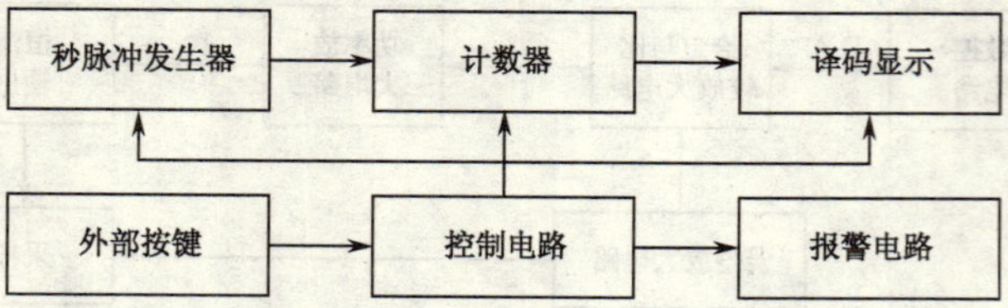

图 7-50　篮球竞赛 30 s 计时器原理框图

7.9.6　9 位按键数字密码锁

1. 设计任务与要求

用中小规模集成芯片设计并制作 9 位按键数字密码锁控制电路，具体要求如下：

（1）编码按钮分别为 1，2，…，9 九个按键，其中 5 个密码键，4 个伪码键。

（2）用发光二极管作为输出指示灯，灯亮代表锁“开”，暗为“不开”。

（3）设计开锁密码，并按此密码设计电路。密码可以是 1～9 位数。若按动的开锁密码正确，发光二极管变亮，表示电子锁打开；在开锁 7 s 后，电路恢复初始状态。

（4）该电路应具有防盗功能，密码顺序不对或密码有误时系统自动复位。若按错 4 个伪码键中的任何一个，电路将被封锁 5 min。

2. 原理框图

参考原理框图如图 7-51 所示。

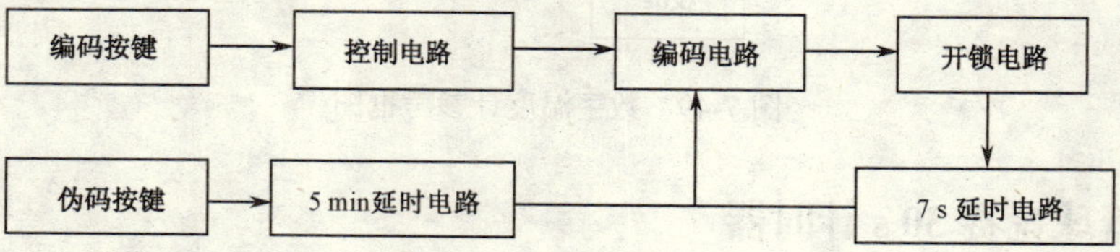

图 7-51　数字密码锁参考原理框图

参考文献

[1] 崔瑞雪，张增良．电子技术动手实践[M]. 北京：北京航空航天大学出版社，2007.

[2] 杨承毅，李忠国．电工电子元器件的识别与检测[M]. 北京：人民邮电出版社，2008.

[3] 毕满清．电子工艺实习教程[M]．北京：国防工业出版社，2004.

[4] 杨欣，王玉凤，刘湘黔．电子设计从零开始[M]. 北京：清华大学出版社，2005.

[5] 奚大顺，余小平．常用电子元器件系列讲座[J]，电子制作，2010（6-12）.

[6] 王成安，毕秀梅．电子产品工艺与实训[M]. 北京：机械工业出版社，2007.

[7] 王卫平．电子产品制造技术[M]. 北京：清华大学出版社，2004.

[8] 龙立钦．电子产品结构工艺（第 2 版）[M]. 北京：电子工业出版社，2005.

[9] 王伟东．印制电路板手工制作方法与技巧[J]，电子制作，2009（3）.

[10] 赵广林．Protel 99SE 电路设计与制作（第 2 版）[M]．北京：电子工业出版社，2009.

[11] 张伟．Protel 99SE 实用教程[M]．北京：人民邮电出版社，2008.

[12] 程路，郑毅，等．Protel 99SE 多层电路板设计与制作[M]．北京：人民邮电出版社，2007.

[13] 赵伟军．Protel 99SE 教程[M]．北京：人民邮电出版社，2004.

[14] 金凤莲．模拟电子技术基础实验及课程设计[M]．北京：清华大学出版社，2009.

[15] 王振红，张常年．电子技术基础实验及综合设计[M]．北京：机械工业出版社，2007.

[16] 罗杰，谢自美. 电子线路设计・实验・测试（第 4 版）[M]．北京：电子工业出版社，2010.

[17] 高吉祥．电子技术实验与课程设计[M]．北京：电子工业出版社，2002.

[18] 黄永定．电子实验综合实训教程[M]．北京：电子工业出版社，2004.

[19] 阎石．数字电子技术基础（第 4 版）[M]．北京：高等教育出版社，1998.

[20] 康华光．电子技术基础——模拟部分（第 4 版）[M]．北京：高等教育出版社，1998.